Elogios para o *Use a Cabeça! Ágil*

"Pode ser mágico trabalhar em uma excelente equipe de desenvolvimento ágil. Problemas, conflitos de personalidade e dinâmica política de projetos somem do mapa e dão lugar à ênfase e foco em entregar algo, aprender e entregar novamente. Mas se antes era difícil criar essas equipes mágicas, agora tudo ficou mais fácil. O *Use a Cabeça! Ágil* é o livro que aguardamos por muito tempo. Trazendo uma combinação perfeita de conselhos práticos, princípios do Scrum, Programação Extrema e Kanban, o *Use a Cabeça! Ágil* pode ajudar qualquer profissional a criar equipes de desenvolvimento ágil eficientes e mágicas."

— **Mike Cohn,** autor de *Succeeding with Agile, Agile Estimating and Planning e User Stories Applied*

"Se já trabalhou em uma equipe de software, você vai se identificar imediatamente com os estudos de caso precisos e reveladores do *Use a Cabeça! Ágil*. O livro traz orientações muito boas que eu gostaria de ter lido no início da carreira. Mas mesmo que não tenha muita experiência em softwares, você certamente vai aprender coisas novas e conhecer outras perspectivas sobre antigos problemas. Fiquei surpreso em saber que o XP vai muito além da Programação em Pares e com certeza irei implementar na minha equipe as práticas e ideias indicadas no livro."

— **Adam Reeve,** arquiteto na RedOwl Analytics

"O texto do *Use a Cabeça! Ágil* está tão fácil de digerir que quase não consegui parar de ler. Como o livro foi escrito em tom de diálogo, e não como uma exposição de fatos, pude compreender bem melhor os princípios e as práticas da metodologia Ágil."

— **Patrick Cannon,** gerente de programas sênior, Dell

"O *Use a Cabeça! Ágil* explica em detalhes alguns conceitos de desenvolvimento ágil muito complexos e essenciais para que você passe no exame PMI-ACP, reforçando essas noções com exercícios pertinentes, histórias reais e desenhos instigantes que permitem uma maior retenção do aprendizado. O formato único deste livro atende a todos os estilos de aprendizagem, e qualquer profissional, novato ou experiente, pode se beneficiar da sua leitura. Obrigado, Andrew e Jennifer, por escreverem outro excelente livro da série *Use a Cabeça!*"

— **John Steenis,** PMP, CSM, CSPO

"O *Use a Cabeça! Ágil* é ótimo! Achei perfeito como os autores conseguiram explicar o assunto em um formato divertido, fácil de ler e compreensível. Parabéns a Andrew e Jennifer pelo trabalho bem-feito!"

— **Mark Andrew Bond,** gerente de projetos de rede em uma instituição de ensino superior

"Todos os integrantes de equipes de desenvolvimento de software, de todos os cargos, trabalhando com a metodologia ágil ou não, devem ler o *Use a Cabeça! Ágil*. As equipes que adotam a metodologia ágil total ou parcialmente aprenderão a aperfeiçoar seus processos com mais eficiência. As equipes que não utilizam a metodologia Ágil terão a oportunidade de identificar os itens necessários para embarcar nessa jornada. Para mim, este livro foi uma boa ocasião para refletir sobre os projetos bem-sucedidos e os fracassos dos últimos 20 anos da minha carreira."

— **Dan Faltyn,** diretor de segurança, BlueMatrix

"A metodologia Ágil vem sendo muito discutida e utilizada no setor, mas os princípios e valores por trás das práticas ainda são pouco compreendidos. O *Use a Cabeça! Ágil* ajuda a desmistificar o tópico e é um excelente guia para a viagem e a mentalidade ágil."

— **Philip Cheung,** desenvolvedor de software

Elogios para o *Use a Cabeça! Ágil*

"Sou gerente de projetos e estudei o *Use a Cabeça! PMP* para obter a certificação de PMP no ano passado. O *Use a Cabeça! Ágil* segue a mesma linha: estimula o leitor a pensar e aprender visualmente para entender, compreender e reter os conceitos. Como há poucos livros preparatórios de qualidade no mercado, o *Use a Cabeça! Ágil* é um ótimo recurso para quem quer estudar para o exame PMI-ACP. As perguntas práticas do exame e o Capítulo 7 (incluindo as críticas do setor) foram essenciais para a minha preparação. Tudo correu muito bem e eu passei de primeira!"

— **Kelly D. Marce, gerente de projetos em uma agência de serviços financeiros**

"O *Use a Cabeça! Ágil* mostra que o desenvolvimento Ágil não é apenas uma metodologia, mas uma reunião de várias abordagens e formas de pensar sobre o ciclo de vida do desenvolvimento. Neste livro, você vai encontrar o método mais adaptado às necessidades de sua equipe e aprender a aperfeiçoar continuamente suas atividades. Abordagens como Kanban, em que se estabelece um sistema de controle do fluxo de recursos baseado na visualização do fluxo de trabalho e na limitação dos serviços em andamento, podem melhorar bastante a eficiência das equipes."

— **Nick Lai, gerente de engenharia sênior na Uber Technologies**

"Não há forma melhor de aprender de maneira inovadora o trabalho com a metodologia Ágil do que a abordagem engenhosa, criativa e arrojada deste livro, que estimula a mente e as emoções e atende a diferentes estilos de aprendizagem. Jogue fora as outras obras e leia o *Use a Cabeça! Ágil* para ter uma experiência de aprendizagem contemporânea e intrigante."

— **Tess Thompson, MS, PMP, PMI-ACP, instrutor de transformação do CSP Agile e professor na Universidade Saint Mary**

"O desenvolvimento Ágil pode ser um tópico muito desafiador para GPs com formação tradicional, mas os autores deste livro se empenharam bastante para que os tópicos ficassem acessíveis. Além disso, conseguiram apresentar as informações de modo direto e conciso, inclusive itens essenciais para passar no exame PMI-ACP e, sobretudo, para implementar a metodologia Ágil com sucesso em um ambiente real."

— **Dave Prior, instrutor Scrum certificado, PMP, PMI-ACP na LeadingAgile**

"O *Use a Cabeça! Ágil* explora minuciosamente problemas e soluções práticas usando muitas técnicas da cartilha da metodologia Ágil. Os autores explicam com habilidade as diferentes abordagens do desenvolvimento Ágil e oferecem um conjunto excelente de recursos para o leitor."

— **Keith Conant, engenheiro de software sênior em uma empresa de pagamentos**

"O *Use a Cabeça! Ágil* é um ótimo recurso porque ensina não apenas as práticas e métodos de desenvolvimento Ágil, mas, sobretudo, uma nova mentalidade, baseada nos valores e princípios do Manifesto Ágil. Recomendo o livro para todos que desejam aprender sobre entregas com a metodologia Ágil."

— **Mike MacIsaac, Scrum Master, MBA, PMP, CSM**

"Atuo como instrutor Ágil certificado na IBM, onde ensino e treino profissionais da minha organização para usarem a metodologia Ágil. Achei o *Use a Cabeça! Ágil* uma excelente aquisição para o nosso acervo e um recurso maravilhoso para complementar os estudos de preparação para o exame PMI-ACP."

— **Renato Barbieri, PMP, PMI-ACP, gerente, instrutor, chefe de programação Kepner-Trego na IBM**

Elogios para outros livros da série

"No *Use a Cabeça! C#*, Andrew e Jenny nos brindaram com um excelente tutorial para aprender a linguagem C#. O livro é muito acessível e aborda diversos detalhes em um estilo único. Se você não consegue aturar livros muito convencionais sobre C#, vai adorar este."

— **Jay Hilyard, desenvolvedor de software, coautor do** *C# 3.0 Cookbook*

"Tive uma excelente experiência ao ler o *Use a Cabeça! C#*. Nunca encontrei uma série de livros que ensinasse tão bem... Recomendo definitivamente este livro para todos que desejam aprender a linguagem C#."

— **Krishna Pala, MCP**

"O *Use a Cabeça! Web Design* desmistifica o processo do web design para todos os programadores Web. Para os profissionais que nunca assistiram aulas de web design, o *Use a Cabeça! Web Design* confirma e esclarece diversos pontos teóricos e as melhores práticas adotadas naturalmente pelo setor."

— **Ashley Doughty, desenvolvedor web sênior**

"Construir sites definitivamente vai além de escrever código. O *Use a Cabeça! Web Design* explica os pontos essenciais para que os usuários tenham uma experiência interessante e agradável. Mais um ótimo livro da série *Use a Cabeça!*"

— **Sarah Collings, engenheira de software de experiência do usuário**

"De forma bastante concreta e acessível, *Use a Cabeça! Rede de Computadores* explica conceitos de rede que, às vezes, são complexos e abstratos demais até para técnicos altamente qualificados. Bom trabalho."

— **Jonathan Moore, proprietário, Forerunner Design**

"Se o contexto geralmente desaparece nos livros de tecnologia da informação, o *Use a Cabeça! Redes de Computadores* mantém o foco no mundo real, extraindo conhecimentos da experiência prática e apresentando os temas em um ritmo adequado para novatos em TI. A combinação de explicações, problemas reais e soluções faz deste livro uma excelente ferramenta de aprendizagem."

— **Rohn Wood, analista sênior de sistemas de pesquisas, Universidade de Montana**

Outros livros relacionados da O'Reilly

Learning Agile
Beautiful Teams
Use a Cabeça! PMP®
Applied Software Project Management
Making Things Happen
Practical Development Environments
Process Improvement Essentials

Outros livros da série *Use a Cabeça!*

Use a Cabeça! PMP
Use a Cabeça! C#
Use a Cabeça! Java
Use a Cabeça! Análise e Design Orientado a Objetos (OOA&D)
Use a Cabeça! HTML com CSS e XHTML
Use a Cabeça! Padrões de Design
Use a Cabeça! Servlets e JSP
Use a Cabeça! EJB
Use a Cabeça! SQL
Use a Cabeça! Desenvolvimento de Software
Use a Cabeça! JavaScript
Use a Cabeça! Física
Use a Cabeça! Estatística
Use a Cabeça! Ajax
Use a Cabeça! Rails
Use a Cabeça! Álgebra
Use a Cabeça! PHP & MySQL
Use a Cabeça! Web Design
Use a Cabeça! Rede de Computadores

Use a Cabeça! Ágil

Andrew Stellman
Jennifer Greene

Use a Cabeça! Ágil

Não seria um sonho se houvesse um livro que me ajudasse a aprender sobre a metodologia Ágil e fosse **mais agradável do que ir ao dentista**? Isso provavelmente não passa de uma fantasia...

Andrew Stellman
Jennifer Greene

ALTA BOOKS
EDITORA

Rio de Janeiro, 2019

Use a Cabeça! Ágil
Copyright © 2019 da Starlin Alta Editora e Consultoria Eireli. ISBN: 978-85-508-0466-8

Translated from original Head First Agile. Copyright © 2017 by Andrew Stellman and Jennifer Greene. ISBN 978-1-449-31433-0. This translation is published and sold by permission of O'Reilly Media, Inc, the owner of all rights to publish and sell the same. PORTUGUESE language edition published by Starlin Alta Editora e Consultoria Eireli, Copyright © 2019 by Starlin Alta Editora e Consultoria Eireli.

Todos os direitos estão reservados e protegidos por Lei. Nenhuma parte deste livro, sem autorização prévia por escrito da editora, poderá ser reproduzida ou transmitida. A violação dos Direitos Autorais é crime estabelecido na Lei nº 9.610/98 e com punição de acordo com o artigo 184 do Código Penal.

A editora não se responsabiliza pelo conteúdo da obra, formulada exclusivamente pelo(s) autor(es).

Marcas Registradas: Todos os termos mencionados e reconhecidos como Marca Registrada e/ou Comercial são de responsabilidade de seus proprietários. A editora informa não estar associada a nenhum produto e/ou fornecedor apresentado no livro.

Impresso no Brasil — 1ª Edição, 2019 — Edição revisada conforme o Acordo Ortográfico da Língua Portuguesa de 2009.

Publique seu livro com a Alta Books. Para mais informações envie um e-mail para autoria@altabooks.com.br

Obra disponível para venda corporativa e/ou personalizada. Para mais informações, fale com projetos@altabooks.com.br

Produção Editorial Editora Alta Books	**Gerência Editorial** Anderson Vieira	**Marketing Editorial** marketing@altabooks.com.br	**Vendas Atacado e Varejo** Daniele Fonseca Viviane Paiva	**Ouvidoria** ouvidoria@altabooks.com.br
Produtor Editorial Thiê Alves	**Assistente Editorial** Illysabelle Trajano	**Editor de Aquisição** José Rugeri j.rugeri@altabooks.com.br	comercial@altabooks.com.br	
Equipe Editorial	Adriano Barros Bianca Teodoro Ian Verçosa	Juliana de Oliveira Kelry Oliveira Paulo Gomes	Rodrigo Bitencourt Thales Silva Thauan Gomes	
Tradução Rafael Contatori	**Copidesque** Eveline Machado	**Revisão Gramatical** Igor Farias Thamiris Leiroza	**Revisão Técnica** Alex Ribeiro Analista Desenvolver, Gerente de Projetos e de Novos Negócios na EXIS Tecnologia	**Diagramação** Lucia Quaresma

Erratas e arquivos de apoio: No site da editora relatamos, com a devida correção, qualquer erro encontrado em nossos livros, bem como disponibilizamos arquivos de apoio se aplicáveis à obra em questão.

Acesse o site www.altabooks.com.br e procure pelo título do livro desejado para ter acesso às erratas, aos arquivos de apoio e/ou a outros conteúdos aplicáveis à obra.

Suporte Técnico: A obra é comercializada na forma em que está, sem direito a suporte técnico ou orientação pessoal/exclusiva ao leitor.

A editora não se responsabiliza pela manutenção, atualização e idioma dos sites referidos pelos autores nesta obra.

Dados Internacionais de Catalogação na Publicação (CIP) de acordo com ISBD

S824u	Stellman, Andrew
	Use a Cabeça! Ágil / Andrew Stellman , Jennifer Greene ; traduzido por Rafael Contatori. - Rio de Janeiro : Alta Books, 2019. 496 p. ; il. ; 17cm x 24cm. Tradução de: Head First Agile Inclui índice. ISBN: 978-85-508-0466-8 1. Desenvolvimento de software. 2. Gerenciamento de Projetos. I. Greene, Jennifer. II. Contatori, Rafael. III. Título.
2019-319	CDD 005.13 CDU 004.4'2

Elaborado por Odilio Hilario Moreira Junior - CRB-8/9949

Rua Viúva Cláudio, 291 — Bairro Industrial do Jacaré
CEP: 20970-031 — Rio de Janeiro - RJ
Tels.: (21) 3278-8069 / 3278-8419
www.altabooks.com.br — altabooks@altabooks.com.br
www.facebook.com/altabooks

ASSOCIADO

Para Nisha e Lisa

os autores

> Obrigado por comprar nosso livro! Adoramos escrever sobre esse tema. Esperamos que você **se divirta com a leitura**...

> ... pois sabemos que vai **realizar um excelente trabalho** com o desenvolvimento ágil!

Andrew

Jenny

Foto de Nisha Sondhe

Andrew Stellman é desenvolvedor, arquiteto, palestrante, treinador, instrutor ágil, gerente de projetos e especialista na criação de softwares melhores. Atua também como autor e palestrante internacional, e seus livros estão entre os mais vendidos na categoria de desenvolvimento de software e gerenciamento de projetos. Andrew é reconhecido mundialmente como especialista na transformação e no aperfeiçoamento de organizações de software, equipes e códigos. Além disso, já projetou e construiu sistemas de software em larga escala, gerenciou grandes equipes de software internacionais e atuou como consultor para empresas, escolas e corporações, como Microsoft, National Bureau of Economic Research, Bank of America, Notre Dame e MIT. Ao longo da sua carreira, Andrew teve o privilégio de trabalhar com programadores extraordinários e acha que aprendeu alguma coisa com eles.

Jennifer Greene é líder de transformação Ágil para empresas, instrutora ágil, gerente de desenvolvimento, gerente de projetos, palestrante e especialista em práticas e princípios de engenharia de software. Há mais de 20 anos projeta softwares para diversos setores, como mídia, finanças e consultoria de TI. Além disso, já atuou como líder na adoção da metodologia Ágil em colaboração com equipes de desenvolvimento do mundo inteiro, orientando esses profissionais a aproveitarem ao máximo as práticas do desenvolvimento Ágil. Sua meta é continuar a trabalhar com equipes talentosas e resolver problemas interessantes e difíceis.

Jenny e Andrew colaboram na criação de softwares e em textos sobre engenharia de software desde seu primeiro encontro, em 1998. Seu primeiro livro, Applied Software Project Management, foi publicado pela O'Reilly em 2005. Sua primeira obra da série Use a Cabeça!, Use a Cabeça! PMP, e a segunda, Use a Cabeça! C#, datam de 2007. Em breve, será lançada a quarta edição dos dois livros. Seu quarto livro, Beautiful Teams, foi publicado em 2009 e o quinto, Learning Agile, em 2014.

Em 2003, a dupla fundou a Consultoria Stellman & Greene, cujo primeiro projeto foi um fascinante software para cientistas que estudam a exposição de veteranos do Vietnã a herbicidas. Quando não estão criando softwares ou escrevendo livros, fazem muitas palestras e participam de conferências e reuniões de engenheiros de software, arquitetos e gerentes de projetos.

Visite o site dos autores, Building Better Software em http://www.stellman-greene.com (conteúdo em inglês).

Índice Remissivo (Sumário)

	Introdução	xxi
1	O que é desenvolvimento ágil? *Princípios e práticas*	1
2	Valores e princípios ágeis: *Mentalidade e método*	23
3	Gerenciando projetos com Scrum: *As Regras do Scrum*	71
4	Planejamento e estimativa ágil: *Práticas Scrum Comumente Aceitas*	117
5	XP (programação extrema): *Receptividade a mudanças*	177
6	Lean/Kanban: *Eliminando desperdícios e gerenciando o fluxo*	245
7	Preparando-se para o exame PMI-ACP®: *Teste seus conhecimentos*	307
8	Responsabilidade profissional: *Fazendo boas escolhas*	377
9	A prática leva à perfeição: *Exame Prático PMI-ACP*	391

Conteúdo

Introdução

Seu cérebro e o desenvolvimento ágil. Aqui *você vai* tentar *aprende*r algo, mas seu *cérebro* vai fazer de tudo para que o aprendizado não se *fixe*. Ele raciocina assim: "É melhor deixar espaço para coisas mais importantes, como animais selvagens ou definir se praticar snowboarding de cueca é uma boa ideia." Então, como convencer seu cérebro de que a sua vida depende de saber o suficiente para realmente "sacar" a metodologia ágil e talvez até passar no exame da certificação PMI-ACP?

Para quem é este livro?	xxii
Sabemos o que você está pensando	xxiii
Metacognição: Pensando sobre pensar	xxv
Veja o que fazer para que seu cérebro se curve em sinal de submissão	xxvii
Leia-me	xxviii
Equipe de revisão técnica	xxix
Agradecimentos	xxx

índice

1. O que é desenvolvimento ágil?
Princípios e práticas

Esse é um momento excelente para ser um desenvolvedor ágil!

Pela primeira vez, nossa indústria conseguiu resolver, de forma eficaz e sustentável, problemas que vêm desafiando sucessivas gerações de equipes de desenvolvimento de software. As equipes de desenvolvimento ágil utilizam **práticas** simples e diretas que comprovadamente funcionam em projetos reais. Mas alto lá... se ele é tão bom assim, por que nem todo mundo utiliza a metodologia ágil? Observe que, no mundo real, uma prática que funciona muito bem para uma equipe pode causar sérios problemas para outra. A diferença está na **mentalidade** da equipe. Então, prepare-se para mudar a forma como pensa sobre seus projetos!

Os novos recursos parecem ótimos...	2
... mas as coisas nem sempre saem como o esperado	3
Ao resgate com o desenvolvimento Ágil!	4
Kate tenta adotar a reunião diária	5
Cada profissional tem uma postura diferente	6
Uma boa mentalidade auxilia na realização da prática	8
Então, o que é desenvolvimento ágil, afinal?	10
O Scrum é a forma mais comum de abordar o desenvolvimento ágil	12
A certificação PMI-ACP pode ajudá-lo a se tornar um desenvolvedor ágil	18

Todos na equipe devem ficar de pé para que as reuniões diárias sejam curtas, naturais e objetivas.

Mas esse cara está realmente prestando atenção no que seus colegas estão dizendo?

2
Valores e princípios ágeis
Mentalidade e método

Não existe uma receita "perfeita" para se criar um excelente software. Algumas equipes obtiveram muito sucesso e grandes avanços ao adotarem as práticas, métodos e metodologias ágeis, mas outras tiveram dificuldades. Agora sabemos que o diferencial é a mentalidade. Então, o que fazer para obter esses ótimos resultados com o *desenvolvimento ágil* na sua equipe? Como confirmar se sua equipe está com a mentalidade correta? É aí que entra o **Manifesto Ágil**. Quando sua equipe compreende esses **valores e princípios**, começa a pensar de forma diferente sobre as práticas ágeis e sua dinâmica, o que aumenta *muito mais sua eficiência*.

Um grande acontecimento em Snowbird	24
Manifesto Ágil	25
Adotar práticas no mundo real pode ser um desafio	26
Indivíduos e interações em vez de processos e ferramentas	27
Software em funcionamento em vez de documentação abrangente	28
Colaboração com o cliente em vez de documentação abrangente	31
Responder a mudanças em vez de seguir um plano	32
Clínica de Perguntas: A pergunta "qual é a MELHOR"	36
Eles acham que se deram bem...	38
... mas se deram muito mal!	39
Os princípios por trás do Manifesto Ágil	40
Os princípios ágeis auxiliam na entrega do produto	42
Os princípios ágeis ajudam sua equipe a se comunicar e trabalhar em conjunto	52
O novo produto é um sucesso!	56
Perguntas do Exame	58

índice

3
Gerenciando projetos com Scrum
As Regras do Scrum

As regras do Scrum podem ser simples, mas aplicá-las na prática não é. Há um bom motivo para o scrum ser a abordagem mais comum ao desenvolvimento ágil: **as regras do Scrum** são diretas e fáceis de aprender. A maioria das equipes não precisa de muito tempo para assimilar os **eventos**, **funções** e **artefatos** indicados nessas regras. Mas para que o Scrum seja implementado com eficiência, as equipes devem compreender efetivamente os **valores do Scrum** e os princípios do Manifesto Ágil e desenvolver uma atitude produtiva. Devido a essa aparente simplicidade do Scrum e à forma como as equipes **examinam** e **se adaptam** constantemente, essa abordagem acaba representando uma perspectiva inteiramente nova sobre projetos.

Conheça a equipe da Rancho Hand Games	73
Os eventos do Scrum viabilizam a execução dos projetos	74
As funções do Scrum definem as atribuições dos profissionais	75
Os artefatos Scrum mantêm a equipe a par dos eventos	76
Os valores do Scrum aumentam a eficiência da equipe	82
Clínica de Perguntas: O que vem depois?	90
A tarefa só termina quando é concluída	92
As equipes Scrum se adaptam às mudanças durante a Etapa	93
O Manifesto Ágil ajuda a "sacar" o Scrum	96
As coisas melhoraram para a equipe	102
Perguntas do Exame	104

Com o novo Product Owner, a equipe vai definir os recursos mais importantes para incluir na próxima Etapa.

índice

4 Planejamento e estimativa ágil
Práticas Scrum Comumente Aceitas

As equipes de desenvolvimento ágil utilizam ferramentas de planejamento objetivas em seus projetos. Já as equipes Scrum planejam seus projetos em grupo para que todos os profissionais se comprometam com o objetivo de cada etapa. Para consolidar seu **comprometimento coletivo**, a equipe deve atuar em conjunto e dispor de métodos simples e acessíveis de planejamento, estimativa e acompanhamento. Através de recursos como **histórias de usuários**, **planning poker** *(técnicas de estimativa de software)*, **velocidade** e **gráficos de burndown** *(gráficos de progresso dos trabalhos)*, as equipes Scrum acompanham todo o processo e determinam as futuras demandas. Prepare-se para conhecer as ferramentas que informam e viabilizam o controle das equipes Scrum sobre os itens criados!

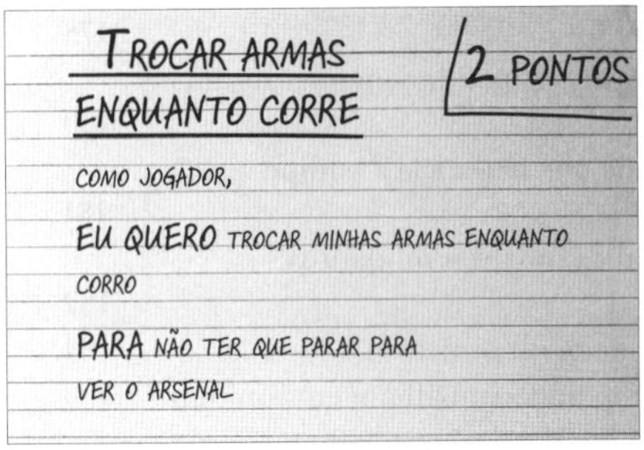

De volta ao rancho...	118
O que fazer agora?	121
Conheça as GASPs!	122
Especificações de 300 páginas? Nunca mais!	124
As histórias do usuário facilitam a compreensão das demandas dos usuários pelas equipes	125
Os pontos da história permitem que a equipe trabalhe com o tamanho relativo de cada história	126
A equipe faz estimativas em grupo	132
Chega de planos detalhados para os projetos	134
Quadros de tarefas mantêm as equipes informadas	136
Clínica de Perguntas: Pegadinha	140
Os gráficos de burndown indicam o trabalho restante para a equipe	143
A velocidade indica o volume de trabalho que a equipe pode realizar em uma etapa	144
Os burnups dividem o progresso e o escopo do projeto	147
Como definir o que criar?	148
Os mapas da história facilitam a priorização do backlog	149
Os personagens facilitam a identificação dos usuários	150
As notícias poderiam ser melhores...	152
As retrospectivas viabilizam o aperfeiçoamento do modelo de trabalho da equipe	154
Algumas ferramentas para aumentar a eficiência das retrospectivas	156
Perguntas do Exame	164

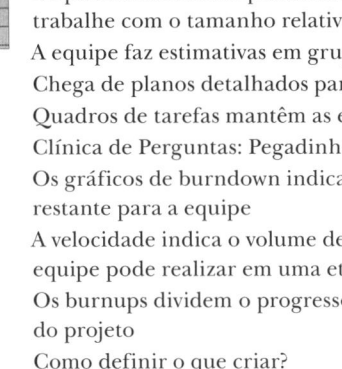

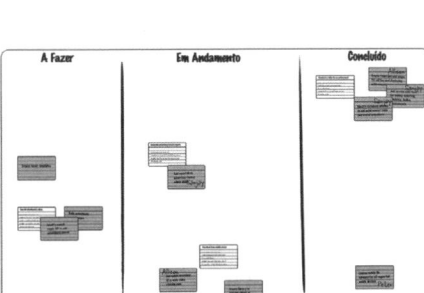

xv

5

XP (programação extrema)
Receptividade a mudanças

O sucesso das equipes de desenvolvimento de software depende da criação de um excelente código. Até mesmo boas equipes e desenvolvedores talentosos têm que lidar com problemas de programação. Quando pequenas mudanças no código dão origem a uma **sequência de erros** e confirmações comuns resultam em horas de correção de conflitos de mesclagem, *um trabalho que geralmente é satisfatório* torna-se **irritante**, **chato** e **frustrante**. É nesse ponto que o **XP** entra em cena. Essa metodologia ágil promove a formação de equipes coesas, uma boa **comunicação** e um **ambiente harmônico e dinâmico**. Quando as equipes criam códigos **simples** (e não complexos) podem ser receptivas a *mudanças* em vez de temê-las.

Conheça a equipe da CircuitTrak	178
Esticar o expediente e trabalhar nos finais de semana causam problemas no código	180
O XP promove uma mentalidade que beneficia a equipe e o código	181
O desenvolvimento iterativo indica possíveis mudanças para as equipes	182
Coragem e respeito afastam o medo do projeto	184
As equipes programam melhor quando trabalham em conjunto	190
As equipes têm melhor desempenho quando trabalham no mesmo local	192
As equipes XP valorizam a comunicação	194
Colaboradores com mentes relaxadas e descansadas têm melhor desempenho	196
Clínica de Perguntas: A pergunta do tipo "qual NÃO é"	200
As equipes XP são receptivas a mudanças	204
A troca frequente de feedback modera a extensão das mudanças	205
Experiências ruins causam um medo racional de mudanças	206
As práticas XP oferecem feedback sobre o código	208
As equipes XP utilizam compilações automáticas de execução rápida	210
Uma integração contínua evita surpresas desagradáveis	211
O ciclo semanal começa com a criação de testes	212
As equipes ágeis recebem feedback do design e dos testes	214
Programação em pares	216
É muito difícil manter um código complexo	223
Equipes que valorizam a simplicidade criam um código melhor	224
A simplicidade é um princípio ágil fundamental	225
Todas as equipes acumulam dívida técnica	226
As equipes XP "pagam" a dívida técnica em cada ciclo semanal	227
O design incremental começa (e termina) com um código simples	228
Perguntas do Exame	234

índice

Lean/Kanban
Eliminando desperdícios e gerenciando o fluxo

As equipes ágeis sabem que sempre podem melhorar seu desempenho.
Profissionais que adotam uma **mentalidade Lean** sabem como descobrir se estão dedicando seu tempo a tarefas que não **entregam valor**. Em seguida, eliminam o **desperdício** que está atrasando o grupo. Muitas equipes que adotam a mentalidade Lean usam o **Kanban** para definir os **limites do trabalho em andamento** e criar **sistemas puxados** para que os profissionais não se distraiam com tarefas pouco importantes. Neste capítulo, vamos aprender a conceber o processo de desenvolvimento como um **sistema completo** para, assim, criar softwares melhores!

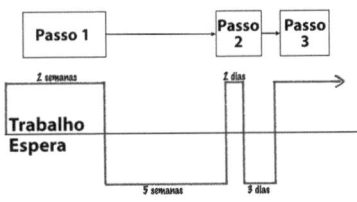

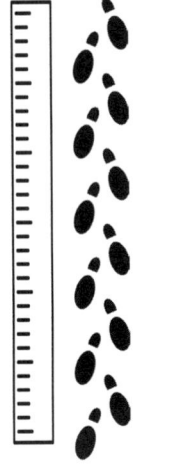

Problemas com o Analisador de Audiência 2.5	246
Lean é uma mentalidade (não uma metodologia)	248
Os princípios Lean trazem uma nova perspectiva	249
Mais princípios Lean	250
Algumas ferramentas do pensamento que você ainda não conhece	254
Outras ferramentas do pensamento Lean	256
Categorizar o desperdício pode ajudar a vê-lo melhor	260
Os mapas do fluxo de valor possibilitam a visualização do desperdício	264
Tentando executar muitas tarefas ao mesmo tempo	267
Anatomia de uma Opção	270
A lógica dos sistemas oferece um quadro geral para as equipes Lean	272
Algumas "melhorias" não funcionaram	273
As equipes Lean utilizam sistemas puxados para atuarem sempre nas tarefas mais úteis	274
Clínica de Perguntas: A opção menos ruim	278
O Kanban utiliza um sistema puxado para melhorar o processo	280
Utilize painéis Kanban para visualizar o fluxo	281
Como utilizar o Kanban para melhorar o processo	282
A equipe cria o fluxo de trabalho	284
A equipe está entregando mais rápido	291
Os diagramas de fluxo cumulativos viabilizam o controle do fluxo	292
As equipes Kanban conversam sobre suas políticas	293
Os ciclos de feedback indicam como o processo está funcionando	294
Agora, todos na equipe estão colaborando para definir as melhores formas de trabalhar!	295
Perguntas do Exame	300

xvii

índice

7
Preparando-se para o exame PMI-ACP®
Teste seus conhecimentos

Uau! Você acumulou muitas informações nos últimos seis capítulos! Falamos bastante sobre os valores e princípios do manifesto ágil e como eles orientam a mentalidade ágil, exploramos a forma como as equipes adotam o Scrum para gerenciar projetos, descobrimos uma engenharia de alto nível com o XP e vimos como as equipes podem melhorar seu desempenho utilizando o Lean/Kanban. Agora, vamos **lembrar** e exercitar alguns dos conceitos mais importantes abordados no livro. Observe que o **exame PMI-ACP® não se limita** à compreensão da lógica das ferramentas, técnicas e conceitos do desenvolvimento ágil. Para marcar uma pontuação muita alta no teste, você deve entender como as equipes **utilizam esses recursos em situações reais**. Portanto, vamos criar *uma nova perspectiva para abordar os conceitos ágeis* através de um **conjunto completo de exercícios, quebra-cabeças e perguntas práticas** (além de novas informações), desenvolvido especificamente para ajudá-lo a se preparar para o exame PMI-ACP®.

A certificação PMI-ACP® é importante...	308
O exame PMI-ACP® segue o padrão indicado no resumo do conteúdo	309
"Você é um profissional ágil..."	310
Um relacionamento de longo prazo para o cérebro	313
Domínio 1: Princípios e Mentalidade Ágil	314
Domínio 1: Perguntas do Exame	316
Domínio 2: Entrega Baseada em Valor	322
As equipes ágeis priorizam os requisitos com base no valor para o cliente	325
Os cálculos de valor possibilitam a definição dos projetos a serem desenvolvidos	326
Domínio 2: Entrega Baseada em Valor	330
Domínio 3: Envolvimento das Partes Interessadas	336
Domínio 4: Desempenho da Equipe	337
Domínio 3: Envolvimento das Partes Interessadas	338
Domínio 4: Desempenho da Equipe	339
Domínio 5: Planejamento Adaptável	348
Adapte seu estilo de liderança de acordo com a evolução da equipe	349
Mais ferramentas e técnicas	351
Domínio 6: Detecção e Resolução de Problemas	360
Domínio 7: Melhoria Contínua	361
Domínio 5: Planejamento Adaptativo	372
Domínio 6: Detecção e Resolução de Problemas	373
Domínio 7: Melhoria contínua	374
Você está pronto para o exame final?	376

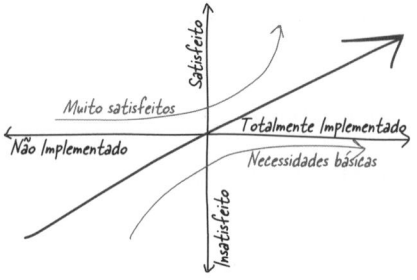

índice

8 Responsabilidade profissional
Fazendo boas escolhas

Não basta apenas saber como fazer o seu trabalho. É preciso fazer boas escolhas para ser um bom profissional. Os profissionais que têm a credencial PMI-ACP devem observar o **Código de Ética e Conduta Profissional do Instituto de Gerenciamento de Projetos**. O Código orienta **decisões éticas** em situações que não estão previstas nas obras de referência dessa área de conhecimento. Algumas perguntas sobre este tema podem aparecer no exame PMI-ACP, mas a maior parte do tópico é **muito intuitiva** e, com uma breve revisão, você se sairá bem.

Fazendo a coisa certa	378
O dinheiro é a melhor opção?	380
Voar na classe executiva?	381
Novo software	382
Atalhos	383
Um bom preço ou um rio limpo?	384
Não somos todos anjinhos	385
Perguntas do Exame	386
Complete PMI-ACP® Practice Exam	391

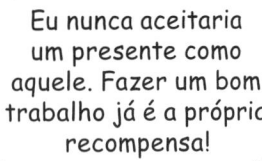

9
A prática leva à perfeição
Exame Prático PMI-ACP

Você nunca imaginou que chegaria tão longe! Foi uma longa jornada até aqui, mas agora você está pronto para revisar seus conhecimento e se preparar para o exame. Você acumulou muitas informações sobre o desenvolvimento ágil e chegou a hora de testar suas habilidades. Para isso, o exame prático a seguir traz 120 perguntas do PMI-ACP®, elaboradas **com base no conteúdo do exame PMI-ACP®** utilizado pelos especialistas do PMI. Portanto, o teste se parece *com a prova que você irá fazer*. Prepare-se para exercitar seu cérebro. Respire fundo e vamos começar.

Complete PMI-ACP® Practice Exam	391
Antes de você conferir as respostas...	423

como utilizar este livro
Introdução

Nesta seção vamos responder a pergunta que não quer calar: "Por que eles colocaram ISSO em um livro sobre desenvolvimento ágil?"

como utilizar este livro

Para quem é este livro?

Se responder "sim" para qualquer uma dessas perguntas:

① Você atua como **desenvolvedor, gerente de projetos, analista de negócios, designer** ou membro de uma equipe e quer melhorar seus projetos?

② **Sua equipe está aderindo ao desenvolvimento ágil,** mas você não sabe realmente o que isso significa nem a sua função nesse processo?

③ Você está pensando em procurar emprego e quer entender **por que os empregadores estão pedindo experiência em desenvolvimento ágil?**

④ Você prefere uma **estimulante conversa informal** em vez de **palestras acadêmicas** chatas e cansativas?

este livro é para você.

> O PMI-ACP® (Profissional Certificado em Métodos Ágeis) é uma das certificações mais procuradas pelos empregadores do mundo inteiro.

> ### Você está se preparando para o exame PMI-ACP®?
>
> *Então, este livro com certeza é para você! Escrevemos essa obra para fixar ideias, conceitos e práticas do desenvolvimento ágil em seu cérebro e cobrimos 100% do conteúdo de cada tópico do exame. Incluímos muito material de preparação para o exame, inclusive um simulado completo muito próximo do real!*

Quem provavelmente deve se afastar deste livro?

Se responder "sim" para qualquer uma dessas perguntas:

① Você **nunca** trabalhou em nenhuma equipe ou com outras pessoas para concretizar algum objetivo?

② Você é do tipo que faz tudo sozinho e acha que trabalhar em equipe é sempre *perda de tempo*?

③ Você tem **medo de tentar algo diferente**? Prefere ir ao dentista e fazer um canal a inovar? Na sua opinião, um livro técnico que antropomorfiza conceitos, ferramentas e ideias do desenvolvimento ágil não pode ser sério?

> Se você nunca integrou uma equipe, não irá reconhecer muitas das ideias da metodologia ágil. Não precisa necessariamente ter sido uma equipe de software, mas experiências em qualquer tipo de equipe serão muito úteis!

este livro não é para você.

[Nota do marketing: Este livro é para leitores determinados.]

introdução

Sabemos o que você está pensando

"*Este* livro é mesmo uma obra séria sobre desenvolvimento ágil?"

"O que significam todos esses gráficos?"

"Posso mesmo *aprender* com esse método?"

Sabemos o que seu *cérebro* está pensando.

Seu cérebro acha que ISSO é importante.

Seu cérebro anseia por novidades. Está sempre procurando, escaneando, *esperando* por algo incomum. Essa é sua função: viabilizar a sobrevivência.

Então, o que seu cérebro faz com todas as coisas normais e comuns que encontra? Resposta: faz tudo que *puder* para não interferir com seu *verdadeiro* trabalho: registrar o que realmente *importa*. Ele não se ocupa de registrar coisas chatas, que nunca passam pelo filtro "isso obviamente não é importante".

Como seu cérebro *sabe* o que é importante? Imagine que está passeando quando um tigre pula na sua frente. O que acontece com a sua cabeça e o seu corpo?

Neurônios disparam. Emoções afloram. *Ocorre uma súbita reação química.*

É assim que seu cérebro sabe...

Isso deve ser importante! Não se esqueça!

Agora, imagine que está em casa ou em uma biblioteca. O lugar parece uma zona segura, confortável e sem tigres. Você está estudando para um exame. Ou talvez esteja tentando aprender um assunto técnico difícil, no prazo máximo de dez dias estabelecido pelo seu chefe.

Porém há um problema. Seu cérebro está querendo ajudar. Está tentando verificar se esse conteúdo, *obviamente* sem importância, não irá consumir seus escassos recursos. Esses recursos serão melhor aproveitados se armazenarem coisas realmente *grandes*, como tigres, riscos de incêndio e a determinação de nunca mais fazer snowboard de cueca.

Porém, não é simples dizer ao seu cérebro: "Olha, obrigado, mas não importa se esse livro é chato ou marca poucos pontos na escala Richter Emocional. Eu realmente *quero* lembrar disso."

Legal. Faltam só 458 páginas chatas e maçantes.

Seu cérebro acha que não vale a pena registrar ISSO.

você está aqui ▶ xxiii

Pensamos no leitor da série "Use a Cabeça!" como um aluno.

Como podemos *aprender* algo? Primeiro, você precisa *fixar*, ou seja, não *esquecer*. Mas não se trata de estocar fatos em sua mente. Com base nas últimas pesquisas em Ciências cognitivas, Neurobiologia e Psicologia educacional, podemos afirmar que o *aprendizado* vai muito além do ato de ler uma página. Sabemos como estimular seu cérebro.

Alguns princípios do aprendizado da série Use a Cabeça!:

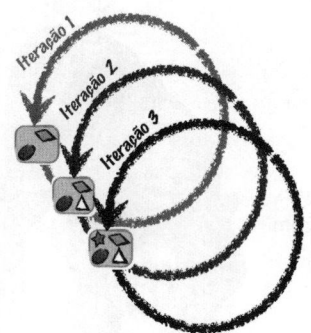

Utilize recursos visuais. Imagens são muito mais fáceis de memorizar do que palavras e aumentam bastante a eficiência do aprendizado (até 89% de melhora nas habilidades de reter e transferir informações) e inteligibilidade dos dados. **Basta colocar as palavras dentro ou perto dos respectivos elementos gráficos**, e não ao final ou em outra página, para que os alunos tenham uma probabilidade *duas vezes maior* de resolver problemas relacionados ao conteúdo.

Use um estilo coloquial e personalizado. Em estudos recentes, os alunos tiveram um desempenho até 40% melhor nos testes pós-aprendizagem quando o conteúdo do material falava diretamente com o leitor utilizando um estilo de conversação em primeira pessoa em vez de um tom formal. Portanto, conte histórias, não faça palestras. Use uma linguagem casual. Não se leve tão a sério. *Você* costuma prestar mais atenção a uma conversa informal ou a uma palestra?

> Fiz uma simples pergunta de 10 segundos a Emy, e estou aguardando há duas horas pela resposta.

Incentive o leitor a pensar mais profundamente. Em outras palavras, a menos que você exercite ativamente seus neurônios, nada vai acontecer na sua cabeça. O leitor deve ser motivado, ativo, curioso e inspirado a resolver problemas, apontar conclusões e gerar novos conhecimentos. Para isso, você deve propor desafios, exercícios, perguntas e atividades de reflexão que envolvam ambos os lados do cérebro e vários sentidos.

Chame e mantenha a atenção do leitor. Todos já passamos pela experiência de dizer: "Eu realmente quero aprender isso, mas não consigo ficar acordado depois da primeira página." Seu cérebro presta atenção em coisas fora do comum, interessantes, estranhas, atraentes, inesperadas. Mas aprender um assunto técnico, novo e difícil não precisa ser chato. Seu cérebro vai aprender muito mais rápido se não estiver entediado.

Explore a dimensão emocional. Agora sabemos que sua capacidade de lembrar depende essencialmente do conteúdo emocional da lembrança. Você se lembra daquilo que gosta. Você se lembra quando *sente* algo. Não estamos falando de histórias tristes sobre um menino e seu cachorro, mas de emoções como surpresa, curiosidade, diversão, "nossa!" e "saquei!", que você sente quando resolve um enigma, aprende algo difícil ou se dá conta de que sabe algo que o Bob, o autoproclamado "melhor engenheiro do pedaço", *não sabe*.

introdução

Metacognição: pensando sobre pensar

Se você realmente quiser aprender com mais rapidez e profundidade, preste atenção ao modo como presta atenção. Pense sobre como costuma pensar. Aprenda a aprender.

A maioria de nós não frequentou cursos de metacognição e teoria da aprendizagem durante a formação. *Tivemos* que aprender, mas quase nunca fomos *ensinados* a aprender.

Como convencer meu cérebro a lembrar desse material...

Então, imaginamos que o leitor deste livro realmente quer aprender a gerenciar projetos e provavelmente não quer gastar muito tempo. Mas para aplicar o conteúdo da obra em um projeto real (e especialmente para prestar um exame!), você vai precisar *lembrar* do que leu e, portanto, precisa *entender*. Para aproveitar ao máximo este ou *qualquer* outro livro ou experiência de aprendizado, assuma o comando do seu cérebro e absorva *este* conteúdo.

O truque é convencer seu cérebro a considerar o material que você está aprendendo como muito importante e crucial para o seu bem-estar. Tão importante quanto um tigre. Caso contrário, você terá que enfrentar uma batalha constante e seu cérebro fará de tudo para esquecer o novo conteúdo.

Então, como CONVENCER seu cérebro a tratar o material sobre o desenvolvimento ágil como um tigre faminto?

Há um método lento e chato e outro mais rápido e eficaz. O primeiro consiste na pura repetição. Evidentemente, você sabe que é capaz de aprender e lembrar até mesmo dos temas mais chatos se martelar continuamente a mesma coisa na cabeça durante um tempo. Depois de uma boa dose de repetição, seu cérebro diz: "Isso não *parece* importante, mas ele continua lendo *várias vezes* a mesma coisa. Então, deve ser."

O método mais rápido é *intensificar a atividade cerebral*, especialmente os diferentes *tipos* de atividade cerebral. Os itens indicados na página anterior são grande parte da solução e comprovadamente auxiliam seu cérebro a trabalhar a seu favor. Por exemplo, estudos mostram que colocar palavras *dentro* das imagens que descrevem (e não em outro ponto da página, como em legendas ou no corpo do texto) estimula seu cérebro a organizar e estabelecer relações entre as palavras e as imagens, ativando mais neurônios. Quanto mais neurônios forem estimulados, maior será a probabilidade de o seu cérebro *entender* que a informação merece atenção e, possivelmente, registro.

Um estilo coloquial ajuda porque as pessoas tendem a prestar mais atenção a conversas, que devem ser acompanhadas em toda sua duração. Mas, incrivelmente, seu cérebro não *se importa* se a "conversa" ocorre com um livro! Por outro lado, ele percebe quando o estilo de escrita é formal e chato, como acontece em salas de aula com participantes passivos. Não há necessidade de ficar acordado.

Mas imagens e um estilo coloquial são apenas o começo.

como utilizar este livro

Aqui está o que NóS fizemos:

Utilizamos **imagens**, porque seu cérebro prioriza imagens em vez de texto. Para o seu cérebro, uma imagem realmente vale mais do que mil palavras. Além disso, quando texto e imagens aparecem juntos, seu cérebro funciona de forma mais eficaz quando o texto está *dentro* da imagem que descreve. Por isso, *inserimos* o texto nas imagens em vez de colocá-lo em uma legenda ou em outro ponto.

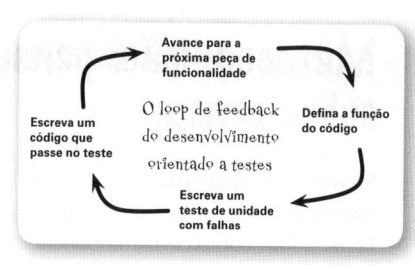

Fomos **insistentes** e explicamos o mesmo item de *diferentes* maneiras, com diferentes tipos de mídia e estimulando *vários sentidos*, para aumentar a probabilidade de retenção do conteúdo em mais de uma área do seu cérebro.

Utilizamos conceitos e imagens de formas **inesperadas** porque seu cérebro anseia por novidades. Igualmente, usamos imagens e ideias com *algum conteúdo* **emocional** porque seu cérebro está ligado na bioquímica das emoções. Quando você *sente* algo, é mais provável que lembre da informação, mesmo que esse sentimento seja apenas um pouco de **humor, surpresa** ou **interesse**.

Empregamos um *estilo coloquial* personalizado porque seu cérebro costuma prestar mais atenção em conversas do que apresentações formais, até mesmo quando está *lendo*.

Incluímos mais de 80 **atividades** porque seu cérebro aprende e lembra melhor quando *faz* algo do que quando *lê*. Além disso, criamos exercícios desafiadores que atendem ao perfil da maioria dos leitores.

Utilizamos vários **estilos de aprendizagem** porque, embora *você* prefira estudar por etapas, outros leitores podem primeiro querer entender o quadro geral ou conferir um exemplo. Mas, seja qual for sua preferência de aprendizagem, *todos* irão se beneficiar com a apresentação do mesmo conteúdo em vários formatos.

Incluímos conteúdo voltado para **os dois hemisférios do seu cérebro** a fim de ativar uma maior área cerebral e, portanto, aumentar o potencial de aprendizagem, memorização e concentração. Isso porque, quando um lado do cérebro trabalha, o outro geralmente descansa, o que aumenta a produtividade e permite ao leitor estudar por um período mais extenso.

Incluímos **histórias** e exercícios que apresentam **mais de um ponto de vista** porque seu cérebro memoriza melhor quando se vê forçado a fazer avaliações e julgamentos.

Incluímos **desafios** com exercícios e fizemos **perguntas** que nem sempre têm uma resposta direta porque seu cérebro costuma aprender e lembrar melhor quando *trabalha* em algum objeto. Pense: seu *corpo* não vai ficar em forma se você apenas *observar* pessoas na academia. Portanto, fizemos o melhor para que você se esforce ao máximo nos itens *corretos* e **não desperdice nenhum dendrito** processando exemplos difíceis ou um texto complicado e carregado de jargões.

Utilizamos **pessoas** em histórias, exemplos, fotos e assim por diante porque, bem, porque *você* é uma pessoa e seu cérebro presta mais atenção em *pessoas* do que *objetos*.

introdução

Recorte e cole em sua geladeira.

Veja o que fazer para que seu cérebro se curve em sinal de submissão

Fizemos nossa parte. O resto é com você. Essas dicas são um ponto de partida: ouça seu cérebro e veja o que funciona ou não para você. Experimente coisas novas.

---

① **Vá devagar. Quanto mais você entender, menos terá que memorizar.**

Não se limite a *ler*. Pare e pense. Quando o livro fizer uma pergunta, não procure logo a resposta. Imagine que alguém está realmente *fazendo* a pergunta. Quanto mais você forçar seu cérebro a pensar, mais chances terá de aprender e lembrar.

② **Faça os exercícios e escreva suas próprias anotações.**

Se resolvêssemos os exercícios do livro, seria como se alguém malhasse por você na academia. Então, não se limite a *olhar* os exercícios. **Use um lápis.** Muitas pesquisas apontam que praticar atividades físicas *durante* as sessões de estudo beneficia a aprendizagem.

③ **Leia as seções "Não existem perguntas idiotas".**

Leia todas essas seções. Elas não são apenas barras laterais opcionais: ***fazem parte do conteúdo!*** Não pule essas informações.

④ **Deixe este livro como última leitura do dia ou, pelo menos, último texto desafiador antes de dormir.**

Parte da aprendizagem (especialmente a transferência dos dados para a memória de longo prazo) acontece *depois* da leitura. Seu cérebro precisa de tempo para processar as informações. Se você inserir algo novo durante esse período, vai perder parte do que acabou de aprender.

⑤ **Beba água. Em grande quantidade.**

Seu cérebro trabalha melhor quando está bastante hidratado. A desidratação (que pode ocorrer antes da sede) debilita as funções cognitivas.

⑥ **Fale sobre o que está lendo. Em voz alta.**

Falar ativa uma parte diferente do cérebro. Para entender ou memorizar algo, fale em voz alta ou, melhor ainda, tente explicar o tema em voz alta para outra pessoa. Assim, você vai aprender mais rapidamente e descobrir ideias que desconhecia durante a leitura.

⑦ **Ouça seu cérebro.**

Tome cuidado para não sobrecarregar seu cérebro. Quando começar a esquecer o que acabou de ler, faça uma pausa. Depois de um certo ponto, você não vai aprender mais rápido se tentar forçar o estudo e pode até mesmo prejudicar o processo.

⑧ **Sinta!**

Seu cérebro precisa se convencer da *importância* do tema. Então, entre no clima das histórias. Invente legendas para as fotos. Reclamar de uma piada ruim *é* melhor do que não sentir nada.

⑨ **Crie algo!**

Aplique o que vai aprender no seu trabalho e nas decisões relacionadas aos seus projetos. Não se limite aos exercícios e atividades deste livro. Você só precisa de um lápis e de um problema para resolver... um problema em que possa utilizar as ferramentas e técnicas que vai aprender neste livro.

como utilizar este livro

Leia-me

Este livro é uma experiência de aprendizagem e não uma obra de referência. Retiramos deliberadamente tudo que poderia dificultar a aprendizagem de qualquer ponto do livro. Depois de ler, você certamente vai querer conservá-lo na estante para poder rever ideias, ferramentas e técnicas úteis. Mas, na primeira leitura, comece pelo início, pois o livro avança com base nas informações abordadas em sequência.

A redundância é intencional e importante.

Nos livros da série *Use a Cabeça!*, queremos que você *realmente* entenda os tópicos. Também queremos que lembre do que aprendeu ao fim da leitura. A maioria das obras de referência não tem como objetivo estimular as habilidades de retenção e recordação, mas este livro gira em torno da *aprendizagem*. Portanto, você verá alguns conceitos mais de uma vez.

Os exercícios da seção Poder do Cérebro não têm respostas.

Em alguns exercícios dessa seção, não há uma resposta correta; em outros, parte da experiência de aprendizagem consiste em determinar se as suas respostas estão corretas. Em alguns casos, você vai encontrar dicas que apontam a direção certa.

As atividades NÃO são opcionais.

Os exercícios e atividades não são complementos: fazem parte do conteúdo principal do livro. Servem para ajudar na memorização, compreensão e aplicação dos itens em estudo. Então, *não pule os exercícios*. Até as palavras cruzadas são importantes, pois ajudam a fixar os conceitos em seu cérebro. Além disso, há um fator mais importante: os exercícios servem para estimular seu cérebro a pensar sobre palavras e termos assimilados em contextos diferentes.

Responda as perguntas do exame mesmo que não esteja estudando para a prova!

Alguns leitores podem estar estudando para as 120 perguntas do exame da certificação PMI-ACP®. Felizmente, a maneira mais eficaz de se preparar para esse exame é **aprender o desenvolvimento ágil**. Então, mesmo que não esteja interessado na certificação PMI-ACP®, este livro ainda será útil para você. Responda as perguntas práticas do exame indicadas ao final de cada capítulo, pois elas são uma *forma realmente eficaz* de fixar os conceitos da metodologia ágil em seu cérebro.

introdução

Equipe de revisão técnica

Revisores Técnicos:

Dave Prior gerencia projetos de tecnologia há mais de 20 anos e trabalha exclusivamente com desenvolvimento ágil desde 2009. Instrutor certificado em Scrum, atua na LeadingAgile. Seu guru é Otis Redding e se ele pudesse ingerir apenas um alimento, seria café.

Keith Conant vem desenvolvendo software há 20 anos como engenheiro de software, gerente de projetos e gerente de grupos. Atualmente, lidera uma equipe a cargo do aperfeiçoamento de um aplicativo de pagamentos para pontos de venda usado por universidades do mundo inteiro. Fora do escritório, Keith geralmente está compondo, tocando bateria, guitarra ou teclado em alguma banda ou praticando caiaque, corrida, caminhada ou ciclismo.

Philip Cheung já desenvolve softwares há 15 anos e desde 2013 utiliza exclusivamente a metodologia ágil para gerenciar e entregar projetos. Atualmente, trabalha na criação de aplicativos corporativos para o setor financeiro. Philip gosta de escapar de vez em quando para o interior da Inglaterra e, quando se aposentar, quer viver em em uma encantadora casa na zona rural inglesa.

Kelly D. Marce, PMP®, PMI-ACP®, gerencia projetos há mais de nove anos. Atua como instrutora ágil, gerente de projetos certificada e mentora do PMP® em uma das principais empresas de serviços financeiros do Canadá. Em seu tempo livre, é produtora de eventos em sua comunidade e se dedica ao seu filho de quatro anos, Jacob.

Além disso, como sempre, tivemos a sorte de ter **Lisa Kellner** de volta à nossa equipe de revisão técnica. Lisa foi incrível, como de costume. Muito obrigado a todos!

como utilizar este livro

Agradecimentos

Nossa editora:

Queremos agradecer à nossa editora, **Nan Barber**, por editar este livro. Obrigado!

Nan Barber

Equipe O'Reilly:

Há muitas pessoas na O'Reilly que queremos agradecer e esperamos não esquecer ninguém.

Antes de mais nada, nosso muito obrigado à equipe de produção. Indicamos aqui algumas pessoas que certamente gostaríamos de agradecer.

Como sempre, amamos **Mary Treseler** e mal podemos esperar para trabalhar com ela novamente! Um grande alô para nossos outros amigos e editores: **Mike Hendrickson, Tim O'Reilly, Andy Oram, Laurel Ruma, Lindsay Ventimiglia, Melanie Yarbrough, Ron Bilodeau, Lucie Haskins** e **Jasmine Kwityn**. E se você está lendo este livro agora, agradeça à melhor equipe de publicidade do setor: **Marseen Henon, Kathryn Barret** e os demais colaboradores em Sebastopol.

introdução

**Elogios para o
Use a Cabeça! Ágil**

> Pedimos uma opinião sobre a primeira versão deste livro ao especialista em transformação organizacional e rockstar amador Mike Monsoon para citar na página "Elogios para...". Em vez disso, ele escreveu uma música!

Elogios

Já li muitos livros de desenvolvimento ágil
Mas todos se parecem,
Muito blá-blá-blá pretensioso cheio de formalidade,
Todos muito chatos.

Analise o desenvolvimento ágil para mim.
(Se este livro fosse uma camiseta,
Seria extragrande)

Meta meta metacognição
Finalmente encontrei a informação correta.
Gostei muito mesmo deste livro.
Mas não consigo bolar um elogio.

— Mike Monsoon, Rockst Internacional

Ouça a canção aqui: *https://bit.ly/head-first-agile-song* (conteúdo em inglês)

você está aqui ▶ **xxxi**

como utilizar este livro

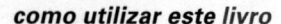

1 O que é desenvolvimento ágil?

Princípios e práticas

Esse é um momento excelente para ser um desenvolvedor ágil! Pela primeira vez, nossa indústria conseguiu resolver, de forma eficaz e sustentável, problemas que vêm desafiando sucessivas gerações de equipes de desenvolvimento de software. As equipes de desenvolvimento ágil utilizam **práticas** simples e diretas que comprovadamente funcionam em projetos reais. Mas alto lá... se ele é tão bom assim, por que nem todo mundo utiliza a metodologia ágil? Observe que, no mundo real, uma prática que funciona muito bem para uma equipe pode causar sérios problemas para outra. A diferença está na **mentalidade** da equipe. Então, prepare-se para mudar a forma como pensa sobre seus projetos!

este é um novo capítulo   1

parece que não teremos aquele *bônus*

Os novos recursos parecem ótimos...

Conheça Kate, gerente de projetos em uma startup bem-sucedida do Vale do Silício. Sua empresa desenvolve um software voltado para serviços de streaming de vídeos e músicas e estações de rádio na internet que permite analisar a audiência em tempo real e definir sugestões de programação que atendam às demandas dos espectadores ou ouvintes. Em breve, a equipe de Kate terá a oportunidade de desenvolver um produto muito bom para a startup.

> Quero falar com a equipe sobre como colocar esses novos recursos avançados de análise de audiência no próximo lançamento.

> Obrigado, Kate. Se a equipe concluir o serviço rapidamente, nosso maior cliente vai pedir mais 50 licenças e todos vamos ganhar um grande bônus esse ano!

Kate é gerente de projetos em uma equipe de software.

Ben é o Product Owner. Seu trabalho é conversar com os clientes, determinar suas demandas e criar novos recursos para eles.

o que é ágil?

... mas as coisas nem sempre saem como o esperado

A conversa de Kate com a equipe do projeto nem de longe foi como ela esperava. O que ela deve dizer a Ben?

Mike é o programador responsável e arquiteto.

Parece que temos uma oportunidade real de beneficiar nossos clientes.

Kate: Se colocarmos os novos recursos avançados de análise de audiência no próximo lançamento, vamos ganhar um grande bônus.

Mike: Isso parece ótimo.

Kate: Fantástico! Podemos contar com vocês?

Mike: Alto lá! Não vamos nos precipitar. Eu disse que *parece* ótimo. Mas é impossível no momento.

Kate: Como é que é?! Qual é, Mike.

Mike: Se essa mudança tivesse sido comunicada há quatro meses, quando ainda estávamos projetando o serviço de análise de dados, isso seria fácil. Mas agora teríamos que trocar uma fatia imensa do código por... bem, não quero entrar em detalhes técnicos.

Kate: Perfeito, porque também não quero ouvir.

Mike: Então... terminamos por aqui? Minha equipe está cheia de trabalho.

você está aqui ▶ 3

uma reunião de pé deve ser curta

Ao resgate com o desenvolvimento Ágil!

Ao ler sobre o tema, Kate começa a achar que a metodologia ágil pode ajudá-la a colocar esses recursos no próximo lançamento. O desenvolvimento ágil vem se popularizando entre as equipes de software porque os "novos desenvolvedores" sempre comentam sobre seus ótimos resultados com a metodologia ágil. Segundo eles, seus softwares são melhores agora, e isso faz uma grande diferença para esses desenvolvedores *e* seus usuários. Além disso, equipes de desenvolvimento ágil eficazes se dão bem melhor no local de trabalho! Todos ficam mais relaxados, e o ambiente, muito mais tranquilo.

Então, por que a metodologia ágil ficou tão popular? Há muitas razões para isso:

- ★ Quando as equipes adotam o desenvolvimento ágil, percebem que ele facilita bastante o cumprimento de prazos.
- ★ Também descobrem que podem reduzir os erros em seus softwares.
- ★ A manutenção do código fica bem mais fácil: não é mais uma dor de cabeça adicionar, estender ou alterar a base de código.
- ★ Os clientes ficam mais satisfeitos, o que sempre facilita a vida de todos.
- ★ Sobretudo, a qualidade de vida dos integrantes de equipes de desenvolvimento ágil eficazes melhora bastante, pois os profissionais podem chegar em casa mais cedo e raramente trabalham nos finais de semana (fato totalmente desconhecido por muitos desenvolvedores!).

Uma reunião diária é um bom ponto de partida

Uma das práticas de desenvolvimento ágil mais comuns entre as equipes é a **reunião diária**, um encontro realizado todos os dias para que os profissionais falem sobre seus serviços e desafios. Essa reunião deve ser curta e todos devem ficar de pé. Muitas equipes já se beneficiaram da inclusão de uma reunião diária a seus projetos, o que geralmente é o primeiro passo para a implementação da metodologia ágil.

Todos na equipe devem ficar de pé para que as reuniões diárias sejam curtas, naturais e objetivas.

Mas esse cara está realmente prestando atenção no que seus colegas estão dizendo?

o que é ágil?

Kate tenta adotar a reunião diária

Para a surpresa de Kate, nem todos na equipe de Mike compartilham seu entusiasmo pela nova prática. De fato, um dos desenvolvedores está irritado por ela ter sugerido a inclusão de mais uma reunião no cronograma e aparentemente ofendido com a ideia de participar diariamente de um encontro em que irá ouvir perguntas inconvenientes sobre sua rotina profissional.

> Os novos recursos são muito importantes. Vamos fazer reuniões diárias de status para que eu obtenha informações atualizadas da equipe a cada dia. Essa é uma ótima prática ágil que todos devem apoiar!

> Já temos reuniões demais! Se você não confia no nosso trabalho, melhor achar outra equipe para fazer o serviço.

Kate pensa que Mike e sua equipe estão sendo irracionais, mas talvez eles tenham razão. O que você acha?

PODER DO CÉREBRO

Na sua opinião, o que está acontecendo aqui? Mike está sendo irracional? Kate é muito exigente? Por que essa prática simples e bem aceita causa conflitos?

você está aqui ▶ 5

a mentalidade encontra a metodologia

Cada profissional tem uma postura diferente

No início, Kate teve problemas para adotar o desenvolvimento ágil, mas seu caso não foi uma exceção.

A verdade é que muitas equipes simplesmente não conseguiram obter os resultados esperados com a metodologia ágil. Você sabia que mais da metade das empresas de software já experimentou adotar o desenvolvimento ágil? Mas apesar das (muitas) histórias de sucesso, várias equipes obtiveram resultados pouco satisfatórios quando experimentam a metodologia ágil. De fato, há quem se sinta até um pouco passado para trás! Parece que o desenvolvimento ágil veio com a promessa de fazer grandes mudanças, mas tentar implementá-lo nos projetos da equipe nunca dá nunca certo.

É isso que está acontecendo com Kate. Depois de criar seu próprio plano, ela agora quer obter atualizações de status da equipe e, para isso, começou a arrastar profissionais relutantes para reuniões diárias. A equipe comparece, mas isso faz mesmo alguma diferença? Para evitar que os integrantes se afastem do seu plano, Kate pretende obter atualizações de status de cada membro da equipe. Por outro lado, Mike e os desenvolvedores só querem que as reuniões sejam muito curtas para poderem voltar ao trabalho "de verdade".

> **Durante a reunião diária pouco eficiente de Kate, os profissionais não prestam atenção e se limitam a esperar para comunicarem suas atualizações com a menor quantidade possível de palavras. Ela ainda consegue obter algumas informações úteis, mas em meio ao conflito e tédio e sem nenhuma colaboração dos outros participantes.**

*Só descubro os problemas quando já é **tarde demais** para fazer algo a respeito.*

*Quando temos que participar dessas reuniões, **sobra menos tempo** para escrever códigos.*

Duas pessoas podem ter opiniões muito diferentes sobre a mesma prática. Se ambas não identificarem nenhuma vantagem, a prática será muito ineficiente.

o que é ágil?

> Os projetos de software são assim, certo? O que funciona nos livros nem sempre funciona na vida real. Então, não há nada que se possa fazer a respeito disso, não é mesmo?

Não! A mentalidade certa aumenta a eficácia das práticas.

Vamos direto ao ponto: Kate está conduzindo suas reuniões diárias de acordo com o modelo tradicional. Embora não seja o ideal, uma reunião diária conduzida dessa forma *ainda pode trazer resultados*. Kate pode descobrir problemas no plano e beneficiar a equipe de Mike em longo prazo, caso esses lapsos sejam abordados em algum momento. Como a reunião diária é curta, vale a pena adotar essa prática.

Mas há uma grande diferença entre uma equipe de desenvolvimento ágil que se limita a fazer o básico e outra com excelentes resultados. O segredo desse diferencial é a **mentalidade** que a equipe adota para cada projeto. Pode parecer incrível, mas a postura de um profissional em relação a uma prática pode aumentar sua eficiência!

A postura dos membros em relação a práticas como a reunião diária tem um grande impacto na eficiência. Mesmo quando é chata e todos ficam na defensiva, a <u>eficácia</u> da reunião ainda <u>justifica</u> sua realização.

tenha a mentalidade *em mente*

Uma boa mentalidade auxilia na realização da prática

O que aconteceria se Kate e Mike tivessem uma mentalidade diferente ou se os profissionais tivessem *uma postura totalmente diferente* em relação às reuniões diárias?

Por exemplo, o que aconteceria se Kate orientasse todos na equipe a **trabalharem juntos** no planejamento do projeto? Ela passaria certamente a ouvir todos os desenvolvedores. Ao mudar *sua* atitude em relação à reunião, Kate vai pensar em como resolver a situação em vez de tentar descobrir como a equipe se desviou do plano. Para *ela*, o foco da reunião será outro: compreender o plano criado com a colaboração de todos e ajudar a equipe inteira a fazer seu trabalho da forma mais eficiente possível.

Essa é uma forma muito diferente de pensar o planejamento, que Kate nunca teve a oportunidade de observar em nenhum curso de treinamento em gerenciamento de projetos. Durante sua formação, ela sempre ouviu que seu trabalho era elaborar um plano de projeto e, basicamente, comunicá-lo para a equipe. Kate tinha ferramentas que permitiam avaliar o cumprimento do seu plano pela equipe e processos rigorosos para alterá-lo.

Agora, tudo mudou. Kate percebeu que a reunião diária só funcionaria **se ela fizesse um esforço extra para trabalhar com a equipe,** de modo que todos atuem em conjunto e determinem a melhor abordagem para o projeto. Só assim a reunião diária poderá ser uma ocasião em que a equipe inteira trabalha em grupo e toma decisões consistentes para que o projeto siga no caminho certo.

> Não tenho todas as respostas. Precisamos dessa reunião para planejarmos o projeto em **grupo**!

Kate costumava ficar frustrada quando descobria mudanças em seu plano de projeto, porque geralmente era tarde demais para a equipe alterar efetivamente seu procedimento.

Com as reuniões diárias, a equipe inteira agora trabalha com Kate diariamente para definir e implementar essas mudanças o quanto antes. Essa prática é muito mais eficiente!

o que é ágil?

> Quer dizer que, nessas reuniões diárias, **eu e minha equipe** seremos ouvidos e isso irá alterar a execução do projeto?

E o que aconteceria se Mike começasse a considerar a reunião não apenas como uma ocasião para apresentar atualizações de status, mas para *definir o andamento do projeto*, reunir diariamente os profissionais e aperfeiçoar o processo de trabalho? Nesse caso, a reunião passaria a ser muito importante para ele.

Em geral, um bom desenvolvedor tem opiniões não apenas sobre o código, mas sobre toda a direção do projeto. A reunião diária serve para garantir que o projeto seja executado de forma sensata e eficiente. Mike sabe que, em longo prazo, o código escrito trará mais benefícios para a equipe se as outras partes do projeto fluírem bem. Além disso, *todos os profissionais poderão ouvir* os problemas abordados na reunião, o que irá aperfeiçoar a execução do projeto.

A situação melhora bastante quando Mike e a equipe como um todo percebem que a reunião diária serve para planejar o trabalho do dia seguinte e que cada integrante deve participar do processo de planejamento.

> Faz sentido! É muito melhor planejar um projeto quando todos colaboram. Mas acredito que isso só funciona quando os participantes da reunião prestam atenção o tempo inteiro.

PODER DO CÉREBRO

Como mudar a mentalidade de uma equipe ou indivíduo? Lembre dos seus projetos e identifique, se for o caso, exemplos de mudanças de mentalidade, inclusive da sua.

as práticas nem sempre levam à perfeição

Então, o que é desenvolvimento ágil, afinal?

O desenvolvimento ágil é um conjunto de **métodos e metodologias** otimizados e voltados para problemas específicos que desafiam as equipes de software. Os elementos da metodologia ágil são simples para facilitar sua implementação.

Esses métodos e metodologias abordam todas as áreas da engenharia de software tradicional, como gerenciamento de projetos, design, arquitetura de software e melhoria de processos, e consistem em **práticas** simplificadas e otimizadas para facilitar sua adoção no que for possível.

> A equipe descumpriu o **meu** plano durante muito tempo. Agora, posso usar a reunião diária para que eles façam **tudo** que eu mandar.

Mentalidade versus metodologia

O desenvolvimento ágil *também* é uma **mentalidade**, uma ideia nova para quem nunca trabalhou com ele antes. Como a atitude de cada membro em relação às práticas utilizadas *pode fazer uma grande diferença* na sua eficácia, a mentalidade ágil se dedica a ajudar as pessoas a compartilharem informações entre si, facilitando bastante a tomada de decisões importantes relacionadas ao projeto (em vez de deixar essa atribuição apenas para o chefe ou gerente de projetos). Trata-se de abrir o planejamento, o design e a melhoria de processos para *toda* a equipe. Para que todos os profissionais desenvolvam uma mentalidade eficaz, cada metodologia ágil tem seu próprio conjunto de **valores** que orientam os membros das equipes.

> Se **trabalharmos juntos** no planejamento do projeto, poderemos utilizar a reunião diária para fazer correções durante o processo.

PODER DO CÉREBRO

O que acontece quando um membro da equipe sai no meio da reunião diária e não ouve seus colegas?

o que é ágil?

Aponte o seu lápis

Listamos aqui alguns problemas que Kate, Ben e Mike abordaram em uma reunião diária. Ao lado, indicamos práticas que geralmente são utilizadas pelas equipes de desenvolvimento ágil. Caso nunca tenha visto algumas delas, não se preocupe: vamos falar mais sobre elas ao longo do livro. Para ajudá-lo, incluímos uma breve descrição de cada prática. Tente associar cada problema à prática que pode corrigi-lo.

"Passamos horas revirando esse código espaguete até encontrar o erro!"

Uma **retrospectiva** é uma reunião na qual todos comentam a etapa mais recente do projeto e as eventuais lições que podem ser aprendidas.

"Agora que analisamos as histórias dos usuários, vamos definir como podemos planejar as próximas semanas de trabalho a partir delas."

Uma **história do usuário** é uma forma de expressar uma necessidade muito específica de um usuário e geralmente consiste em algumas frases escritas em um post-it ou ficha.

"Parece que sempre temos os mesmos tipos de problemas em todos os lançamentos."

Um **quadro de tarefas** é uma ferramenta de planejamento ágil na qual as histórias dos usuários são colocadas e categorizadas em colunas com base em seus status.

"Acabei de demonstrar um recurso novo para um dos nossos usuários de streaming de vídeos, mas ela disse que isso não vai resolver o problema apontado."

Um **gráfico de burndown** é um gráfico de linhas atualizado diariamente, cuja função é controlar o volume de trabalho pendente no projeto, indicando zero ao fim do serviço.

"Pensei que atualizaríamos o código do banco de dados de músicas até sexta-feira. Agora você está me dizendo que vai demorar mais três semanas?"

Para resolver problemas de código, os desenvolvedores **refatoram** constantemente ou aperfeiçoam a estrutura do código sem alterar seu comportamento.

> Se não conhece essas práticas, não se preocupe, pois falaremos mais sobre elas nos próximos capítulos.

você está aqui ▶ 11

uma estrutura metódica

O Scrum é a forma mais comum de abordar o desenvolvimento ágil

Há muitas formas de adotar o desenvolvimento ágil e uma longa lista de métodos e metodologias à disposição das equipes. Mas, ao longo dos anos, muitas pesquisas vêm apontando que a abordagem mais comum ao desenvolvimento ágil é o Scrum, uma estrutura de desenvolvimento de software focada no gerenciamento de projetos e no desenvolvimento de produtos.

Quando uma equipe utiliza o Scrum, cada projeto segue o mesmo padrão básico. Há três funções principais em um projeto Scrum: o **Product Owner** (como Ben), que trabalha com a equipe na manutenção do **Backlog do Produto**; o **Scrum Master**, que orienta a equipe na superação de obstáculos e os **Membros da Equipe de Desenvolvimento** (todos os demais integrantes da equipe). O projeto é dividido em **etapas** ou ciclos de igual duração (geralmente, duas semanas ou 30 dias) que seguem o padrão Scrum. No início da etapa, a equipe faz o **planejamento** para determinar os recursos do Backlog de Produtos que serão criados, em um processo chamado **Backlog da Etapa**. **Em seguida**, a equipe trabalha na criação desses recursos ao longo da etapa. Todos os dias é realizada uma pequena reunião chamada **Scrum Diário**. Ao final da etapa, o software em funcionamento é demonstrado para o Product Owner e os stakeholders na **revisão da etapa** e a equipe faz uma **retrospectiva** para determinar as lições que aprendeu.

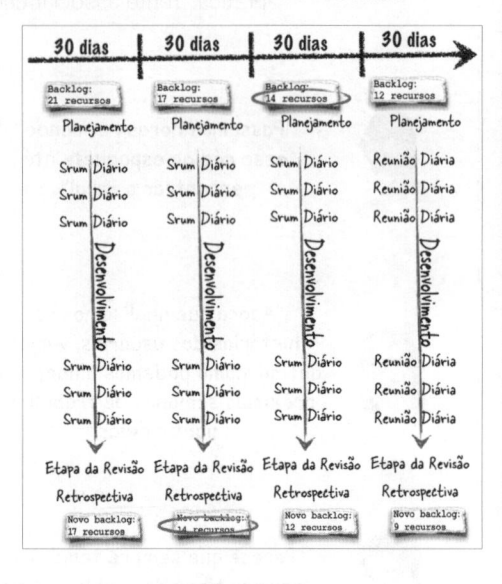

Vamos falar sobre o Scrum em detalhes nos Capítulos 3 e 4, indicando sua importância para que as equipes construam softwares melhores e realizem projetos de sucesso e explorando importantes conceitos e ideias compartilhadas por todas as equipes de desenvolvimento ágil.

XP e Lean/Kanban

Embora o Scrum seja a metodologia ágil mais popular, muitas equipes adotam outras abordagens. Outra metodologia muito popular é a **XP**, focada no desenvolvimento e programação de software e muitas vezes usada em combinação com o Scrum. Outras equipes abordam o desenvolvimento Ágil usando o **Lean** e o **Kanban**. Essa mentalidade fornece ferramentas para a compreensão do modelo atual de desenvolvimento de softwares e um método de contínua evolução. Falaremos sobre o XP e o Lean/Kanban nos Capítulos 5 e 6.

> ### Intimidado com o novo vocabulário?
>
> As novas palavras serão destacadas em **negrito** na primeira vez que aparecerem, como ocorreu nesta página. Se você não conhece algumas delas, não se preocupe! Compreender o contexto ajudará a fixar essas novas ideias em seu cérebro quando assimilar mais detalhes ao longo do livro. Isso faz parte da neurociência que facilita a leitura da série *Use a cabeça*!

Aponte o seu lápis
Solução

Analisar o projeto e definir o que deu certo e o que poderia melhorar pode evitar que se cometam os mesmos erros repetidamente.

↓

"Passamos horas revirando esse código espaguete até encontrar esse erro!"

Uma **retrospectiva** é uma reunião na qual todos comentam a etapa mais recente do projeto e as eventuais lições que podem ser aprendidas.

Um quadro de tarefas é uma ótima forma de permitir que a equipe inteira conheça a situação geral do projeto.

↓

"Agora que analisamos as histórias dos usuários, vamos definir como podemos planejar as próximas semanas de trabalho a partir delas."

Uma **história de usuário** é uma forma de expressar uma necessidade muito específica de um usuário e geralmente consiste em algumas frases escritas em um post-it ou ficha.

"Parece que sempre temos os mesmos tipos de problemas em todos os lançamentos."

Um **quadro de tarefas** é uma ferramenta de planejamento ágil na qual as histórias dos usuários são colocadas e categorizadas em colunas com base em seus status.

"Acabei de demonstrar um recurso novo para um dos nossos usuários de streaming de vídeos, mas ela disse que isso não vai resolver o problema apontado."

Um **gráfico de burndown** é um gráfico de linhas atualizado diariamente, cuja função é controlar o volume de trabalho pendente no projeto, indicando zero ao fim do serviço.

↑

Quando todos na equipe entendem os usuários e suas demandas, são mais produtivos e criam softwares que os usuários adoram.

Essa é uma prática do XP. Alguns gerentes de projetos ficam surpresos quando descobrem que há práticas de desenvolvimento ágil focadas em código e não apenas no planejamento e execução do projeto.

↓

"Pensei que atualizaríamos o código do banco de dados de músicas até sexta-feira. Agora você está me dizendo que vai demorar mais três semanas?"

Para resolver problemas de código, os desenvolvedores **refatoram** constantemente ou aperfeiçoam a estrutura do código sem alterar seu comportamento.

o que é ágil?

você está aqui ▶ 13

o desenvolvimento ágil não é só um nome novo para algo que já existe

Não existem Perguntas Idiotas

P: Parece que há muitas diferenças entre o Scrum, o XP e o Lean/Kanban. Por que essas metodologias são ágeis?

R: O Scrum, o XP e o Lean/Kanban abordam áreas muito diferentes. O Scrum prioriza o gerenciamento de projetos, definindo o trabalho em execução e verificando se o serviço está alinhado com as demandas dos usuários e stakeholders. O XP se dedica ao desenvolvimento de software, enfatizando a criação de código de alta qualidade, bem projetado e fácil de manter. O Lean/Kanban é uma combinação da mentalidade Lean e do método Kanban, sendo utilizado pelas equipes para aplicar melhoras contínuas no processo de criação de software.

Em outras palavras, o Scrum, o XP e o Lean/Kanban abordam três áreas diferentes da engenharia de software: gerenciamento de projetos, design e arquitetura e melhoria de processos. Logo, faz sentido que tenham práticas diferentes. Esse é o seu diferencial.

No próximo capítulo, vamos falar sobre seus pontos em comum: **valores e princípios compartilhados** que orientam as equipes na adoção de uma mentalidade ágil.

P: Será que isso não é dar novos nomes ao que eu já conheço? As etapas do Scrum são apenas marcos e fases do projeto, certo?

R: Quando você se depara pela primeira vez com uma metodologia ágil como o Scrum, é muito comum procurar características semelhantes às de algo que você já conhece. Isso é bom! Se tiver alguma experiência com equipes, você *conhece* grande parte do desenvolvimento ágil. Como sua equipe é produtiva, você e seus colegas com certeza estão acertando em muitas coisas que não querem mudar (ainda!).

No entanto, é muito fácil cair na armadilha de pensar que uma parte aparentemente familiar do desenvolvimento ágil corresponde exatamente a algo que você já conhece. Por exemplo, as etapas do Scrum *não são fases do projeto*. Existem muitas diferenças entre as fases e marcos do gerenciamento de projetos tradicional e as etapas no Scrum.

Por exemplo, em um plano de projeto típico, todas as fases são planejadas no início. Já no Scrum, apenas a próxima etapa é planejada em detalhes. Essa diferença pode parecer muito estranha para uma equipe acostumada com o gerenciamento de projetos tradicional.

Mais adiante, você vai aprender muito mais sobre o planejamento do Scrum e suas diferenças em relação às metodologias a que está acostumado. Enquanto isso, mantenha a mente aberta e tente perceber quando começar a pensar: "Isso parece algo que já conheço!"

PONTOS DE BALA

- Ao adotarem o desenvolvimento ágil, muitas equipes começam com a **reunião diária**, um encontro breve em que toda a equipe deve ficar de pé.

- Além de um conjunto de **métodos e metodologias**, o desenvolvimento ágil *também* é uma **mentalidade** ou atitude compartilhada por todos na equipe.

- A reunião diária é muito mais eficaz quando todos na equipe têm a **mentalidade** certa, ou seja, quando há uma boa comunicação e entrosamento entre os profissionais para que o projeto saia como planejado.

- Todas as metodologias de desenvolvimento ágil têm um conjunto de **valores** que orientam a equipe a adotar uma mentalidade mais eficaz.

- Ao compartilhar **princípios** e o mesmo conjunto de **valores**, os profissionais *podem aumentar bastante a eficiência* do método escolhido.

- O **Scrum**, uma estrutura voltada para o gerenciamento de projetos e desenvolvimento de produtos, é a abordagem mais comum ao desenvolvimento ágil.

- Em um projeto Scrum, a equipe divide o trabalho em **etapas** ou ciclos de igual duração (geralmente, 30 dias) que seguem o padrão Scrum.

- Toda etapa começa com uma sessão de **planejamento** para determinar o que será construído.

- Durante a etapa, a equipe trabalha no projeto e todos os dias faz uma breve reunião chamada **scrum diário**.

- No final da etapa, a equipe promove uma **revisão da etapa** junto aos interessados para demonstrar o software criado em funcionamento.

- Para finalizar a etapa, a equipe promove uma **retrospectiva**, onde determina como foi a etapa e discute formas de melhorar o desempenho do grupo.

o que é ágil?

Não ignore a importância da mentalidade!

Veja bem!

Muitas pessoas, especialmente os desenvolvedores mais fanáticos, param de prestar atenção logo que ouvem palavras como mentalidade, valores e princípios. Isso acontece sobretudo com programadores que têm o hábito de se trancar em uma sala e nunca falar com ninguém. Se você está começando a ir por esse caminho, tente dar um voto de confiança para essas ideias. Afinal, se um grande número de excelentes softwares foi construído dessa forma, existe alguma verdade aí... certo?

Aponte o seu lápis

Quais desses cenários são exemplos de aplicação de práticas e quais são exemplos de aplicação de princípios? Não se preocupe caso não conheça algumas dessas práticas: basta usar o contexto para descobrir a resposta correta. (Exercite essa ótima habilidade para passar em exames de certificação!)

1. Kate sabe que a maneira mais eficaz de comunicar informações importantes sobre o projeto para a equipe é através de uma **conversa cara a cara**.

   ☐ Princípio   ☐ Prática

2. Mike e sua equipe sabem que os usuários provavelmente mudarão de ideia no futuro, o que pode danificar o código. Portanto, usam o **design incremental** para verificar se o código poderá ser alterado facilmente no futuro.

   ☐ Princípio   ☐ Prática

3. Ben usa uma **persona** para modelar um usuário típico porque sabe que quanto mais a equipe entender os usuários, melhor será o trabalho de criação do software.

   ☐ Princípio   ☐ Prática

4. Mike sempre verifica se sua equipe está trabalhando em algo que possa demonstrar para Kate e Ben, pois sabe que o **software em funcionamento** é a melhor forma de indicar o progresso da equipe.

   ☐ Princípio   ☐ Prática

5. Para melhorar a forma como a equipe constrói softwares, Kate orienta os profissionais a **aperfeiçoarem suas habilidades colaborativas e experimentais**, sugerindo mudanças positivas para o processo e analisando dados para determinar os eventuais resultados dessas mudanças.

   ☐ Princípio   ☐ Prática

6. Mike e sua equipe são **abertos a mudanças** e criam um código fácil de mudar no futuro.

   ☐ Princípio   ☐ Prática

→ Respostas na página 20

mais visibilidade é melhor (certo?)

> Uau! Nunca trabalhamos tão bem antes. A reunião diária mudou tudo!

Kate: Esse projeto saiu bem melhor do que os anteriores. Tudo por causa de uma pequena reunião diária!

Mike: Não foi bem assim.

Kate: Qual é, Mike! Não seja tão pessimista.

Mike: É sério. Você não acha mesmo que foi a primeira a tentar resolver nossos problemas com reuniões, não é?

Kate: Bem, eu... er...

Mike: Como tivemos ótimos resultados, vou ser honesto. Quando as reuniões diárias começaram, quase todo mundo na equipe estava insatisfeito.

Kate: Verdade?

Mike: Sim. Lembra que nos primeiros 10 dias a maioria dos colaboradores ficava grudada nos celulares o tempo todo?

Kate: Lembro bem. Isso não foi legal. Para ser honesta, cheguei a pensar em cancelar tudo.

Mike: Até que uma programadora abordou um ponto importante da arquitetura. Todos prestaram atenção porque ela é muito competente e sua opinião é muito respeitada.

Kate: Isso mesmo. Tivemos que fazer uma grande mudança, e acabei cortando dois recursos no lançamento para ganhar espaço.

Mike: Sim! Isso foi muito importante. Em geral, quando nos deparamos com um problema assim, trabalhamos até altas horas para lidar com as consequências. Foi o que aconteceu quando descobrimos uma falha grave no algoritmo de análise do feedback dos ouvintes.

Kate: Foi horrível mesmo. Eu geralmente só descubro problemas como esse quando a equipe não consegue entregar o que prometeu. Dessa vez, identificamos o problema logo no início, e trabalhei com Ben para gerenciar as expectativas dos usuários e viabilizar o tempo necessário para que a equipe desenvolvesse uma nova abordagem.

Mike: Daqui para frente, vamos comunicar esses problemas sempre que aparecerem.

Kate: Como? Esse tipo de problema acontece com frequência?!

Mike: Você está brincando? Nunca vi um projeto que não tivesse ao menos uma surpresa desagradável logo no início da codificação. É assim que lidamos com projetos de software no mundo real, Kate.

Kate descobriu que, na prática, os projetos de software não são tão simples e perfeitos quanto na teoria. Antes, ela se limitava a desenvolver um plano e mandar a equipe trabalhar. Além disso, quando algo dava errado, era culpa deles e não dela.

Mas esse projeto foi bem melhor que os anteriores. Kate teve que se esforçar bastante para lidar com os problemas, mas obteve resultados excelentes!

Palavras Cruzadas do Desenvolvimento Ágil

o que é ágil?

Resolva essas palavras cruzadas e memorize algumas ideias sobre a metodologia ágil! Quantas palavras você consegue acertar sem consultar o capítulo?

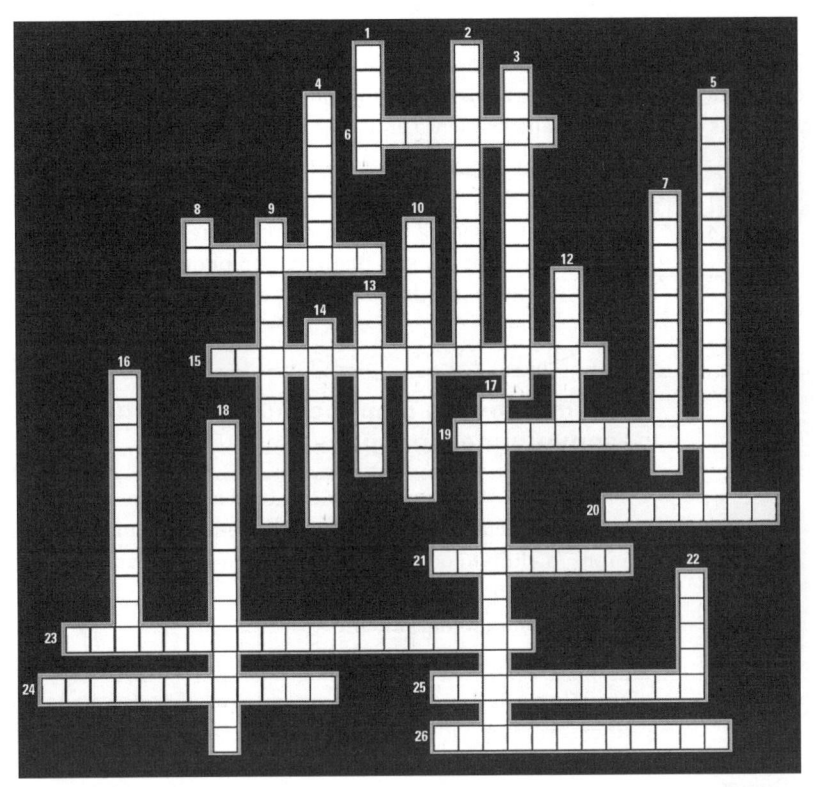

Horizontal

6. Público-alvo das demonstrações realizadas pela equipe Scrum
11. Principal foco do método ágil Kanban
15. Estado do software demonstrado pela equipe Scrum
19. Condição essencial para a implementação das práticas ágeis
20. Reunião promovida pela equipe Scrum ao final do projeto
21. Foco contínuo da metodologia Kanban para o desenvolvimento de softwares
23. Recurso utilizado pela equipe para definir seus usuários
24. Responsável por orientar a equipe a superar obstáculos e implementar o Scrum
25. Forma mais eficiente de conversa
26. Atividade realizada pelas equipes Scrum no início do projeto

Vertical

1. Abordagem ágil com foco na gestão de projetos e no desenvolvimento de produtos
2. Encontro em que a equipe conversa sobre a etapa mais recente e as lições que aprendeu nela
3. Integrante da equipe Scrum responsável por manter o backlog do produto
4. Referências que orientam as equipes na assimilação da mentalidade aplicável a uma metodologia
5. Ferramenta de planejamento ágil
7. Tipo de design utilizado pelas equipes XP para criar um código que seja fácil de mudar
8. Metodologia com foco em código e design de softwares
9. Encontro promovido pelas equipes Scrum diariamente
10. Procedimento realizado constantemente pelas equipes XP para melhorar a estrutura do código
12. Ferramenta ou técnica usada por uma equipe
13. Documento que lista os recursos que ainda não foram criados
14. Gráfico que indica o trabalho restante em um projeto
16. Recurso utilizado pela equipe para definir as demandas dos usuários
17. Encontro muito útil quando a equipe têm a mentalidade certa
18. Postura característica das equipes XP em relação a mudanças
22. Unidade da divisão cronológica dos projetos das equipes Scrum

você está aqui ▶

A certificação PMI-ACP pode ajudá-lo a se tornar um desenvolvedor ágil

A certificação Agile Certified Practitioner® (PMI-ACP) foi criada pelo Instituto de Gerenciamento de Projetos para atender às demandas de gerentes de projetos que trabalham cada vez mais com métodos, metodologias, práticas e técnicas ágeis. Como o PMP, o PMI desenvolveu um exame baseado em tarefas, ferramentas e práticas reais, utilizadas diariamente pelas equipes de desenvolvimento ágil.

> A certificação PMI-ACP se destina a profissionais que atuam em equipes de desenvolvimento ágil ou uma organização em vias de adotar a metodologia ágil.

> A examinadora está aqui para que você fique bem preparado para fazer o exame.

> Se você pretende fazer o exame, vamos ajudar na sua preparação propondo questões práticas dos exames para revisar o material de cada capítulo.

O exame aborda a aplicação prática do desenvolvimento ágil.

O exame PMI-ACP aborda o modo como as equipes trabalham no mundo real. Seu conteúdo cobre os métodos e metodologias mais comuns, incluindo o Scrum, o XP e o Lean/Kanban. As perguntas do exame são baseadas no conhecimento e nas tarefas práticas que as equipes executam diariamente.

Por isso, este livro tem, antes de mais nada, **o objetivo de ensinar a metodologia ágil**: porque compreender os métodos, metodologias, práticas, valores e ideias ágeis é a forma mais eficaz de se preparar para o exame da certificação PMI-ACP.

Mas além de ensinar tudo sobre o desenvolvimento ágil, também vamos abordar especificamente a matéria do exame. Este livro cobre **100% do conteúdo do exame PMI-ACP** e contém muitas perguntas práticas, dicas e exercícios de preparação, como um exame prático completo que simula a prova real.

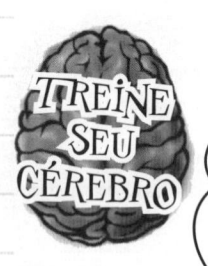

> **TREINE SEU CÉREBRO**
>
> Mesmo que você não esteja se preparando para a certificação PMI-ACP, responda as perguntas práticas. Essa forma diferente de abordar o material é uma ótima maneira de **memorizá-lo!**

No final dos Capítulos 2 ao 7 há uma lista de questões práticas, incluindo a seção "Clínica de Perguntas", que apresenta diferentes tipos de questões que podem ser cobradas no exame.

É muito útil aprender a reconhecer os diferentes tipos de perguntas que podem ser cobradas no exame, pois seu cérebro vai relaxar quando você vir algo familiar e talvez emita mais rapidamente uma resposta. A pergunta abaixo é do tipo **"Vamos aos fatos, senhora"**. À primeira vista, pede apenas algumas informações básicas, mas *leia todas as respostas com cuidado*! Muitas vezes, há uma resposta ardilosa que parece correta, mas não é.

---

39. Qual das seguintes opções é usada pelas equipes para determinar o progresso do projeto?

A. Reestruturação ← Algumas respostas estarão claramente erradas. Reestruturar é melhorar o código, não determinar o progresso do projeto.

B. Retrospectiva ← Algumas respostas podem *enganar*! A retrospectiva ajuda a equipe a entender melhor o projeto, mas não indica o progresso, porque aborda principalmente o trabalho já feito.

C. Gráfico de burndown ← Essa é a resposta certa! O gráfico de burndown é uma ferramenta que indica a evolução do projeto e os serviços pendentes.

D. Integração contínua ←

Ainda não falamos sobre integração contínua, uma prática adotada pelas equipes XP. Algumas perguntas do exame terão respostas que você não conhece, mas tudo bem! Relaxe e se concentre nos outros itens. Nesse caso, uma das respostas está correta. Quando não houver nenhuma, elimine alternativas e tente adivinhar a correta!

Usaremos perguntas práticas para apresentar dicas e estratégias para o exame...

... E VAMOS AJUDÁ-LO A SE PREPARAR PARA O EXAME PMI-ACP COM AS SEÇÕES "CLÍNICA DE PERGUNTAS", QUE ABORDAM DIFERENTES TIPOS DE PERGUNTAS QUE PODEM SER COBRADAS NO EXAME PARA QUE VOCÊ PRATIQUE.

soluções dos exercícios

Aponte o seu lápis
Solução

1. Kate sabe que a maneira mais eficaz de comunicar informações importantes sobre o projeto para a equipe é através de uma **conversa cara a cara**.

Esse é um dos princípios do desenvolvimento ágil: uma conversa cara a cara é a forma mais eficiente de transmitir informações para uma equipe de software.

☒ Princípio ☐ Prática

2. Mike e sua equipe sabem que os usuários provavelmente mudarão de ideia no futuro, o que pode danificar o código. Portanto, usam o **design incremental** para verificar se o código poderá ser alterado facilmente no futuro.

Design incremental é uma prática XP adotada pelas equipes para desenvolver a base de código de forma incremental.

☐ Princípio ☒ Prática

3. Ben usa uma **persona** para modelar um usuário típico porque sabe que quanto mais a equipe entender os usuários, melhor será o trabalho de criação do software.

Uma persona é uma prática que as equipes adotam para criar um usuário fictício com um nome (e, muitas vezes, uma foto falsa) a fim de entender melhor quem usará o software.

☐ Princípio ☒ Prática

4. Mike sempre verifica se sua equipe está trabalhando em algo que possa demonstrar para Kate e Ben, pois sabe que o **software em funcionamento** é a melhor forma de indicar o progresso da equipe.

Esse é um importante princípio ágil: o software em funcionamento é a principal medida do progresso do projeto e a forma mais eficaz de avaliar com precisão o desempenho da equipe.

☒ Princípio ☐ Prática

5. Para melhorar a forma como a equipe constrói softwares, Kate orienta os profissionais a **aperfeiçoarem suas habilidades colaborativas e experimentais**, sugerindo mudanças positivas para o processo e analisando dados para determinar os eventuais resultados dessas mudanças.

Essa é uma das principais práticas do Kanban. A equipe utiliza o método científico para conferir se as melhorias realmente funcionam na prática.

☐ Princípio ☒ Prática

6. Mike e sua equipe são **abertos a mudanças** e criam um código fácil de mudar no futuro.

Um valor importante compartilhado por equipes XP eficazes é sua receptividade a mudanças, que se opõe à postura de evitar ou resistir a elas.

☒ Princípio ☐ Prática

o que é ágil?

Palavras Cruzadas do Desenvolvimento Ágil – Solução

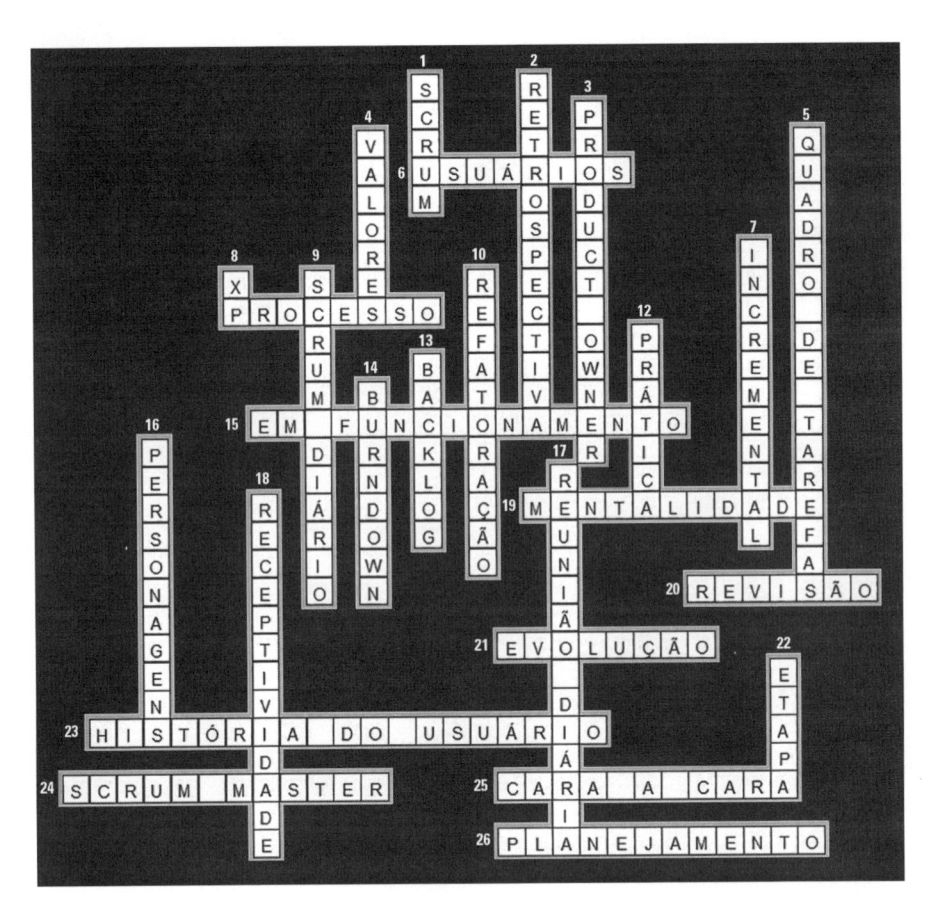

Horizontais:
6. USUÁRIOS
8. PROCESSO
15. EM FUNCIONAMENTO
19. MENTALIDADE
20. REVISÃO
21. EVOLUÇÃO
23. HISTÓRIA DO USUÁRIO
24. SCRUM MASTER
25. CARA A CARA
26. PLANEJAMENTO

Verticais:
1. SCRUM
2. RETROSPECTIVA
3. PRODUCT OWNER
4. VALORE
5. QUADRO DE TAREFA
7. INCREMENTAL
9. SCRUM
10. REFATIVRA
12. PRÁ
13. BAKLOG
14. BURNDOWN
16. PERSONAGEN
17. RRCICUNIÃÁ
18. RECEPTIVIDADE
22. ETAPA

> Confira suas repostas! A solução da seção "Aponte o Seu Lápis" na página anterior tem notas com **explicações úteis**! Com certeza, será uma boa ferramenta de aprendizado.

você está aqui ▶

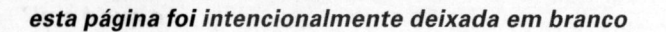

esta página foi intencionalmente deixada em branco

2 Valores e princípios ágeis

Mentalidade e método

> Sei que essa especificação tem problemas. Mas não consigo lembrar da última vez que alguém na equipe realmente **leu uma especificação** antes de escrever o código. Então, acho que estamos no zero a zero.

Não existe uma receita "perfeita" para se criar um excelente software. Algumas equipes obtiveram muito sucesso e grandes avanços ao adotarem as práticas, métodos e metodologias ágeis, mas outras tiveram dificuldades. Agora sabemos que o diferencial é a mentalidade. Então, o que fazer para obter esses ótimos resultados com o *desenvolvimento ágil* na sua equipe? Como confirmar se sua equipe está com a mentalidade correta? É aí que entra o **Manifesto Ágil**. Quando sua equipe compreende esses **valores e princípios**, começa a pensar de forma diferente sobre as práticas ágeis e sua dinâmica, o que aumenta *muito mais sua eficiência*.

este é um novo capítulo 23

o que as equipes de desenvolvimento ágil *valorizam*

Um grande acontecimento em Snowbird

Na década de 1990, um movimento reverberou pelo mundo do desenvolvimento de software. As equipes já estavam cansadas de criar software utilizando a forma tradicional do **processo em cascata**, no qual primeiro é necessário definir requisitos estritos para, em seguida, elaborar um projeto completo e desenvolver toda a arquitetura do software no papel antes de escrever o código.

Os profissionais nem sempre eram claros quando explicavam por que não gostavam do processo em cascata, mas concordavam que, de alguma forma, ele era "pesado" e complicado.

No final da década, era evidente que as equipes precisavam de um método mais "leve" para construir software, e várias metodologias, especialmente o Scrum e XP, se popularizaram em decorrência disso.

Um encontro de mentes

Em 2001, dezessete pessoas de mente aberta se reuniram na estação de esqui de Snowbird, nas montanhas de Salt Lake City, Utah. Nesse grupo havia líderes visionários da nova corrente "leve", como os criadores do Scrum e do XP. Ninguém sabia exatamente qual seria o resultado da reunião, mas uma forte intuição apontava para algo em comum nesses novos métodos leves para criar softwares. Todos só queriam confirmar essa hipótese e encontrar alguma forma de escrever isso.

Vários líderes do setor se reuniram para definir pontos comuns nos diversos métodos leves para criar softwares, cuja popularidade vinha aumentando.

valores e princípios ágeis

Manifesto Ágil

Em pouco tempo, o grupo definiu quatro valores comuns a todos os métodos e os registrou no documento que viria a ser conhecido como **Manifesto Ágil**.

Manifesto Ágil para Desenvolvimento de Softwares

Estamos em busca de métodos melhores para desenvolver softwares e ajudamos os outros a fazerem o mesmo.

Ao longo dessa procura, chegamos a esses valores:

Indivíduos e interações em vez de processos e ferramentas

Software em funcionamento em vez de uma documentação abrangente

Colaboração com o cliente em vez de negociação contratual

Receptividade a mudanças em vez de seguir um plano

Embora os itens à direita tenham valor, priorizamos mais os itens à esquerda.

> SE esses caras eram tão inteligentes assim, por que não definiram a **melhor forma de criar um software**? Por que esse papo de "valores"?

A ideia de que não existe um método "bala de prata" para criar softwares foi proposta na década de 1980 por Fred Brooks, um pioneiro na engenharia de software, no ensaio "No Silver Bullet".

Ninguém estava a fim de desenvolver uma metodologia "unificada".

Uma das ideias fundamentais na engenharia de software moderna é a de que **não existe a "melhor" forma de criar softwares**. Há décadas esse é um princípio importante para a engenharia de software. O Manifesto Ágil é eficaz porque *estabelece valores que ajudam as equipes a adotarem uma mentalidade ágil*. A equipe que, como um todo, incorpora genuinamente esses valores na forma de pensar está apta a criar um software melhor.

você está aqui ▶

ferramentas são ótimas pessoas são melhores

Adotar práticas no mundo real pode ser um desafio

As equipes estão sempre em busca de oportunidades para melhorar. Como vimos antes, as práticas podem ajudar nisso, sobretudo as práticas leves executadas pelas *equipes de desenvolvimento ágil*, pois são projetadas para serem simples, diretas e fáceis de adotar. Mas também vimos que a mentalidade ou a atitude da equipe podem dificultar a adoção da prática. Foi o que ocorreu quando Kate descobriu, ao tentar adotar uma rotina de reuniões diárias, que a sua atitude, a de Mike e a da equipe tinham um peso enorme.

> Enquanto isso, uma startup do Vale do Silício está criando um software de análise de audiência para serviços de streaming de vídeos e músicas...

> A reunião diária é uma excelente prática adotada por várias equipes. **Todos os livros que li sobre desenvolvimento ágil** dizem que é uma boa ideia.

> Mas estamos no **mundo real** e precisamos que a equipe "saque" o processo. Caso contrário, vamos apenas seguir a maré e isso não fará muita diferença.

Mike e Kate descobriram que não basta adotar uma prática "excelente" ou "correta". Sem a adesão dos profissionais, poderão haver conflitos e talvez a prática seja descartada.

Os quatro valores do Manifesto Ágil que orientam a equipe rumo a uma mentalidade melhor e mais eficiente

O Manifesto Ágil tem quatro linhas X sobre Y que ajudam a entender o que as *equipes de desenvolvimento ágil* devem valorizar. Cada linha informa algo específico sobre os valores essenciais de uma mentalidade ágil. Devemos usar esses valores para definir o que significa adotar o desenvolvimento ágil para uma equipe.

Vamos conferir cada um desses quatro valores ⟶

valores e princípios ágeis

Indivíduos e interações em vez de processos e ferramentas

As equipes de desenvolvimento ágil conhecem a importância dos processos e ferramentas. Já vimos algumas práticas utilizadas pelas equipes de desenvolvimento ágil: reuniões diárias, histórias dos usuários, quadros de tarefas, gráficos de burndown, reestruturação e retrospectivas. Essas são ferramentas valiosas e ótimos diferenciais para equipes de desenvolvimento ágil.

As equipes de desenvolvimento ágil priorizam indivíduos e interações, em vez de processos e ferramentas, pois trabalham melhor quando dão atenção ao elemento humano.

Já vimos o exemplo de Kate, que tentou introduzir reuniões diárias e acabou entrando em conflito com Mike e sua equipe de desenvolvimento. Isso ocorreu porque uma ferramenta pode funcionar muito bem para uma equipe e causar sérios problemas para outra se os profissionais não observarem nenhum benefício ou auxílio direto para a criação do software.

*De agora em diante, antes de adotar uma nova ferramenta ou processo, vou conversar com os membros da equipe e tentar entender as coisas **pela perspectiva deles.***

Boa ideia, Kate!

Os processos e ferramentas têm grande importância e utilidade para os projetos. Mas os **profissionais da equipe** são bem mais importantes. Portanto, as ferramentas adotadas devem melhorar as **interações** entre a equipe, os usuários e os stakeholders.

é um recurso não um erro

Software em funcionamento em vez de documentação abrangente

O que significa software "em funcionamento"? Como saber se o software funciona? Essa é uma pergunta bem difícil de responder. Para iniciar um projeto, uma equipe que atua com o modelo tradicional em cascata cria documentos com requisitos abrangentes a fim de determinar o que será construído. Em seguida, analisa essa documentação com os usuários e stakeholders e encaminha o projeto para que os desenvolvedores criem o software.

A maioria dos desenvolvedores profissionais já participou dessa terrível reunião, na qual uma equipe entusiasmada demonstra o software em desenvolvimento e ouve um usuário reclamar que falta um recurso importante ou que o software não funciona corretamente. Muitas vezes o encontro termina em discussão, como ocorreu entre Ben e Mike depois da demonstração de um recurso em que a equipe havia trabalhado vários meses:

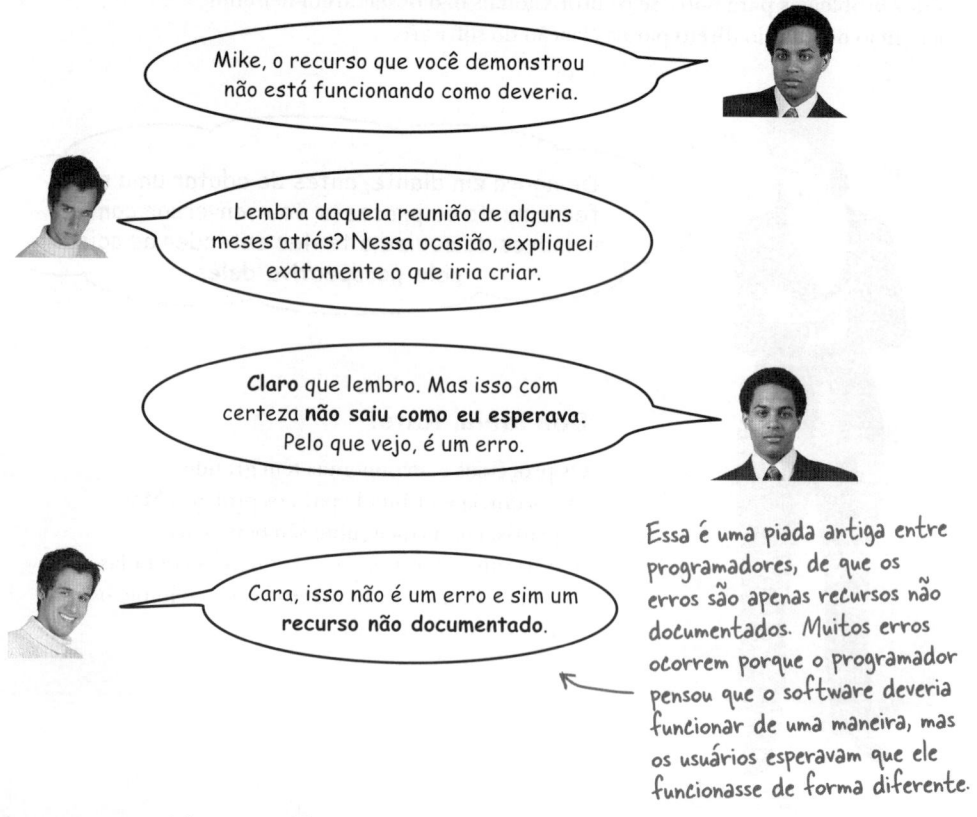

> Mike, o recurso que você demonstrou não está funcionando como deveria.

> Lembra daquela reunião de alguns meses atrás? Nessa ocasião, expliquei exatamente o que iria criar.

> **Claro** que lembro. Mas isso com certeza **não saiu como eu esperava**. Pelo que vejo, é um erro.

> Cara, isso não é um erro e sim um **recurso não documentado**.

Essa é uma piada antiga entre programadores, de que os erros são apenas recursos não documentados. Muitos erros ocorrem porque o programador pensou que o software deveria funcionar de uma maneira, mas os usuários esperavam que ele funcionasse de forma diferente.

Muitos tentam corrigir esse problema com uma documentação abrangente, o que pode realmente piorar a situação. O problema com a documentação é que duas pessoas podem ler a mesma página e formular duas interpretações totalmente diferentes.

É por isso que as *equipes de desenvolvimento ágil* valorizam mais o **software validado** que uma documentação abrangente: porque esse é o método mais eficiente para o usuário avaliar o bom funcionamento do software.

valores e princípios ágeis

EXERCITANDO O CÉREBRO

Os leitores do Use a Cabeça! PMP vão reconhecer esse pequeno enigma!

Lisa quer testar o componente firmware do Black Box 3000™, mas o produto "funciona" apenas em um dos cenários a seguir. Ajude Lisa a descobrir a versão do produto que tem o firmware "em funcionamento".

Dica: Falta uma informação importante. Sem ela, é muito difícil resolver o enigma.

Black Box 3000™

Talvez seja até impossível!

Cenário 1
Lisa pressiona o botão, mas nada acontece.

Então... Como posso verificar se o firmware na caixa está funcionando?

Cenário 2
Lisa pressiona o botão e a caixa emite uma voz que diz: "Você pressionou o botão de forma incorreta."

Nossa examinadora Lisa está testando o firmware do Black Box 3000™, mas não sabe realmente o que deve testar.

Cenário 3
Lisa pressiona o botão e a caixa aquece até a temperatura de 330 °C. Lisa deixa cair e a caixa quebra em mil pedaços.

```
Caso você não saiba, o termo firmware indica
um software programado na memória de leitura
de um hardware.
```

EXERCITANDO O CÉREBRO — EXPLICAÇÃO

Aqui está a informação crucial que faltava na página anterior: o Black Box 3000™ é o elemento de aquecimento de um forno industrial. Logo, o Cenário 3 demonstra o software "em funcionamento".

A melhor (e, às vezes, única) maneira de verificar se o software está funcionando é realizar um teste com os usuários. Se eles conseguirem utilizar o software para executar suas tarefas, o programa está funcionando. Como nem sempre é possível definir "em funcionamento" com precisão, as *equipes de desenvolvimento ágil também* valorizam a documentação abrangente, embora priorizem o software em funcionamento.

Nesse caso, o teste coube à Lisa. Tomara que ela tenha usado luvas de proteção!

Esse é um exemplo de documentação abrangente bastante útil para a equipe: a especificação do Black Box 3000™.

BLACK BOX 3000™
Manual de Especificações

O BB3K™ é um elemento de aquecimento para forno industrial.

O BB3K™ aquece até 330 °C em 0,8 segundo.

O BB3K™ tem um botão grande e fácil de pressionar.

Às vezes, a documentação pode ser útil, como, por exemplo, quando a função do software "em funcionamento" não é óbvia.

> Então é o Cenário 3 que indica o software em funcionamento. Ainda bem que havia uma documentação com essa informação... Porém, isso só aumentou a importância do acesso ao **produto real**.

Como agora sabe o que significa "em funcionamento", Lisa pode testar o software.

valores e princípios ágeis

Colaboração com o cliente em vez de documentação abrangente

Isso *não* tem nada a ver com consultores ou equipes de compras, que lidam rotineiramente com contratos!

Quando as equipes de desenvolvimento ágil abordam a negociação de contratos, geralmente indicam sua atitude em relação aos usuários, clientes ou outras equipes. Os profissionais que adotam uma mentalidade de "negociação de contrato" precisam definir exatamente o que a equipe criará antes de começarem a trabalhar. Muitas empresas incentivam essa mentalidade e orientam as equipes a estabelecerem "contratos" expressos (geralmente documentados em especificações e executados através de procedimentos estritos aplicáveis ao controle de alterações) para definir o produto e a data de entrega.

As equipes de desenvolvimento ágil valorizam mais a colaboração com o cliente do que a negociação de contratos, pois sabem que os projetos estão sujeitos a mudanças e que nunca há informações precisas no início de um serviço. Portanto, em vez de definirem exatamente o que será criado antes de começar, as equipes de desenvolvimento ágil **colaboram com seus usuários** para que todos obtenham os melhores resultados possíveis.

> A negociação de contratos é necessária quando os clientes não estão dispostos a colaborar. É muito difícil colaborar com pessoas incoerentes, como um cliente que sempre muda o escopo do projeto, mas se recusa a conceder tempo suficiente para que a equipe faça essas alterações.

> Sempre nos saímos melhor quando nos propomos a **colaborar** com os usuários em vez de negociarmos com eles.

As equipes Scrum se saem bem nisso porque dispõem de um **Product Owner,** como Ben, que atua efetivamente como um membro da equipe. Embora não programe, o Product Owner trabalha bastante no projeto, conversando com os usuários, definindo suas demandas e atuando junto à equipe para compreender esses pontos e criar um software operacional.

seus planos mudarão e está tudo bem

Responder a mudanças em vez de seguir um plano

Alguns gerentes de projetos atuam segundo o lema "planeje o trabalho e siga o plano", e as equipes de desenvolvimento ágil sabem da importância do planejamento. Mas quando a equipe segue um plano com problemas, pode acabar criando um produto com problemas.

Os projetos em cascata tradicionais podem lidar com mudanças, mas isso geralmente ocorre através de procedimentos de controle de alterações estritos e demorados, o que indica uma mentalidade que considera as alterações como exceção e não como regra.

Os planos têm a desvantagem de serem elaborados no início dos projetos, quando a equipe sabe muito pouco sobre o produto que irá criar. No entanto, as equipes de desenvolvimento ágil **preveem alterações em seus planos**.

É por isso que costumam usar metodologias com ferramentas que sempre ajudam a procurar as alterações e responder a elas. Você já viu tal ferramenta: a reunião diária.

> **Nos projetos ágeis, o produto é desenvolvido por etapas, sendo que cada uma delas parte das informações da etapa anterior. Esse método de elaboração de planos (requisitos ou outros itens utilizados em projetos) é chamado de *elaboração progressiva*.**

Antes das reuniões diárias, não encontrava nenhum problema no plano do projeto até ser tarde demais para lidar com ele.

Depois de resolverem suas diferenças, Kate e Mike concluíram que a reunião diária servia para que os profissionais verificassem o plano todos os dias e atuassem em grupo para responder às mudanças. A equipe que trabalha de forma coesa nas alterações pode atualizar o plano sem disseminar o caos no projeto.

Embora seja importante planejar o projeto, é essencial reconhecer que os planos serão alterados logo que a equipe começar a trabalhar no código.

valores e princípios ágeis

Veja bem!

Embora deem prioridade às respostas a mudanças, seguir um plano <u>ainda é importante</u> para as equipes de desenvolvimento ágil.

Confira novamente a última linha do Manifesto Ágil:

> Embora os itens à direita tenham valor,
> priorizamos mais os itens à esquerda.

Cada um dos quatro valores do Manifesto Ágil contém duas partes: algo que as equipes de desenvolvimento ágil valorizam (do lado direito) e algo que as equipes de desenvolvimento ágil valorizam ainda mais (do lado esquerdo).

Portanto, quando as equipes de desenvolvimento ágil dizem que priorizam responder a mudanças em vez de seguir um plano, não estão afirmando que **não** *valorizam o planejamento, mas o contrário! Seguir um plano continua sendo de suma importância, mas as equipes valorizam <u>mais</u> responder a mudanças.*

Na verdade, as equipes Scrum realmente <u>planejam mais</u> do que as equipes tradicionais que adotam processos em cascata! Mas como respondem muito bem a mudanças, os profissionais dessas equipes acabam não percebendo isso.

PONTOS DE BALA

- O **Manifesto Ágil** foi escrito em 2001 por um grupo que se reuniu para encontrar pontos comuns nos diferentes métodos, metodologias e abordagens "leves" à construção de softwares.

- O Manifesto Ágil estabelece **quatro valores** que orientam as equipes de desenvolvimento ágil a adotarem a mentalidade certa.

- As equipes de desenvolvimento ágil **valorizam processos e ferramentas** que otimizam sua organização e eficiência.

- Mas elas **valorizam** *ainda mais* **pessoas e interações** porque trabalham melhor quando dão atenção ao elemento humano.

- As equipes de desenvolvimento ágil **valorizam a documentação abrangente** porque essa é uma forma eficiente de comunicar exigências e ideias complexas.

- Mas elas **valorizam** *ainda mais* **o software em funcionamento** por ser a forma mais eficiente de comunicar o progresso e obter feedback dos usuários.

- As equipes de desenvolvimento ágil **valorizam a negociação do contrato** porque, às vezes, essa é a única forma eficiente de trabalhar em meio a uma cultura empresarial baseada na punição dos erros.

- Mas elas **valorizam** *ainda mais* **a colaboração com o cliente** porque é muito mais eficiente para criar softwares do que manter uma relação formal ou antagônica com o cliente.

- As equipes de desenvolvimento ágil **valorizam a postura de seguir um plano** porque, sem planejamento, projetos complexos de software costumam dar errado.

- Mas elas **valorizam** *ainda mais* **uma atitude baseada na resposta a mudanças,** pois seguir um plano errado acaba levando à criação do software errado.

você está aqui ▶ 33

fixe os valores em seu cérebro

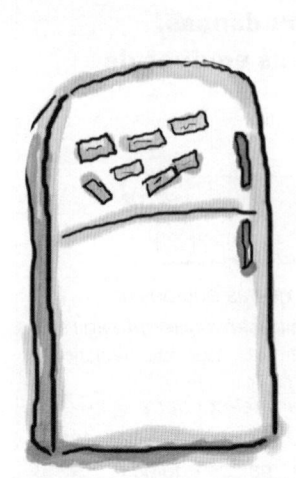

Manifesto dos Ímãs

Opa! Você tinha recriado perfeitamente o Manifesto Ágil com ímãs de geladeira, mas alguém bateu a porta e todos caíram no chão. O que você acha de montar tudo de novo? Veja se consegue fazer isso sem virar a página e procurar por dicas.

Alguns dos ímãs ficaram na geladeira. Deixe esses ímãs onde estão.

> Manifesto para o Desenvolvimento Ágil de Softwares
>
> Estamos em busca de métodos melhores para desenvolver
>
> softwares e ajudamos outros a fazerem o mesmo.
>
> Ao longo dessa procura, chegamos a

Não se preocupe com a ordem dos valores.

Como os quatro valores do Manifesto Ágil têm importância igual, não há uma ordem específica para organizá-los. Mas não esqueça de associar cada valor ao seu par específico (X em vez de Y).

em vez de

em vez de

em vez de

em vez de

Os outros ímãs caíram da geladeira. Você pode colocá-los no lugar certo?

Embora os | itens à | tenham | valor
priorizamos | mais | os itens à

seguindo	indivíduos	mudança	esquerda	cliente	valoriza	plano	ferramentas
contrato	em funcionamento						negociação
	processos		e	e	para	abrangente	
direita		colaboração	um		documentação		software
		interações	responder				

→ Respostas na página 66

34   Capítulo 2

valores **e** *princípios ágeis*

não existem Perguntas Idiotas

P: O que quer dizer "cascata" mesmo?

R: "Cascata" indica a forma específica de criação de softwares utilizada tradicionalmente por algumas empresas. Nesse modelo, os projetos são divididos em fases e geralmente podem ser representados por um diagrama parecido com esse:

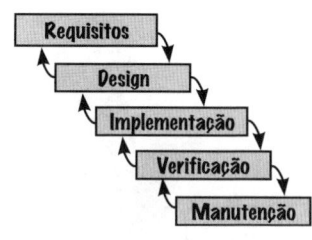

- Requisitos
- Design
- Implementação
- Verificação
- Manutenção

O nome "cascata" foi criado por um pesquisador e engenheiro de software na década de 1970, o primeiro a descrever esse modelo como uma forma pouco eficiente de criar softwares. Em regra, a equipe deve conceber um documento de requisitos e um design quase perfeitos antes de começar a criar o código, pois voltar atrás e consertar eventuais problemas nos requisitos e no design demanda muito tempo e esforço.

Mas muitas vezes não há como saber se os requisitos e o design estão corretos até a equipe começar a criar o código. Comumente, uma equipe que atua com projetos em cascata acha que fez tudo certo na documentação, mas acaba descobrindo graves falhas quando os desenvolvedores começam a implementar o design.

P: Então, por que as pessoas ainda usam processos em cascata?

R: Porque funciona ou, pelo menos, *pode* funcionar. Muitas equipes já criaram ótimos softwares utilizando processos em cascata. Certamente, é possível criar primeiro os requisitos e o design a fim de reduzir a necessidade de futuras alterações.

E o mais importante: há muitas empresas cuja cultura realmente combina com um processo em cascata. Por exemplo, imagine que seu chefe vai puni-lo severamente se achar que você cometeu um erro. Logo, se ele aprovar pessoalmente os requisitos e os documentos de design completos antes do código ser escrito, seu emprego pode ser salvo. Mas, seja qual for o procedimento, o esforço necessário para identificar o responsável por cada decisão no projeto é descontado da energia que poderia ser empregada na criação do produto.

P: No final das contas, o processo em cascata é bom ou ruim? Ele é menos "leve" que a metodologia, abordagem ou framework ágil?

R: Nem "bom" nem "ruim", o processo em cascata é apenas um modo de fazer as coisas. Como qualquer ferramenta, tem seus pontos fortes e fracos.

No entanto, muitas equipes vêm obtendo mais sucesso com metodologias ágeis como o Scrum do que com o processo em cascata. Essas organizações acham que o processo em cascata é muito "pesado" e impõe muitas restrições à sua estrutura operacional: as empresas são obrigadas a passar por fases de elaboração de requisitos e design completos antes do código ser escrito. No próximo capítulo, vamos ver como as equipes Scrum usam as etapas e as práticas de planejamento para criar o software rapidamente e entregar o produto em funcionamento aos usuários. Isso dissemina uma sensação de "leveza" entre a equipe porque todas as suas ações têm efeito imediato sobre o código criado.

P: Então, como eu devo executar meus projetos? Minha equipe deve criar uma documentação ou não? Devemos trabalhar com base em uma especificação completa ou descartar completamente a documentação?

R: A documentação é importante para as equipes de desenvolvimento ágil, principalmente por ser uma forma eficiente de criar um software operacional. Mas a documentação só será útil se for lida, o que, na prática, quase nunca acontece.

Quando entrego um documento de requisitos de especificação que escrevi para a equipe criar o software, esse documento não é importante. Na verdade, o essencial é que o que **está na minha cabeça coincida com o que está na sua** e na cabeça dos membros da equipe. Em alguns casos de cálculos complexos ou fluxos de trabalho, *um documento pode ser uma forma eficiente* de viabilizar um **entendimento compartilhado** que permita a criação de excelentes softwares.

P: Ainda não entendi direito a ideia da importância dos valores. Minha equipe precisa deles para programas?

R: Os valores no Manifesto Ágil servem para orientar você e sua equipe a adotarem uma mentalidade que estimule a criação de softwares melhores. Como já vimos, a mentalidade e a atitude em relação às práticas utilizadas fazem uma grande diferença.

Considere o exemplo do último capítulo, em que Kate e Mike tiveram problemas com a reunião diária. Kate só obteve resultados medíocres quando aproveitou a ocasião para explicar seu plano e exigir atualizações de status da equipe. Os resultados só melhoraram com o advento de uma atitude mais colaborativa. É assim que a mentalidade exerce um grande efeito sobre os resultados no mundo real.

Clínica de Perguntas: A pergunta "qual é a MELHOR"

Uma ótima maneira de se preparar para o exame é aprender os diferentes tipos de perguntas e escrever algumas. Cada seção Clínica de Perguntas trará um tipo diferente de pergunta e um exercício para que você formule uma questão. Mesmo que não esteja se preparando para o exame da certificação PMI-ACP, faça o exercício. Essa é uma ótima forma de fixar esses conceitos no seu cérebro!

Faça uma pausa no capítulo e leia a Clínica de Perguntas. Sua função é dar uma folga para o seu cérebro e fazer você pensar em algo diferente.

> Nos exames, muitas perguntas pedem para você escolher a MELHOR resposta. Entre as alternativas, em geral, há uma resposta muito boa e outra resposta bem **melhor**.

Não é má ideia envolver a alta administração, mas deixe isso para quando precisar resolver conflitos sérios. A equipe deve trabalhar com o usuário e resolver os problemas em conjunto, sem recorrer à autoridade.

Como as equipes de desenvolvimento ágil valorizam a postura de seguir um plano, essa é uma boa ideia... mas não esqueça que a prioridade é responder a mudanças. Existe outra resposta mais adequada aos valores ágeis?

82. Um usuário solicita um recurso novo e muito importante, mas desenvolver esse produto fará com que a equipe perca o prazo relativo a outro recurso no qual planeja trabalhar. Qual é a MELHOR ação inicial para a equipe?

A. Marcar uma reunião com o gerente sênior para obter uma decisão oficial sobre a prioridade relativa

B. Seguir o plano já formulado para não perder o prazo e priorizar o novo recurso como próximo projeto

C. Conversar com o usuário e definir se a importância do novo recurso justifica a alteração do plano

D. Iniciar o processo de controle de alterações

Esta é a MELHOR resposta! As equipes de desenvolvimento ágil valorizam mais responder a mudanças do que seguir um plano. Logo, a melhor ação é entrar em contato com o usuário rapidamente e obter as informações necessárias para definir conjuntamente as eventuais mudanças no plano.

Para o exame PMP, essa pode ser a resposta certa. Além disso, as muitas equipes de desenvolvimento ágil de empresas que adotam um processo de controle de alterações talvez optem por essa ação. Mas a pergunta indaga o que a equipe deve fazer <u>inicialmente</u>, e essa é uma etapa posterior (quando houver!).

> A pergunta "Qual é a MELHOR" tem mais de uma resposta certa, mas apenas uma delas é a **MELHOR**.

A MELHOR resposta

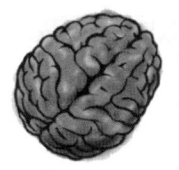

Exercícios Livres

*Preencha os espaços em branco para formular uma pergunta "qual é a MELHOR" sobre como as equipes de desenvolvimento ágil priorizam a **colaboração com o cliente** em vez da negociação do contrato.*

Você atua como desenvolvedor em um projeto _____ . Um _____
   (um setor)   (um tipo de usuário)

solicita _____, mas é preciso_____.
       (pedido do usuário)   (uma ação complexa)

Qual é a MELHOR forma de lidar com a situação?

   A. _____
      (uma resposta obviamente errada e que não tem nada a ver com a pergunta)

   B. _____
      (uma boa resposta que traz uma boa ideia, mas é irrelevante para o valor)

   C. _____
      (uma resposta melhor e consistente com a valorização da negociação contratual)

   D. _____
      (a MELHOR resposta e a única consistente com a valorização da colaboração com o cliente)

SENHORAS E SENHORES, DE VOLTA AO CAPÍTULO DOIS

gostaria que tivéssemos falado sobre isso antes

Eles acham que se deram bem...

Mike está trabalhando com a equipe de desenvolvimento há quase um ano em um recurso novo e fora de série que, para alegria de todos, acaba de ficar pronto.

> Acabamos de testar nosso novo recurso "Big Brother". Já notou que os membros individuais do público geralmente são **anônimos**? Diante disso, criamos uma forma de usar a *inteligência artificial avançada* para **encontrar seus perfis nas redes sociais** e desenvolver experiências individualizadas!

> Agora, podemos encontrar dados como e-mail, telefone e até o endereço dos ouvintes! Imagine o que nossos clientes podem fazer com esse tipo de informação. Será uma ferramenta de marketing incrível!

valores e princípios ágeis

... mas se deram muito mal!

Parece que Mike e sua equipe jogaram um ano de trabalho fora desenvolvendo um produto que ninguém quer. O que aconteceu?

> Teria sido ótimo se a entrega tivesse ocorrido **um ano atrás**, mas não podemos utilizar o recurso agora!

Mike: O quê?! Estamos trabalhando nisso há um ano. Você está dizendo que esse foi um ano jogado fora?

Ben: Não faço ideia de como vocês administram o tempo. Mas não consigo definir como esse recurso pode ser utilizado pelos nossos *clientes*.

Mike: E a apresentação que fizemos na conferência do ano passado? Alguns clientes disseram que gostariam muito de saber quem são seus ouvintes para desenvolver campanhas específicas.

Ben: Certo. Nove meses atrás, três desses clientes foram indiciados por crimes contra a privacidade. Agora nenhum cliente quer saber desse recurso.

Mike: Mas produzimos uma grande inovação! Você não tem ideia do número de problemas técnicos que resolvemos. Até contratamos uma consultoria especializada em IA para desenvolver a análise avançada de clientes!

Ben: Nem sei o que dizer, Mike. Você pode reutilizar o código em outro projeto?

Mike: Vamos tentar ao máximo. Mas **sempre que extraímos partes do código, ocorrem erros**.

Ben: Gostaria que você tivesse me falado antes.

> Faz sentido! Grande parte dos erros ocorre quando reformulamos ou modificamos um código escrito para outro propósito.

PODER DO CÉREBRO

Se as *equipes de desenvolvimento ágil* valorizam a atitude de responder a mudanças que muitas vezes provocam a reformulação do código, como evitar que essa reformulação cause erros?

você está aqui ▶ 39

uma abordagem baseada em princípios

Os princípios por trás do Manifesto Ágil

Os quatro valores do Manifesto Ágil captam muito bem a essência da mentalidade ágil. Contudo, embora esses quatro valores sejam ótimos para viabilizar uma compreensão de alto nível sobre o que significa "pensar como um programador ágil", muitas decisões de rotina devem ser tomadas pela equipe de software. Portanto, além desses quatro valores, existem **12 princípios subjacentes ao Manifesto Ágil** para orientá-lo a entender *efetivamente* essa mentalidade.

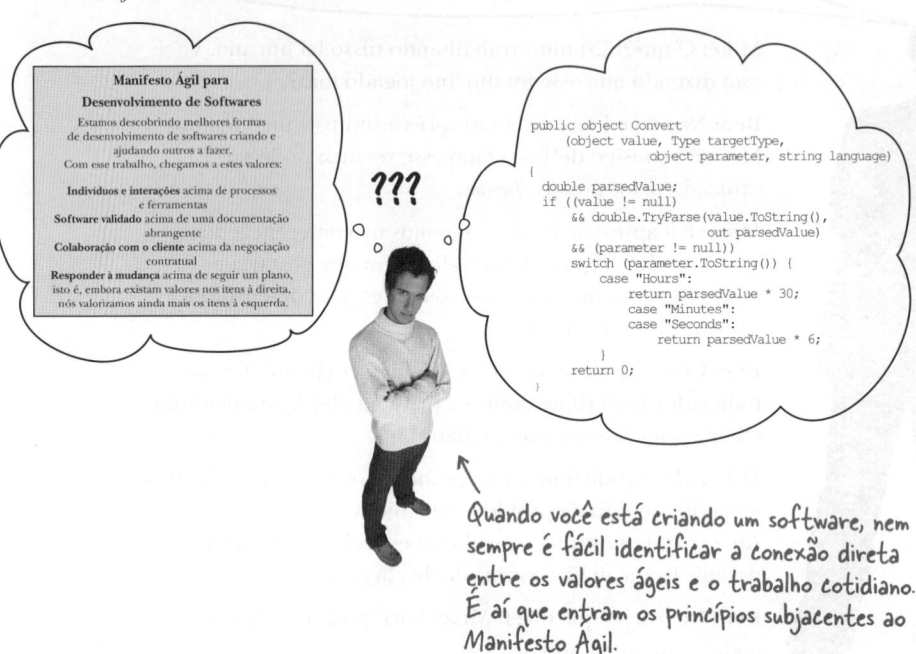

> **Manifesto Ágil para Desenvolvimento de Softwares**
>
> Estamos descobrindo melhores formas de desenvolvimento de softwares criando e ajudando outros a fazer.
> Com esse trabalho, chegamos a estes valores:
>
> **Indivíduos e interações** acima de processos e ferramentas
> **Software validado** acima de uma documentação abrangente
> **Colaboração com o cliente** acima da negociação contratual
> **Responder à mudança** acima de seguir um plano, isto é, embora existam valores nos itens à direita, nós valorizamos ainda mais os itens à esquerda.

```
public object Convert
    (object value, Type targetType,
        object parameter, string language)
{
    double parsedValue;
    if ((value != null)
        && double.TryParse(value.ToString(),
            out parsedValue))
        && (parameter != null))
        switch (parameter.ToString()) {
            case "Hours":
                return parsedValue * 30;
            case "Minutes":
            case "Seconds":
                return parsedValue * 6;
        }
    return 0;
}
```

???

Quando você está criando um software, nem sempre é fácil identificar a conexão direta entre os valores ágeis e o trabalho cotidiano. É aí que entram os princípios subjacentes ao Manifesto Ágil.

Nos Bastidores

O grupo em Snowbird rapidamente desenvolveu os quatro valores, mas só depois de alguns dias de discussão chegou-se a um acordo sobre os 12 princípios do Manifesto Ágil, cuja forma escrita foi concluída depois do evento em Utah. A primeira versão do texto é um pouco diferente da versão final que está na próxima página (e também em *http://www.agilemanifesto.org*, site oficial do Manifesto Ágil [conteúdo em inglês]). Embora o texto tenha mudado um pouco nos primeiros anos, as ideias essenciais dos 12 princípios permanecem as mesmas.

Princípios Subjacentes ao Manifesto Ágil

Adotamos os seguintes princípios:

- Nossa maior prioridade é entregar software de qualidade de forma preliminar e contínua a fim de satisfazer os clientes.
- Devemos ser receptivos às mudanças nos requisitos, mesmo com o desenvolvimento em andamento. Os processos ágeis transformam mudanças em vantagens competitivas para o cliente.
- É essencial entregar software em funcionamento regularmente, com periodicidade semanal ou mensal e, preferivelmente, no prazo mais curto.
- Os setores comercial e de desenvolvimento devem trabalhar juntos diariamente durante o projeto.
- Para desenvolver projetos, precisamos de profissionais motivados. Portanto, devemos criar um ambiente propício, dar todo apoio necessário e confiar no trabalho dos colaboradores.
- O método mais eficiente e eficaz de transmitir informações para uma equipe é através de uma conversa cara a cara.
- A principal forma de avaliar o andamento do trabalho é pelo software em funcionamento.
- Os processos ágeis promovem o desenvolvimento sustentável. Logo, os patrocinadores, desenvolvedores e usuários devem ser capazes de manter um ritmo constante indefinidamente.
- Um foco contínuo na obtenção da excelência técnica e de um bom design aumenta a agilidade.
- Simplicidade (a arte de maximizar o volume de trabalho por fazer) é essencial.
- As melhores arquiteturas, requisitos e projetos são realizados por equipes auto-organizadas.
- A equipe deve debater periodicamente sobre formas de aumentar sua eficiência para, em seguida, reformular e adaptar seu comportamento.

o que torna um software útil

Os princípios ágeis auxiliam na entrega do produto

Os primeiros três princípios tratam da entrega do software para os usuários. Nesse sentido, a forma mais eficaz de entregar o melhor software possível é zelar pela sua **qualidade**. Mas o que significa realmente "de qualidade"? Como verificar se consideramos o que é melhor para os usuários, clientes e stakeholders quando criamos um software? Esses princípios podem nos auxiliar a compreender essa questão.

> O software tem uma **função**, mas não precisamos dela.

> O Product Owner (como Ben) atua junto aos usuários e clientes para compreender efetivamente suas demandas de software. Ele geralmente detecta recursos que não serão utilizados pelos usuários, o que é muito mais frequente do que você pensa!

- Nossa maior prioridade é entregar software de qualidade de forma preliminar e contínua a fim de satisfazer os clientes.

O que isso significa exatamente? Significa que uma entrega preliminar e contínua satisfaz os usuários:

Entrega preliminar
Entrega da primeira versão do software aos usuários logo no começo do processo para obter feedback inicial.

+

Entrega contínua
Entrega constante de versões atualizadas para que os usuários ajudem a equipe a criar um software que resolva seus problemas mais importantes.

=

Usuários Satisfeitos
Os usuários ajudam a equipe a permanecer no caminho certo ao definirem os recursos mais importantes que serão adicionados inicialmente.

valores e princípios ágeis

> Mas já criamos o código! Fazer qualquer mudança vai ser um **sufoco**.

É assim que muitas equipes reagem quando alguém chama atenção para uma mudança expressiva no código. Isso é compreensível, pois uma mudança que poderia ter sido definida antes agora exige muito trabalho, que pode ser lento e muito chato.

- Devemos ser <u>receptivos às mudanças nos requisitos</u>, mesmo com o desenvolvimento em andamento. Os processos ágeis transformam mudanças em vantagens competitivas para o cliente.

Qual é a reação da equipe quando alguém aponta uma mudança necessária que terá um grande impacto no código? Todo desenvolvedor já passou por essa situação, que pode ser muito trabalhosa (e muitas vezes complexa). Como a equipe reage nesse caso? É natural resistir a grandes mudanças.

Mas, ao encontrar uma forma de aceitar e ser receptiva a mudanças, a equipe poderá *colocar as demandas de longo prazo dos usuários na frente do descontentamento que sente no momento.*

Os "requisitos" se limitam a indicar a função do software. Mas, às vezes, as demandas do usuário mudam ou são os programadores que não entendem essas demandas, o que pode causar mudanças nos requisitos.

Quando a equipe entrega software de forma preliminar e frequente aos usuários, clientes e stakeholders, todos passam a ser capazes de definir mudanças <u>nos estágios iniciais, o que facilita sua</u> implementação.

entregue frequentemente e somente faça pequenas mudanças

- É essencial entregar software em funcionamento regularmente, com periodicidade semanal ou mensal e, preferivelmente, no prazo mais curto.
- A principal forma de avaliar o andamento do trabalho é pelo software em funcionamento.

Quando os desenvolvedores resistem às mudanças, essa pode não ser uma resposta irracional. Talvez mudar o código seja um processo lento, doloroso e propenso a erros, contrário aos muitos meses de trabalho dedicados a um recurso. Isso ocorre quando as equipes **reformulam** o código (ou seja, quando alteram o código existente para fazer algo novo). Nessa situação, geralmente surgem erros, muitas vezes desagradáveis e difíceis de rastrear e corrigir.

Portanto, para evitar a reformulação, a equipe deve **entregar sempre um software em funcionamento aos usuários**. Se o recurso desenvolvido pela equipe não tiver utilidade ou funcionar de modo incorreto, os usuários identificarão com antecedência o problema e a respectiva mudança poderá ser efetuada antes que grande parte do código seja escrita. Evitar a reformulação é evitar erros.

As pessoas <u>realmente</u> falam assim quando são receptivas às mudanças nos requisitos. O que é um software "de qualidade"?

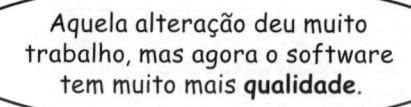

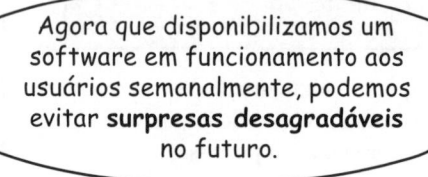

Aquela alteração deu muito trabalho, mas agora o software tem muito mais **qualidade**.

Agora que disponibilizamos um software em funcionamento aos usuários semanalmente, podemos evitar **surpresas desagradáveis** no futuro.

valores e princípios ágeis

> Apesar de soarem bem **na teoria**, não acho que esses princípios fazem diferença no mundo real.

Os princípios fazem mais sentido na prática.

Como muitos de nós já atuamos em equipes que passavam por dificuldades, sabemos que adotar uma nova prática é a forma mais comum de lidar com essa situação. Mas algumas práticas podem funcionar muito bem para algumas equipes e só trazer resultados mínimos para outras, como vimos no caso da reunião diária no Capítulo 1.

Então, qual é o diferencial entre a equipe que só obtém resultados razoáveis e outra que consegue ótimos resultados com uma mesma prática?

Em regra, isso está relacionado com a *mentalidade da equipe* e a postura dos profissionais em relação à prática. Por isso, os princípios servem para orientar as equipes a encontrarem uma mentalidade melhor e que aumente a eficiência das suas práticas ao máximo possível.

Vamos ver um exemplo disso na próxima página...

iteração e backlog

Princípios na Prática

Os primeiros três princípios do Manifesto Ágil tratam da entrega preliminar e contínua do software, da receptividade às mudanças nos requisitos e da entrega do software em funcionamento em curto prazo. Mas como as equipes aplicam esses princípios no mundo real? Com ótimas práticas, como a **iteração** e o **backlog**.

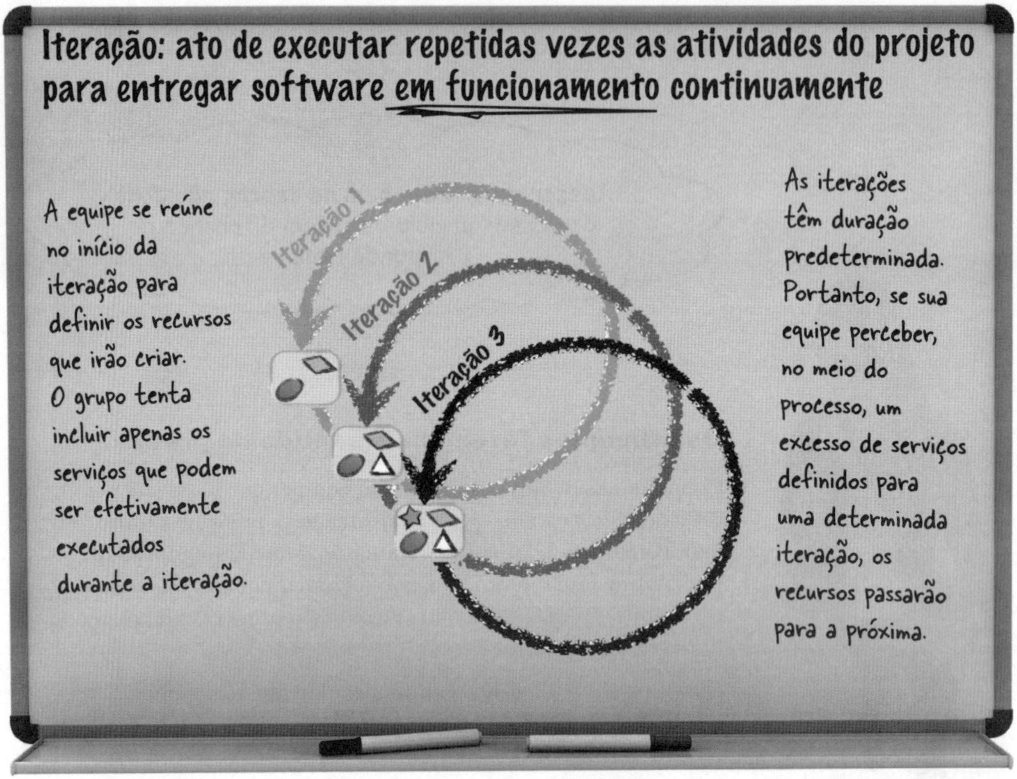

Iteração: ato de executar repetidas vezes as atividades do projeto para entregar software em funcionamento continuamente

A equipe se reúne no início da iteração para definir os recursos que irão criar. O grupo tenta incluir apenas os serviços que podem ser efetivamente executados durante a iteração.

As iterações têm duração predeterminada. Portanto, se sua equipe perceber, no meio do processo, um excesso de serviços definidos para uma determinada iteração, os recursos passarão para a próxima.

DICIONÁRIO - DEFINIÇÃO

predeterminado, adjetivo

nesse contexto, indica um prazo estrito para concluir uma atividade e a adaptação do escopo dessa atividade de acordo com o prazo em questão

A equipe não pôde inserir todos os recursos solicitados na iteração predeterminada e, portanto, teve que optar pelos mais importantes.

Se você leu o Learning Agile, vai reconhecer as ilustrações da iteração e do backlog!

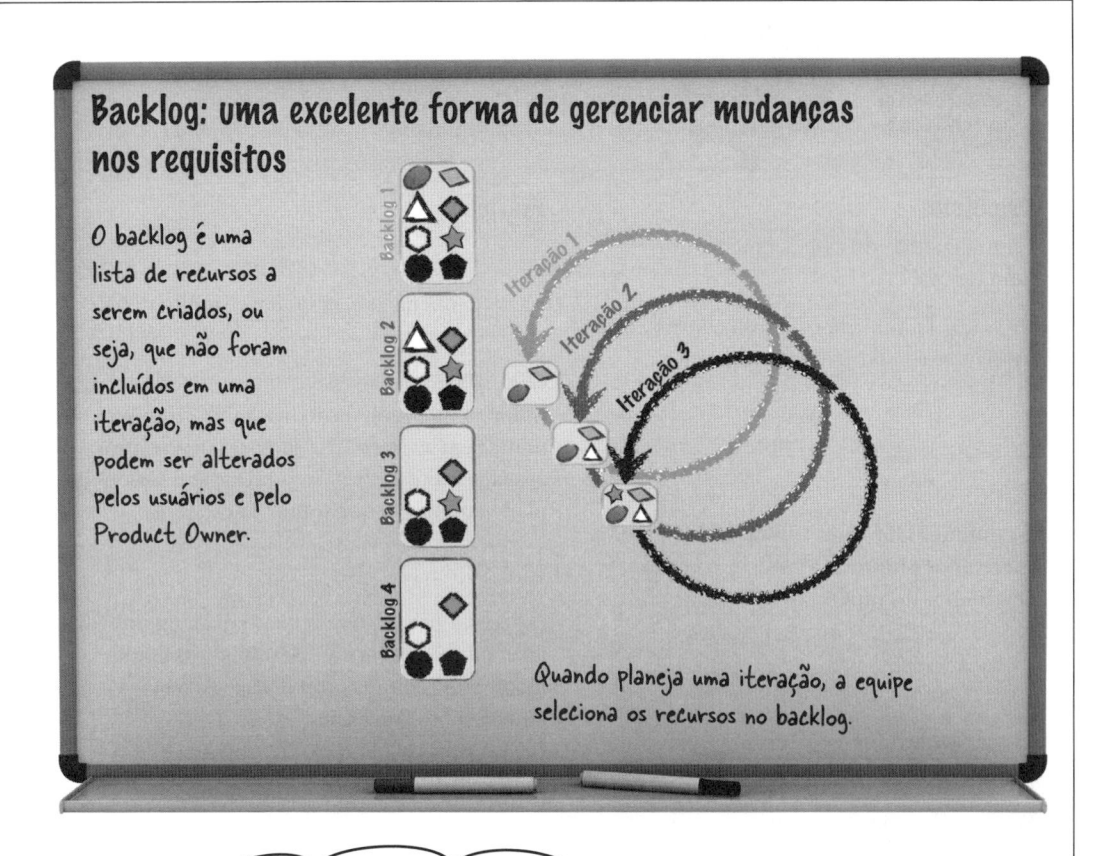

valores e princípios ágeis

Backlog: uma excelente forma de gerenciar mudanças nos requisitos

O backlog é uma lista de recursos a serem criados, ou seja, que não foram incluídos em uma iteração, mas que podem ser alterados pelos usuários e pelo Product Owner.

Quando planeja uma iteração, a equipe seleciona os recursos no backlog.

> Alto lá! Vimos antes que as equipes Scrum utilizam um backlog. Isso significa que as **etapas do Scrum** são uma forma de **iteração**?

Sim! O Scrum utiliza uma abordagem iterativa.

A prática Scrum de utilizar etapas é um exemplo clássico de como as equipes usam a iteração na vida real para entregar software em funcionamento de forma preliminar e com frequência. Cada equipe Scrum dispõe de um Product Owner que atua junto aos usuários e stakeholders para definir suas demandas. Aprende-se mais a cada nova versão do software em funcionamento, e o Product Owner utiliza esses novos conhecimentos para adicionar ou remover recursos do backlog.

Falaremos mais sobre o Scrum no próximo capítulo.

aposto que podemos fazer mais do que "melhor que nada"

Conversa Informal

Conversa noturna: A prática encontra o princípio

Princípio:

Estou aguardando esse debate há um bom tempo.

De novo? Lá vem ele com essa conversa de que "ninguém faz nada sem a prática".

É mesmo? Tudo bem. Vamos falar um pouco sobre essas práticas. Considere o Scrum Diário, por exemplo.

É! Mas isso vai além do Scrum Diário. Vamos falar de iteração.

Verdade. Mas o que acontece quando os profissionais não acreditam realmente no princípio da entrega frequente de software em funcionamento?

Sim. Mas será que eles vão *realmente* entregar um software **em funcionamento**? Ou só querem terminar qualquer coisa para entregar antes do fim da iteração? Será que eles *realmente* vão adiar um recurso até a próxima iteração por falta de espaço? Ou será que, com a inclusão da iteração no projeto, a equipe vai ter a impressão de que está apenas "seguindo a correnteza"?

↑
Você já atuou em uma equipe que tentou agilizar o processo, mas acabou obtendo resultados medíocres? Se sim, lembre da sua experiência.

Prática:

Na verdade, não sei se vai haver muito debate.

Convenhamos que esse é um ponto essencial. Afinal, o que seria da abordagem Scrum sem mim? Sem as etapas, backlogs, retrospectivas, avaliações das etapas, Scrum Diário e sessões de planejamento, o que sobra? Caos!

Espere aí. Já sei o que você vai dizer agora. Vai falar sobre como a equipe obtém resultados "medíocres" com o Scrum Diário se não "entender" os princípios.

Uma prática fantástica, muito obrigado.

Ainda haverá iterações! E quer saber? Será ainda melhor do que era antes deles acrescentarem essa prática.

É verdade! Mesmo quando a equipe não compreende realmente os princípios, adicionar iterações ainda é uma melhoria. Não muito expressiva, mas suficiente para justificar sua implementação.

Bem, pelo menos terão *algo* para mostrar e justificar o trabalho. Uma pequena melhoria já é melhor que nada!

Monte seu vocabulário

A seguir, indicamos algumas definições para palavras abordadas neste capítulo. Escreva a palavra correspondente a cada definição.

_____, substantivo

serviço realizado pela equipe para alterar o código escrito anteriormente de modo que ele funcione de forma diferente ou sirva a uma finalidade diferente; essa operação é tida como arriscada devido à sua grande probabilidade de gerar erros

_____, adjetivo

caracteriza o ato de estabelecer um prazo improrrogável para a conclusão de uma atividade e de ajustar o escopo dessa atividade de acordo com o prazo

_____, substantivo

prática adotada por equipes para elaborar, junto a usuários, clientes e/ou outros interessados, uma lista de recursos a serem construídos, geralmente dispostos em ordem de prioridade com os recursos de maior qualidade no topo

_____, substantivo (duas palavras)

desenvolvimento de um artefato do projeto (como um plano) em etapas, usando o conhecimento adquirido na etapa anterior para melhorá-lo

_____, adjetivo

metodologia em que as equipes dividem o projeto em partes menores, entregando o software em funcionamento ao final de cada etapa e, talvez, alterando seu plano de atuação com base no feedback relativo ao software em funcionamento

_____, adjetivo

tipo de modelo, processo ou método de criação de softwares em que o projeto inteiro é dividido em fases sequenciais e que geralmente inclui um processo de controle de alterações que induzem o projeto a retornar para uma fase anterior

→ Respostas na página 67

refletir regularmente

não existem Perguntas Idiotas

P: Cada princípio corresponde exatamente a uma prática?

R: Definitivamente não. Os primeiros três princípios do Manifesto Ágil tratam da entrega preliminar e contínua do software, da receptividade às mudanças nos requisitos e da entrega frequente de software em funcionamento. Citamos duas práticas (iteração e backlog) para ajudá-lo a entender os princípios com mais profundidade. Mas isso não significa que há uma correspondência exata entre práticas e princípios.

Muito pelo contrário. Na verdade, é possível adotar princípios sem práticas e práticas sem princípios.

P: Não entendi direito. O que significa realmente isso de "práticas sem princípios"?

R: Indicamos aqui um exemplo do que ocorre quando uma equipe adota uma prática sem realmente entender ou internalizar os princípios ágeis. As equipes Scrum realizam uma **retrospectiva** ao final de cada etapa para conversar sobre suas ações bem-sucedidas e pontos a melhorar.

Mas confira outra vez o último princípio na lista:

> A equipe deve debater periodicamente sobre formas de aumentar sua eficiência para, em seguida, reformular e adaptar seu comportamento.

O que acontece quando a equipe não assimila essa ideia? Nesse caso, o grupo ainda vai fazer a reunião de retrospectiva para não contrariar as regras do Scrum. Os profissionais provavelmente vão falar sobre alguns problemas, o que pode viabilizar pequenas melhorias.

O problema é que, embora essa reunião tenha alguma utilidade, parece um pouco "vazia" ou supérflua. Os profissionais acham que estão perdendo um tempo que podia ser melhor aplicado em um trabalho de verdade. Eventualmente, começam a falar sobre substituir essa reunião por algo mais "eficiente", como uma lista de discussão por e-mail ou página wiki. Muitas equipes passam por isso quando adotam práticas sem princípios.

P: Certo, acho que entendi como podemos adotar práticas sem acreditar nos princípios. Mas como adotar princípios sem utilizar as práticas?

R: É comum não compreender essa ideia no primeiro contato com uma "mentalidade ágil" baseada em princípios.

Então, o que acontece quando a equipe leva muito a sério o princípio ágil de pensar sobre formas de aumentar sua eficácia, mas não dispõe de uma prática específica? Isso ocorre bastante com equipes ágeis *de grande eficiência*. O grupo adota a mentalidade de refletir com frequência e quando um colaborador acha que é hora de rever o progresso do projeto e fazer as correções necessárias, geralmente convoca alguns membros da equipe e faz uma retrospectiva informal. Quando essa reunião gera resultados positivos, os profissionais analisam a situação e fazem a correção necessária.

Para uma equipe acostumada a uma estrutura com regras muito específicas, como o Scrum, esse procedimento parece desorganizado, caótico ou relapso demais. É por isso que as equipes implementam um conjunto de práticas padrão: para que os profissionais disponham de regras comuns para fins de referência.

P: Por que a expressão "Product Owner" está com as iniciais em letras maiúsculas na parte inferior da página 47?

R: Porque, embora muitos profissionais atuem como "product owners", escrever Product Owner com iniciais em letras maiúsculas indica uma função e as atribuições específicas determinadas nas regras do Scrum. Vamos falar mais sobre esse ponto no próximo capítulo.

> Quando a equipe adota práticas sem a respectiva mentalidade baseada em princípios, muitas vezes se sente "vazia" ou supérflua, como se estivesse apenas seguindo a correnteza, e parte em busca de alternativas que exijam menos esforço.

valores e princípios ágeis

> Oi, Kate! Estou muito mais confiante em relação ao projeto agora. A cada nova criação que recebo, vejo **precisamente a extensão dos avanços** da equipe.

> Mas ainda tem algo me incomodando nesse processo.

Ben: Logo agora que eu estava começando a ficar tranquilo em relação a esse projeto, você vem com esse pessimismo. Quais são as más notícias?

Kate: Não quero ser pessimista. Estou muito satisfeita com os nossos avanços desde que passamos a usar a iteração.

Ben: Certo! Encaminhei as versões preliminares aos usuários. Eles encontraram diversas mudanças que podemos efetuar logo, sem muita reformulação.

Kate: Sim, isso foi ótimo. Mas ainda há problemas.

Ben: Quais?

Kate: Sabe aquela reunião da última quarta-feira? Passamos a tarde inteira discutindo sobre documentação.

Ben: De novo essa mesma história? Você e Mike continuam solicitando especificações extremamente detalhadas para os itens que serão criados.

Kate: Sim, pois assim eu posso ajudar a equipe a planejar o projeto e saber exatamente o que deve criar.

Ben: Mas isso não é tão simples! Essas especificações são muito difíceis de escrever. Além disso, quando escrevemos uma especificação para uma iteração, o texto fica longo demais.

Kate: Olha, se você tiver uma ideia melhor e que ajude a equipe a criar o software certo, eu adoraria ouvi-la.

PODER DO CÉREBRO

Muitas equipes têm dificuldades para ler e escrever especificações muito detalhadas. Determine um método mais eficiente para que o Product Owner oriente a equipe a compreender exatamente as necessidades dos usuários.

talvez alguns cartazes motivacionais?

Os princípios ágeis ajudam sua equipe a se comunicar e trabalhar em conjunto

O software moderno é criado por equipes e, embora cada profissional seja essencial ao grupo, as equipes funcionam melhor quando todos trabalham em conjunto. Em outras palavras, os desenvolvedores devem trabalhar uns com os outros e com os usuários, clientes e stakeholders. Os princípios a seguir abordam esse ponto.

> - Os setores comercial e de desenvolvimento devem trabalhar juntos diariamente durante o projeto.
> - Para desenvolver projetos, precisamos de profissionais motivados. Portanto, devemos criar um ambiente propício, dar todo apoio necessário e confiar no trabalho dos colaboradores.

É muito comum que os desenvolvedores fiquem apreensivos ou irritados quanto têm que encontrar os usuários, pois essas reuniões muitas vezes levam a mudanças e, portanto, à reformulação, que pode ser difícil e frustrante. Mas a equipe que adota uma mentalidade mais eficiente e ágil sabe que fazer **reuniões mais frequentes com os usuários** possibilita uma coesão maior e evita essas alterações.

Com uma mentalidade ágil, Mike vai perceber que trabalhar mais com os usuários pode evitar essas mudanças.

Reuniões mais frequentes com os usuários?! Isso só serve para ouvir mais pedidos de mudanças.

As equipes trabalham melhor quando os profissionais estão **motivados**. Infelizmente, a maioria de nós já atuou com chefes ou colegas de trabalho que pareciam determinados a drenar toda e qualquer motivação. Quando os colaboradores recebem punições sérias por erros cometidos, são pressionados a trabalhar jornadas exaustivas e sabem que não há confiança no seu desempenho profissional, a quantidade e a qualidade caem. As equipes que adotam uma mentalidade ágil compreendem que seu sucesso depende de confiança e um bom ambiente de trabalho.

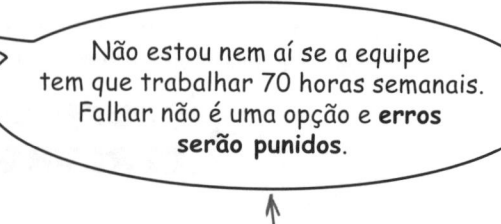

*Não estou nem aí se a equipe tem que trabalhar 70 horas semanais. Falhar não é uma opção e **erros serão punidos**.*

Esta é uma boa forma de desmotivar a equipe e obter um péssimo desempenho. Ben nem mesmo é o chefe do grupo, mas pode criar um ambiente de medo e desencorajar todos à sua volta.

valores e princípios ágeis

- O método mais eficiente e eficaz de transmitir informações para uma equipe é através de uma conversa cara a cara.

Vamos ser honestos: nem sempre lemos o manual do início ao fim antes de utilizar um novo gadget. Então, por que as pessoas deveriam ler uma especificação inteira?

ESPECIFICAÇÕES DE POLÍGONOS COM VÁRIOS LADOS

Em regra, as equipes que adotam processos em cascata criam primeiro uma especificação de requisitos e, em seguida, projetam o software com base nela. O problema é que três profissionais podem ler a mesma especificação e propor três ideias muito diferentes para itens a serem criados pela equipe. Isso soa um pouco paradoxal: as especificações não devem ser precisas o suficiente a ponto de transmitirem sempre a mesma ideia?

Há dois problemas práticos aqui: é difícil escrever um material técnico e mais complexo ainda é ler esse texto. Mesmo que o profissional escreva uma especificação perfeita ao descrever o item a ser criado (o que só acontece raramente), os leitores terão interpretações diferentes. Então, como resolver esse problema?

A resposta é bem simples: através de uma **conversa cara a cara**. A equipe deve se reunir e conversar sobre o item a ser criado, pois essa é a forma mais *eficiente* de comunicar exatamente o que deve ser feito, bem como o status do trabalho, ideias e outras informações.

você está aqui ▶ 53

vamos ficar *motivados*

P: Quer dizer que profissionais desmotivados fazem um péssimo trabalho de propósito?

R: Não de propósito. É difícil inovar, criar ou executar as tarefas desgastantes que caracterizam o trabalho quando a equipe de software atua em um ambiente de desmotivação. Por outro lado, é muito fácil desmotivar uma equipe: a motivação diminui quando não há confiança no seu trabalho, quando você recebe uma punição séria ou constrangedora ao cometer um erro (embora todos cometam erros!) e quando são estabelecidos prazos inadequados sem seu consentimento ou fora do seu controle. Todos esses casos já ocorreram repetidas vezes, sempre reduzindo o ânimo das equipes de software e diminuindo sua produtividade.

P: Calma aí. Já que falamos em erros, vamos abordar a receptividade a mudanças. Uma mudança não é a alteração feita quando alguém comete um erro?

R: É perigoso pensar em mudanças como erros, especialmente quando usamos a iteração. Muitas vezes, os integrantes da equipe, usuários e stakeholders

não existem Perguntas Idiotas

concordam que o software deve ser criado para executar alguma função. Mas quando os usuários utilizam o software em funcionamento ao final da iteração, percebem que ele precisa de alterações, pois agora têm informações que não tinham no início da iteração e não porque cometeram erros. Esse é realmente um modo eficaz de criar softwares, mas só funciona quando os profissionais se sentem aptos a fazer mudanças, sem que haja atribuição de erro ou culpa quando alguém aponta uma alteração.

P: As especificações não têm outras funções além da comunicação? Podem servir como referência no futuro? Podem ser distribuídas para um público maior?

R: Com certeza. De fato, esses são bons motivos para elaborar documentos escritos. É por isso que as *equipes de desenvolvimento ágil* valorizam uma documentação abrangente, embora priorizem o software em funcionamento.

Mas tenha em mente que, quando a documentação se destina à consulta ou distribuição a um público maior do que a equipe de software, uma especificação pode não ser o documento mais adequado.

A documentação é uma ferramenta que auxilia na execução de uma tarefa, e devemos sempre escolher a ferramenta mais adequada ao trabalho. Geralmente, as informações necessárias para que as equipes criem softwares são diferentes das informações que o usuário ou gerente precisam para lidar com o software em funcionamento. Logo, criar um documento que atenda a esses dois públicos talvez não seja uma boa ideia.

P: Ei, o capítulo está quase acabando e você não cobriu os 12 princípios! Por quê?

R: Porque os princípios ágeis não são um tópico isolado que as equipes devem memorizar e partir para outra. Eles são importantes porque ajudam a entender como as equipes ágeis encaram seu trabalho em grupo na criação de software. Esse é objetivo essencial dos valores e princípios do Manifesto Ágil.

Ainda vamos falar mais sobre a mentalidade, valores e princípios ágeis, mas no próximo capítulo abordaremos as metodologias. Voltaremos a esses pontos sempre que necessário para explicar os tópicos (por exemplo, as equipes Scrum são auto-organizadas e as equipes XP valorizam a simplicidade, o que ilustra as várias metodologias ágeis).

PONTOS DE BALA

- O software tem **qualidade** quando atende às demandas dos usuários, clientes e stakeholders.

- Para que o software tenha qualidade, as equipes devem encaminhar uma versão **preliminar** aos usuários e entregar as versões subsequentes de forma **contínua**.

- As *equipes de desenvolvimento ágil* devem ser **receptivas às mudanças nos requisitos**. Definir essas alterações no início do processo pode evitar a reformulação.

- A melhor forma de descobrir essas mudanças nos estágios iniciais é entregar o **software em funcionamento para os usuários regularmente**.

- Documentos são úteis, mas a *forma mais eficiente* de transmitir informações é através de uma conversa **cara a cara**.

- Os desenvolvedores que atuam em *equipes de desenvolvimento ágil* devem **trabalhar com os colaboradores do setor comercial todos os dias**, bem como com usuários e stakeholders.

- A **iteração** é uma prática na qual as equipes dividem o software em entregas frequentes com tempo predeterminado.

- O **backlog** é uma prática na qual as equipes mantêm uma lista dos recursos a serem criados nas próximas iterações.

As equipes Scrum mantêm dois backlogs: um para a etapa atual e outro para o produto inteiro. Mais sobre esse ponto no próximo capítulo.

valores e princípios ágeis

JULGAMENTO APELAÇÃO

Adotar uma mentalidade ágil nem sempre é fácil! Às vezes, captamos a mensagem, mas há situações em que precisamos nos esforçar um pouco. Indicamos aqui alguns trechos de uma conversa entre Mike, Kate e Ben. Ligue cada balão até **COMPATÍVEL** ou **INCOMPATÍVEL** e ao princípio ágil correspondente.

COMPATÍVEL / INCOMPATÍVEL

> Por que você está me fazendo essas perguntas? Já escrevi tudo o que os usuários pediram na especificação.

A principal forma de avaliar o andamento do trabalho é pelo software em funcionamento.

COMPATÍVEL / INCOMPATÍVEL

> Acabei de descobrir que o algoritmo que calcula o tamanho do público não está funcionando. Precisamos colocar esse recurso na próxima iteração.

Devemos ser receptivos às mudanças nos requisitos, mesmo com o desenvolvimento em andamento. Os processos ágeis transformam mudanças em vantagens competitivas para o cliente.

COMPATÍVEL / INCOMPATÍVEL

> Certo, quem foi o idiota que escreveu esse bloco de código espaguete cheio de bugs? Você é o culpado pelo nosso atraso.

É essencial entregar software em funcionamento regularmente, com periodicidade semanal ou mensal e, preferivelmente, no prazo mais curto.

COMPATÍVEL / INCOMPATÍVEL

> Analisando a compilação mais recente, achei que esse recurso de análise deveria estar melhor desenvolvido. Deixei passar algum problema?

Para desenvolver projetos, precisamos de profissionais motivados. Portanto, devemos criar um ambiente propício, dar todo apoio necessário e confiar no trabalho dos colaboradores.

➤ Respostas na página 68

você está aqui ▶ 55

bom trabalho equipe

O novo produto é um sucesso!

Kate e Mike entregaram um ótimo produto e foi um sucesso.

> Viu aquele e-mail do CEO? As vendas dispararam por causa dos novos recursos que adicionamos.

> A equipe está em sintonia! Há muito tempo não gostava tanto de trabalhar.

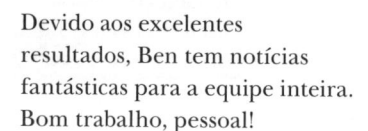

Devido aos excelentes resultados, Ben tem notícias fantásticas para a equipe inteira. Bom trabalho, pessoal!

> Graças às vendas mais recentes, conseguimos captar mais investimentos. Em outras palavras, **bônus para todos**!

valores e princípios ágeis

Mentalidades Cruzadas

Teste seus conhecimentos sobre os valores e princípios ágeis. Tente resolver esse exercício sem consultar o capítulo.

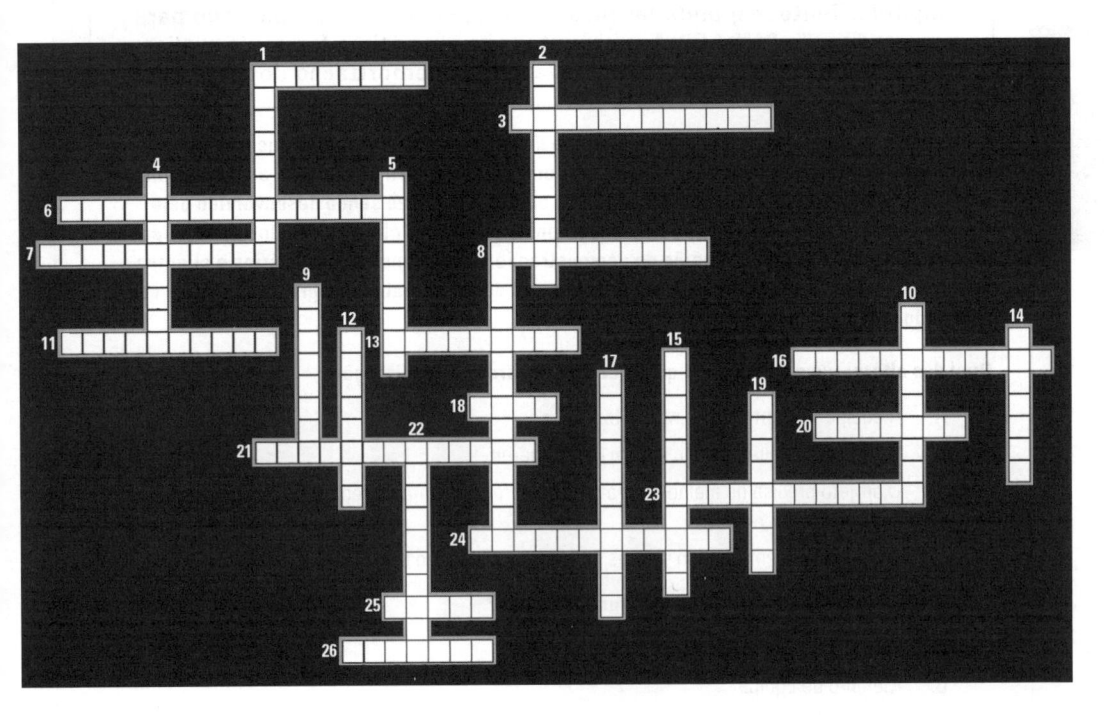

Horizontais

1. Tipo de entrega que as equipes ágeis se dedicam a oferecer
3. Consequência da criação de uma cultura do medo na equipe
6. Estado do software entregue ao final de cada iteração
7. Tipo de conversa e método mais eficiente e eficaz de transmitir informações
8. Qualidade das sucessivas entregas de software antes da versão definitiva
11. Maior prioridade das equipes ágeis em relação aos seus clientes
13. Estado do serviço avaliado principalmente com base no software em funcionamento
16. Vantagens criadas para os clientes com o desenvolvimento ágil
18. Desmotiva a equipe quando resulta em punições
20. Modelo tradicional de desenvolvimento de software e, em geral, menos eficiente
21. Trabalham melhor quando são valorizados
23. Deve ser evitada se possível
24. Meio eficaz de comunicar requisitos e ideias complexas
25. Documento que orienta as ações das equipes de desenvolvimento ágil
26. Adaptações do comportamento da equipe promovidas após a retrospectiva

Verticais

1. Essencial para que a equipe desenvolva os projetos
2. Periodicidade das entregas
4. Objeto da receptividade das equipes ágeis
5. Setor que deve atuar diariamente junto à equipe de desenvolvimento
8. Qualidade do prazo estabelecido anteriormente para a realização de um escopo que pode sofrer ajustes
9. Prática em que as equipes executam repetidas vezes as atividades de um projeto em segmentos de curta duração
10. Essencial para que os profissionais desenvolvam projetos
12. Local em que os autores do Manifesto Ágil se reuniram
14. Excelente ferramenta para administrar mudanças nos requisitos
15. Atitude em relação aos clientes preferível a uma documentação abrangente
17. Facilitam o trabalho das equipes ágeis
19. Conjunto de critérios definidos junto a clientes ou outras equipes antes do início dos serviços
22. Períodos em que a equipe define meios para aumentar sua eficiência

→ Respostas na página 69

você está aqui ▶ 57

Perguntas do Exame

> As perguntas práticas do exame irão ajudá-lo a revisar o material deste capítulo. Tente respondê-las mesmo se não estiver se preparando para a certificação PMI-ACP. As perguntas são uma ótima forma de avaliar conhecimentos e lacunas, o que facilita a memorização do material.

1. Imagine que você está atuando como gerente de projetos em uma equipe que trabalha na criação de um firmware de rede para sistemas embarcados. Para demonstrar a versão mais recente do código da interface de um painel de controle que está sendo desenvolvido pela equipe, você convoca uma reunião com um grupo de usuários e clientes com fortes habilidades técnicas. Essa já é a quinta reunião de demonstração, e mais uma vez os usuários e clientes solicitam mudanças específicas. A equipe agora irá voltar ao trabalho e preparar a sexta versão, repetindo todo o processo.

   Qual das alternativas a seguir é a que MELHOR descreve essa situação?

   A. A equipe não entende os requisitos

   B. Os usuários e clientes não sabem o que querem

   C. O projeto precisa de melhores práticas de gerenciamento de requisitos e mecanismos de controle de alterações

   D. A equipe está entregando valores de forma preliminar e contínua

2. **Qual das opções a seguir NÃO é uma função Scrum?**

   A. Scrum Master

   B. Membro de Equipe

   C. Gerente de Projetos

   D. Product Owner

3. Joaquim atua como desenvolvedor e sua equipe está adotando a metodologia ágil. Uma das usuárias do projeto escreveu uma pequena especificação que descreve exatamente como deve ser o novo recurso e o gerente indicou Joaquim para esse trabalho. O que ele deve fazer agora?

   A. Pedir uma reunião com o usuário, pois, para as equipes ágeis, uma conversa cara a cara é o método mais eficiente de transmitir informações

   B. Ler a especificação

   C. Ignorar a especificação, pois as equipes ágeis priorizam a colaboração com o cliente em vez de uma documentação abrangente

   D. Começar a programar imediatamente, pois a maior prioridade da equipe é entregar preliminarmente um software de qualidade

4. **Qual das alternativas a seguir indica uma afirmação VERDADEIRA sobre o software em funcionamento?**

   A. Atende às demandas dos usuários

   B. Atende aos requisitos da especificação

   C. A e B

   D. Nenhuma das alternativas

valores e princípios ágeis

Perguntas do Exame

5. Qual das afirmações a seguir é a que MELHOR descreve o Manifesto Ágil?

A. Sintetiza o método mais eficiente de criar softwares

B. Contém práticas utilizadas por muitas equipes

C. Contém valores essenciais a uma mentalidade ágil

D. Estabelece regras para a criação de softwares

6. Os projetos Scrum são divididos em:

A. Fases

B. Etapas

C. Marcos

D. Ondas sucessivas

7. Imagine que você atua como desenvolvedor em uma empresa de social media e atualmente trabalha em um novo recurso para criar um site para um cliente corporativo. Você colabora com os engenheiros de redes da empresa para determinar uma estratégia de hospedagem e propor um conjunto de serviços e ferramentas que será utilizado na administração do site. Os engenheiros sugerem hospedar todos os serviços na rede interna, mas você e seus colegas de equipe não concordam, pois acham que os serviços devem ser hospedados na rede do cliente. O projeto parou, pois não se chegou a nenhum acordo. Qual é o valor ágil que MELHOR se aplica a essa situação?

A. Indivíduos e interações em vez de processos e ferramentas

B. Software em funcionamento em vez de uma documentação abrangente

C. Colaboração com o cliente em vez de negociação contratual

D. Responder a mudanças em vez de seguir um plano

8. Donald atua como gerente de projetos em uma equipe que adota fases delimitadas para cada serviço, como a fase inicial de requisitos que é seguida por uma fase de design. O desenvolvimento do código pode começar antes da conclusão dos requisitos e do design, mas a equipe em regra não registra o fim do trabalho até que essas fases sejam concluídas. Qual é o termo que MELHOR descreve os projetos de Donald?

A. Iterativo

B. Planejamento sucessivo

C. Projeto em cascata

D. Scrum

Perguntas do Exame

9. Keith atua como gerente em uma equipe de software e, desde o início, deixou claro que não irá tolerar erros. Há um certo tempo, um desenvolvedor passou várias horas desenvolvendo um código do tipo "prova de conceito" para testar uma possível abordagem a um problema complexo. Quando descobriu que a abordagem não funcionava ao final do experimento, Keith gritou com esse desenvolvedor na frente de toda a equipe e ameaçou demiti-lo se fizesse isso novamente.

Qual é o princípio ágil que MELHOR se aplica a essa situação?

- A. O método mais eficiente e eficaz de transmitir informações para uma equipe é através de uma conversa cara a cara
- B. Para desenvolver projetos, precisamos de profissionais motivados. Portanto, devemos criar um ambiente propício, dar todo apoio necessário e confiar no trabalho dos colaboradores
- C. Nossa maior prioridade é entregar software de qualidade de forma preliminar e contínua a fim de satisfazer os clientes
- D. Um foco contínuo na obtenção da excelência técnica e de um bom design aumenta a agilidade

10. Qual é a maior prioridade de uma equipe ágil?

- A. Maximizar o trabalho por fazer
- B. Fazer entregas de software de qualidade de forma preliminar e contínua a fim de satisfazer o cliente
- C. Ser receptiva às mudanças nos requisitos, mesmo com o desenvolvimento em andamento
- D. Utilizar a iteração para planejar efetivamente o projeto

11. Qual das alternativas a seguir indica uma afirmação que NÃO é verdadeira sobre a reunião diária?

- A. Tem curta duração e todos ficam de pé
- B. Parece uma reunião de status
- C. É mais eficaz quando todos se ouvem
- D. É uma oportunidade para que cada membro participe do planejamento do projeto

12. Qual das opções a seguir é a que MELHOR descreve a mentalidade ágil quanto à sua simplicidade?

- A. Maximiza o trabalho por fazer
- B. Faz entregas de software de qualidade de forma preliminar e contínua a fim de satisfazer o cliente
- C. É receptiva às mudanças nos requisitos, mesmo com o desenvolvimento em andamento
- D. Utiliza a iteração para planejar efetivamente o projeto

valores e princípios ágeis

Perguntas do Exame

13. A'ja atua como gerente de projetos em uma equipe que está começando a adotar a metodologia ágil. Como primeira mudança na sua rotina de trabalho, o grupo começou a fazer reuniões diárias, mas vários profissionais abordaram A'ja para dizer que não queriam participar. Apesar de ter acesso a informações úteis nessas reuniões, A'ja está apreensiva com a possibilidade de esses encontros não valerem a pena e ainda prejudicarem a coesão da equipe.

Qual é a MELHOR postura que A'ja pode adotar?

- A. Cancelar as reuniões diárias e definir outra forma de adotar a metodologia ágil
- B. Estabelecer uma regra para que os participantes guardam os celulares e prestem atenção
- C. Encontrar cada profissional após a reunião para obter informações mais detalhadas sobre os status
- D. Atuar junto à equipe para mudar a mentalidade

14. Imagine que você atua como desenvolvedor em uma equipe de software. Uma usuária consultou sua equipe sobre a criação de um novo recurso e forneceu os respectivos requisitos em uma especificação. Ela já definiu o modo exato de funcionamento do recurso e se compromete a não exigir nenhuma mudança. Qual é o valor ágil que MELHOR se aplica a essa situação?

- A. Indivíduos e interações em vez de processos e ferramentas
- B. Software em funcionamento em vez de documentação abrangente
- C. Colaboração com o cliente em vez de negociação contratual
- D. Responder a mudanças em vez de seguir um plano

15. Qual das opções a seguir NÃO expressa um benefício da receptividade às mudanças nos requisitos?

- A. Consiste em uma explicação possível para quando a equipe perde um prazo
- B. A equipe cria mais software de qualidade quando os clientes não se sentem pressionados a mudar de ideia
- C. Maior disponibilidade de tempo e menos pressão para que a equipe tome decisões melhores
- D. Ocorrem poucas reformulações desnecessárias, pois se escreve menos código antes das mudanças

16. Qual das opções a seguir NÃO integra a mentalidade da equipe ágil em relação ao software em funcionamento?

- A. Representa a versão definitiva de todos os recursos
- B. É a principal forma de avaliar o progresso
- C. Sua entrega ocorre com frequência
- D. É uma forma eficaz de obter feedback

17. Qual das opções a seguir NÃO indica uma afirmação verdadeira sobre a iteração?

- A. A equipe deve concluir todo o trabalho planejado ao final de uma iteração
- B. As iterações têm prazo fixo
- C. O escopo de uma iteração pode mudar no decorrer do processo
- D. Os projetos normalmente contêm diversas iterações sequenciais

respostas *do exame* ~~Perguntas~~ Respostas **do Exame**

> Aqui estão as respostas das perguntas do exame prático deste capítulo. Quantas você acertou? Se errou apenas uma, tudo bem. Vale a pena rever esse tópico no capítulo para compreender melhor o assunto.

1. Resposta: D

Essa situação parecia ruim, como se algo estivesse muito errado? Se sim, avalie sua mentalidade! Na verdade, essa foi uma descrição bastante precisa de um projeto ágil bem-sucedido com a metodologia iterativa. Se você abordar o projeto com uma mentalidade que considera mudanças e iteração como erros e não atividades saudáveis, terá problemas. Quando adotamos essa postura em relação ao projeto, ficamos propensos a "culpar" a equipe por não entender os requisitos, os usuários por não saberem o que querem e o processo por não ter controles adequados para evitar e gerenciar as mudanças. As *equipes de desenvolvimento ágil* não pensam assim, pois sabem que a melhor maneira de definir as demandas dos usuários é entregar software em funcionamento de forma preliminar e frequente.

2. Resposta: C

Os gerentes de projetos são muito importantes, mas essa não é uma função específica no Scrum. No Scrum, há três funções: Scrum Master, Product Owner e Membro da Equipe. O gerente de projetos assume uma dessas funções em um projeto Scrum, mas geralmente ainda ocupa o cargo de "Gerente de Projetos".

Quando a equipe adota uma metodologia ágil com funções específicas, a função que você ocupa nem sempre corresponde ao cargo no seu cartão de visitas, especialmente quando no início da implementação da metodologia.

3. Resposta: B

De fato, as equipes ágeis valorizam a colaboração com o cliente, consideram uma conversa cara a cara o método mais eficaz de transmitir informações e adotam como prioridade máxima a entrega de software. No entanto, essa especificação, escrita com tanta dedicação pelo usuário, pode conter informações úteis para o código ou uma conversa cara a cara.

Quando alguém se dedica a escrever informações que julga importantes, ignorar esse texto NÃO é uma atitude colaborativa.

4. Resposta: D

Para as *equipes de desenvolvimento ágil*, software em funcionamento é aquele que consideram "concluído" e pronto para demonstrar aos usuários. Mas não há como garantir o atendimento às demandas dos usuários ou a determinados requisitos de uma especificação. Na verdade, a forma mais eficaz de criar softwares realmente úteis para os usuários é através da entrega frequente de software em funcionamento. Como as versões iniciais do software em funcionamento geralmente não atendem às demandas dos usuários, a única forma de encontrar esses problemas é encaminhá-lo aos usuários para obter feedback.

É por isso que as equipes ágeis valorizam a entrega preliminar e contínua de software em funcionamento.

valores e princípios ágeis

~~Perguntas~~ Respostas do Exame

5. Resposta: C

O Manifesto Ágil expressa os valores fundamentais comuns a todas as *equipes de desenvolvimento ágil* eficientes. Não estabelece a "melhor" forma de criar um software nem um conjunto de regras aplicáveis a todas as equipes, porque os profissionais que adotam a metodologia ágil sabem que não existem abordagens genéricas e universais.

6. Resposta: B

As equipes Scrum trabalham por etapas de 30 dias, em regra. No início da etapa, as equipes planejam os próximos 30 dias de trabalho (quando essa for a duração da etapa). Ao final, apresentam o software em funcionamento para os usuários e fazem uma retrospectiva para avaliar suas ações positivas e pontos a melhorar.

7. Resposta: C

Há dificuldades no projeto porque a equipe não consegue colaborar com o cliente. Nesse caso, os engenheiros de redes são os clientes (ou usuários) do software. Geralmente, pensamos logo em adotar uma abordagem baseada na negociação contratual em situações como essa. Queremos estabelecer termos e documentos específicos para descrever o que será criado e iniciar o desenvolvimento do software. Contudo, é mais eficiente colaborar e trabalhar em conjunto para definir a melhor solução técnica para o problema.

8. Resposta: C

Um projeto em cascata é dividido em fases e geralmente começam pelos requisitos e o design. Muitas equipes que adotam projetos em cascata iniciam o "serviço preliminar" no código assim que os requisitos e o design atingem um ponto estável, mesmo que ainda não estejam concluídos. No entanto, esse processo definitivamente não corresponde à iteração, pois a equipe não altera o plano com base no que aprendeu durante a criação e demonstração do software em funcionamento.

9. Resposta: B

Em essência, os projetos ágeis são desenvolvidos por profissionais motivados. Mas aqui Keith está minando a motivação de toda a equipe ao depreciar um membro da equipe que optou por correr um sério risco ao tentar aperfeiçoar o projeto.

você está aqui ▶

Respostas do Exame

10. Resposta: B

Releia o primeiro princípio ágil: "Nossa maior prioridade é entregar software de qualidade de forma preliminar e contínua a fim de satisfazer os clientes." Essa é nossa mais alta prioridade porque as equipes ágeis se dedicam, antes de mais nada, a entregar software de qualidade. As demais atividades dos projetos (planejamento, design, testes, reuniões, discussão e documentação) são muito importantes, mas têm como objetivo a entrega de software de qualidade para os clientes.

11. Resposta: B

Algumas equipes tratam a Reunião Diária como uma reunião de status, em que cada membro comunica uma atualização para o chefe ou gerente de projetos, mas esse não é realmente o seu propósito. Essa prática é mais eficiente quando todos se ouvem e planejam o projeto em equipe.

12. Resposta: A

As equipes ágeis valorizam a simplicidade porque designs e códigos simples são muito mais fáceis de trabalhar, manter e mudar do que os complexos. A simplicidade muitas vezes é chamada de "a arte de maximizar o volume de trabalho por fazer", pois (sobretudo para o software) a forma mais eficiente de simplificar algo é, geralmente, simplesmente fazer menos.

13. Resposta: D

A equipe não está prestando atenção durante a reunião diária porque os profissionais não se importam ou não se convenceram de que essa é uma ferramenta eficiente e querem apenas que o encontro termine o mais rápido possível para voltarem ao trabalho "de verdade". Equipes com essa mentalidade muitas vezes param totalmente de participar das reuniões, o que dificulta bastante a implementação do desenvolvimento ágil. A reunião diária é mais eficiente quando a equipe compreende que essa prática pode auxiliar tanto os profissionais individualmente quanto o grupo como um todo. Essa mudança de mentalidade só pode ocorrer através de uma discussão aberta e honesta sobre o que está funcionando e o que não está. É por isso que atuar junto à equipe para mudar sua mentalidade é a melhor forma de abordar essa situação.

14. Resposta: B

Ler e entender a especificação é uma boa atitude. Mas o modo mais eficiente de verificar de fato se a equipe realmente entendeu o objetivo é entregar o software em funcionamento para que o usuário determine como os requisitos documentados foram interpretados e colabore com a equipe para definir o que está funcionando e o que deve mudar.

Respostas ~~Perguntas~~ do Exame

valores e princípios ágeis

15. Resposta: A

Há muitas boas razões para as equipes ágeis serem receptivas às mudanças nos requisitos. Quando os clientes se sentem à vontade para mudar de opinião (sem qualquer constrangimento), oferecem informações melhores à equipe, que então cria um software melhor. Mesmo quando ninguém fala nada a respeito de mudanças, elas quase sempre aparecem no final. Então, se a equipe definir essas alterações logo no início, terá mais tempo para tomar as medidas necessárias. Quando as mudanças são identificadas nos estágios iniciais, há menos necessidade de reformular o código.

No entanto, as mudanças não justificam um planejamento ruim e a perda de prazos. Equipes ágeis eficientes geralmente estabelecem um contrato com seus usuários: as equipes devem ser receptivas às mudanças nos requisitos propostas por usuários, clientes e gerentes; por outro lado, não se responsabilizam pelo tempo necessário para lidar com essas mudanças, pois todos sabem que essa é a forma mais rápida e eficiente de criar software. Portanto, a receptividade às mudanças nos requisitos não explica, de forma alguma, a perda de um prazo, pois os prazos devem ser fixados de acordo com a possibilidade de haver mudanças.

16. Resposta: A

A equipe entrega software em funcionamento com frequência, obtém o respectivo feedback e faz mudanças logo no início do processo. Por isso, o software em funcionamento não deve conter a versão final de nenhum requisito. Afinal, trata-se um software "em funcionamento" e não "concluído".

17. Resposta: A

As iterações têm duração predeterminada, ou seja, seu prazo é fixo e seu escopo varia no que for necessário. A equipe inicia cada iteração com uma reunião de planejamento para definir o trabalho a ser realizado. Mas quando a equipe não compreende o plano e isso atrasa o serviço, os trabalhos não realizados voltam para o backlog e são repriorizados (e muitas vezes ficam para próxima iteração).

soluções dos **exercícios**

Manifesto dos Ímãs — <u>Solução</u>

Manifesto para o Desenvolvimento Ágil de Softwares

Estamos em busca de métodos melhores para desenvolver

softwares e ajudamos outros a fazerem o mesmo.

Ao longo dessa procura, chegamos a esses valores: :

indivíduos e interações em vez de processos e ferramentas

software em funcionamento em vez de documentação abrangente

colaboração cliente em vez de negociação contratual

responder a mudanças em vez de seguir um plano

Embora os itens à direita tenham valor ,

priorizamos mais os itens à esquerda .

valores e princípios ágeis

Monte seu vocabulário
SOLUÇÃO

A seguir, indicamos algumas definições para palavras abordadas neste capítulo. Escreva a palavra correspondente a cada definição.

_____**reformulação**_____, substantivo

> O substantivo "reformulação" aparece anteriormente no capítulo na frase: "Evitar a reformulação é evitar erros."

serviço realizado pela equipe para alterar o código escrito anteriormente de modo que ele funcione de forma diferente ou sirva a uma finalidade diferente; essa operação é tida como arriscada devido à sua grande probabilidade de gerar erros

_____**predeterminado**_____, adjetivo

> O verbo reformular também aparece no texto: "Isso ocorre quando as equipes reformulam o código."

caracteriza o ato de estabelecer um prazo improrrogável para a conclusão de uma atividade e de ajustar o escopo dessa atividade de acordo com o prazo

> Essa palavra também tem uma forma verbal: "Vamos predeterminar a duração do trabalho como seis horas."

_____**backlog**_____, substantivo

prática adotada por equipes para elaborar, junto a usuários, clientes e/ou outros interessados, uma lista de recursos a serem construídos, geralmente dispostos em ordem de prioridade com os recursos de maior qualidade no topo

_____**elaboração progressiva**_____, substantivo (duas palavras)

desenvolvimento de um artefato do projeto (como um plano) em etapas, usando o conhecimento adquirido na etapa anterior para melhorá-lo

_____**iterativa**_____, adjetivo

metodologia em que as equipes dividem o projeto em partes menores, entregando o software em funcionamento ao final de cada etapa e, talvez, alterando seu plano de atuação com base no feedback relativo ao software em funcionamento

_____**cascata**_____, adjetivo

> Normalmente, "cascata" é um substantivo. Mas nesse caso integra uma locução adjetiva que caracteriza o processo.

tipo de modelo, processo ou método de criação de softwares em que o projeto inteiro é dividido em fases sequenciais e que geralmente inclui um processo de controle de alterações que induzem o projeto a retornar para uma fase anterior

> Confira esse exemplo: "Brian trabalhava em uma empresa que adotava um processo em cascata, mas está muito animado para testar um processo ágil como o Scrum."

você está aqui ▶

teste de compatibilidade

JULGAMENTO · APELAÇÃO
Solução

Adotar uma mentalidade ágil nem sempre é fácil! Às vezes, captamos a mensagem, mas há situações em que precisamos nos esforçar um pouco. Indicamos aqui alguns trechos de uma conversa entre Mike, Kate e Ben. Ligue cada balão até **COMPATÍVEL** ou **INCOMPATÍVEL** e ao princípio ágil correspondente.

Ben: Por que você está me fazendo essas perguntas? Já escrevi tudo o que os usuários pediram na especificação. — **COMPATÍVEL / INCOMPATÍVEL**

A principal forma de avaliar o andamento do trabalho é pelo software em funcionamento.

Não é recomendável solicitar aos usuários que informem os requisitos no início do projeto e não permitir que eles mudem de ideia depois (desde que entendam que a equipe precisa de tempo para fazer as alterações).

Se Kate não tivesse descoberto essa mudança, a equipe poderia ter entregado um software que não funcionava ou atrasado a entrega para corrigir o problema. Mas colocar o recurso na próxima iteração é a melhor opção, pois nesse caso ainda ocorrerá a entrega do software em funcionamento com outros recursos.

Kate: Acabei de descobrir que o algoritmo que calcula o tamanho do público não está funcionando. Precisamos colocar esse recurso na próxima iteração. — **COMPATÍVEL / INCOMPATÍVEL**

Devemos ser receptivos às mudanças nos requisitos, mesmo com o desenvolvimento em andamento. Os processos ágeis transformam mudanças em vantagens competitivas para o cliente.

Mike: Certo, quem foi o idiota que escreveu esse bloco de código espaguete cheio de bugs? Você é o culpado pelo nosso atraso. — **COMPATÍVEL / INCOMPATÍVEL**

É essencial entregar software em funcionamento regularmente, com periodicidade semanal ou mensal e, preferivelmente, no prazo mais curto.

Se Kate avaliasse o progresso do trabalho apenas pelo cronograma, talvez concluísse que estava tudo bem com o projeto. Estabelecer o software em funcionamento como principal forma de determinar o progresso auxilia Kate a identificar (e, com sorte, corrigir) problemas logo no início.

Técnicos como Mike costumam ser muito diretos. Mas mesmo que a equipe adote uma cultura que permite desafios e insultos entre os profissionais, culpar um colega por atrasos ou problemas de qualidade acaba com a motivação de qualquer um.

Kate: Analisando a compilação mais recente, achei que esse recurso de análise deveria estar melhor desenvolvido. Deixei passar algum problema? — **COMPATÍVEL / INCOMPATÍVEL**

Para desenvolver projetos, precisamos de profissionais motivados. Portanto, devemos criar um ambiente propício, dar todo apoio necessário e confiar no trabalho dos colaboradores.

valores e *princípios ágeis*

Mentalidades Cruzadas – Solução

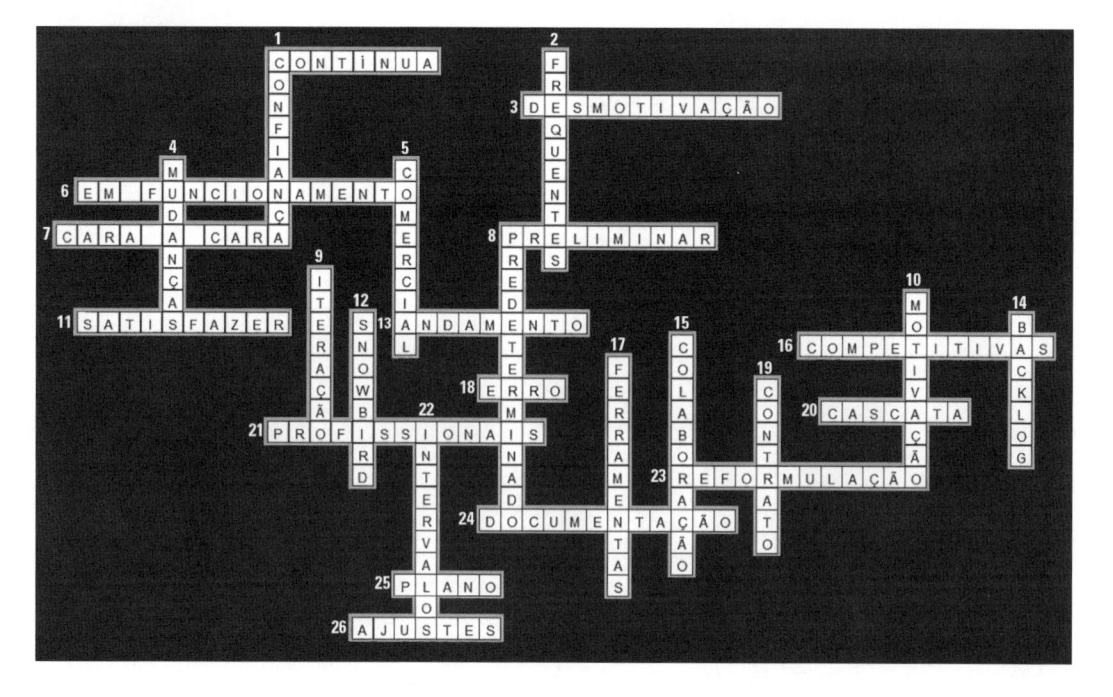

				¹C	O	N	T	I	N	U	A			² F											
				O									³D	E	S	M	O	T	I	V	A	Ç	Ã	O
		⁴		N		⁵								Q										
		M		F		C								U										
⁶E	M		F	U	N	C	I	O	N	A	M	E	N	T	O									
		D		A		O								E										
⁷C	A	R	A		A		C	A	R	A		⁸P	R	E	L	I	M	I	N	A	R			
		N		Ç		M								S										
		Ç		⁹		E																¹⁰		
		A		I		R																M		¹⁴
¹¹S	A	T	I	S	F	A	Z	E	R		¹²	¹³A	N	D	A	M	E	N	T	O		O		B
				T		I					S	L					¹⁷		¹⁶C	O	M	P	E	T	I	T	I	V	A	S
				E							N		¹⁸E	R	R	O		F		¹⁹					I		C
				R							O				M			E		C		²⁰C	A	S	C	A	T	A		K
				A							W							R		O				Ã		L
				Ç			²²				B				N			R		L						O
			²¹P	R	O	F	I	S	S	I	O	N	A	I	S			A		A						
				Ã			N				R				N			M		B						
							T				D				A			E		O		²³R	E	F	O	R	M	U	L	A	Ç	Ã	O
							E								D			N		R						
							R						²⁴D	O	C	U	M	E	N	T	A	Ç	Ã	O
							V											T		T					
							A											A		O					
							L											S							
							O		²⁵P	L	A	N	O											
									²⁶A	J	U	S	T	E	S									

esta página foi intencionalmente deixada em branco

3 Gerenciando projetos com Scrum

As Regras do Scrum

> Qual desses itens do Backlog do Produto deve ser o nosso próximo projeto?

> Senhorita, essa decisão está **totalmente fora da minha alçada**. Vou conferir com a chefia e...

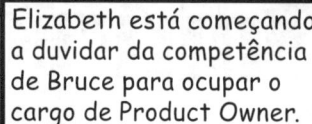

Elizabeth está começando a duvidar da competência de Bruce para ocupar o cargo de Product Owner.

As regras do Scrum podem ser simples, mas aplicá-las na prática não é. Há um bom motivo para o scrum ser a abordagem mais comum ao desenvolvimento ágil: **as regras do Scrum** são diretas e fáceis de aprender. A maioria das equipes não precisa de muito tempo para assimilar os **eventos**, **funções** e **artefatos** indicados nessas regras. Mas para que o Scrum seja implementado com eficiência, as equipes devem compreender efetivamente os **valores do Scrum** e os princípios do Manifesto Ágil e desenvolver uma atitude produtiva. Devido a essa aparente simplicidade do Scrum e à forma como as equipes **examinam** e **se adaptam** constantemente, essa abordagem acaba representando uma perspectiva inteiramente nova sobre projetos.

este é um novo capítulo

primeira pessoa irrelevante

UM NOVO LANÇAMENTO DA
RANCHO HAND GAMES

DA EQUIPE QUE CRIOU A SÉRIE DE GAMES DE SUCESSO MUNDIAL COWS GONE WILD

COWS GONE WILD II — Amuuugedom
COWS GONE WILD III — Deu a Louca nas Tetas
COWS GONE WILD IV — A Vinda do Leiteiro

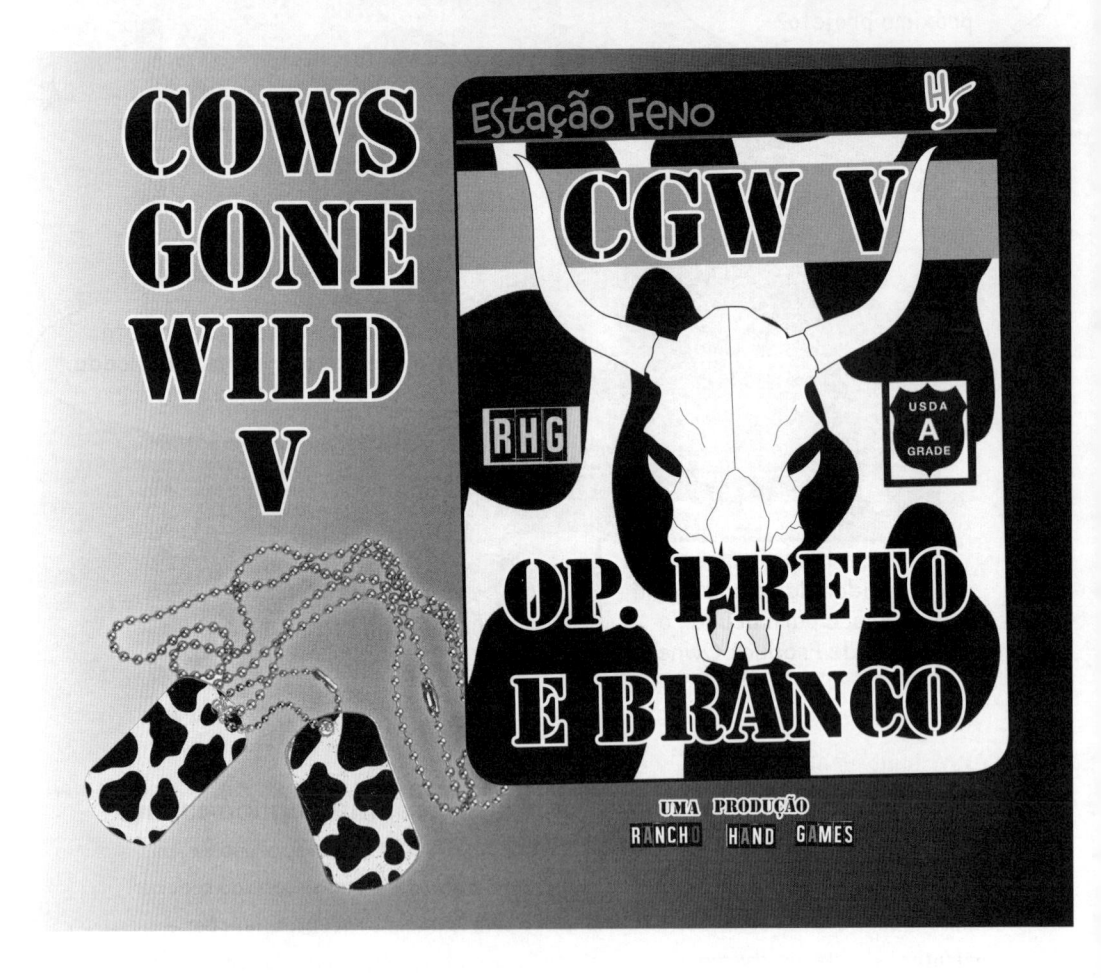

COWS GONE WILD V

Estação Feno
CGW V
RHG
USDA A GRADE
OP. PRETO E BRANCO

UMA PRODUÇÃO
RANCHO HAND GAMES

72 *Capítulo 3*

gerenciando projetos com o scrum

Conheça a equipe da Rancho Hand Games

Depois do sucesso de vendas de *Cows Gone Wild IV: A Vinda do Leiteiro*, a produtora pretende desenvolver um game mais ambicioso! Mas como o projeto anterior não correu muito bem, Amy, Brian e Rick querem implementar melhorias no modelo. Por isso, optaram pela metodologia ágil.

AMY — DIRETORA DE CRIAÇÃO

BRIAN — CHEFE DA EQUIPE

RICK — GERENTE DE PROJETOS

> Nem estimamos um prazo limite no projeto anterior. Não podemos trabalhar **90 horas semanais** de novo!

Amy: Fico muito feliz em ouvir isso! É inviável trabalhar em outro projeto dessa forma. Quase não consegui acompanhar as alterações de última hora na arte final.

Brian: Não vamos discutir isso de novo. Como você sabe, as alterações foram necessárias porque os níveis mudavam constantemente. A equipe inteira trabalhou até altas horas da noite e nos finais de semana para dar conta do recado.

Amy: Sei disso. Tivemos que lidar com várias coisas ao mesmo tempo e acabamos ficando sobrecarregados.

Brian: Tentamos planejar tudo, mas os cronogramas nunca correspondiam à realidade.

Rick: Isso realmente foi um problema, mas tenho pesquisado algumas soluções. O que vocês acham do **Scrum**?

Amy: Também li sobre esse método. Pode ser uma boa.

Brian: Qualquer medida que reduza o nível de bagunça no modelo tem meu apoio.

Amy: Mas as regras Scrum não criam os cargos de Product Owner e Scrum Master?

Rick: Estou pesquisando sobre as funções do Scrum Master e acho que elas são parecidas com as do meu cargo. Amy, você trabalha bastante com a área comercial, não é? O que acha de ser a Product Owner?

Amy: Não custa tentar. Vou comunicar às equipes de RP e da área comercial que eu sou a nova Product Owner.

Brian: Vamos nessa!

regras do scrum

Os eventos do Scrum viabilizam a execução dos projetos

Eventos do Scrum:
Etapa
Sessão de Planejamento da Etapa
Scrum Diário
Revisão da Etapa
Retrospectiva da Etapa

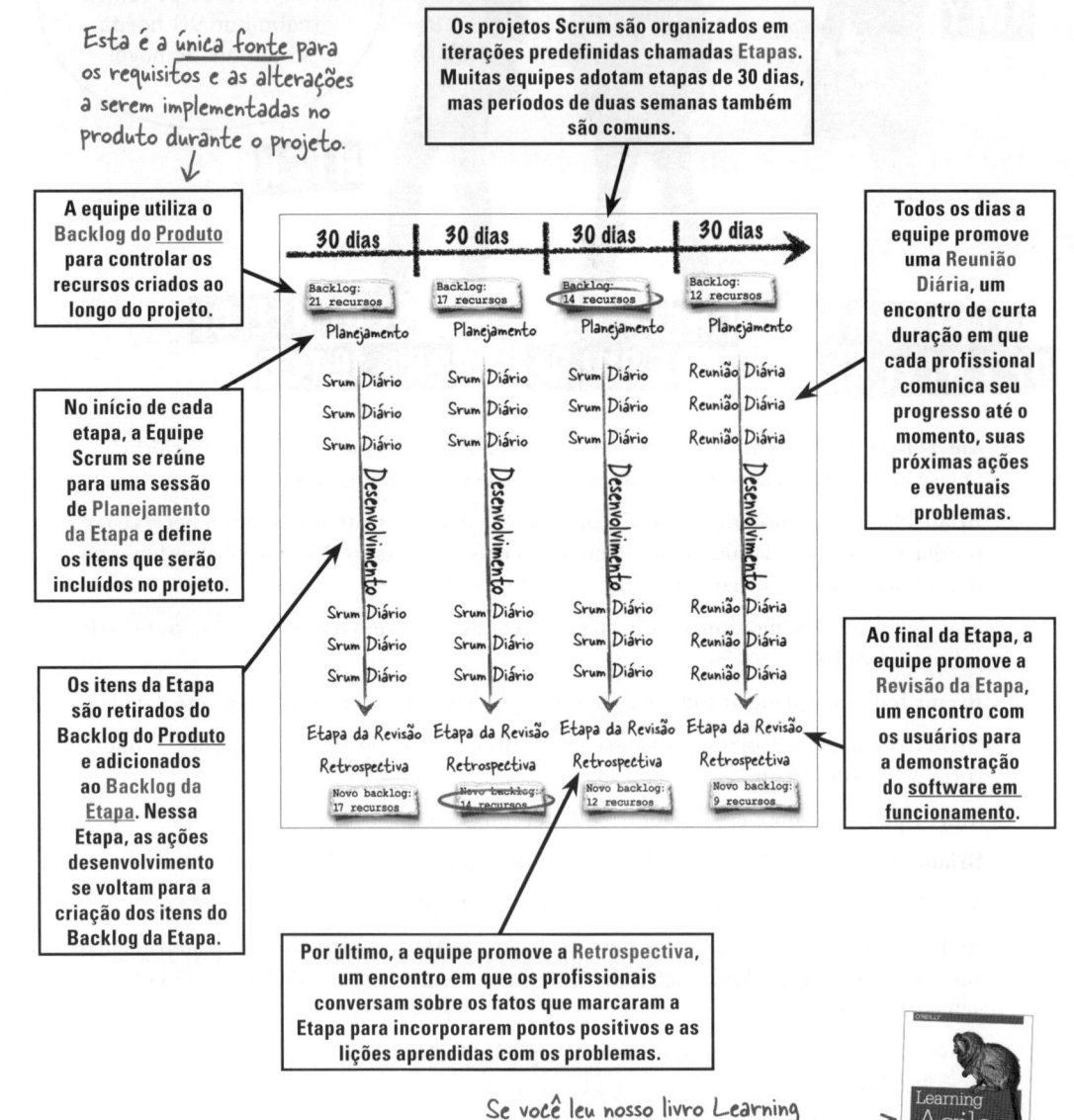

Há um bom motivo para a grande popularidade do Scrum como abordagem ao desenvolvimento ágil. Como as regras do Scrum são simples, equipes do mundo inteiro adotam esses princípios para incrementar sua capacidade de entregar projetos. Todos os projetos Scrum seguem o mesmo padrão de comportamento, definido por uma série de **eventos predefinidos** que ocorrem sempre na mesma ordem. Confira abaixo uma representação do padrão Scrum:

Esta é a única fonte para os requisitos e as alterações a serem implementadas no produto durante o projeto.

Os projetos Scrum são organizados em iterações predefinidas chamadas Etapas. Muitas equipes adotam etapas de 30 dias, mas períodos de duas semanas também são comuns.

A equipe utiliza o Backlog do Produto para controlar os recursos criados ao longo do projeto.

No início de cada etapa, a Equipe Scrum se reúne para uma sessão de Planejamento da Etapa e define os itens que serão incluídos no projeto.

Os itens da Etapa são retirados do Backlog do Produto e adicionados ao Backlog da Etapa. Nessa Etapa, as ações desenvolvimento se voltam para a criação dos itens do Backlog da Etapa.

Todos os dias a equipe promove uma Reunião Diária, um encontro de curta duração em que cada profissional comunica seu progresso até o momento, suas próximas ações e eventuais problemas.

Ao final da Etapa, a equipe promove a Revisão da Etapa, um encontro com os usuários para a demonstração do software em funcionamento.

Por último, a equipe promove a Retrospectiva, um encontro em que os profissionais conversam sobre os fatos que marcaram a Etapa para incorporarem pontos positivos e as lições aprendidas com os problemas.

Se você leu nosso livro Learning Agile, vai reconhecer essa ilustração do padrão básico do Scrum!

As funções do Scrum definem as atribuições dos profissionais

Cada equipe Scrum tem três funções essenciais. A primeira função, e a mais conhecida, é a da **Equipe de Desenvolvedores**. Os integrantes da equipe podem ter diversas especializações e talvez ocupem outros cargos na empresa, mas todos participam dos eventos Scrum da mesma forma. Além dessa, há outras duas funções muito importantes na equipe: a do **Product Owner** (Representante do Cliente) e a do **Scrum Master** (Facilitador). Quando esses dois cargos se somam à Equipe de Desenvolvedores, o resultado é uma **Equipe Scrum**.

O Product Owner orienta a equipe a respeito das demandas dos usuários para viabilizar a criação de um produto de qualidade.

O Product Owner trabalha com a equipe diariamente e explica aos integrantes os recursos do Backlog do Produto: quais são esses itens e por que os usuários precisam deles. Sua função é muito importante porque auxilia a equipe na *criação de um software com a maior qualidade possível*.

> Volte ao capítulo anterior e encontre um princípio ágil que fale sobre a entrega de software de qualidade?

As regras do Scrum são claras ao estabelecerem que as funções do Product Owner e do Scrum Master devem ser exercidas por pessoas e não por comitês.

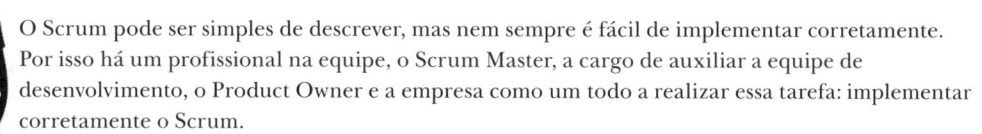

O Scrum Master auxilia a equipe na compreensão e execução do Scrum.

O Scrum pode ser simples de descrever, mas nem sempre é fácil de implementar corretamente. Por isso há um profissional na equipe, o Scrum Master, a cargo de auxiliar a equipe de desenvolvimento, o Product Owner e a empresa como um todo a realizar essa tarefa: implementar corretamente o Scrum.

O Scrum Master lidera a equipe (daí a palavra "master"). Mas sua liderança se expressa de forma muito *específica*: o Scrum Master é um **líder servidor**. Ou seja, esse profissional dedica todo o seu tempo a auxiliar (ou "servir") o Product Owner, a Equipe de Desenvolvedores e os demais colaboradores da organização e:

- ★ Orientar o Product Owner no desenvolvimento de métodos eficazes para a gestão do backlog.
- ★ Auxiliar a Equipe de Desenvolvimento a compreender os eventos Scrum e, se necessário, promover sua facilitação.
- ★ Coordenar a organização como um todo quanto à necessidade de compreender o Scrum e colaborar com a equipe.
- ★ Auxiliar todos os profissionais a se esforçarem ao máximo para entregar um software da maior qualidade possível.

O Guia do Scrum estabelece regras para a adoção do modelo pelas equipes.

Antes de seguirmos para a próxima página, acesse *https://www.scrum.org* (conteúdo em inglês) ou o site da editora Alta Books (www.altabooks.com.br — procure pelo nome do livro ou ISBN) e baixe uma cópia do Guia do Scrum, escrito pelos criadores do Scrum Ken Schwaber e Jeff Sutherland. Além de propor uma definição para essa abordagem, o Guia é atualizado regularmente, incorporando as ideias mais recentes sobre a utilização do Scrum pelas equipes: sempre que alguma inovação é integrada ao modelo, você pode encontrá-la no Guia. Além disso, você notou que Scrum, Scrum Diário, Etapa, Planejamento da Etapa, Revisão da Etapa, Backlog do Produto e outros termos estão grafados em letras *maiúsculas* neste capítulo? Estamos seguindo o padrão do Guia do Scrum.

a arte dos artefatos

Os artefatos Scrum mantêm a equipe a par dos eventos

Os projetos de software são desenvolvidos com base em informações. A equipe precisa saber sobre o produto que deve desenvolver, o item que está sendo criado na Etapa atual e o processo de desenvolvimento. As equipes Scrum utilizam três artefatos para gerenciar todas essas informações: o **Backlog do Produto**, o **Backlog da Etapa** e o **Incremento**.

> Esse é um exemplo de Backlog do Produto, mas não há um formato obrigatório. As equipes costumam utilizar planilhas, entradas em bancos de dados ou ferramentas de software para gerenciar o backlog.

Backlog do Produto *Cows Gone Wild 5*

Item 1: O nível secreto do celeiro de ovelhas deve ser projetado e testado
Estimativa de esforço: 27 dias/pessoa
Valor: Incrementa o nível mais popular do CGW4, vai fazer sucesso com os jogadores

Item 2: A dinâmica do jato de leite deve ser alterada e incluir uma ação de esguicho
Estimativa de esforço: 4 dias/pessoa
Valor: O jogo vai ficar mais divertido com esse incremento na jogabilidade

Item 3: O projeto do nível de sobrevivência ao ataque das vacas loucas zumbis deve ser concluído e incluir a IA dos zumbis e o ataque de hordas de zumbis
Estimativa de esforço: 16 dias/pessoa
Valor: A grande popularidade dos zumbis no momento vai alavancar as vendas

Item 4: O ataque estratégico ao galpão deve apresentar uma visão aérea do campo de batalha e oferecer ao jogador a capacidade de posicionar e comandar/controlar torres, tropas do celeiro, tratores, currais e atiradores
Estimativa de esforço: 19 dias/pessoa
Valor: Como se parece com um recurso do CGW4, podemos reutilizar o código e incluir um nível inteiro no jogo

Página 1 de 7

> Cada item do Backlog do Produto tem quatro atributos: ordem, descrição, estimativa e valor.

> Não é obrigatório criar uma estimativa em dias/pessoa. Basta usar uma unidade acessível a todos os integrantes da equipe.

> O valor pode ser indicado em uma descrição como esta, um número relativo, previsão de valor em dólares ou por outra forma de determinar e expressar valor.

> Para manter o projeto nos trilhos e acompanhar as demandas da empresa, o Product Owner deve sempre refinar o Backlog do Produto e adicionar, remover e reordenar os itens do backlog.

> Enquanto o projeto estiver em andamento, o Backlog do Produto não será considerado como completo. O Product Owner deve sempre atuar junto aos usuários e stakeholders da empresa para adicionar, remover, alterar e reordenar os itens do Backlog do Produto.

> Esse é um exemplo de Backlog da Etapa (como vimos antes, esse formato não é obrigatório). A equipe deve criar esse backlog durante o Planejamento da Etapa e pode desenvolvê-lo com base nas informações que surgirem ao longo da etapa.

Backlog da Etapa *Cows Gone Wild 5* - Etapa 2

Objetivo da Etapa: Criar pelo menos um nível que possa ser jogado do início ao fim

> A equipe estabelece o Objetivo da Etapa ou o objetivo a ser concretizado quando os itens da Etapa forem concluídos.

Itens da etapa:

- Nível secreto do celeiro de ovelhas
- Dinâmica do jato de leite
- Ataque estratégico ao galpão

> Na primeira parte do Planejamento da Etapa, a equipe determina o que pode ser feito e indica os itens que serão incluídos.

Planejamento da etapa:

Tarefas para o nível secreto do celeiro de ovelhas

- Criar o código dos dois novos tipos de novilhas inimigas
- Criar mapas de textura
- Projetar o espaço 3D para o nível no editor de níveis
- Criar a IA do modo secreto da teta

> Na segunda parte do Planejamento da Etapa, a equipe determina o modo de execução dos itens da Etapa e divide o serviço em tarefas.

Tarefas para a dinâmica do jato de leite

- Desenvolver o algoritmo do esguicho de impacto
- Implementar a classe do jato de leite
- Atualizar o código da detecção de colisões

Página 1 de 4

O tempo alocado para a sessão de Planejamento da Etapa geralmente se esgota antes da conclusão da divisão do serviço em tarefas pela equipe. Portanto, as equipes costumam começar pelos itens que serão criados primeiro e fecham o plano ao longo do processo.

O Incremento corresponde ao conjunto total de itens do backlog efetivamente concluídos e entregues ao final de uma Etapa

Como esse modelo é incremental, cada projeto Scrum se divide em "fatias" cuja entrega ocorre em sequência. Cada "fatia" é um **Incremento**, ou seja, a representação do resultado de uma Etapa completa: trata-se do software em funcionamento que a equipe demonstra aos usuários na Revisão da Etapa e que geralmente inclui todos os recursos entregues anteriormente. Essa prática é razoável, porque não faz o mínimo sentido excluir esses itens do software! Portanto, o *Incremento do produto é o conjunto total dos itens do backlog concluídos ao final de uma determinada Etapa e de todas as etapas anteriores.*

cabeçalho do objetivo da página

A Etapa do Scrum vista de perto

|—— **30 dias** ——|

A **Etapa** é uma iteração com *duração predefinida*. A maioria das equipes adota Etapas de duas semanas, mas as de 30 dias também são comuns.

Srum Diário

Srum Diário

Srum Diário

Desenvolvimento

Srum Diário

Srum Diário

Srum Diário

Etapa da Revisão

Retrospectiva

A sessão de **Planejamento da Etapa** é uma reunião que conta com a participação da equipe inteira, incluindo o Scrum Master e o Product Owner. Quando a Etapa tem 30 dias, a duração predefinida dessa sessão é de 8 horas. Para Etapas de 2 semanas, a sessão deve ter 4 horas. Etapas com outras durações terão sessões proporcionais. Essa sessão se divide em duas partes correspondentes, cada uma, à metade da duração da reunião:

★ Na primeira metade, a equipe define *o que* pode ser feito na Etapa. Primeiro, o grupo estabelece o **Objetivo da Etapa**, uma ou duas frases que indicam o que se deve realizar na Etapa. Em seguida, os profissionais deliberam, retiram itens do Backlog do Produto e criam o **Backlog da Etapa**, que contém os itens a serem criados durante a Etapa.

★ Na segunda metade, a equipe define *como* o trabalho será feito. Para isso, o grupo decompõe (ou **organiza**) cada item do Backlog da Etapa em **tarefas** com duração menor ou igual a um dia, criando o *plano* da Etapa.

O **Scrum Diário** é uma reunião de 15 minutos realizada no mesmo horário todos os dias. A Equipe de Desenvolvimento e o Scrum Master participam desse encontro e é bastante recomendável que o Product Owner também compareça. No Scrum Diário, cada profissional deve responder a três perguntas:

★ O que fiz desde o último Scrum Diário para concretizar o Objetivo da Etapa?

★ O que farei daqui até o próximo Scrum?

★ Quais desafios preciso encarar?

O serviço é planejado, mas nem todos os itens serão divididos em tarefas. A duração programada para a reunião pode se esgotar antes da divisão de todos os itens do Backlog da Etapa. Portanto, a equipe deve executar essa separação nos primeiros dias da Etapa.

Na **Revisão da Etapa**, a equipe inteira se reúne com os principais usuários e interessados convidados pelo Product Owner. A equipe demonstra o que construiu durante a Etapa e obtém feedback dos interessados. Além disso, os profissionais discutem sobre o Backlog do Produto para delinear como *provavelmente* será a próxima Etapa. Quando as Etapas são de 30 dias, essa reunião tem duração de quatro horas.

A **Retrospectiva da Etapa** é uma reunião em que a equipe define os pontos positivos e a melhorar. Todos na equipe participam desse encontro, inclusive o Scrum Master e o Product Owner. Ao final da reunião, os profissionais devem escrever as melhorias específicas que irão implementar. Quando as Etapas são de 30 dias, a Retrospectiva tem duração de cerca de 3 horas.

A Etapa termina *quando sua duração estabelecida acaba*.

gerenciando projetos com o scrum

não existem Perguntas Idiotas

P: Então, o Scrum é só isso?

R: Essas são as regras do Scrum, mas certamente há muito mais a aprender. O Scrum foi desenvolvido para ser leve e simples de entender. No entanto, dominar o Scrum exige muito mais do que apenas seguir regras. Como vimos no capítulo anterior, os valores do Manifesto Ágil podem influenciar bastante a forma como uma equipe implementa uma determinada prática. Isso também vale para o Scrum: a **mentalidade** e a **experiência** são o maior diferencial entre equipes que adotam abordagens vazias e "apenas seguem as regras" e equipes Scrum competentes que realmente "entendem" essas regras.

P: Eu já divido meus projetos em fases. As Etapas não são a mesma coisa?

R: Definitivamente não. Os projetos em cascata tradicionais geralmente se dividem em fases e estabelecem uma entrega completa ao final de cada uma delas. Mas essas fases são planejadas no início do processo. Quando a equipe identifica uma mudança que influencia a próxima fase, o projeto tem que ser replanejado, geralmente através de um processo de controle de alterações separado. Em outras palavras, a equipe parte do pressuposto de que o plano do projeto está, na maior parte, correto e de que cabe ao gerente de projetos lidar com o volume relativamente pequeno de mudanças que podem ocorrer ao longo do desenvolvimento.

O diferencial do Scrum é ser **iterativo**, o que implica muito mais do que apenas dividir um projeto em fases. A equipe Scrum não planeja a próxima iteração até a conclusão da atual. No meio de uma Etapa, o grupo pode identificar mudanças que influenciam a próxima Etapa ou mesmo a atual. Isso demonstra a importância do Product Owner como membro da equipe: ele tem autoridade para tomar decisões em nome da empresa e dos clientes e definir os recursos que a equipe deve criar, podendo implementar essas mudanças imediatamente.

P: Qual é a diferença entre Backlog do Produto e Backlog da Etapa?

R: O Backlog do Produto contém uma lista que indica todos os itens potencialmente essenciais ao produto. Como as equipes Scrum costumam trabalhar em versões contínuas de um mesmo produto, o Backlog do Produto nunca é finalizado. A primeira versão liberada geralmente contém os requisitos mais acessíveis. Ao longo do desenvolvimento do projeto, o Product Owner adiciona e remove itens com base no critério de qualidade estabelecido pela empresa.

O Backlog da Etapa contém os itens específicos que a equipe deve criar durante uma determinada Etapa. Esses itens são retirados do Backlog do Produto durante o Planejamento da Etapa. O software finalizado durante uma Etapa é o **Incremento**: a equipe entrega e analisa um Incremento completo a cada Etapa. O Backlog da Etapa também contém um **plano para a entrega do Incremento**. A equipe cria esse plano durante o Planejamento da Etapa, quando divide os itens do backlog em tarefas.

P: O que *é* exatamente um item do backlog?

R: Cada item do Backlog do Produto contém uma pequena descrição, uma estimativa (geralmente aproximada) de prazo, o valor do negócio e um pedido. O **Product Owner** é responsável por **refinar o Backlog do Produto**. Para isso, ele deve analisar os itens do backlog, remover os que perderam sua utilidade, reavaliar seus valores e atualizar a ordem dos itens de acordo com o critério de utilidade.

P: Calma aí. Na história, Brian é o chefe da equipe. Mas "chefe da equipe" não está entre as três funções do Scrum. O que está acontecendo?

R: Funções e cargos não são a mesma coisa. No que diz respeito ao Scrum, Brian é apenas mais um membro da Equipe de Desenvolvimento, embora seja chefe da equipe, tenha mais autoridade que os outros desenvolvedores e possua suas próprias habilidades e competências. Talvez ele não tenha uma função definida no Scrum, mas *certamente desempenha um papel importante e exclusivo na equipe*. No entanto, não há eventos ou artefatos do Scrum voltados especificamente para ele.

P: Qual é o significado desse termo "artefatos"?

R: Um artefato é um subproduto específico de um determinado processo ou método. O Scrum possui **três artefatos**: Backlog do Produto, Backlog da Etapa e Incremento.

P: O que fazer quando, no meio de uma Etapa, ocorre algum tipo de emergência? Devemos esperar o fim da duração programada para encerrar a Etapa?

R: Em **raríssimos casos**, o Product Owner pode cancelar a Etapa antes do fim da duração predefinida. Quando isso ocorre, a equipe promove uma Revisão da Etapa para analisar os itens do Backlog da Etapa que tenham sido finalizados, enquanto os demais voltam para o Backlog do Produto e são discutidos na próxima sessão de Planejamento da Etapa. *Seja extremamente cuidadoso ao cancelar uma Etapa*. Esse é um "botão" de emergência que só pode ser pressionado em casos graves, pois traz um sério risco de desperdiçar muita energia da equipe e, mais importante, faz com que a empresa como um todo perca a confiança na equipe e na eficácia do Scrum.

> O Scrum foi projetado para ser leve e simples de entender, mas dominar o Scrum exige muito mais do que apenas seguir regras.

você está aqui ▶ 79

eles seguiram as regras mas algo deu errado

Aponte o seu lápis

Escreva a seguir o nome de cada um dos eventos do Scrum, quando ocorre e sua duração predefinida. <u>Preenchemos o primeiro evento</u>. Em seguida, indique as três funções do Scrum e seus três artefatos.

Nomes do evento na ordem em que ocorrem	Quando o evento ocorre	Duração predefinida do evento
		Utilize como referência a Etapa de 30 dias
Etapa	_____	_____
_____	_____	_____
_____	_____	_____
_____	_____	_____

Escreva as funções do Scrum

_____

_____

_____

Escreva os artefatos do Scrum

_____

_____

_____

→ Respostas na página 112

80   Capítulo 3

gerenciando *projetos* **com o scrum**

> Quatro meses depois, durante uma Retrospectiva da Etapa...

Não acho que a Etapa correu muito bem.

Farejou alguma coisa, Sherlock? Foi o fato de que não conseguimos fazer quase nada?

Rick: Não precisa elevar o tom. Estamos fazendo o nosso melhor!

Amy: Desculpe. A relação com a área comercial está muito tensa atualmente, o que me deixa nervosa. Dedico tanto tempo ao Scrum que não sobra nenhum espaço na agenda para fazer meu trabalho.

Rick: Como assim?

Amy: Vocês me pedem para tomar decisões o tempo inteiro. Por exemplo, durante o planejamento dessa Etapa, eu tive que decidir se a equipe do Brian deveria primeiro atuar no nível do ataque estratégico ao galpão ou aperfeiçoar a mecânica das granadas de leite.

Rick: Sim. Você optou pelo ataque estratégico ao galpão. Foi um erro?

Amy: Você não faz ideia! Depois da demonstração, fui arrastada à sala do CEO e ouvi cobras e lagartos durante uma hora. Os gamers odiaram os níveis estratégicos do *CGW4* e nossos acionistas não querem nem saber de críticas ruins ao *CGW5*.

Rick: O quê?! Trabalhamos muito nisso. Pensei que os níveis estavam bons!

Amy: Eu também. Mas disseram que eu não estava autorizada a incluir nenhum nível estratégico na Etapa e que não devia tomar nenhuma decisão desse tipo.

Rick: Mas você é a Product Owner! Tomar decisões faz parte da sua função.

Amy: Exatamente. Por isso não sei o que fazer. Passo tanto tempo respondendo às perguntas da equipe sobre recursos que mal tenho espaço para fazer o meu trabalho de verdade.

Rick: Bem, também não é fácil para mim. Está ficando cada vez mais difícil convocar a equipe para os Scrums Diários. Você sabe como programadores odeiam reuniões.

Amy: Sabe de uma coisa? Estamos seguindo as regras do Scrum. Talvez seja uma boa ideia. Certo? Talvez? Uhm... será que o Scrum vale mesmo a pena?

PODER DO CÉREBRO

A equipe seguiu as regras do Scrum à risca, mas ainda assim ocorreram problemas no projeto. O que deu errado?

apenas seguir as regras não é suficiente

Os valores do Scrum aumentam a eficiência da equipe

Como vimos antes, a eficiência das equipes ágeis é maior quando elas adotam uma mentalidade alinhada com os valores do Manifesto Ágil. Da mesma forma, o Scrum também estabelece cinco **valores** que incrementam os resultados das equipes Scrum.

Abertura

Cada um dos cinco valores Scrum se expressa em uma palavra. Nesse caso, o valor é "abertura".

Você sempre tem conhecimento das atividades profissionais dos membros da equipe e se sente à vontade para compartilhar informações sobre suas atividades com eles. Quando se depara com um problema ou obstáculo, você sempre pode dialogar com a equipe.

Às vezes não é fácil conversar com seus colegas de equipe sobre eventuais problemas. Ninguém gosta de cometer erros, especialmente no trabalho. Por isso, a equipe inteira deve aderir a esse valor: quando todos mantêm uma postura aberta e compartilham informações sobre problemas e obstáculos, é muito mais fácil falar honestamente sobre essas questões. Isso beneficia a equipe como um todo.

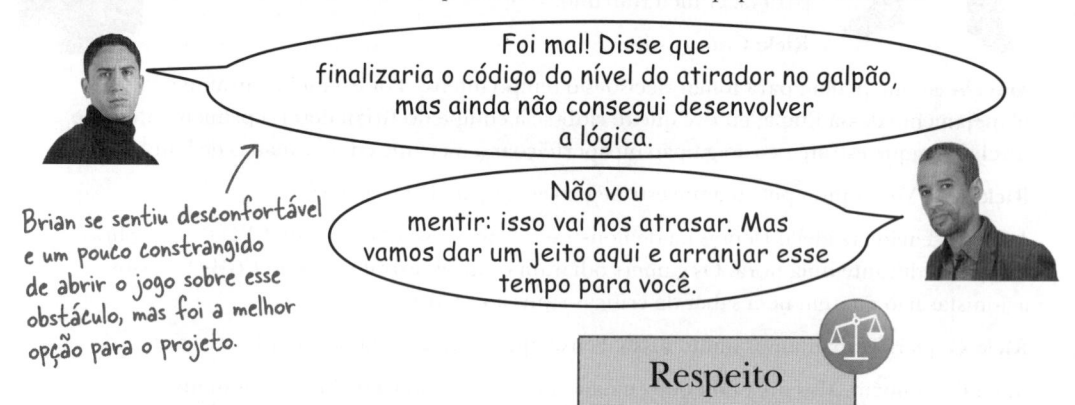

> Foi mal! Disse que finalizaria o código do nível do atirador no galpão, mas ainda não consegui desenvolver a lógica.

Brian se sentiu desconfortável e um pouco constrangido de abrir o jogo sobre esse obstáculo, mas foi a melhor opção para o projeto.

> Não vou mentir: isso vai nos atrasar. Mas vamos dar um jeito aqui e arranjar esse tempo para você.

Respeito

Você e seus colegas de equipe se respeitam mutuamente e confiam nas suas respectivas capacidades profissionais.

Confiança e respeito andam de mãos dadas. Os profissionais das equipes Scrum estão em constante comunicação e, quando não concordam com algo, demoram um pouco para entender as ideias uns dos outros. É natural discordar de uma abordagem. Em uma equipe Scrum eficiente, você ouve quando seus colegas de equipe não concordam com o modelo utilizado. Mas, no final das contas, os integrantes respeitam suas decisões e confiam em você mesmo que discordem da abordagem adotada.

> As equipes Scrum operam com um número mínimo de três e no máximo nove membros. Uma equipe Scrum precisa de, pelo menos, três profissionais alocados em uma Etapa para obter um resultado significativo a partir do trabalho. Mas é muito difícil coordenar 10 integrantes ou mais. Nesse caso, o Scrum Diário tende a ser caótico e difícil de planejar com eficiência.

Uma equipe tradicional de projetos em cascata nem sempre desenvolve uma confiança suficiente, pois o gerente do projeto exige estimativas dos membros para fazer o planejamento. Então, quando as coisas dão errado, o gerente pode culpar a equipe por ter calculado mal as estimativas e a equipe pode culpar o gerente do projeto pelo péssimo plano.

Coragem

As equipes Scrum têm coragem suficiente para encarar desafios e seus membros têm coragem suficiente para defender seus projetos.

Qual é a sua reação quando seu chefe exige da equipe um objetivo impossível de concretizar? E quando ele estabelece um prazo de duas semanas para um projeto que requer pelo menos dois meses de trabalho? Uma equipe Scrum eficiente tem coragem suficiente para dizer "não" e recusar objetivos impossíveis, pois dispõe de ferramentas de planejamento que indicam o que é possível e da confiança dos usuários e partes interessadas, que acreditam na sua capacidade de entregar um software com a maior qualidade possível.

Foco

É por isso que no início da reunião de Planejamento da Etapa a equipe escreve o Objetivo da Etapa em uma ou duas frases. Essa prática orienta seu foco durante a Etapa.

Os membros da equipe estão <u>focados no Objetivo</u> da Etapa e essa meta orienta todas as suas ações. Durante a Etapa, os profissionais atuam exclusivamente nas tarefas pertinentes e executam <u>cada tarefa</u> até sua conclusão antes de passar para outra.

Em cada Etapa do Scrum, os profissionais devem direcionar seu foco exclusivamente para os itens do Backlog da Etapa e as tarefas estabelecidas na reunião de planejamento. Cada membro da equipe deve atuar em um item do Backlog por vez e se dedicar exclusivamente a uma tarefa do plano, passando para a próxima tarefa apenas quando concluir a atual.

> Onde entra a **versatilidade**? As equipes não são mais eficientes quando executam múltiplas tarefas ao mesmo tempo?

Os membros da equipe Scrum sabem que se dedicar a uma tarefa por vez é uma postura mais eficiente do que tentar executar várias ao mesmo tempo.

Existe um mito de que alternar entre diversas tarefas várias vezes por dia é uma postura mais eficiente do que se dedicar a apenas uma por vez. Imagine a seguinte situação: você tem duas tarefas que exigem uma semana de trabalho cada. Se tentar executar as duas ao mesmo tempo, na melhor das hipóteses você vai entregar ambas no prazo de duas semanas. Mas se iniciar a segunda tarefa só depois de concluir a primeira, finalizará a primeira tarefa uma semana antes.

Existe mais um valor Scrum. Vire a página... ➔

porcos e galinhas

Comprometimento

Cada membro da equipe e a empresa como um todo se comprometem a entregar o melhor produto possível.

Quando a equipe está comprometida com o projeto, as tarefas indicadas no Objetivo da Etapa são sua meta profissional mais importante. Cada membro da equipe associa seu sucesso na empresa ao sucesso do projeto. Além disso, os profissionais se *sentem comprometidos com cada item do Incremento* e não apenas com os itens em que estão trabalhando. A isso chamamos **comprometimento coletivo**.

Mas o que acontece quando surge algo importante para a empresa que, no entanto, não faz parte do projeto? Para garantir a eficiência do Scrum, o chefe precisa evitar que isso aconteça. Em outras palavras, a empresa *precisa se comprometer totalmente com o projeto*, respeitar o compromisso coletivo da equipe com o Objetivo da Etapa e seguir as regras do Scrum.

Mas como a empresa expressa este tipo de comprometimento?

Delegando autoridade à equipe para determinar os recursos que serão desenvolvidos em cada Etapa e confiando na sua capacidade de entregar o software de maior qualidade possível. Para isso, a empresa indica um Product Owner que atua em tempo integral e tem autoridade (e disposição!) para definir os recursos que serão implementados e aceitar sua conclusão.

Quando há comprometimento, cada membro da equipe se sente comprometido a entregar todos os itens do Incremento e não apenas os itens em que está trabalhando.

> Esta é a terceira vez que aceitei um recurso e recebi uma bronca do meu chefe porque, segundo ele, eu não tinha "autoridade" para fazer isso.

> É isso mesmo. Ele fala como se você não tivesse nenhuma autoridade para **assumir um compromisso real** em nome da empresa.

> Sabe de uma coisa? Acho que *eu não sou a pessoa certa* para ser a função de Product Owner!

> Felizmente, eu sou a pessoa **certa** para a função de Scrum Master. Vou conversar com alguns gerentes seniores para resolver a situação.

Uma atribuição importante do Scrum Master é auxiliar todos os profissionais a compreenderem o Scrum, inclusive gerentes seniores e membros de outras equipes.

gerenciando projetos com o scrum

Hora de História

Era uma vez um porco e uma galinha que tinham uma grande amizade.

Um dia, a galinha disse ao porco: "Tenho uma grande ideia. Vamos abrir um restaurante!"

O porco disse: "Ótima ideia! Qual vai ser o nome?"

A galinha respondeu: "Que tal **Bacon e Ovos**?"

O porco pensou por um minuto e disse: "Sabe de uma coisa? Deixa pra lá. Você está apenas envolvida, mas eu estou comprometido."

encontre o Product Owner certo

P: Por que esse papo sobre animais de criação?

R: Porque a fábula do porco e da galinha é uma boa forma de explicar o comprometimento (já que a galinha se limita a por ovos e o porco deve ser comido, seu comprometimento é muito maior). Na verdade, _algumas_ equipes utilizam mesmo esses termos e chamam pessoas comprometidas com o projeto de "porcos" e denominam de "galinhas" as pessoas que têm interesse no serviço, mas não assumem nenhum compromisso real com o projeto. (Às vezes, as equipes utilizam internamente esse termo, quando sua cultura estabelece "porco" como insulto!)

Segundo o valor Scrum do comprometimento, quando você está em uma equipe Scrum, deve acreditar sinceramente que seu sucesso ou fracasso profissional dependem da sua capacidade de entregar um software de qualidade e que, portanto, você é um "porco" comprometido. Os usuários e partes interessadas podem ter um grande interesse no projeto, mas são "galinhas". Têm grande importância para o projeto, mas não estabelecem nada

não existem Perguntas Idiotas

parecido com o forte comprometimento dos "porcos".

P: O que acontece quando a equipe não consegue "captar" alguns valores do Scrum?

R: Uma parte importante do trabalho do Scrum Master consiste em auxiliar todos os profissionais a compreenderem os valores do Scrum e internalizá-los até desenvolverem uma mentalidade produtiva. Poucas equipes adotam o Scrum acreditando, logo no início, em todos esses valores, mas elas crescem e evoluem com o tempo. O Scrum Master colabora demonstrando a utilidade desses valores para que a equipe possa entender e lidar com os eventuais obstáculos que surgem ao longo do projeto.

P: O que acontece quando a equipe não encontrar um Product Owner com autoridade suficiente?

R: Se o Product Owner não tem autoridade para definir os itens que a equipe deve criar ou para aceitar a conclusão dos itens no Backlog da Etapa, a empresa não delegou à equipe autoridade suficiente para executar o trabalho e, na prática, não se comprometeu com o projeto ou com o Scrum. Isso pode ser um problema.

Muitos projetos fracassam porque a equipe **fez um ótimo trabalho, mas criou o software errado**. O Product Owner pode evitar essa situação porque **atua em tempo integral** junto à empresa para definir as demandas da organização e os recursos que devem ser implementados, auxiliando a equipe a compreender esses itens.

> **Se o Product Owner não tem autoridade para definir os recursos que a equipe deve criar, a empresa não está realmente comprometida a entregar o projeto com o Scrum.**

PONTOS DE BALA

- O **Scrum** é a abordagem mais popular à metodologia ágil e a mais bem-sucedida quando utilizada por equipes de software com três a nove membros.

- O Scrum estabelece cinco **eventos** com duração predeterminada: Etapa, Planejamento da Etapa, Scrum Diário, Revisão da Etapa e Retrospectiva da Etapa.

- O Scrum tem três **funções**: Product Owner, Scrum Master e Equipe de Desenvolvimento.

- O Scrum utiliza três **artefatos**: Backlog do Produto, Backlog da Etapa e Incremento.

- No Scrum, os projetos são divididos em **Etapas**, iterações com duração predefinida de 30 dias (ou menos).

- Cada Etapa começa com o **Planejamento da Etapa**, uma reunião com duração predefinida na qual a equipe define os itens (recursos etc.) que

- deve incluir no Backlog da Etapa e divide esses itens em tarefas ao longo da primeira semana e durante o processo.

- O **Scrum Diário** é uma reunião na qual cada profissional comunica suas ações passadas e futuras e eventuais dificuldades.

- O Product Owner convida os principais interessados para participarem da **Revisão da Etapa**, uma reunião na qual a equipe demonstra o software validado e discute o próximo Backlog da Etapa.

- Na **Retrospectiva da Etapa**, a equipe conversa sobre os pontos positivos e a melhorar identificados ao longo do processo.

- As equipes Scrum adotam cinco **valores** que viabilizam o desenvolvimento de uma mentalidade mais produtiva: abertura, respeito, coragem, foco e comprometimento.

gerenciando projetos com o scrum

> Tenho ótimas notícias! Conversei com o pessoal do setor comercial sobre nossos problemas de comprometimento e eles concordaram em indicar o Alex para atuar como **Product Owner em tempo integral** na nossa equipe.

O <u>gerente sênior</u> Alex trabalha no setor de games há muito tempo e mantém contato frequente com usuários, anunciantes e críticos da área, além de saber tudo sobre como vender games.

> E aí, galera? Tudo bem? O Rick já me explicou a dinâmica do Scrum. Como os chefes pensam que o Scrum é **muito importante**, me indicaram para atuar nele em tempo integral.

> **Tenho autoridade total.** Se eu disser que um item deve entrar no game, esse item vai entrar no game. Tenho a confiança dos outros gerentes e confio na equipe para executar o projeto.

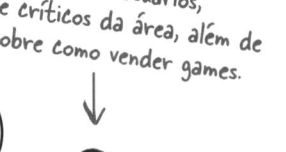

ALEX

PRODUCT OWNER

> Que bom! Agora posso voltar a ser "apenas" a diretora de criação.

> Os desenvolvedores estão cheios de perguntas! Vou apresentá-lo à equipe.

Etapa 5 Backlog do Produto

~~assalto estratégico ao sito~~

NÃO FAÇA ISSO, OS JOGADORES ODEIAM!

o que faremos então?

Com o novo Product Owner, a equipe vai definir os recursos mais importantes para incluir na próxima Etapa.

você está aqui ▶ 87

90% concluído 90% restante

JULGAMENTO APELAÇÃO

Ouvimos a conversa a seguir entre Amy, Rick e Brian. Desenhe uma linha para ligar cada balão à caixa **COMPATÍVEL** ou **INCOMPATÍVEL** e ao valor Scrum correspondente.

COMPATÍVEL

> É minha vez de falar? Certo. Estou trabalhando no mesmo recurso que mencionei no último Scrum Diário e vou continuar até a próxima Etapa. Até agora não tive nenhum obstáculo. Quem é o próximo?

INCOMPATÍVEL

Coragem

COMPATÍVEL

> Alex, refazer todos os gráficos com certeza vai impressionar os críticos, mas a equipe não vai conseguir fazer isso sem atrasar a data de lançamento.

INCOMPATÍVEL

Foco

COMPATÍVEL

> O único fator que valorizo é a habilidade técnica. Se você não souber programar, pode sair fora.

INCOMPATÍVEL

Abertura

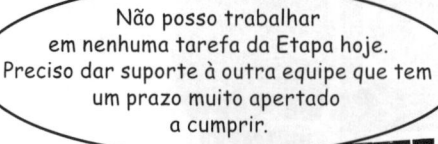

COMPATÍVEL

> Não posso trabalhar em nenhuma tarefa da Etapa hoje. Preciso dar suporte à outra equipe que tem um prazo muito apertado a cumprir.

INCOMPATÍVEL

Respeito

→ Respostas na página 113

88 *Capítulo 3*

gerenciando projetos com o scrum

> Pensei que os Scrums Diários fossem uma boa fonte de informação, mas **não tenho ideia do que está acontecendo** com a batalha dos chefes do nível Black Angus.

> O quê?! O desenvolvedor responsável disse que o recurso está 90% concluído.

> Sim, eu sei disso! Mas estava 90% concluído **ontem**, exatamente como estava 90% concluído **uma semana atrás**. O que posso fazer?

Rick: Bom... ahn...

Alex: Sim, me sinto da mesma forma.

Rick: Tem algo errado aí. Sei que ele vem se dedicando bastante a esse recurso. Só está demorando mais do que imaginamos.

Alex: Como você vai lidar com isso?

Rick: Estamos todos no mesmo barco. Inclusive você, Alex. Talvez você queira dizer como **nós** vamos lidar com isso.

Alex: Certo. Já que estou na equipe, vou explicar a situação. É comum que as equipes reformulem todo o seu cronograma e façam horas extras para que *nunca tenham que dizer a um gerente sênior como eu que estão atrasadas*.

Será que reformular o cronograma e fazer horas extras não equivalem a distorcer a programação sem informar devidamente o chefe, mesmo que a equipe inteira tenha concordado com essa prática?

Rick: Claro, já fiz isso em outros projetos que gerenciei. Incluía tarefas adicionais na programação para resolver as coisas que estavam demorando mais do que o previsto.

Alex: Você não está fazendo isso agora?

Rick: Não. As regras do Scrum não permitem contingenciamento, horas extras e tarefas adicionais. É impossível aumentar a jornada de trabalho sem quebrar essas regras.

Alex: Então, talvez o erro esteja no Scrum.

⚛ PODER DO CÉREBRO

O que fazer quando uma das tarefas da Etapa demora mais do que o previsto no planejamento da equipe?

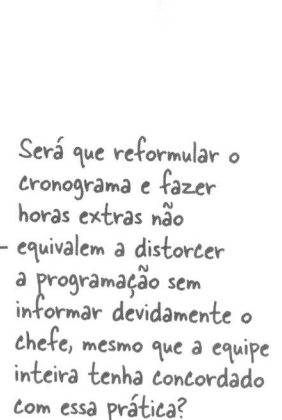

Clínica de Perguntas: O que vem depois?

> Em regra, as práticas ou eventos seguem uma ordem específica. Muitas perguntas abordam essa sequência e questionam "o que vem depois", ou seja, a ordem das práticas em um projeto real. Essas questões não costumam ser muito difíceis, mas podem enganar um pouco.

Em geral, essas perguntas descrevem uma situação e questionam o que se deve fazer depois. Às vezes, a pergunta não questiona a ordem dos eventos de forma evidente. Fique atento a questões que descrevam um contexto e perguntem o que vem depois, o que acontece em seguida ou como a equipe deve dar prosseguimento a algo.

Fique tranquilo se a pergunta abordar um setor que você não conhece muito bem.

Para responder a uma pergunta do tipo "o que vem depois", é essencial conhecer as ações atuais da equipe. Existe outra expressão que indique um "objetivo a ser concretizado"? Essa é a definição do Objetivo da Etapa, que deve ocorrer no início da sessão de Planejamento da Etapa.

Isso também ocorre durante a sessão de Planejamento da Etapa. Mas entre as outras alternativas, há uma opção que indica um evento anterior a esse.

27. Imagine que você atua como Scrum Master em uma equipe de software do setor automotivo a cargo da criação de um firmware para o sistema antitravamento dos freios. Sua equipe acabou de estabelecer o objetivo a ser concretizado com a conclusão dos itens ao final da Etapa. O que o grupo deve fazer em seguida?

A. Dividir os itens do Backlog da Etapa em tarefas

B. Analisar o software em funcionamento junto com os usuários

C. Fazer uma reunião com os usuários internos da empresa

D. Definir os itens a serem incluídos no Backlog da Etapa

Nenhuma dessas respostas representa o que ocorre durante a sessão de Planejamento da Etapa.

É isso aí! Em uma sessão de Planejamento da Etapa, depois de estabelecer o Objetivo da Etapa, a equipe deve definir os itens do Backlog do Produto que serão incluídos no Backlog da Etapa. Isso é o que vem depois!

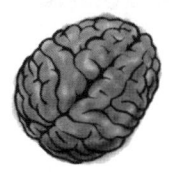

Exercícios Livres

Preencha as lacunas a seguir para elaborar uma pergunta do tipo "o que vem depois"! **Primeiro**, estabeleça um evento ou atividade do Scrum como a resposta correta. **Em seguida**, determine a ação imediatamente anterior da equipe e elabore sua pergunta com base nessas informações.

Imagine que você atua como Product Owner em um projeto _____ e
(um setor)

que sua equipe acabou de realizar _____. Porém, um_____
(descrição de uma atividade do Scrum)   (um tipo de usuário)

informa que seu projeto _____.
(um problema que surgiu no projeto)

> Essa última parte dessa pergunta (muito comum em exames) não influencia a resposta.

O que a equipe deve fazer em seguida?

A. _____
(a resposta correta; descrição da próxima atividade do Scrum, ferramenta ou prática)

B. _____
(descrição de outra atividade do Scrum, ferramenta ou prática)

C. _____
(nome de uma atividade, ferramenta ou prática associada a outra metodologia)

D. _____
(descrição de um dos valores ou funções do Scrum)

> As perguntas do tipo "o que vem depois" nem sempre questionam a ordem dos eventos, ferramentas ou práticas de forma evidente! Fique atento a questões que descrevam artefatos específicos a serem criados ou ações a serem tomadas e perguntem o deve se fazer depois.

só acaba quando termina

A tarefa só termina quando é concluída

No Guia do Scrum, o termo utilizado é incremento do produto "Concluído".

Em uma equipe Scrum, os profissionais atuam em um item do backlog ou tarefa por vez (de acordo com o valor do Foco) até sua conclusão. Mas quando exatamente podemos dizer que algo está concluído? Existe algum teste para isso? Muitas vezes, achamos que concluímos um item até que identificamos uma coisinha que passou despercebida. Por isso, as equipes Scrum estabelecem uma **definição de "Concluído"** para cada item ou recurso adicionado ao backlog. Antes da sua inclusão no Backlog da Etapa, todos na equipe devem compreender e aceitar como cada item será definido como feito e, principalmente, "**Concluído**". Quando a cada item do backlog corresponde uma definição de "Concluído", o *Incremento como um todo tem sua definição de "Concluído"* e a equipe assume o compromisso de entregar esse Incremento "Concluído" ao final da Etapa.

> A arte da arena da batalha da ceifadeira está concluída.

> Parece que Amy e Brian finalizaram esses recursos!

> Legal, porque terminei o código da atualização da dinâmica do jato de leite.

> Só preciso reunir os arquivos e enviar o pacote por e-mail para a equipe.

> Ainda preciso fazer alguns testes e escrever a documentação, mas o código está pronto.

Talvez os recursos não estejam realmente "Concluídos".

Embaixo do Capô: Planejamento da Etapa

O Planejamento da Etapa se baseia na definição de "Concluído"

Na primeira parte da reunião de Planejamento da Etapa, a equipe define os itens a serem incluídos no Backlog da Etapa. Mas o que acontece quando não há uma definição de "Concluído" para um item que a equipe *realmente* compreenda? Imagine que, no grupo, um profissional acredita que o código está totalmente pronto e o outro acha que deve incluir uma documentação ou teste. Mesmo que eles não percebam essa divergência em torno da definição de "concluído" para o item em questão, certamente não vão concordar sobre o número de itens a serem entregues na Etapa. Por isso, o sucesso do Planejamento da Etapa depende de haver uma definição clara e aceita pela equipe para o status de "Concluído" de cada item.

gerenciando projetos com o scrum

As equipes Scrum se adaptam às mudanças durante a Etapa

As equipes precisam tomar decisões todos os dias: que recursos devemos criar nessa Etapa? Em que ordem vamos criá-los? Como os usuários vão interagir com esse recurso? Qual abordagem técnica vamos adotar? As equipes tradicionais de projetos em cascata têm uma só resposta para isso tudo: todo o planejamento deve ser feito no início do projeto. Porém, no momento da elaboração do plano, ainda não é possível responder a maioria dessas perguntas. Portanto, o gerente do projeto colabora com a equipe para formular pressupostos e estabelece um processo de controle de alterações para modificar o plano em caso de erros nas previsões.

As equipes Scrum *rejeitam a ideia* de que é possível responder a todas as perguntas pertinentes no início do projeto ou mesmo no início da Etapa. Em vez disso, essas equipes tomam decisões com base em informações reais no momento em que têm acesso a elas, adotando como critério os **três pilares** do Scrum: um ciclo de **transparência, inspeção** e **adaptação**:

- ★ O ciclo começa com a **transparência**, quando a equipe como um todo define os itens a serem incluídos na Etapa e as respectivas definições de "concluído". Os serviços finalizados pelos profissionais podem ser visualizados pela equipe o tempo inteiro.
- ★ A equipe se reúne todos os dias para promover o Scrum Diário e **inspecionar** o andamento de cada item em desenvolvimento.
- ★ Se identificar mudanças, a equipe se **adapta** (como ocorre quando adiciona ou remove itens do Backlog da Etapa ao se deparar com obstáculos).
- ★ No dia seguinte, **o ciclo recomeça.** A equipe promove o Scrum Diário e os profissionais adotam uma postura de transparência total em relação às suas atividades profissionais. Essa prática é reiterada diariamente até o fim do período e a conclusão da Etapa.
- ★ A equipe **também inspeciona e se adapta aos outros eventos Scrum** (Planejamento, Revisão e Retrospectiva das Etapas), reavaliando e modificando o Objetivo da Etapa, itens, tarefas e o modo de execução dos serviços.

não existem Perguntas Idiotas

P: Esse papo está começando a ficar muito teórico. Podemos voltar para o mundo real?

R: Claro. O pilar da "transparência" estabelece que todos os integrantes da equipe devem conhecer os recursos em desenvolvimento na Etapa e adotar uma postura aberta quanto às suas atividades profissionais atuais, planos e eventuais problemas. O pilar da "inspeção" determina que os profissionais verifiquem constantemente se as informações de que dispõem estão atualizadas através dos eventos do Scrum (*especialmente* o Scrum Diário). Por último, o pilar da "adaptação" representa a postura da equipe de estar sempre em busca de oportunidades para alterar seus planos com base em novas informações.

P: Se a equipe planejar algumas tarefas e outras não, isso pode causar caos no decorrer projeto?

R: Não. Tomar todas as decisões no início do projeto cria a sensação de que está tudo sob controle. Mas isso geralmente não é verdade, o que pega todos de surpresa, pois aquele seu projeto que parecia perfeito ontem de repente sofre um atraso e desencadeia uma crise na equipe. Por isso, muitas equipes adotam a metodologia ágil: precisam mudar de modelo, pois os projetos que planejam com as abordagens tradicionais sempre estouram os prazos estabelecidos. O Scrum evita essas armadilhas ao reconhecer que muitas decisões importantes dependem de informações que **não estarão disponíveis** até determinado ponto do projeto.

P: Você pode dar um exemplo prático de tudo isso?

R: Confira o caso da equipe responsável pelo game *Cows Gone Wild*. Brian precisa desenvolver o código do comportamento de um novo trator para o jogador, mas não pode iniciar esse trabalho até que Amy finalize seu comportamento básico. Em um modelo tradicional de gestão de projetos, Amy deveria primeiro finalizar o recurso (ou pedir prorrogação do prazo, se o tempo não fosse suficiente). Caso contrário, Rick teria que pedir para Brian trabalhar em outra tarefa, mesmo que fosse menos importante, durante esse período.

Mas agora a equipe adota o Scrum e, portanto, tem mais opções disponíveis. Os profissionais sabem que Brian não pode começar a desenvolver o código do trator até que Amy termine o projeto do comportamento do recurso. Mas também compreendem que **sempre devem inspecionar o andamento do projeto e adaptar seus planos ao longo do processo**. Então, em vez de decidir *hoje* se Brian deve trabalhar no trator ou em algo menos importante, a equipe pode incluir **essas duas atividades** no Backlog da Etapa e **adiar a decisão** até que seja possível iniciar o código. Se Amy concluir sua tarefa, Brian pode começar a sua. Caso contrário, Brian deve retirar a outra tarefa do Backlog da Etapa e desenvolver o código do trator quando terminar (mas <u>só</u> quando realmente *"Concluir"!*).

você está aqui ▶

nunca faça hoje o que pode deixar para amanhã

> Ainda tenho algumas dúvidas sobre o Planejamento da Etapa. É possível realizar uma sessão de planejamento com duração predefinida? Você disse que muitas vezes o prazo estabelecido acaba antes do planejamento total do trabalho. Um plano pela metade pode resultar em um projeto pela metade?

Não, porque as equipes ágeis deixam para tomar decisões no último momento.

Muitos iniciantes no Scrum costumam se surpreender com o fato de que a sessão de Planejamento da Etapa tem uma duração predefinida de quatro horas para Etapas de duas semanas (essa duração varia de acordo com a extensão da Etapa), pois estão acostumados a planejar totalmente cada tarefa do projeto antes de iniciarem o serviço. Mas, como já vimos, as equipes que adotam um modelo tradicional de processo em cascata muitas vezes têm dificuldades quando ocorrem mudanças parciais nos seus planos no decorrer do projeto. De fato, as mudanças com maior potencial de agregar valor geralmente são rejeitadas durante o processo de controle de alterações simplesmente porque reformular um cronograma de meses dá muito trabalho.

As equipes Scrum raramente (ou nunca!) têm esse problema porque não planejam todas as tarefas no início do projeto. Na verdade, é comum não planejarem todas as tarefas no início da Etapa. Em vez de planejar tudo antes, as equipes Scrum deixam para tomar decisões no **último momento viável**. Em outras palavras, só planejam o que for absolutamente necessário para começar a Etapa. Quando for preciso, o planejamento adicional deverá ser feito no decorrer da Etapa.

Para muitas equipes, essa é uma nova forma de pensar o planejamento. Felizmente, temos o Manifesto Ágil para orientar nossas equipes a desenvolverem uma mentalidade muito eficiente.

~~MINI~~ Aponte o seu lápis

A grande utilidade do Manifesto Ágil é auxiliar no desenvolvimento de uma mentalidade que *atribui um significado efetivo a* conceitos como o de último momento viável. Entre os 12 princípios do Manifesto Ágil, há um especialmente útil para compreender a noção de último momento viável. Escreva qual deles você acha que é e confira a nossa resposta na página 98.

_____

_____

gerenciando projetos com o scrum

Scrum Diário Visto bem de perto

A "cerimônia"

Embora muitas equipes se refiram à prática de responder perguntas durante o Scrum Diário como uma "cerimônia", os profissionais devem estar comprometidos e atentos.

O grupo inteiro se reúne no mesmo horário todos os dias. Para a maioria das equipes, o hábito é abrir cada encontro com um profissional diferente. Todos (inclusive o Product Owner e o Scrum Master) respondem a três perguntas:

★ O que fiz **ontem** para concretizar o Objetivo da Etapa?

★ O que vou fazer **hoje** para concretizar o Objetivo da Etapa?

★ Existe algum obstáculo que esteja me impedindo de concretizar o Objetivo da Etapa?

As respostas são curtas e diretas, de acordo com a duração de 15 minutos da reunião.

Inspecionar e adaptar

Cada profissional responde a essas três perguntas para demonstrar uma postura de **transparência** total em relação às suas atividades profissionais. Mas a eficácia dessa prática depende de os integrantes ouvirem atentamente cada resposta (por isso é importante que as contribuições sejam breves!). Durante o Scrum Diário, é bastante comum que um dos membros da equipe perceba que seu colega pretende fazer algo desnecessário: talvez ele queira atuar em um item do Backlog da Etapa embora haja outro item mais importante, adotar uma abordagem quando há outra alternativa bem mais eficiente ou encarar sozinho um obstáculo para o qual pode obter o auxílio dos seus colegas.

Quando isso ocorre, a equipe faz uma reunião ao final do dia para conversar sobre a questão. Na maioria das vezes, os profissionais discutem e acabam alterando seus planos: podem adotar uma abordagem diferente, escolher outro item do Backlog da Etapa (ou, talvez, retirar um item do Backlog) e assumir mais trabalho a fim de resolver o problema. Assim a equipe se **adapta** às mudanças.

> Então, esses são os Três Pilares do Scrum? Responder perguntas faz parte da **inspeção** e implementar mudanças está na **adaptação**.

É isso mesmo. Tudo resulta da transparência.

Cada membro da equipe responde a essas perguntas todos os dias para que o grupo inteiro disponha de informações atualizadas e precisas sobre o projeto. Talvez soe teórico demais, mas esse é realmente um bom exemplo da **teoria do controle de processos empíricos**. Segundo esse modelo, quando um processo (nesse caso, uma abordagem ágil) tem base <u>empírica</u>, a equipe pode otimizar seu desempenho, reduzir o risco e obter resultados sustentáveis e previsíveis.

DEFINIÇÃO DO DICIONÁRIO

em-pi-ris-mo, substantivo

teoria para a qual o conhecimento decorre da experiência e as decisões devem ser tomadas com base nas informações disponíveis

A equipe adota como princípio o **empirismo** *e, portanto, rejeitou o plano do projeto porque o mesmo se baseava em suposições.*

você está aqui ▶   95

confie na equipe para se auto-organizar

O Manifesto Ágil ajuda a "sacar" o Scrum

Aprendemos no Capítulo 2 que a forma mais eficiente de adotar uma metodologia ágil, estrutura, método ou abordagem (como o Scrum) é desenvolver uma mentalidade focada nos valores e princípios do Manifesto Ágil. Vamos conferir **três desses princípios** que são especialmente úteis para as equipes Scrum.

> Não posso **aceitar** a batalha da ceifadeira como **concluída** até que a pistola de leite esteja funcionando.

> Nossa maior prioridade é entregar software de <u>qualidade</u> de forma preliminar e contínua a fim de satisfazer os clientes.

A palavra mais importante neste princípio é "qualidade". Todos na equipe atuam com seriedade e se dedicam ao máximo para oferecer a maior qualidade possível.

O Product Owner verifica a <u>qualidade</u> do produto entregue pela equipe

A equipe deve dispor de um Product Owner com autoridade suficiente para aceitar os itens do Backlog da Etapa como Concluídos ou, se não estiverem "Concluídos", recusar sua aceitação. Se os profissionais responsáveis pelo *Cows Gone Wild 5* "adotarem" efetivamente esse princípio, não vão se irritar quando Alex recusar esse recurso como concluído, pois a equipe estará realmente comprometida em oferecer a maior **qualidade** possível e entregas **preliminares** e **contínuas**. Para isso, a opção mais eficiente é finalizar o item atual (ou seja, deixá-lo "Concluído" e pronto para a demonstração na Revisão da Etapa) para que o grupo possa seguir para a próxima fase e entregar o maior número possível de itens indicados no backlog durante a Etapa em questão.

Embaixo do Capô: Revisão da Etapa

O objetivo da Revisão da Etapa é maximizar o valor

Durante a Revisão da Etapa, a equipe conta com a colaboração de usuários importantes e stakeholders convidados pelo Product Owner para inspecionar o Incremento e o Backlog do Produto. O objetivo principal dessa reunião é maximizar o valor por meio da análise da qualidade dos itens entregues durante a Etapa em questão e potencializar o valor dos itens a serem entregues na próxima Etapa. Isso ocorre da seguinte forma:

- O Product Owner identifica os itens com status de "Concluídos" na Etapa e a equipe demonstra o software em funcionamento.

- A equipe conversa sobre os pontos positivos e a melhorar no processo e responde às perguntas dos usuários e partes interessadas.

- O Product Owner apresenta ao grupo o Backlog do Produto em sua forma atual e os <u>participantes indicam</u> os itens que devem entrar na próxima Etapa. A equipe ouve diretamente dos usuários e partes interessadas **suas opiniões sobre os itens que consideram ser mais essenciais**. Esse momento é muito importante para o planejamento da próxima Etapa.

- O grupo promove uma discussão aberta e honesta sobre eventuais modificações no mercado (e, em caso de mudança, sobre a melhor postura a se adotar), o cronograma e orçamento da empresa e outros pontos relevantes.

gerenciando *projetos* **com o scrum**

Esse é o comentário de Amy no Scrum Diário.

> Como finalizei a arte do ataque aéreo ao galinheiro esse item pode ser incluído no Backlog da Etapa como concluído. Como próxima tarefa, posso escolher entre alguns itens. Talvez eu fique com o design do nível da batalha do curral.

> Talvez esse item não precise ser desenvolvido agora. Que tal um encontro depois da reunião para discutir esse assunto?

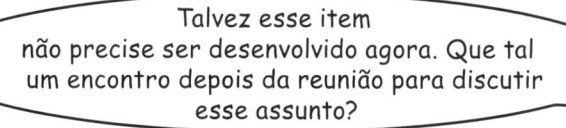

Pode ser que Amy esteja no caminho errado, mas Brian estava atento e identificou esse possível problema. Agora os dois podem tentar resolver essa questão.

> As melhores arquiteturas, requisitos e projetos são realizados por equipes auto-organizadas.

A auto-organização consiste em definir a sequência de tarefas em equipe

Se você já trabalhou em uma equipe sob a coordenação de um gerente de projetos que adotava o modelo tradicional em cascata, provavelmente já realizou tarefas indicadas em um plano de projeto criado pelo gerente e alocadas para você pelo gerente ou seu chefe. Mas as equipes Scrum não atuam assim, pois são **auto-organizadas**, o que para muitas pessoas representa uma nova forma de trabalhar.

A equipe Scrum trabalha em conjunto no planejamento do projeto. Em outras palavras, nenhum integrante estabelece um plano e dá ordens por conta própria. Os membros da Equipe de Desenvolvimento definem os itens que serão entregues e, se necessário, incluem novos serviços no Backlog da Etapa. A equipe como um todo determina como esses objetivos serão concretizados.

Mas a auto-organização não ocorre apenas no Planejamento da Etapa. A equipe **adapta constantemente seus planos** com base nas informações transmitidas no Scrum Diário: cada profissional comunica ao grupo suas próximas atividades, de acordo com os objetivos estabelecidos no Planejamento. Se um colega identificar um problema na abordagem do outro, a equipe inteira atuará em conjunto no mesmo dia para resolver a situação.

Como a duração do Scrum Diário é predefinida, quando dois profissionais se deparam com um problema como esse, marcam um encontro para definir uma solução (e convidam outros membros da equipe, se for o caso). Brian e Amy vão se encontrar para resolver essa situação. Quando criarem um novo plano, devem analisá-lo no próximo Scrum Diário para obter feedback e a colaboração dos outros colegas.

Como você respondeu a atividade **MINI Aponte o seu lápis** da página 94?

Vire a página e confira a nossa resposta... ➞

você está aqui ▶ **97**

separando os zumbis?

MINI Aponte o seu lápis Solução

Sua resposta foi diferente? Na nossa opinião, este é o princípio da metodologia ágil mais útil para a compreensão da ideia de último momento viável, mas outros princípios também podem explicar esse conceito!

> Devemos ser receptivos às mudanças nos requisitos, mesmo com o desenvolvimento em andamento. Os processos ágeis transformam mudanças em vantagens competitivas para o cliente.

A ideia de tomar decisões no último momento viável certamente parece estranha para quem nunca fez isso antes. Mas para quem é *receptivo às mudanças nos requisitos*, ela é tão comum quanto andar de bicicleta.

Para muitas equipes, essa é uma nova forma de abordar o planejamento.

Essa postura está implicada na orientação de desenvolver uma nova mentalidade, como vimos no capítulo anterior. Confira como isso funciona em um projeto Scrum de verdade:

- ★ Há **poucas informações disponíveis** sobre os itens do Backlog do Produto no início do Planejamento da Etapa.

- ★ Durante o Planejamento, a equipe decompõe um número suficiente de itens do Backlog da Etapa para que os profissionais iniciem o serviço, mas **não divide todos**. (Confira a seção de Planejamento da Etapa no Guia do Scrum, onde se lê que a equipe deve separar os itens suficientes para *atuar conforme o planejamento nos primeiros dias da Etapa* no final da reunião.)

- ★ Equipes auto-organizadas não definem a ordem exata das tarefas nem seus detalhes durante o planejamento da Etapa, pois têm **confiança na sua capacidade** de tomar boas decisões no momento certo.

- ★ Enquanto desenvolve o Backlog ao longo da Etapa, a equipe se depara com novas tarefas e mudanças, que comunica no Scrum Diário. Em seguida, o grupo como um todo aproveita essas informações e *cria um plano* para as próximas 24 horas.

- ★ A equipe está sempre **inspecionando e se adaptando às mudanças** e confia na sua capacidade de tomar decisões em cenários futuros.

As equipes Scrum tomam decisões no último momento viável. Ou seja, decidem apenas os pontos imediatamente necessários para o projeto e deixam o resto para mais depois.

> Os gamers não vão gostar do nível do Zumbi da Vaca Louca que criamos, pois ele não é tão divertido quanto imaginamos no início. Esse nível vai retornar ao Backlog do Produto para, talvez, ser disponibilizado como conteúdo adicional na internet depois do lançamento do game.

Que bom que o Alex está à vontade para tomar decisões no último momento viável! Nesse caso, a equipe só poderia descobrir que o recurso não é divertido (e oferecer o nível de qualidade exigido pelo projeto) se criasse o nível. Observe como Alex mantém uma postura positiva: não culpa ninguém pelo desperdício de energia e deixa como opção aberta um eventual lançamento no futuro.

gerenciando projetos com o scrum

Veja bem!

Como o Scrum Diário tem duração de 15 minutos, todos os participantes da reunião devem ser precisos e diretos nos seus comentários.

Isso não é fácil. Logo no início da adoção do Scrum Diário, você observa que algumas pessoas ficam muito desconfortáveis ao falar sobre seu trabalho na frente de todos, enquanto outras simplesmente não conseguem parar de falar e usam todo o tempo disponível.

Por isso, é muito importante que o Scrum Master leve sua função a sério, sobretudo a responsabilidade de orientar a equipe a compreender e aplicar as regras do Scrum:

- *Quando um profissional não estiver à vontade para falar, o Scrum Master deve orientá-lo sobre o valor Scrum da abertura e a importância da transparência para a eficácia do Scrum.*
- *Quando as atualizações dos membros da equipe ocuparem tempo demais no Scrum Diário, o Scrum Master deve destacar os fatos mais relevantes e coordenar o grupo no aperfeiçoamento da gestão da pauta da reunião.*
- *Quando o comentário de um integrante abordar questões que ultrapassem as respostas das três perguntas e proponham problemas para discussão, o Scrum Master deve orientar a equipe a marcar uma reunião separada para que parte do grupo discuta o ponto levantado e, em seguida, informe a todos.*

PONTOS DE BALA

- A equipe estabelece uma **definição de "Concluído"** para cada item do Backlog da Etapa e para o incremento como um todo.

- O Product Owner não aceita a inclusão de um item na Revisão da Etapa até que ele esteja **"Concluído"** (ou seja, até que atenda à definição de "Concluído" estabelecida pela equipe).

- O Scrum adota o **controle empírico do processo** e os **pilares** da transparência, inspeção e adaptação para que as decisões sejam tomadas com base em fatos reais.

- A **transparência** (ou visibilidade) estabelece que todos na equipe devem estar a par das atividades dos seus colegas.

- A **inspeção** determina que os profissionais devem sempre analisar a produção da equipe e o modo de execução do serviço, comunicando suas impressões no Scrum Diário e em outras reuniões.

- A equipe **adapta** constantemente seu plano com base nas informações reunidas na inspeção.

- As equipes de desenvolvimento ágil tomam **decisões no último momento viável** e planejam apenas as tarefas de importância mais imediata.

- A equipe entrega produtos de qualidade e de forma **preliminar** (atuando em cada item até sua conclusão) e **contínua** (gerando um Incremento completo e "Concluído" a cada Revisão da Etapa).

- As equipes Scrum são **auto-organizadas**, pois definem em conjunto a distribuição das tarefas e o modo de concretização dos seus objetivos.

- As equipes Scrum **são mais receptivas a mudanças nos requisitos** do que as equipes que adotam o modelo em cascata, pois se auto-organizam e tomam decisões no último momento.

você está aqui ▶ **99**

"customizar" o scrum raramente acaba bem

Agora, observe esse jogo de "Quem sou eu?" com os artefatos, eventos e funções do Scrum. A seguir, indicamos várias pistas. Identifique os elementos correspondentes e escreva o nome e o tipo de cada item (evento, função etc.).

Observação: Pode haver um <u>conceito</u> do Scrum que <u>não</u> é nenhum evento, artefato ou função entre os demais componentes!

Quem sou eu?

Nome | **Tipo de item**

Sou um líder servidor que orienta a equipe a compreender e implementar o Scrum e auxilia agentes externos a entender o modelo.

Aconteço no final da Etapa, onde ocorre a inspeção de cada item criado pela equipe com a colaboração dos usuários e stakeholders convidados.

Sou o modo como a equipe inspeciona sua própria dinâmica, identificando pontos positivos e traçando um plano para os pontos a melhorar.

Sou o conjunto total de itens que a equipe entrega aos usuários no final da Etapa e cada item que contenho só pode ser entregue se estiver "Concluído".

Sou o grupo de profissionais que atuam efetivamente para entregar o software aos usuários e interessados.

Sou responsável por definir os itens a serem incluídos no produto e tenho autoridade para aceitá-los como "Concluídos" em nome da empresa.

Sou uma reunião com duração de 15 minutos realizada todos os dias para que os membros da equipe tracem um plano para as próximas 24 horas.

Sou aquilo que o Product Owner orienta a equipe a otimizar e maximizar e sirvo como critério para a priorização da maioria dos itens.

Sou o conjunto de itens que a equipe deve criar durante a Etapa e também contenho um plano (que, geralmente, é um conjunto de tarefas decorrentes da decomposição dos itens).

Sou uma reunião com duração predefinida na qual a equipe estabelece o Objetivo da Etapa, determina os itens a serem entregues e decompõe os mesmos em tarefas.

Sou uma lista ordenada de todos os itens (com suas descrições, estimativas e valores) que podem ser incorporados ao produto futuramente.

→ Respostas na página 114

gerenciando projetos com o scrum

não existem Perguntas Idiotas

P: A história da equipe Cows Gone Wild é real? Posso utilizar o Scrum para produzir algo como um game, que requer muita criatividade, mudanças dinâmicas (às vezes de última hora) e uma intensa pressão por prazos?

R: Além de ser aplicável a projetos complexos, dinâmicos e com mudanças constantes, o Scrum é mais recomendável para esse tipo de contexto do que um projeto tradicional em cascata. As equipes Scrum estão sempre em busca de mudanças e formas de se adaptar a elas, o que incrementa sua capacidade de lidar com cenários complexos e caóticos. Além disso, a duração predefinida das Etapas facilita o cumprimento de prazos pela equipe. O caso do Alex contém um bom exemplo do tipo de decisão que as equipes de videogames tomam na vida real. A equipe criou um recurso que não era muito divertido na forma em que saiu e optou por arquivá-lo por um tempo para talvez disponibilizá-lo no futuro como conteúdo para download. Para a equipe, o Scrum viabilizou a flexibilidade necessária para lidar com essa situação de forma dinâmica, ao contrário do longo processo de controle de alterações do modelo tradicional de projetos em cascata. Mais importante ainda: uma equipe Scrum **percebe essa mudança como uma vitória**, porque um dos seus princípios é adotar mudanças que aumentem o valor do produto. Talvez uma equipe tradicional de projetos em cascata identificasse esse evento como uma derrota porque teria desperdiçado energia e exigido a alteração do plano.

P: Então, quer dizer que nas "equipes auto-organizadas" não existe chefe?

R: Claro que existe um chefe. Se não for o CEO da empresa em que trabalha, você tem um chefe. Mas, em regra, uma equipe auto-organizada e eficiente geralmente dispõe de um gerente que não é adepto do microgerenciamento e tem confiança na capacidade da equipe de entregar um software com a maior qualidade possível. As equipes auto-organizadas têm autoridade para definir os recursos que devem ser incluídos no software e geralmente contam com um Product Owner bastante experiente para tomar essas decisões. Elas têm autonomia para planejar o trabalho e criar esses recursos da forma que considerem mais eficaz. Além disso, dispõem de flexibilidade para tomar decisões no último momento viável, pois essa é a abordagem mais eficiente à tomada de decisões importantes no âmbito de cada projeto.

P: O que acontece durante a Retrospectiva da Etapa?

R: A Retrospectiva da Etapa é a ocasião em que a equipe analisa a Etapa finalizada e identifica pontos a melhorar. A equipe realiza diversas atividades: os profissionais podem aperfeiçoar os processos e ferramentas que utilizam no serviço, identificar formas de melhorar a qualidade do software em desenvolvimento, desenvolver relacionamentos interpessoais e lidar com outros fatores que possam influenciar o projeto, especialmente aspectos que aumentem a eficiência e a descontração no ambiente de trabalho.

No final da Retrospectiva da Etapa, a equipe elabora um plano de melhoria, que normalmente consiste em algumas tarefas específicas e distintas a serem executadas pelos profissionais. Antes da reunião, o Scrum Master explica aos demais integrantes da equipe a dinâmica do evento e orienta todos a observarem a duração predefinida. Isso ocorre *antes* da reunião porque o Scrum Master e o Product Owner devem participar da retrospectiva como membros da equipe e expressar suas próprias opiniões e ideias.

P: Deixa eu ver se entendi. O Product Owner também participa da retrospectiva e de *todos os eventos do Scrum*?

R: É isso mesmo. O Product Owner é um membro efetivo da equipe e participa dos eventos como todo mundo. De fato, em muitas equipes Scrum, o Product Owner tem que executar tarefas de desenvolvimento. Mas, mesmo nesse caso, ele ainda tem autoridade para definir os itens que serão incluídos no backlog e determinar um modo de maximizar o valor dos produtos entregues pela equipe, contando sempre com a autorização da empresa.

P: Não consigo encontrar um profissional com a desenvoltura necessária para ser o Product Owner e tempo suficiente para participar de todos os eventos do Scrum. Posso criar um comitê para a função?

R: Definitivamente não. A função do Product Owner **deve** sempre ser exercida por uma só pessoa, com autoridade para tomar decisões sobre o que será incluído no software ou não. **As atribuições do Product Owner devem ser sua prioridade máxima.**

Modificações como essas diminuem bastante a eficiência do Scrum, pois geralmente removem peças essenciais ao funcionamento do controle do processo empírico. As equipes muitas vezes tentam "personalizar" o Scrum modificando ou quebrando regras que destacam uma falha grave na sua estrutura enquanto grupo. Nesse caso, o Scrum revela que a equipe não tem autoridade para determinar os recursos que serão incluídos no software. É **assustador** quando um gerente diz: "A equipe deve criar este recurso, mas não aquele." Uma decisão equivocada pode custar muito caro e **alguém terá que assumir a culpa** se algo der errado. Por isso, o Scrum exige que a equipe tenha um Product Owner com autoridade para lidar com situações como essas.

> As equipes geralmente tentam "customizar" o Scrum quando não contam com um Product Owner para decisões difíceis sobre os itens a serem criados.

a demonstração foi ótima estamos na metade

As coisas melhoraram para a equipe

O *Cows Gone Wild 5* é o game mais esperado do ano! Agora, só resta fazer o lançamento. (Mais fácil falar do que fazer?)

> Tenho ótimas notícias! Fizemos uma demonstração do nível da ceifadeira na Conferência de Games de Wisconsin na semana passada e **arrasamos**!

> Sim! Acabei de ler ótimas críticas em dois dos melhores blogs de gamers. Parece que o CGW5 é o **jogo mais esperado do ano**!

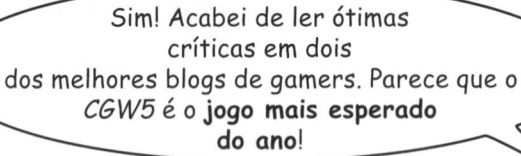

gerenciando projetos com o scrum

Palavras Cruzadas do Scrum

Esta é uma excelente oportunidade para fixar conceitos, valores e ideias do Scrum. Tente preencher as palavras cruzadas sem consultar o texto do capítulo.

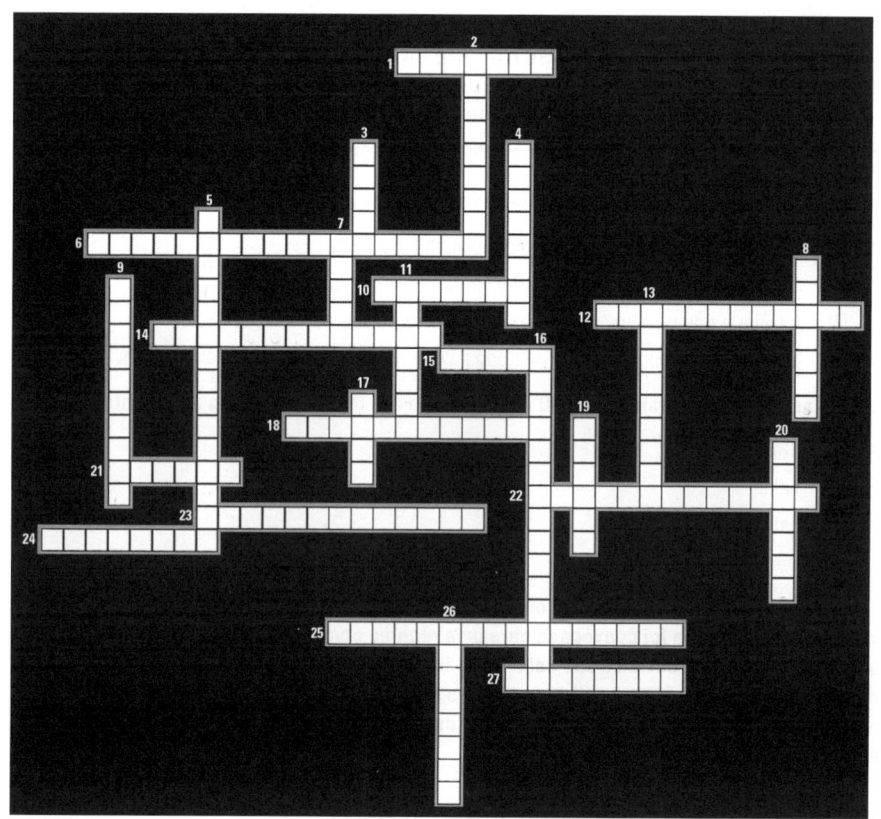

Horizontais

1. Resultado da decomposição dos itens do Backlog da Etapa pela equipe
6. Única fonte de requisitos e alterações aplicáveis ao produto
10. Ação frequente do Product Owner para manter o Backlog do Produto atualizado
12. Momento da Etapa em que a equipe define os itens a serem incluídos e elabora um plano
14. Responsável por maximizar o valor do produto e gerenciar o Backlog do Produto
15. Termo do Scrum para iteração de prazo predeterminado
18. Prática em que as equipes expõem o software em funcionamento na Revisão da Etapa
21. Qualidade do último momento eficaz para se tomar uma decisão
22. Momento da Etapa em que a equipe avalia seu desempenho e elabora um plano de melhoria
23. Postura implicada nas três perguntas do Scrum Diário
24. Valor cuja ausência provoca desconfiança e troca de acusações entre os colegas quando algo dá errado
25. Contém os itens que a equipe construirá durante a Etapa
27. Ação do Product Owner que interrompe a Etapa, mas que pode desperdiçar a energia dos profissionais e abalar a confiança da organização na equipe

Verticais

2. Teoria para a qual o conhecimento decorre da experiência
3. Deve ser maximizado pela equipe sob orientação do Product Owner
4. Parte da sessão de Planejamento em que a equipe define os itens a serem realizados
5. Postura típica de porcos, mas ausente nas galinhas, que deve ser adotada por todos na equipe Scrum em relação ao projeto
7. Seu fim marca a conclusão da etapa
8. Categoria que descreve o Product Owner, o Scrum Master e a Equipe de Desenvolvimento
9. Outro atributo de um item no backlog além da sua ordem, descrição e valor
11. Categoria que descreve a Etapa, o Planejamento da Etapa, o Scrum Diário, a Revisão da Etapa e a Retrospectiva da Etapa
13. Categoria que descreve o Backlog do Produto, o Backlog da Etapa e o Incremento
16. Qualidade da equipe que define como deve concretizar seus objetivos
17. Atributo essencial da mentalidade que evita a prática de fazer duas coisas ao mesmo tempo
19. Número de dias atribuídos à Revisão para uma Etapa de 30 dias
20. Momento da Etapa em que a equipe avalia os itens desenvolvidos e adapta o Backlog do Produto
26. Meta estabelecida pela equipe durante o planejamento da Etapa

Respostas na página 115

Perguntas do Exame

> As perguntas práticas do exame irão ajudá-lo a revisar o material deste capítulo. Tente respondê-las mesmo se não estiver se preparando para a certificação PMI-ACP. As perguntas são uma ótima forma de avaliar conhecimentos e lacunas, o que facilita a memorização do material.

1. O Scrum Master é responsável por todas as atribuições abaixo, exceto:

    A. Orientar a equipe a entender a dinâmica do Scrum Diário

    B. Orientar o Product Owner quanto à gestão eficiente do Backlog do Produto

    C. Auxiliar a equipe a compreender os requisitos do cliente

    D. Orientar a organização como um todo a compreender o Scrum e colaborar com a equipe

2. Qual das seguintes afirmações NÃO é um atributo dos itens do Backlog do Produto?

    A. Status

    B. Valor

    C. Estimativa

    D. Ordem

3. Juliette atua como Product Owner em um projeto Scrum de uma organização do setor de assistência médica. Ela foi convocada para uma reunião com o comitê de direção, formado por gerentes seniores, devido à sua decisão de incluir um recurso planejado para proteger a privacidade das informações médicas na última Etapa a ser realizada. Durante a reunião, os gerentes seniores disseram que, no futuro, ela deve consultar a comissão antes de tomar decisões comerciais como essa.

    Qual das seguintes afirmações MELHOR descreve o papel de Juliette?

    A. Ela atua em uma função de líder servidora

    B. Ela não está comprometida com o projeto

    C. Ela precisa se concentrar em incrementar seu foco e coragem

    D. Ela não tem autoridade suficiente para atuar como Product Owner

4. Quando o Incremento adquire o status de concluído?

    A. Ao final da duração da Etapa

    B. Quando todos os itens a serem entregues atendem à respectiva definição de "Concluído" e são aceitos pelo Product Owner

    C. Quando a equipe promove a Revisão da Etapa e realiza a demonstração para usuários e interessados

    D. Quando a equipe promove a Retrospectiva da Etapa

gerenciando projetos com o scrum

Perguntas do Exame

5. Qual das seguintes afirmações é um exemplo de comprometimento coletivo?

A. Todos na equipe se sentem pessoalmente responsáveis por entregar o Incremento como um todo e não apenas determinados itens

B. Todos na equipe sempre trabalham até tarde e, muitas vezes, nos fins de semana

C. Todos na equipe são responsáveis por entregar uma parte importante do projeto

D. Todos na equipe participam do Planejamento da Etapa e das reuniões de retrospectiva

6. Qual das seguintes afirmações NÃO é um evento Scrum?

A. Revisão da Etapa

B. Backlog do Produto

C. Retrospectiva

A. Scrum Diário

7. Amina atua como Scrum Master em uma equipe que recentemente adotou o Scrum. Ela pretende implementar uma mudança e orientar sua equipe a se auto-organizar. Qual das seguintes opções é a melhor área para Amina investir seus esforços?

A. Scrum Diário

B. Planejamento da Etapa

C. Retrospectiva da Etapa

D. Backlog do Produto

8. Quando uma Etapa do Scrum acaba?

A. Quando a equipe termina o trabalho

B. Quando a equipe conclui a Retrospectiva da Etapa

C. Quando a duração predefinida chega ao fim

D. Quando a equipe conclui a Revisão da Etapa

Perguntas do Exame

9. Cada integrante na equipe responde às perguntas a seguir durante o Scrum Diário, exceto:

- A. Quais obstáculos preciso encarar?
- B. Deixei de realizar algum trabalho planejado?
- C. O que farei daqui até o próximo Scrum para concretizar o Objetivo da Etapa?
- D. O que fiz desde o último Scrum Diário?

10. Barry atua como desenvolvedor de um varejista online. O gerente de projetos estabeleceu três semanas de prazo para o recurso em que ele está trabalhando, embora Barry tenha explicado que precisava de quatro semanas e que não havia prazos específicos ou pressões externas que exigissem essa imposição. A equipe de Barry está começando a adotar o Scrum. Qual dos valores Scrum a seguir vai dificultar ou reduzir a eficiência do processo de implementação do modelo?

- A. Abertura
- B. Respeito
- C. Coragem
- D. Foco

11. Sandeep atua como Product Owner em uma equipe Scrum responsável por um projeto de telecomunicações. Em uma reunião de rotina, ele foi informado pelos usuários internos da empresa sobre uma grande mudança no marco regulatório. Lidar com essa alteração nos regulamentos passou a ter altíssima prioridade para a equipe e deve ser o principal objetivo da próxima Etapa.

Em qual das opções a seguir o principal objetivo da próxima Etapa é estabelecido?

- A. Incremento
- B. Backlog da Etapa
- C. Objetivo da Etapa
- D. Plano da Etapa

12. Qual aspecto da teoria do controle de processos empíricos estabelece o exame frequente dos diferentes artefatos do Scrum e a verificação do alinhamento da equipe com seu objetivo atual?

- A. Verificação
- B. Adaptação
- C. Transparência
- D. Inspeção

Perguntas do Exame

13. O que é o Incremento do Scrum?

A. Os itens do Backlog da Etapa efetivamente concluídos pela equipe na Etapa

B. Os itens do Backlog do Produto que a equipe planeja concluir durante a Etapa

C. O resultado da decomposição dos itens do Backlog da Etapa

D. Uma frase que descreve o objetivo da Etapa

14. Qual das seguintes opções auxilia no direcionamento do foco das equipes Scrum?

A. Multitarefa

B. Promover um Scrum Diário

C. Escrever o Objetivo da Etapa

D. Fazer uma retrospectiva

15. Danielle atua como Product Owner em uma equipe Scrum. Quando um dos usuários internos da empresa transmite a ela um novo requisito, qual das ações a seguir Danielle deve tomar?

A. Atualizar o Backlog do Produto

B. Promover uma sessão de Planejamento da Etapa

C. Atualizar o Backlog da Etapa

D. Comunicar o novo requisito no próximo Scrum Diário

16. Qual das seguintes opções MELHOR descreve o modo como a equipe determina os serviços específicos necessários para concluir os itens do Backlog da Etapa?

A. O Product Owner colabora com os usuários internos da empresa para determinar os itens a serem incluídos no Backlog do Produto

B. A equipe decompõe os itens do Backlog da Etapa em tarefas

C. A equipe define os itens do Backlog do Produto que serão incluídos no Backlog da Etapa

D. A equipe estabelece a definição de "Concluído" para cada item do Backlog da Etapa

17. Qual dos seguintes eventos NÃO ocorre durante a Revisão da Etapa?

A. O Backlog do Produto é atualizado de acordo com a provável estrutura da Próxima Etapa

B. A equipe colabora com os usuários internos da empresa para definir os próximos trabalhos

C. A equipe faz uma demonstração do software em funcionamento criado durante a Etapa

D. A equipe analisa a Etapa e cria um plano para os pontos a melhorar

respostas do exame

~~Perguntas~~ Respostas do Exame

> Aqui estão as respostas das perguntas do exame prático deste capítulo. Quantas você acertou? Se errou apenas uma, tudo bem. Vale a pena rever esse tópico no capítulo para compreender melhor o assunto.

1. Resposta: C

O Product Owner é responsável por orientar a equipe a entender os requisitos do cliente e não o Scrum Master. As outras três respostas são bons exemplos da função do Scrum Master como líder servidor.

2. Resposta: A

O Backlog do Produto não traz nenhuma informação sobre status de tarefas. Isso faz sentido, pois nenhum dos itens do Backlog do Produto está em desenvolvimento e, portanto, todos têm o mesmo status de não iniciados.

Tire um minuto para ler a descrição do Backlog do Produto no Guia do Scrum. Segundo o texto, os atributos dos itens do Backlog do Produto são descrição, ordem, estimativa e valor.

3. Resposta: D

Um dos problemas mais comuns entre equipes Scrum é a falta de autoridade do Product Owner para definir os recursos que devem ser criados pela equipe na Etapa ou aceitá-los como concluídos em nome da empresa.

4. Resposta: B

O Incremento pode ser considerado concluído quando cada item a ser entregue pela equipe atende à sua definição de "Concluído" e é aceito pelo Product Owner. A cada item do Backlog da Etapa corresponde uma definição de "Concluído" que a equipe utiliza para determinar a viabilidade de liberar o produto para os usuários. O Product Owner só pode aceitar um item em nome da empresa quando ele atende à sua respectiva definição de "Concluído". Os itens que não estejam "Concluídos" ao final da duração da Etapa devem ser incluídos na próxima Etapa.

5. Resposta: A

Quando há compromisso coletivo, a equipe como um todo cria um sentimento pessoal de responsabilidade em relação à entrega dos itens a cargo de cada profissional e ao compromisso de fazer o possível para ajudar a equipe a entregar todos os itens do Incremento em cada Etapa.

Só porque a equipe inteira cumpre longas jornadas de trabalho, isso não significa que os profissionais estejam realmente comprometidos. Na verdade, eles podem se ressentir com o projeto e a organização pela interferência e atuar nas horas extras apenas para não perderem seus empregos.

~~Perguntas~~ Respostas do Exame

6. Resposta: B

O Backlog do Produto é um artefato do Scrum e não um evento.

7. Resposta: A

Uma equipe auto-organizada assume a responsabilidade por fazer seu próprio planejamento, concretizar seus objetivos, distribuir tarefas (em vez de contar com um único gerente ou gerente de projetos para fazer a distribuição) e corrigir eventuais problemas nos seus planos. De todas essas práticas listadas como respostas, o Scrum Diário é o único que influencia o modo como a equipe planeja seu trabalho e executa esse plano.

> *O Scrum Diário é muito importante porque integra o ciclo de transparência, inspeção e adaptação. A equipe inspeciona o plano todos os dias e ajusta seu planejamento quando tem acesso a novas informações sobre o projeto.*

8. Resposta: C

A Etapa acaba ao final da sua duração predefinida. O mesmo ocorre com os outros eventos de duração predefinida. A resposta D parece correta porque a Retrospectiva da Etapa geralmente é o último evento a ser promovido pela equipe na Etapa. Mas se a duração predefinida se esgotar antes de a equipe promover sua retrospectiva, a Etapa deve terminar. (Essa é uma boa oportunidade para o Scrum Master ajudar o profissional a planejar melhor a próxima Etapa.)

> *O Product Owner pode cancelar a Etapa antes do fim da duração predefinida, o que pode desperdiçar muita energia da equipe e causar a perda da confiança dos colaboradores da empresa. Por isso, essa prática é extremamente rara.*

9. Resposta: B

O objetivo das perguntas do Scrum Diário é informar todos os profissionais sobre o progresso de cada integrante da equipe para que o grupo possa identificar os problemas que precisam ser corrigidos no plano atual. Mas nenhuma das perguntas aborda a questão das falhas, o que pode criar um ambiente negativo e talvez constrangedor e prejudicar a postura de abertura da equipe.

10. Resposta: B

O gerente de projetos está tendo problemas com o valor Scrum do respeito. Barry fez uma avaliação honesta do trabalho necessário, mas o gerente de projetos ignorou sua estimativa e exigiu um prazo mais curto, embora não houvesse nenhuma necessidade comercial que justificasse essa medida. Isso é desrespeitoso.

> *E também muito desanimador!*

11. Resposta: C

Quando a equipe faz uma reunião de Planejamento no início da Etapa, primeiro deve estabelecer seu Objetivo da Etapa em uma breve descrição da meta a ser concretizada com a conclusão dos itens do backlog.

~~respostas do exame~~ Respostas
~~Perguntas~~ do Exame

12. Resposta: D

A essência da teoria do controle de processos empíricos (base teórica do Scrum) está no ciclo dos "três pilares": transparência, inspeção e adaptação. Na etapa de inspeção, os membros da equipe Scrum examinam com frequência os artefatos do Scrum e o progresso atual em relação ao Objetivo da Etapa. Além disso, tentam detectar eventuais divergências entre o ponto onde estão e onde deveriam estar para agir de acordo com essa informação (isso é adaptação).

13. Resposta: A

O Incremento consiste nos itens que a equipe efetivamente entregou na Etapa. Os itens que a equipe pretendia concluir no início geralmente não correspondem integralmente ao trabalho realizado. Isso é bom, pois indica que a equipe usou as informações que obteve ao longo do processo para alterar sua direção. O Incremento é o produto materializado, e a equipe não sabe qual será o conteúdo do Incremento da Etapa atual até a sua entrega.

Como vimos antes, o Scrum adota uma abordagem incremental, ou seja, seu modelo consiste na entrega de incrementos sucessivos.

14. Resposta: B

O Objetivo da Etapa auxilia a equipe a se concentrar na meta específica que estabeleceu para a Etapa.

Retrospectivas e Scrums Diários podem ser muito úteis, mas reuniões geralmente não são ferramentas que as equipes utilizam para direcionar seu foco.

15. Resposta: A

A cargo do Product Owner, o Backlog do Produto é a única fonte de requisitos do produto. Quando o Product Owner identifica um novo requisito, deve adicioná-lo ao Backlog do Produto.

~~Perguntas~~ Respostas do Exame

16. Resposta: B

As equipes Scrum decompõem os itens do Backlog da Etapa em tarefas para determinar o volume de trabalho necessário para sua conclusão. As outras respostas também indicam atividades realizadas pela equipe durante o Planejamento da Etapa, mas não correspondem ao modo como a equipe determina o trabalho necessário.

17. Resposta: D

Na Revisão da Etapa, a equipe se reúne com empresários e clientes para avaliar os itens concluídos e colaborar na definição do trabalho da próxima Etapa. O grupo avalia o Incremento e geralmente faz uma demonstração do software em funcionamento produzido na Etapa em questão. Ocorre também uma discussão sobre o backlog, que é atualizado e passa a indicar os itens que provavelmente serão desenvolvidos na próxima Etapa. A Revisão da Etapa não serve para rever o processo e implementar melhorias, que são objeto da Retrospectiva da Etapa.

> O backlog atualizado apenas indica os itens que possivelmente serão desenvolvidos na próxima Etapa, o que não significa estabelecer o compromisso de criar determinados itens. Se a equipe propuser o Backlog da Etapa durante o Planejamento, o Product Owner poderá fazer alterações durante a Etapa.

> Errou alguma pergunta? Isso é **absolutamente normal**! Tome nota e releia as respectivas seções do capítulo.

> Quando você erra uma pergunta neste momento, é <u>muito</u> provável que acertará a pergunta sobre o mesmo assunto quando fizer o exame!

soluções dos *exercícios*

Aponte o seu lápis
Solução

Aqui estão os cinco eventos, três funções e três artefatos do Scrum. Lembre-se de que cada evento tem uma duração predefinida, que varia proporcionalmente à duração da Etapa estabelecida pela equipe.

Nomes dos eventos na ordem em que ocorrem	Quando os eventos ocorrem	Duração predefinida do evento
Etapa	durante o projeto	*Utilize como referência a Etapa de 30 dias*
Planejamento da Etapa	início da Etapa	8 horas
Scrum Diário	todo dia	15 minutos
Revisão da Etapa	final da Etapa	4 horas
retrospectiva	depois da Revisão da Etapa	3 horas

Escreva as funções do Scrum

- Scrum Master
- Product Owner
- Equipe de Desenvolvimento

Escreva os artefatos do Scrum

- Backlog da Etapa
- Backlog do Produto
- Incremento

gerenciando projetos com o scrum

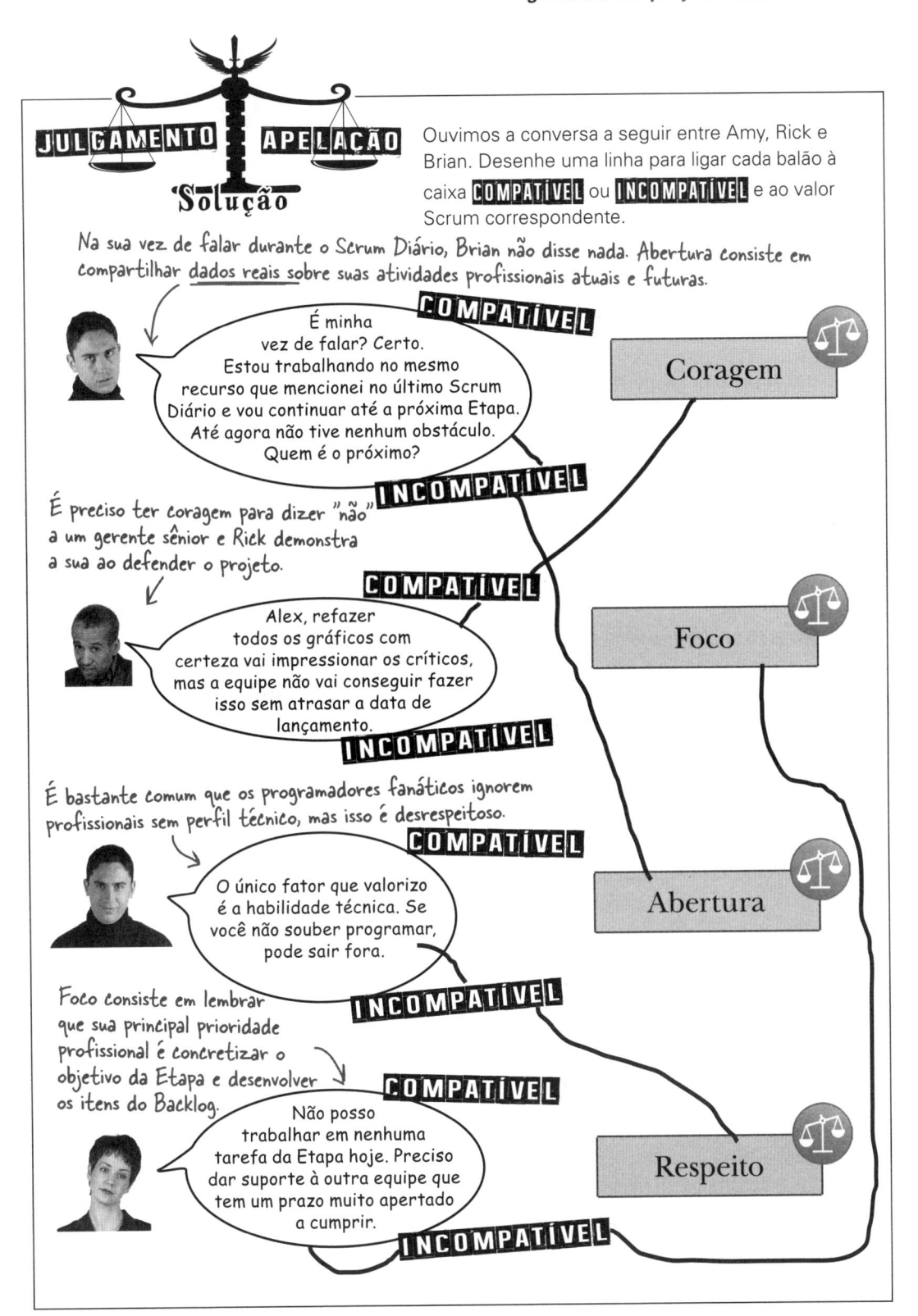

JULGAMENTO / APELAÇÃO
Solução

Ouvimos a conversa a seguir entre Amy, Rick e Brian. Desenhe uma linha para ligar cada balão à caixa **COMPATÍVEL** ou **INCOMPATÍVEL** e ao valor Scrum correspondente.

Na sua vez de falar durante o Scrum Diário, Brian não disse nada. Abertura consiste em compartilhar <u>dados reais</u> sobre suas atividades profissionais atuais e futuras.

COMPATÍVEL

> É minha vez de falar? Certo. Estou trabalhando no mesmo recurso que mencionei no último Scrum Diário e vou continuar até a próxima Etapa. Até agora não tive nenhum obstáculo. Quem é o próximo?

INCOMPATÍVEL

É preciso ter coragem para dizer "não" a um gerente sênior e Rick demonstra a sua ao defender o projeto.

COMPATÍVEL

> Alex, refazer todos os gráficos com certeza vai impressionar os críticos, mas a equipe não vai conseguir fazer isso sem atrasar a data de lançamento.

INCOMPATÍVEL

É bastante comum que os programadores fanáticos ignorem profissionais sem perfil técnico, mas isso é desrespeitoso.

COMPATÍVEL

> O único fator que valorizo é a habilidade técnica. Se você não souber programar, pode sair fora.

INCOMPATÍVEL

Foco consiste em lembrar que sua principal prioridade profissional é concretizar o objetivo da Etapa e desenvolver os itens do Backlog.

COMPATÍVEL

> Não posso trabalhar em nenhuma tarefa da Etapa hoje. Preciso dar suporte à outra equipe que tem um prazo muito apertado a cumprir.

INCOMPATÍVEL

- Coragem
- Foco
- Abertura
- Respeito

soluções dos exercícios

Agora, observe esse jogo de "Quem sou eu?" com os artefatos, eventos e funções do Scrum. A seguir, indicamos várias pistas. Identifique os elementos correspondentes e escreva o nome e o tipo de cada item (evento, função etc.).

Observação: Pode haver um <u>conceito</u> do Scrum que <u>não</u> é nenhum evento, artefato ou função entre os demais componentes!

Quem sou eu?

Solução

Pista	Nome	Tipo de item
Sou um líder servidor que orienta a equipe a compreender e implementar o Scrum e auxilia agentes externos a entender o modelo.	Scrum Master	função
Aconteço no final da Etapa, onde ocorre a inspeção de cada item criado pela equipe com a colaboração dos usuários e stakeholders convidados.	Revisão da Etapa	evento
Sou o modo como a equipe inspeciona sua própria dinâmica, identificando pontos positivos e traçando um plano para os pontos a melhorar.	Retrospectiva da Etapa	evento
Sou o conjunto total de itens que a equipe entrega aos usuários no final da Etapa e cada item que contenham só pode ser entregue se estiver "Concluído".	Incremento	artefato
Sou o grupo de profissionais que atuam efetivamente para entregar o software aos usuários e interessados.	Equipe de Desenvolvimento	função
Sou responsável por definir os itens a serem incluídos no produto e tenho autoridade para aceitá-los como "Concluídos" em nome da empresa.	Product Owner	função
Sou uma reunião com duração de 15 minutos realizada todos os dias para que os membros da equipe tracem um plano para as próximas 24 horas.	Scrum Diário	evento
Sou aquilo que o Product Owner orienta a equipe a otimizar e maximizar e sirvo como critério para a priorização da maioria dos itens.	valor	conceito
Sou o conjunto de itens que a equipe deve criar durante a Etapa e também contenho um plano (que, geralmente, é um conjunto de tarefas decorrentes da decomposição dos itens).	Backlog da Etapa	artefato
Sou uma reunião com duração predefinida na qual a equipe estabelece o Objetivo da Etapa, determina os itens a serem entregues e decompõe os mesmos em tarefas.	Planejamento da Etapa	evento
Sou uma lista ordenada de todos os itens (com suas descrições, estimativas e valores) que podem ser incorporados ao produto futuramente.	Backlog do Produto	artefato

Palavras Cruzadas do Scrum — Solução

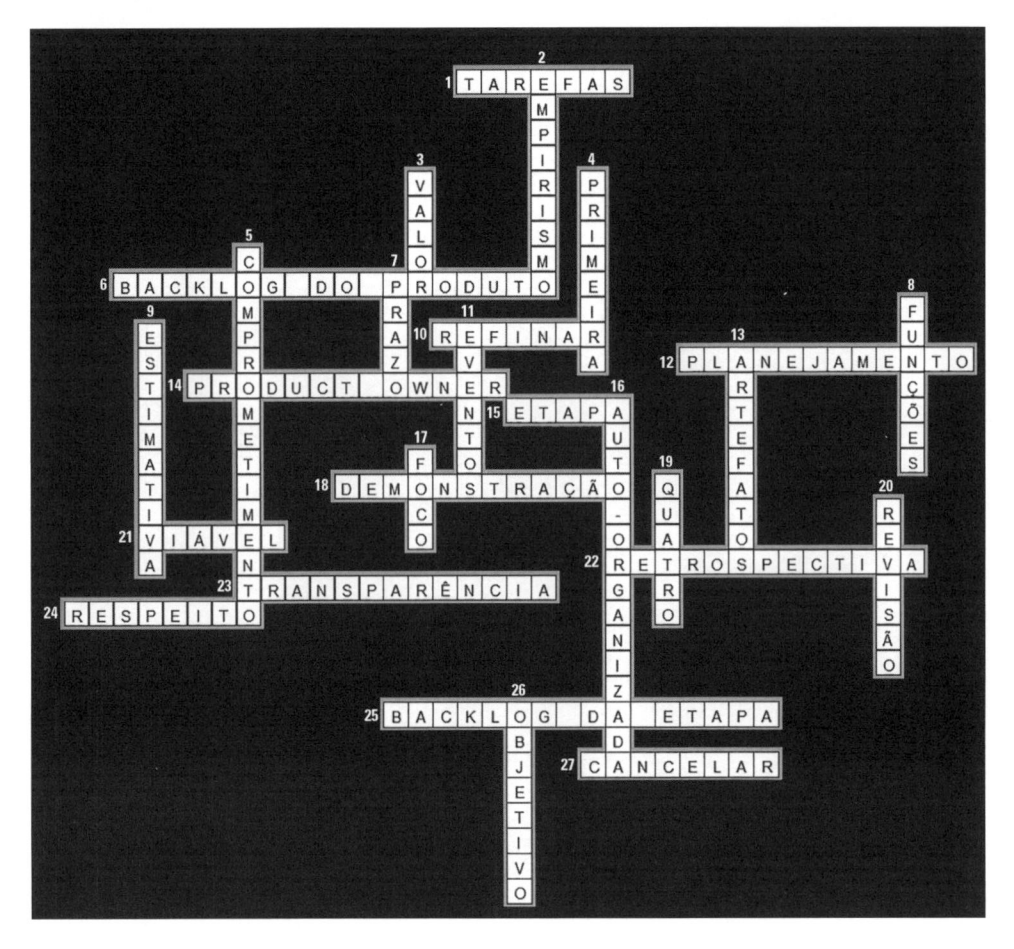

página deixada em branco intencionalmente

4 Planejamento e estimativa ágil

Práticas Scrum Comumente Aceitas

As equipes de desenvolvimento ágil utilizam ferramentas de planejamento objetivas em seus projetos. Já as equipes Scrum planejam seus projetos em grupo para que todos os profissionais se comprometam com o objetivo de cada etapa. Para consolidar seu **comprometimento coletivo**, a equipe deve atuar em conjunto e dispor de métodos simples e acessíveis de planejamento, estimativa e acompanhamento. Através de recursos como **histórias de usuários**, **planning poker** *(técnicas de estimativa de software)*, **velocidade** e **gráficos de burndown** *(gráficos de progresso dos trabalhos)*, as equipes Scrum acompanham todo o processo e determinam as futuras demandas. Prepare-se para conhecer as ferramentas que informam e viabilizam o controle das equipes Scrum sobre os itens criados!

vítimas de seu próprio sucesso

De volta ao rancho...

A demonstração do *CGW5* foi o evento mais emocionante da Conferência de Games de Wisconsin. Mas será que a equipe vai ser vítima do próprio sucesso? Agora, todos no setor esperam que o CGW5 seja o jogo mais inovador e divertido do ano. É muita pressão sobre a equipe!

> Hoje de manhã, fui pegar um café e um cara viu a logomarca da empresa na minha caneca. Na mesma hora, me perguntou a data do lançamento do game. Até agora só temos um demo de 15 minutos!

> Olha, esse me parece um **bom problema**. Estamos certamente no caminho certo.

> Também achei boa essa repercussão. Mas como vamos tocar o projeto?

Exercício

Como você resolveria esses problemas que a equipe do *CGW5* deve encarar para atender às expectativas dos usuários? Seja criativo!

Escreva uma frase curta para cada resposta.

1. No início, a equipe achava que o produto seria comercializado como um game infantil, mas parte do conteúdo tem um pouco de violência e os jogadores na conferência preferem uma pegada mais adulta.

....

A demo é muito legal, mas ainda não foi realmente integrada à base de código do CGW5.

2. A demonstração contém muitos recursos limitados. Para integrá-los ao game em desenvolvimento, a equipe terá que modificar algumas das primeiras seções do código.

....

3. Um desenvolvedor propôs a criação de um pequeno game como complemento para download, mas esse recurso está dando mais trabalho do que o previsto inicialmente. Vale a pena desenvolver esse conteúdo para download, sabendo que ele exige dedicação exclusiva de um dos melhores programadores da equipe durante a maior parte do projeto?

....

4. Em relação à demonstração, a principal reclamação dos gamers é de que o jogador tem que parar de correr para trocar de arma enquanto está travando uma grande batalha. Isso causa mortes frequentes e deixa o jogo menos divertido.

....

parece que a equipe tem trabalho a fazer

Exercício Solução

Indicamos aqui algumas sugestões para as equipes que devem encarar essas situações. Suas respostas foram diferentes? Equipes de desenvolvimento ágil têm que lidar com mudanças o tempo todo e essa abordagem pode ser determinante para seu sucesso ou fracasso.

1. No início, a equipe achava que o produto seria comercializado como um game infantil, mas parte do conteúdo tem um pouco de violência e os jogadores na conferência preferem uma pegada mais adulta.

Faça um brainstorming com os usuários do jogo, e desenvolva recursos específicos para eles

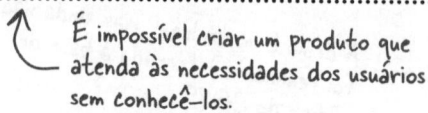

É impossível criar um produto que atenda às necessidades dos usuários sem conhecê-los.

2. A demonstração contém muitos recursos limitados. Para integrá-los ao game em desenvolvimento, a equipe terá que modificar algumas das primeiras seções do código.

Adicione este serviço ao backlog do produto e tente criá-lo no início do projeto

Quando um serviço for essencial ao projeto, a equipe deve executá-lo no início do projeto.

3. Um desenvolvedor propôs a criação de um pequeno game como complemento para download, mas esse recurso está dando mais trabalho do que o previsto inicialmente. Vale a pena desenvolver esse conteúdo para download, sabendo que ele exige dedicação exclusiva de um dos melhores programadores da equipe durante a maior parte do projeto?

O Product Owner determina se o recurso é útil e atribui a respectiva prioridade no backlog

Depois de determinar as demandas do cliente, o Product Owner deve estabelecer a prioridade mais adequada a esses recursos.

4. Em relação à demonstração, a principal reclamação dos gamers é de que o jogador tem que parar de correr para trocar de arma enquanto está travando uma grande batalha. Isso causa mortes frequentes e deixa o jogo menos divertido.

Faça uma reunião com a equipe para conversar sobre o modo como os usuários vão jogar o game

Esse tipo de discussão ocorre quando a equipe Scrum se reúne com os principais interessados na revisão da etapa ao final do processo.

Considerar a perspectiva do usuário ao escrever os recursos necessários é importante para que a equipe atue com eficiência.

práticas scrum comumente aceitas

O que fazer agora?

A equipe conseguiu trabalhar o backlog e criar uma demo de sucesso junto ao público logo no início do projeto. Agora o grupo deve desenvolver uma versão completa do game que os jogadores achem tão boa quanto a demonstração.

> Implementamos todas as regras do Scrum, mas não sei se esse projeto está sendo executado direito. Será que há ferramentas que indiquem se estamos planejando e criando **o melhor produto possível?**

PODER DO CÉREBRO

A equipe *CGW* deve encontrar uma forma de planejar e acompanhar o projeto. Com base na sua experiência, que ferramentas o grupo pode utilizar? Elas seriam realmente eficientes para uma equipe de desenvolvimento ágil?

você está aqui ▶ 121

Conheça as GASPs!

No início da etapa, as equipes Scrum utilizam ferramentas para viabilizar a participação de todos os profissionais na definição de metas e no seu respectivo acompanhamento. Embora essas práticas não estejam entre as principais regras do Scrum, são utilizadas por muitas equipes Scrum para planejar o trabalho e manter a coesão do grupo. É aí que entram as "GASPs" (**Generally Accepted Scrum Practices**). Apesar de não integrarem tecnicamente a estrutura do Scrum, essas práticas são muito comuns entre as equipes e utilizadas em quase todos os projetos Scrum.

Todas essas ferramentas viabilizam o compartilhamento das informações coletadas para o planejamento, possibilitando que a equipe inteira planeje e acompanhe o projeto em conjunto.

❶ Histórias do usuário e pontos da história

As **histórias do usuário** servem para captar as demandas de software dos usuários e viabilizar sua criação em partes utilizáveis. Os **pontos da história** indicam o trabalho necessário para criar uma história do usuário.

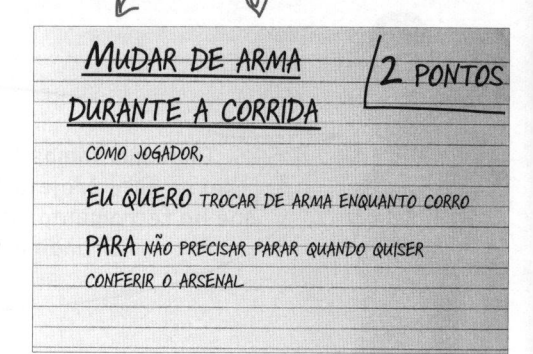

MUDAR DE ARMA DURANTE A CORRIDA / 2 PONTOS

COMO JOGADOR,

EU QUERO TROCAR DE ARMA ENQUANTO CORRO

PARA NÃO PRECISAR PARAR QUANDO QUISER CONFERIR O ARSENAL

❸ Quadros de tarefas

Os **quadros de tarefas** servem para informar todos os integrantes da equipe sobre o progresso da etapa. É uma forma rápida e acessível de conferir visualmente o que cada colega está fazendo.

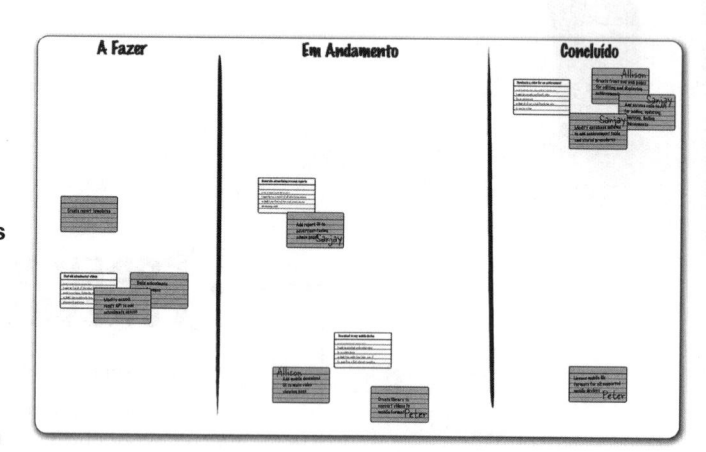

Nos quadros de tarefas, todos os status das histórias ficam disponíveis para a equipe.

122 Capítulo 4

práticas scrum comumente aceitas

O termo GASP foi criado pelo líder e teórico da metodologia ágil, Mike Cohn, e divulgado em um post muito popular no seu blog, com o título de "Regras versus Práticas Scrum Comumente Aceitas".
https://www.mountaingoatsoftware.com/blog/rules-versus-generally-accepted-practices-scrum (conteúdo em inglês)

---

❷ Planning poker *(técnicas de estimativa de software)*

As equipes utilizam o **planning poker** para que os profissionais deliberem sobre a extensão de cada história e seu respectivo modo de execução.

No planning poker, os profissionais explicam suas estimativas e determinam os pontos de cada história. Em seguida, definem qual será a abordagem e a estimativa a serem utilizadas.

❹ Gráfico de burndown *(progresso do trabalho realizado)*

Através dos **gráficos de burndown**, os profissionais podem conferir o volume de trabalho já concluído e o que ainda deve ser feito.

O gráfico de burndown é uma ótima ferramenta para determinar o trabalho restante e definir com razoável certeza se todos os serviços planejados para a Etapa serão concluídos.

O gráfico mostra que sete pontos foram consumidos na etapa, o que corresponde às duas histórias concluídas pela equipe até agora.

PODER DO CÉREBRO

O eixo Y deste gráfico representa os pontos da história. Na sua opinião, como a equipe vai utilizar esses pontos?

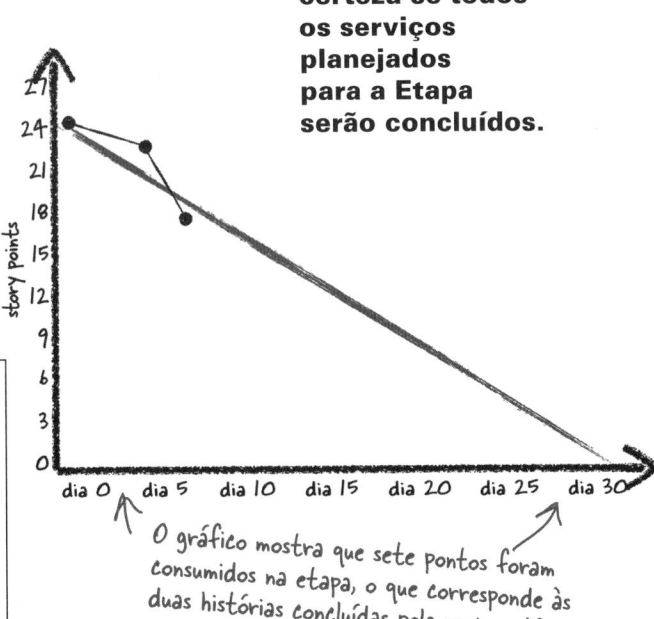

---

você está aqui ▶ **123**

é fácil ficar sobrecarregado com a documentação

Especificações de 300 páginas? Nunca mais!

A equipe costumava criar especificações detalhadas, pois achava que escrever todos os requisitos do jogo era a forma mais eficiente de comunicar as demandas dos usuários. Mas quando tentamos documentar tudo e transmitir esses dados para equipe de desenvolvimento, muitas informações acabam se perdendo. Existe uma forma melhor e mais ágil de registrar os requisitos?

> Tenho **150 páginas de relatórios** sobre os recursos solicitados pelos usuários. Devo anotar todos os itens como requisitos e entregar para a equipe criar?

> Vamos **conversar muito sobre esses recursos** durante a sua criação. Por enquanto, que tal dividir todos em histórias do usuário e seguir esse plano?

Alex: Eu também estava pensando nisso. Mas para fazer esse tipo de coisa vamos precisar de muito mais material do que apenas esse relatório sobre os recursos solicitados, não é?

Rick: Sim. Primeiro, precisamos descobrir quem são os usuários para, em seguida, dividir a lista de recursos em uma lista de ações e benefícios. Você acha que temos as informações necessárias?

Alex: Acredito que tenho todos esses dados. Em nosso entendimento, existem três tipos de jogadores da série *CGW*: iniciantes, jogadores casuais e especialistas.

Rick: Certo, então vamos escrever as histórias com base nessas categorias.

Alex: Sim, é bem fácil descobrir as próximas ações dos usuários, o que geralmente representa a principal vantagem da solicitação de recursos. Também é fácil compreender o benefício obtido pelos usuários. Na verdade, escrever nossos requisitos dessa maneira não será muito difícil.

Rick: Ótimo! Vamos incluir tudo isso no backlog e iniciar a primeira etapa.

Alex: Alto lá, Rick. Primeiro temos que definir como vamos fazer as estimativas. Além disso, ainda não conhecemos exatamente o teor desse "material"! Sério... alguém sabe realmente o que vamos criar?

As histórias do usuário facilitam a compreensão das demandas dos usuários pelas equipes

O software deve facilitar a realização de alguma atividade. Quando um usuário solicita a criação de um recurso, precisa dele para fazer algo que ainda não pode fazer. Reconhecer essas demandas ao longo do processo é a forma mais eficiente de verificar se a equipe está desenvolvendo o item correto. A **história do usuário** é uma breve descrição de uma demanda específica dos usuários. Muitas equipes anotam essas informações em fichas ou notas adesivas. As equipes Scrum se orientam pelas demandas dos usuários nos processos de planejamento e priorização e organizam todo o trabalho em torno das suas histórias. Dessa forma, conseguem manter o foco na criação de recursos que atendam às exigências dos usuários e evitam surpresas durante a demonstração das histórias ao final da etapa.

Histórias do Usuário

As histórias dos usuários descrevem em poucas frases o modo como o usuário vai usar o software. Muitas equipes anotam as histórias do usuário em fichas utilizando o formato "preencha a lacuna":

Como <tipo de usuário>, eu quero <ação específica que estou falando> para <o que quero que aconteça como resultado>.

As histórias são curtas, modulares e uma ótima forma de lembrar a equipe da sua obrigação de verificar constantemente se os recursos certos estão sendo criados. Considere cada ficha como um símbolo da conversa entre a equipe e os usuários na qual o grupo confirma se está criando recursos efetivamente úteis.

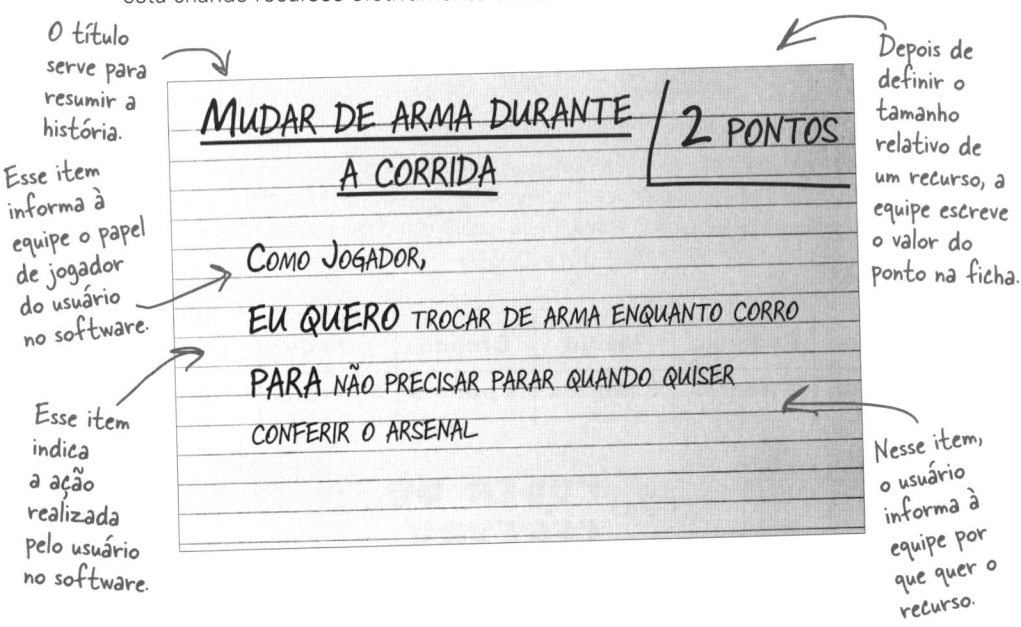

O título serve para resumir a história.

Esse item informa à equipe o papel de jogador do usuário no software.

Esse item indica a ação realizada pelo usuário no software.

MUDAR DE ARMA DURANTE A CORRIDA | 2 PONTOS

COMO JOGADOR,

EU QUERO TROCAR DE ARMA ENQUANTO CORRO

PARA NÃO PRECISAR PARAR QUANDO QUISER CONFERIR O ARSENAL

Depois de definir o tamanho relativo de um recurso, a equipe escreve o valor do ponto na ficha.

Nesse item, o usuário informa à equipe por que quer o recurso.

tudo sendo relativas

Os pontos da história permitem que a equipe trabalhe com o tamanho relativo de cada história

O objetivo do planejamento não é prever os recursos que serão concluídos e suas respectivas datas de conclusão. Na verdade, a equipe deve atribuir pontos com base no tamanho de cada história. Por isso, a maioria das equipes Scrum planeja seus projetos utilizando **pontos da história**, que permitem a comparação entre diversas histórias. Ao trabalharem com o tamanho relativo dos recursos, as equipes Scrum garantem o envolvimento dos profissionais no planejamento e reconhecem a existência de uma faixa de incerteza nos planos.

Como funcionam os pontos da história

O método de pontos da história é simples: a equipe escolhe uma série de pontos que representem o volume de trabalho necessário para cada história e atribui um número a cada história no backlog da **etapa**. Em vez de tentar prever com exatidão o tempo necessário para criar um determinado recurso, a equipe atribui uma pontuação com base no seu tamanho em relação aos dos outros recursos criados anteriormente. No início, as estimativas variam muito entre as histórias, mas depois de um tempo a equipe se acostuma com a escala aplicável e passa a definir o tamanho de cada recurso com mais facilidade.

Para distribuir os pontos da história, muitas equipes dividem as histórias em **tamanhos de camiseta** e atribuem um valor a cada tamanho. Por exemplo, o grupo talvez use 1 ponto para recursos extrapequenos, 2 pontos para recursos pequenos, 3 pontos para recursos médios, 4 para os grandes e 5 para os extragrandes. Depois de definir uma escala, os profissionais devem indicar a categoria em que cada história se encaixa. Algumas equipes utilizam a sequência de Fibonacci (1, 2, 3, 5, 8, 13, 21...) como escala de pontuação, pois acreditam que esses números atribuem um valor mais realista aos recursos maiores. Contanto que o grupo utilize a escala de forma consistente, pode adotar qualquer uma.

Os itens que não são concluídos em uma etapa passam para a próxima e o número total de pontos da história concluídos em cada etapa indica a **velocidade** do projeto. Se uma equipe finaliza 15 histórias e acumula 55 pontos em uma etapa, o valor de 55 pontos representa a velocidade da etapa e dá uma ideia geral do volume de trabalho a ser planejado para a próxima etapa.

Com o tempo, a equipe melhora na atribuição de pontos da história e adquire bastante consistência no número de pontos entregues em cada etapa. Assim, a equipe pode determinar seu possível desempenho em uma determinada etapa futura e controlar o planejamento do processo.

Extra-pequeno	Pequeno	Médio	Grande	Extra-grande	Extra Extra-grande
1 ponto	2 pontos	3 pontos	5 pontos	8 pontos	13 pontos

PODER DO CÉREBRO

Por que é melhor atribuir um tamanho genérico para cada história do que uma data exata?

práticas scrum comumente aceitas

> Essas histórias do usuário são ótimas! Finalmente, começamos a compreender quais as expectativas dos usuários em relação ao jogo. Mas como definir o número de itens que podemos criar em uma Etapa?

Esta história se aplica a todos os jogadores (iniciantes, casuais e experientes).

LUTAR COM VACAS LOUCAS ZUMBIS

COMO JOGADOR,

QUERO TROCAR PARA O MODO ZUMBI EM QUE APARECEM TRÊS VEZES MAIS INIMIGOS QUE, NO ENTANTO, SÃO MAIS FÁCEIS DE MATAR

PARA PODER JOGAR NOVAMENTE EM UM MODO DIFERENTE

A equipe precisa definir o tamanho da história antes de atribuir uma pontuação a ela.

Oferecer a opção de jogar novamente é um dos principais objetivos deste lançamento.

As histórias do usuário são muito simples e, por isso, bastante úteis para as equipes Scrum. Mas o elemento mais importante da história do usuário é a discussão entre a equipe, usuários e partes interessadas.

Esse princípio da metodologia ágil é um fator determinante para a eficiência das histórias do usuário.

> O método mais eficiente e eficaz de transmitir informações para uma equipe é através de uma conversa cara a cara.

você está aqui ▶ **127**

pratique escrevendo histórias

Aponte o seu lápis

Reescreva os itens deste backlog como histórias do usuário

Backlog do Produto Cows Gone Wild 5.2

Item 1: Nível secreto do galinheiro

Valor: Adiciona um modo de jogo diferente para que os usuários especialistas joguem novamente os níveis

Item 2: A sequência de luta do Big Bessie deve prever os ataques do herói e reagir com mais rapidez no modo avançado

Valor: Isso deixará Bessie bem mais difícil de derrotar

Item 3: Os jogadores iniciantes querem que a arma da enfardadeira de feno inclua uma supercolheitadeira que dispare fardos com duplo poder de destruição

Valor: Ajudará os iniciantes a encararem as batalhas mais difíceis do modo Fácil

Item 4: Os usuários devem trocar de armas enquanto correm

Valor: Os usuários poderão conferir seu arsenal sem parar de correr

Página 1 de 7

práticas scrum comumente aceitas

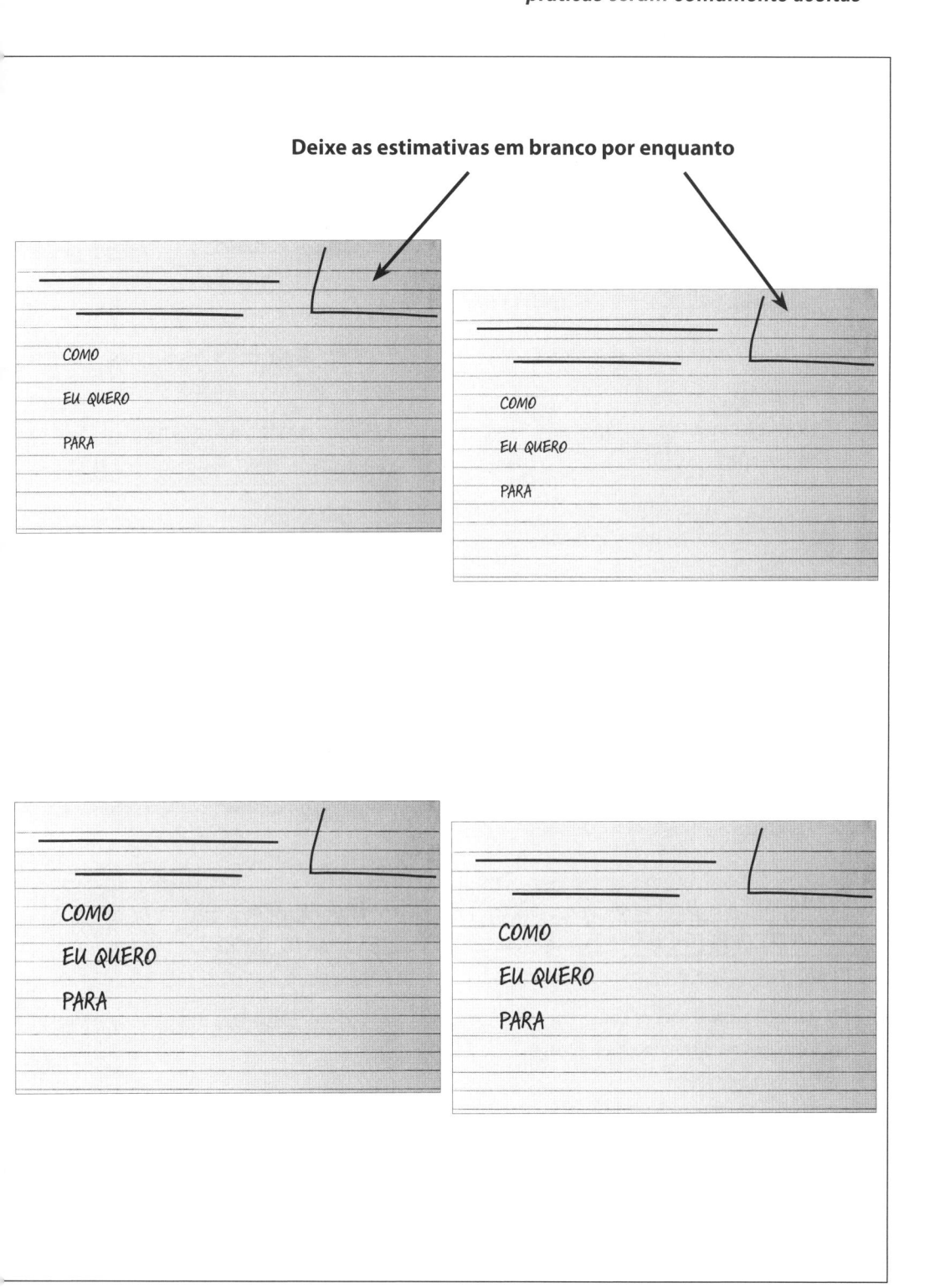

Deixe as estimativas em branco por enquanto

COMO
EU QUERO
PARA

COMO
EU QUERO
PARA

COMO
EU QUERO
PARA

COMO
EU QUERO
PARA

invista nas histórias

Aponte o seu lápis — Solução

Reescreva os itens do backlog como histórias do usuário.

NÍVEL SECRETO DO GALINHEIRO

COMO JOGADOR AVANÇADO

EU QUERO JOGAR O NÍVEL DO GALINHEIRO NO MODO SECRETO

PARA JOGAR NOVAMENTE EM UM MODO DIFERENTE

MOVIMENTOS DA LUTA DE BIG BESSIE

COMO JOGADOR AVANÇADO

EU QUERO QUE BESSIE PREVEJA MEUS MOVIMENTOS E REAJA COM MAIS RAPIDEZ

PARA ME DIVERTIR MAIS AO LUTAR COM BESSIE

Essas são as nossas sugestões de histórias. Fique tranquilo se o seu texto for diferente. O que importa aqui é desenvolver a habilidade de escrever histórias.

ENFARDADEIRA DE FENO — SUPERCOLHEITADEIRA

COMO JOGADOR NOVATO

EU QUERO DISPARAR FARDOS COM DUPLO PODER DE DESTRUIÇÃO PELO PREPARADOR DE FENO NO MODO SUPERCOLHEITADEIRA

PARA DERROTAR OS INIMIGOS MAIS FACILMENTE

TROCAR ARMAS ENQUANTO CORRE

COMO JOGADOR

EU QUERO TROCAR PARA UMA ARMA CARREGADA ENQUANTO CORRO

PARA CONFERIR MEU ARSENAL SEM PARAR DE CORRER

práticas scrum comumente aceitas

Debaixo do Capô: Histórias do Usuário

As histórias do usuário são importantes para a entrega de um software testável

Durante o planejamento de um projeto ágil, o Product Owner colabora com os usuários finais para identificar suas histórias, que determinam as demandas do usuário e sua motivação para solicitar o recurso. Mas escrever a história é apenas o primeiro passo na compreensão das demandas do usuário. Quando não conhece todos os detalhes essenciais para escrever uma história pela primeira vez, a equipe utiliza uma ficha como lembrete para descobrir os detalhes e planejar o trabalho posteriormente. Quando não desenvolvem as histórias no início do processo, as equipes Scrum dispõem de opções para tomar decisões sobre cada história no último momento viável.

As histórias foram criadas como uma prática do XP (mais sobre isso no próximo capítulo), mas atualmente são utilizadas por muitas equipes Scrum. Embora sejam curtas e menos detalhadas do que os requisitos de software tradicionais, as histórias têm a mesma finalidade e oferecem às equipes a flexibilidade necessária para planejarem sua abordagem ao desenvolvimento no último momento possível.

Confira como isso ocorre:

- **Ficha:** Primeiro, o Product Owner escreve a história do usuário (muitas vezes usando o já citado modelo "Como... Eu quero... Para...") e gera uma ficha que serve como lembrete para que a equipe determine posteriormente os detalhes necessários.

- **Conversa:** Ao fazer a estimativa para a história, a equipe conversa com o Product Owner e, às vezes, com os usuários para definir os detalhes necessários. Ocorre também de o Product Owner colaborar com designers e usuários para produzir maquetes ou de a equipe criar projetos técnicos para concretizar a abordagem e criar uma história.

- **Confirmação:** Em seguida, a equipe volta sua atenção para os testes a serem escritos e verifica se a história do usuário foi efetivamente criada. Essa verificação é uma importante fonte de feedback e o fato de as histórias do usuário serem pequenas e autônomas facilita a definição dos testes a serem realizados para a equipe e os usuários.

Algumas equipes escrevem testes para verificar as histórias no verso da ficha, o que serve como nota para indicar a função de cada história depois de concluída. Essa prática também permite que os usuários e a equipe determinem como será a dinâmica da história após a conclusão do software. Esses testes também são chamados de condições de satisfação e critérios de aceitação.

O acrônimo **INVEST** indica as diretrizes que devem ser observadas para se escrever uma boa história:

I — Independente: as histórias do usuário devem ser descritas separadamente

N — Negociável: todos os recursos do produto resultam de negociação

V — Valioso: não se deve desperdiçar tempo escrevendo uma ficha sem valor para os usuários.

E — Estimável: cada história do usuário deve conter um recurso passível de alocação pela equipe como tamanho ou volume de serviço

S — Simples: as histórias devem descrever interações independentes em vez de grandes categorias de funcionalidades

T — Testável: a possibilidade de testar cada história do usuário é um fator determinante para a eficiência do feedback entre as equipes Scrum

> O INVEST e os três Cs surgiram no XP, tema do próximo capítulo. Leia mais sobre isso em um post de 2003 no blog de Bill Wake, que credita a criação dos três Cs ao pioneiro do XP Ron Jeffries: http://xp123.com/articles/invest-in-good-stories-and-smart-tasks/ (conteúdo em inglês)

coloque sua máscara de poker

A equipe faz estimativas em grupo

Quando já dispõe de uma lista priorizada de histórias, a equipe deve programar o trabalho necessário para criá-las. No início de cada etapa, o grupo geralmente estima a pontuação aplicável à criação de cada história durante a reunião de planejamento do Scrum. Na maioria das vezes, a equipe identifica as histórias de maior prioridade no backlog e se compromete a criar o maior número possível de histórias prioritárias em cada etapa. Uma maneira de fazer isso é utilizando o planning poker.

❶ Organização

Cada membro da equipe dispõe de um conjunto de fichas com números de estimativa válidos. Geralmente, o Scrum Master modera a sessão.

Quando não for possível reunir a equipe inteira para usar as fichas, o grupo deve estabelecer com antecedência a pontuação aplicável e um método para comunicar as estimativas. Em muitas equipes distribuídas, as estimativas são informadas para o moderador através de mensagens instantâneas em vez de fichas físicas.

❷ Entendendo cada história

A equipe e o Product Owner analisam cada história do backlog da etapa em ordem de prioridade e fazem perguntas para definir as demandas dos usuários.

> ENFARDADEIRA DE FENO
> — SUPERCOLHEITADEIRA
> COMO JOGADOR NOVATO
> EU QUERO DISPARAR FARDOS COM DUPLO PODER DE DESTRUIÇÃO PELO PREPARADOR DE FENO NO MODO SUPERCOLHEITADEIRA
> PARA DERROTAR OS INIMIGOS MAIS FACILMENTE

❸ Atribuindo uma pontuação

Depois de conversar sobre o recurso, cada integrante da equipe atribui uma pontuação, seleciona a respectiva ficha e compartilha esse valor com o grupo.

❹ Explicando os números altos e baixos

Quando há diferentes estimativas entre os membros da equipe, os números alto e baixo indicam o valor estimado.

2 é a estimativa baixa. O responsável pelo cálculo talvez conheça uma forma mais rápida de desenvolver o recurso do que a prevista pela equipe.

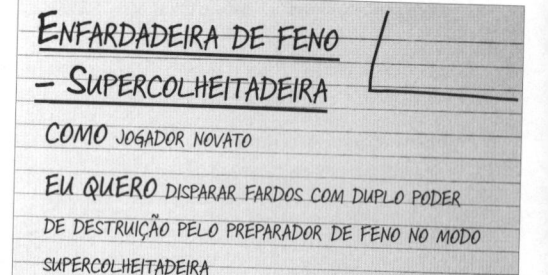

3 pessoas atribuíram 3 pontos para o recurso

O responsável pela estimativa de 8 pontos talvez saiba de algum ponto complexo do recurso que a equipe não está considerando.

1 — 2 — 3 — 5 — 8 — 13 — 21

132 *Capítulo 4*

práticas scrum comumente aceitas

⑤ Ajustando as estimativas

Depois de ouvir as explicações, a equipe pode escolher uma nova ficha de estimativa. Se não for possível reunir todos os profissionais, o grupo deve comunicar sua estimativa ao moderador por e-mail ou mensagem instantânea. Não é preciso transmitir essa informação ostensivamente para a equipe.

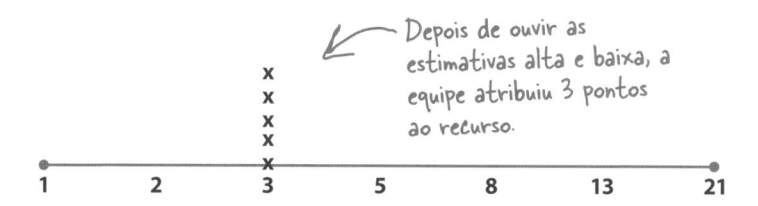

```
                x
                x
                x
                x
●———●———●———x———●———●———●———●
1   2   3   5   8   13      21
```

Depois de ouvir as estimativas alta e baixa, a equipe atribuiu 3 pontos ao recurso.

⑥ Delineando uma estimativa

Em geral, as equipes fazem muitas estimativas no início do processo, mas reduzem esse número quando promovem as explicações e ajustes. Depois de algumas iterações, as estimativas convergem para um número satisfatório para a equipe. Em geral, são necessárias 2 ou 3 iterações até que a equipe consiga delinear o valor da pontuação.

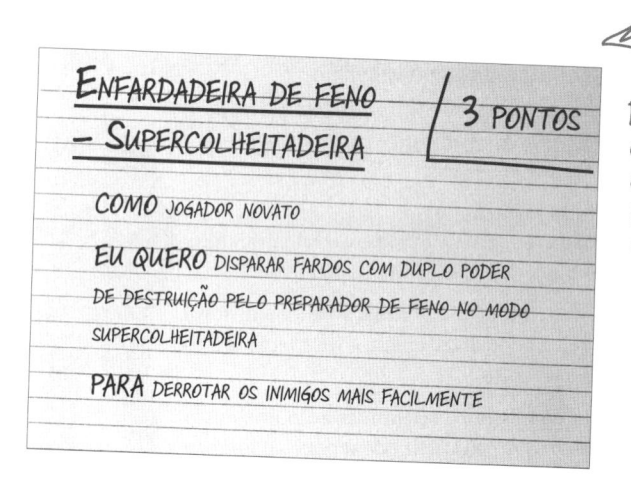

```
ENFARDADEIRA DE FENO    | 3 PONTOS
- SUPERCOLHEITADEIRA    |

COMO JOGADOR NOVATO

EU QUERO DISPARAR FARDOS COM DUPLO PODER
DE DESTRUIÇÃO PELO PREPARADOR DE FENO NO MODO
SUPERCOLHEITADEIRA

PARA DERROTAR OS INIMIGOS MAIS FACILMENTE
```

Depois de explicar suas estimativas e definir a pontuação de cada história, a equipe acaba determinando a abordagem e a estimativa usando o planning poker.

A grande eficiência do planning poker se deve, em parte, à sua natureza colaborativa. Quando a equipe estima o trabalho necessário para concluir um item, cada profissional avalia o volume total de trabalho e não apenas a sua parte. Portanto, mesmo que o item não seja responsabilidade sua, você ainda deve fazer estimativas, pois essa prática dissemina entre o grupo uma melhor compreensão sobre o projeto.

a precisão perfeita não é possível

Chega de planos detalhados para os projetos

Existe a noção de que, se você criar um plano para mapear todas as dependências e definir quem executará cada tarefa do início ao fim, terá um bom controle do projeto. Os planos de projeto tradicionais difundem a sensação de que o sucesso está garantido devido à articulação racional do projeto. Na maioria das vezes, as informações disponíveis no início do projeto não são suficientes para a criação de um plano detalhado. Mas algumas decisões que os planos de projetos tradicionais impõem no início acabam sendo diferentes das que você tomaria se estivesse na metade do processo.

As equipes Scrum tomam decisões no último momento viável e são receptivas a mudanças porque sabem que planos detalhados podem orientar o grupo a seguir o plano em vez de responder às mudanças que surgem naturalmente. Por isso, as equipes Scrum atuam na priorização do backlog e realizam primeiro o serviço de maior prioridade, pois seu objetivo é atuar sempre nas tarefas mais importantes, mesmo em caso de mudanças.

> Ok. A equipe jogou o planning poker e definiu a pontuação de cada história. Mas **como criar um cronograma** a partir dessa pontuação? Eu ainda não sei quem fará cada tarefa nem o tempo necessário para executá-las.

> Hm... Que tal se cada membro da equipe pegar a história de maior prioridade disponível no backlog e começar a trabalhar?

Rick: Calma aí! Isso não está certo. Como posso saber quando o projeto vai terminar e quem está fazendo o quê?

Brian: Você tem razão. Atribuir uma pontuação a uma história do usuário é muito diferente de dizer quantos dias serão necessários para fazer o trabalho.

Rick: Então, devo dizer ao pessoal da administração que nosso plano é executar o maior volume possível de serviço ao longo da próxima etapa de duas semanas?

Brian: Bem, quando desenvolvemos os recursos de maior prioridade, estamos fazendo o trabalho de maior valor possível. É uma combinação entre dois fatores: realizamos os serviços prioritários e demonstramos nossos resultados em cada revisão da etapa para que todos fiquem por dentro do projeto.

Rick: Tudo bem. Mas sem um plano de projeto como vou saber se os profissionais estão trabalhando nas tarefas certas?

práticas scrum comumente aceitas

A Estimativa de perto

Esses são alguns conceitos aplicáveis às estimativas de software que esclarecem como as equipes Scrum fazem suas estimativas:

Tempo transcorrido

As estimativas de tempo transcorrido indicam a data de conclusão de uma determinada tarefa e geralmente dependem de registros e contingências para definir as expectativas. Quando um profissional estiver de férias durante um projeto, não poderá receber trabalho durante esse período e a estimativa geral do projeto deverá ser ajustada de acordo com essa situação. Alguns projetos contêm projeções para o número total de horas diárias que cada profissional irá dedicar ao projeto, reuniões e outras atividades.

As abordagens tradicionais à gestão de projetos tentam prever todas as interrupções e ajustes de cronograma que podem ocorrer desde o início do projeto. Os projetos planejados dessa maneira fixam uma data final com base no escopo do trabalho e na estimativa de esforço.

Tempo ideal

É o tempo necessário para realizar uma tarefa quando o profissional atua sem nenhuma interrupção. A estimativa de tempo ideal supõe a inexistência de atividades, doenças e prioridades que possam afastar o profissional do projeto e influenciar a data de entrega. As equipes de desenvolvimento ágil fazem cálculos com base no tempo ideal e utilizam medidas empíricas que indicam o desempenho de cada equipe nas etapas anteriores para definir expectativas realistas de produção aplicáveis a um determinado período.

Ponto da história

Trata-se de um indicador numérico que representa o tamanho relativo de um recurso. Recursos que exigem uma quantidade aproximada de esforço recebem a mesma pontuação. Não é necessário registrar as estimativas feitas com base em pontuação. Quando você atribui uma pontuação a um recurso, está supondo que essa é uma medida de tamanho relativo que considera todas as interrupções e incertezas encaradas regularmente pela sua equipe. Esses valores de tamanho relativo não correspondem, em nenhuma circunstância, a valores de tempo específicos. Não é possível dizer que um ponto é igual a uma hora de trabalho, por exemplo. No entanto, você pode estabelecer que um ponto é igual ao esforço necessário para criar um botão e vincular esse dado a uma ação.

Velocidade

A velocidade corresponde ao número de pontos concluídos em uma etapa. Esse número serve como média para prever a quantidade de trabalho que pode ser realizada no decorrer de várias etapas. Os valores geralmente variam no início de um projeto e se estabilizam à medida que os profissionais se familiarizam com o serviço. Quando uma equipe atua com velocidade constante durante algum tempo, é possível prever entregas com essa frequência. Em vez de fixar de antemão a data de entrega de cada recurso, em um projeto ágil a equipe se dedica a manter uma velocidade sustentável e oferecer o melhor desempenho possível em cada etapa.

> **Velocidade é uma medida cronológica utilizada pelas equipes para determinar sua capacidade com base no desempenho anterior. Mas essa capacidade pode mudar com o tempo e, nesse caso, a velocidade da equipe também muda.**

acompanhe as tarefas

Quadros de tarefas mantêm as equipes informadas

Depois de planejar a etapa, a equipe deve começar a criar. Mas as equipes Scrum geralmente não definem os responsáveis pelas tarefas no início da etapa. Na verdade, seu procedimento consiste em oferecer informações atualizadas sobre o andamento da etapa para facilitar a tomada de decisões pelos profissionais no último momento viável.

A maioria das equipes inicia o processo elaborando um quadro com três colunas: A Fazer, Em Andamento e Concluído. Quando um profissional inicia um item, transfere a história da coluna A Fazer para a coluna Em Andamento. Quando finaliza o item, coloca a história na coluna Concluído.

> O quadro de tarefas indicado aqui contém apenas histórias, um procedimento adotado por várias equipes de desenvolvimento ágil. Porém, é comum incluir fichas e adesivos para indicar as tarefas associadas a cada história e a uma determinada ficha. Quando a primeira tarefa é colocada na coluna Em Andamento, a história vai junto com ela e permanece nessa coluna até a última tarefa ser Concluída.

❶ Início da Etapa

Todas as histórias do usuário estão na coluna A Fazer porque ninguém iniciou os serviços até agora.

A Fazer	Em Andamento	Concluído

Os quadros de tarefa comunicam os status das histórias de forma transparente para a equipe inteira.

136 *Capítulo 4*

práticas scrum comumente aceitas

❷ Metade da Etapa

No início dos serviços, os profissionais transferem suas respectivas tarefas para a coluna **Em Andamento** e, quando finalizam, para a coluna **Concluído**. A equipe geralmente estabelece a definição de "concluído" no início do processo para que seus integrantes saibam o que significa "concluir" uma história.

Como dispõe de informações sobre o andamento das histórias, a equipe pode definir ações que aumentem sua eficiência.

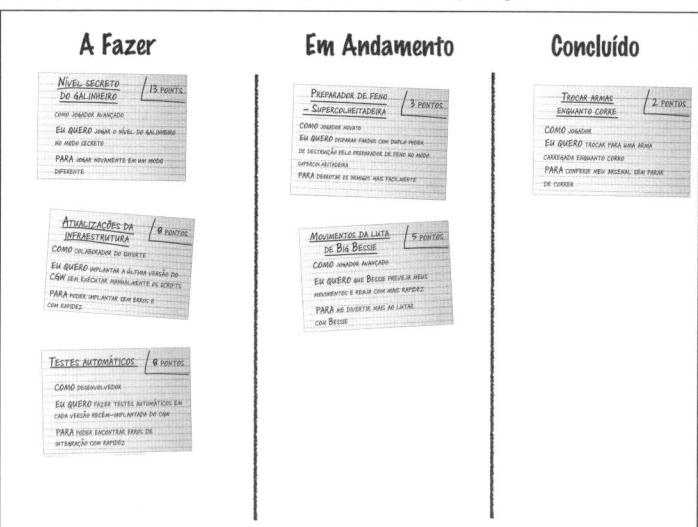

Assim, os profissionais já podem selecionar seus próximos serviços em vez de esperar ordens.

❸ Final da Etapa

Se as estimativas estiverem corretas, todas as histórias do usuário indicadas no backlog passarão para a coluna Concluído. As histórias do usuário não concluídas serão incluídas no próximo backlog da etapa.

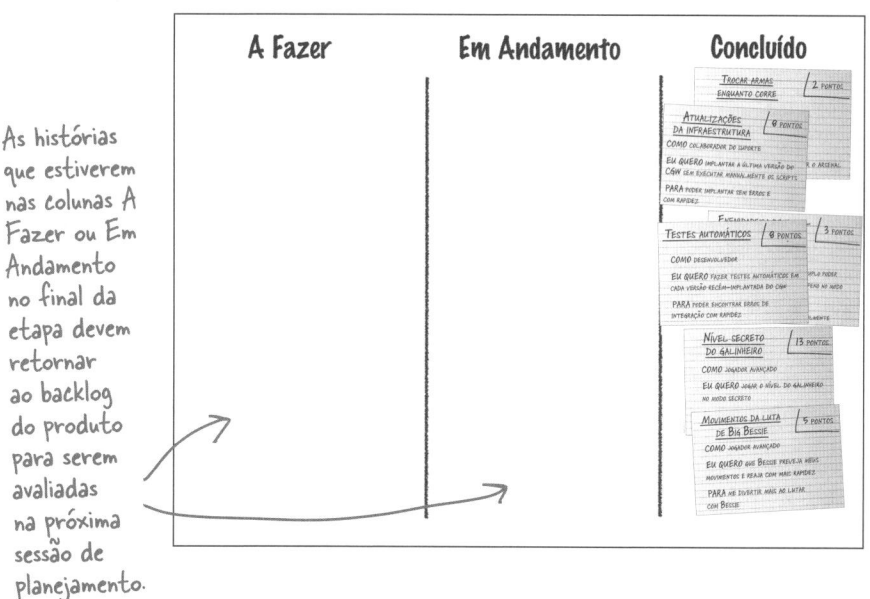

As histórias que estiverem nas colunas A Fazer ou Em Andamento no final da etapa devem retornar ao backlog do produto para serem avaliadas na próxima sessão de planejamento.

A equipe finalizou todas as histórias do usuário do backlog dessa etapa.

os projetos funcionam melhor quando a equipe planeja em conjunto

P: Então, quer dizer que a ficha é a maior diferença entre as histórias do usuário e os requisitos?

R: Não. Na verdade, muitas equipes não costumam criar histórias do usuário em fichas, mas como notas em um sistema de rastreamento de problemas, linhas em uma planilha ou itens em um documento. A maior diferença entre as histórias do usuário e os requisitos de software tradicionais é que as histórias não indicam detalhes específicos sobre o recurso que descrevem.

Ao se escrever uma história do usuário, o objetivo é incluir apenas as informações necessárias para indicar quem vai usar o recurso, o que é esse recurso e qual sua importância para os usuários. A história se propõe a fazer a equipe conversar sobre o recurso e compreender bem o trabalho. Eventualmente, as equipes têm que ampliar documentação depois de confirmarem a história com os usuários. Mas às vezes basta uma conversa para que a equipe crie o recurso sem estender a documentação. Seja como for, o mais importante é que o grupo compreenda as demandas e a perspectiva dos usuários.

P: Como saber quantos pontos devo atribuir a uma história?

R: Ao adotar a prática da atribuição de pontos de história, a equipe deve se reunir e definir o serviço que corresponde a um ponto, que geralmente é uma tarefa simples e de fácil compreensão. (Por exemplo, uma equipe a cargo do desenvolvimento de um aplicativo web pode definir que um ponto equivale ao esforço de adicionar um botão de funcionalidade simples e específica a uma página da web.) A escolha da escala mais adequada depende do tipo de trabalho que a equipe costuma fazer. Mas determinar o valor de um ponto facilita a identificação das demais faixas de pontuação.

não existem Perguntas Idiotas

Algumas equipes adotam a prática do **tamanho da camiseta** nas suas estimativas e classificam as histórias nas categorias pequena, média ou grande, distribuindo pontos de acordo com esse critério (1 ponto para pequena, 3 pontos para média, 5 pontos para grande). Outras equipes usam escalas mais extensas (XP, P, M, G e XG) e pontuações correspondentes. Além dessas, existem grupos que atribuem valores com base na sequência de Fibonacci (1, 2, 3, 5, 8, 13, 21 ...). Desde que a equipe atribua pontos às histórias de forma consistente, pode usar qualquer abordagem.

P: Qual é o objetivo do planning poker? Os desenvolvedores não podem fazer estimativas por conta própria?

R: Como ocorre com a maioria das GASPs, a finalidade do planning poker é envolver toda a equipe no planejamento e controle do andamento do projeto. Essa prática é uma forma de propor a discussão das estimativas e estabelecer a abordagem mais adequada ao desenvolvimento. Ao adotarem uma postura transparente em relação a estimativas e abordagens, os integrantes da equipe podem cooperar entre si para evitar erros e determinar o método mais eficiente para desenvolver cada recurso. O planning poker serve para que as equipes indiquem o raciocínio das suas estimativas. Ao definir suas abordagens e estimativas em conjunto, a equipe pode detectar falhas na abordagem no início do processo e compreender melhor os serviços que serão realizados na etapa.

P: O que acontece quando a equipe erra nas estimativas?

R: Tudo bem, isso é natural. Talvez um recurso ao qual foram atribuídos 3 pontos no início da etapa devesse ter recebido 5.

Mas como os pontos da história indicam a velocidade global do processo, a equipe acaba desenvolvendo com o tempo sua capacidade de definir os recursos a serem desenvolvidos no cronograma. A maior vantagem do planning poker e das pontuações é não servirem para prever o futuro. Depois de atribuir pontos aos itens do backlog da etapa, você começa a desenvolver e acompanhar a velocidade do processo. Se algum ponto do backlog não for concluído na etapa, deve retornar para o backlog do produto para ser repriorizado. À medida que a equipe estima e acompanha suas entregas, melhora seu desempenho.

No início, o número de pontos concluídos pela equipe a cada etapa varia muito. Mas à medida que aumenta o entrosamento da equipe, o número de pontos que o grupo é capaz de realizar em uma etapa fica mais previsível.

Com as GASP, em vez de tentar acertar cada estimativa, sua equipe pode controlar de forma realista o volume de trabalho possível. Dessa forma, você pode alocar uma quantidade adequada de serviços para cada etapa e obter a maior eficiência possível no desempenho da sua equipe.

> **Com o planning poker, os pontos da história e a velocidade, a equipe pode planejar e controlar o trabalho em conjunto. Essas ferramentas servem para que o grupo como um todo seja responsável por elaborar e desenvolver o projeto.**

práticas scrum comumente aceitas

> Os interessados querem saber a data de conclusão do Projeto e não a quantidade de pontos que fizemos hoje.

Isso ocorre. As partes interessadas, acostumadas a relatórios de status tradicionais e planos de projetos, devem se adaptar às novas práticas.

Os métodos tradicionais de gestão de projetos estabelecem a criação de um plano de entrega no início do processo e o controle das entregas indicadas nesse plano. As equipes de desenvolvimento ágil devem encarar o grande desafio de comunicar a todos os colaboradores da organização a necessidade de se desapegar do hábito de saber exatamente como um projeto será desenvolvido desde o início.

Em vez de planejar cada detalhe com antecedência e manter o grupo preso ao plano, as equipes Scrum adotam os princípios da transparência, capacidade de mudança e foco na criação do melhor produto possível de acordo com o tempo e os recursos disponíveis. Como os projetos são executados de forma incremental e com base em entregas frequentes, as partes interessadas tendem a ficar mais satisfeitas depois da sua adaptação ao novo modelo.

Veja bem!

O backlog da sua equipe pode conter histórias e muito outros itens.

Embora a Backlog do Produto e o Backlog da Etapa da equipe Rancho Hand Games contenham somente histórias até agora, geralmente há outros itens no backlog. Muitas equipes incluem itens para corrigir erros importantes, melhorar o desempenho (ou implementar requisitos não funcionais), lidar com riscos e realizar outras ações. Portanto, fique à vontade para fazer isso nos seus projetos!

Clínica de Perguntas: Pegadinha

> Às vezes, as perguntas trazem muitas informações desnecessárias, como uma história incoerente ou números irrelevantes.

104. Você atua como gerente do projeto de um software voltado para publicidade. Seu objetivo é criar uma interface para comprar espaço em publicações online a um custo médio de US$75.000 por anúncio. Sua equipe é formada por um analista de publicidade, que também atua como Product Owner, e um grupo de engenheiros de software experientes. Seu caso de negócio está pronto, mas você precisa se reunir com acionistas e patrocinadores. Agora, os gerentes seniores estão solicitando o planejamento da primeira etapa. Sabendo que sua equipe já realizou quatro projetos muito parecidos com o atual, você promove uma reunião geral para o grupo definir pontos e estabelecer uma estimativa e uma abordagem em conjunto.

Que prática de estimativa deve ser adotada para que a equipe forneça estimativas individuais e discuta essas propostas até estabelecer um valor definido?

A. Planning Poker

B. Método de Planejamento

C. De baixo para cima

D. Ordem aproximada de magnitude

> Você leu esse parágrafo inteiro só para descobrir que a questão não tem nada a ver com o texto?

> Ao se deparar com uma pegadinha identifique a parte relevante da pergunta e o texto colocado apenas para distraí-lo. Parece complicado, mas na verdade é bem fácil depois que se pega o jeito.

Pegadinha

Exercícios Livres

Complete as frases a seguir para formular uma pergunta do tipo "pegadinha"!

Você atua como gerente de um projeto _____ .
                                       (tipo de projeto)

Você tem um _____ à sua disposição, com _____.
             (descreva um recurso)   (como esse recurso é restrito)

Sua _____ contém _____. O(A) _____
      (documento do projeto)   (algum item contido no documento)   (membro da equipe)

o alerta sobre _____ e sugere _____.
                (um problema do projeto)   (uma sugestão de solução)

_____?
  (uma pergunta vagamente relacionada a um dos itens do parágrafo acima)

    A. _____
                                    (resposta errada)

    B. _____
                              (resposta errada complicada)

    C. _____
                                    (resposta certa)

    D. _____
                              (resposta errada ridícula)

mantenha os olhos no progresso

> Estão sobrando histórias no backlog no final de todas as etapas. Parece que já estamos atrasados quando começamos!

> A equipe quer fazer muita coisa de uma vez.

> É preciso definir o volume de itens concluídos em cada etapa para determinar o volume de trabalho que podemos assumir.

Rick: Estamos quase lá. O Alex é responsável pela priorização do backlog do produto. No início de cada etapa, analisamos as histórias de maior prioridade, jogamos o planning poker e atribuímos os pontos. Em seguida, adicionamos os itens ao backlog da etapa e iniciamos o serviço.

Brian: Essa parte funciona muito bem. A equipe gosta de dissecar o serviço antes de começar. Isso também ajuda a manter todos em sintonia quanto ao trabalho a ser feito na etapa.

Rick: É isso mesmo. Tudo vai bem até que chega o final da etapa. Nesse ponto, sempre sobram histórias que se revelam maiores do que o previsto. São itens que ficam no backlog da etapa e têm que passar para a próxima etapa. O Alex está nervoso com essa situação, o que também aumenta a tensão nas avaliações junto aos usuários.

Brian: Temos que saber se estamos no caminho certo ou não durante a etapa para fazer os ajustes necessários. Não devemos nos comprometer com as histórias no início da etapa quando não for possível concluí-las.

Rick: É hora de começar a acompanhar de perto o andamento do projeto. Mas como fazer isso usando o Scrum?

práticas scrum comumente aceitas

Os gráficos de burndown indicam o trabalho restante para a equipe

Depois de atribuir pontos às histórias do usuário contidas no backlog da etapa, a equipe pode utilizar **gráficos de burndown** para controlar o andamento do projeto. Trata-se de um gráfico de linhas simples que mostra a quantidade de pontos concluídos todos os dias durante a etapa. Esse recurso oferece aos profissionais dados objetivos sobre o trabalho restante em qualquer ponto do projeto. O gráfico de burndown assinala a distância que separa a equipe dos objetivos da etapa.

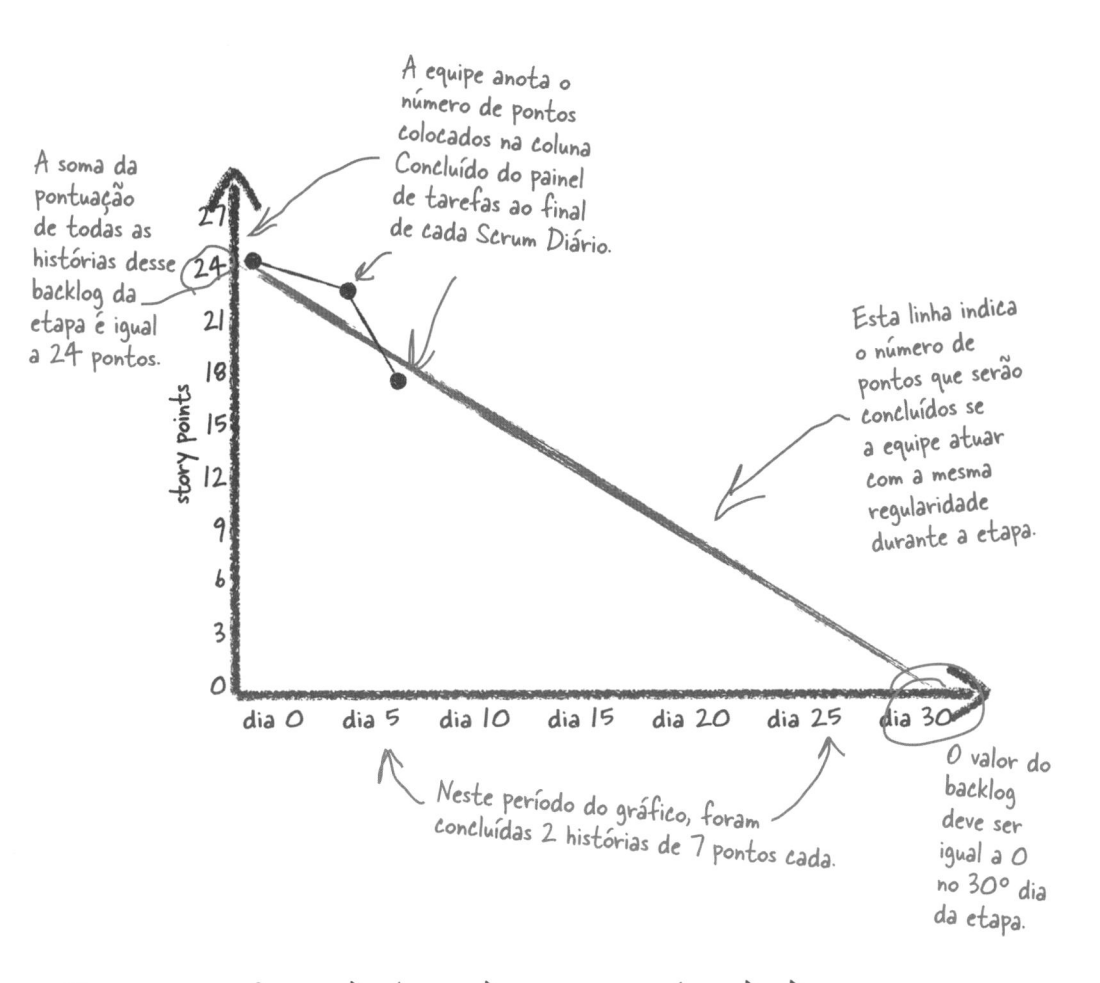

A soma da pontuação de todas as histórias desse backlog da etapa é igual a 24 pontos.

A equipe anota o número de pontos colocados na coluna Concluído do painel de tarefas ao final de cada Scrum Diário.

Esta linha indica o número de pontos que serão concluídos se a equipe atuar com a mesma regularidade durante a etapa.

Neste período do gráfico, foram concluídas 2 histórias de 7 pontos cada.

O valor do backlog deve ser igual a 0 no 30º dia da etapa.

Com os gráficos de burndown e a velocidade, a equipe pode controlar cada etapa.

rapidez e constância vencem a corrida

A velocidade indica o volume de trabalho que a equipe pode realizar em uma etapa

No final de cada etapa, é possível conferir a quantidade de pontos da história aceitos pelo Product Owner. A **velocidade** (número de pontos por etapa) é uma ótima forma de avaliar a consistência das entregas da equipe. Muitas equipes utilizam um gráfico de barras para representar sua velocidade por etapa e analisar os resultados de cada uma delas. Como cada equipe adota uma escala diferente para estimar a pontuação, **a velocidade não pode ser utilizada para comparar equipes.** Mas essa medida serve para definir o volume de trabalho das próximas etapas com base no desempenho anterior da equipe.

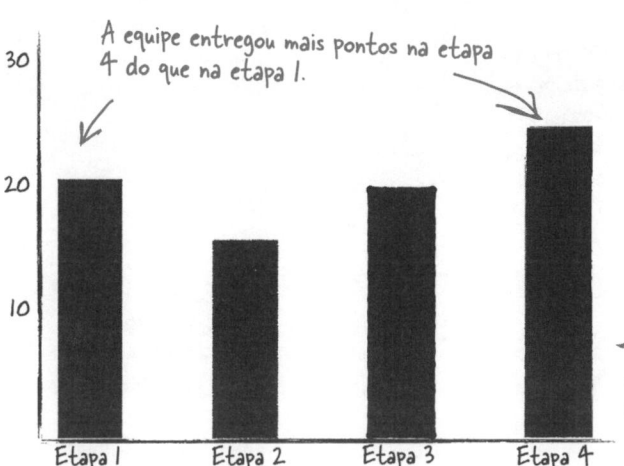

Velocidade da Etapa

O gráfico de barras ao lado representa o número total de pontos da história concluídos em cada uma das quatro etapas. Se a equipe adotar a mesma escala para estimar cada etapa, é possível comparar o volume de trabalho realizado nas quatro etapas com base nesse número. Para criar esse gráfico, a equipe deve somar o número de pontos indicados na coluna Concluído do painel de tarefas ao final de cada etapa.

A equipe entregou mais pontos na etapa 4 do que na etapa 1.

O número de pontos que a equipe entregou varia entre as etapas.

Velocidade da Etapa e pontos comprometidos

Neste gráfico de barras, o número total de pontos estimados pela equipe no backlog da etapa está em cinza e o número de itens efetivamente concluídos está em preto. Para criar esse gráfico, a equipe deve somar todos os pontos da história indicados no backlog após a sessão de planejamento. Esse é o número de pontos comprometidos. No final da etapa, o número da velocidade pode ser obtido pela soma de todos os pontos indicados na coluna Concluído do painel de tarefas.

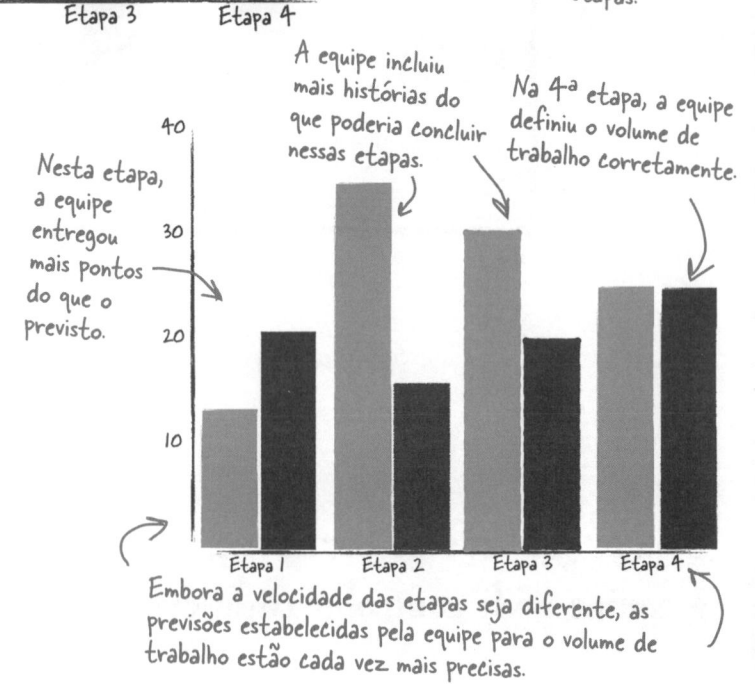

Nesta etapa, a equipe entregou mais pontos do que o previsto.

A equipe incluiu mais histórias do que poderia concluir nessas etapas.

Na 4ª etapa, a equipe definiu o volume de trabalho corretamente.

Embora a velocidade das etapas seja diferente, as previsões estabelecidas pela equipe para o volume de trabalho estão cada vez mais precisas.

Aponte o seu lápis

Indicamos aqui as notas que Rick escreveu ao analisar o painel de tarefas ao final do Scrum Diário. A estimativa total para o backlog dessa etapa é de 40 pontos. Crie o respectivo gráfico de burndown.

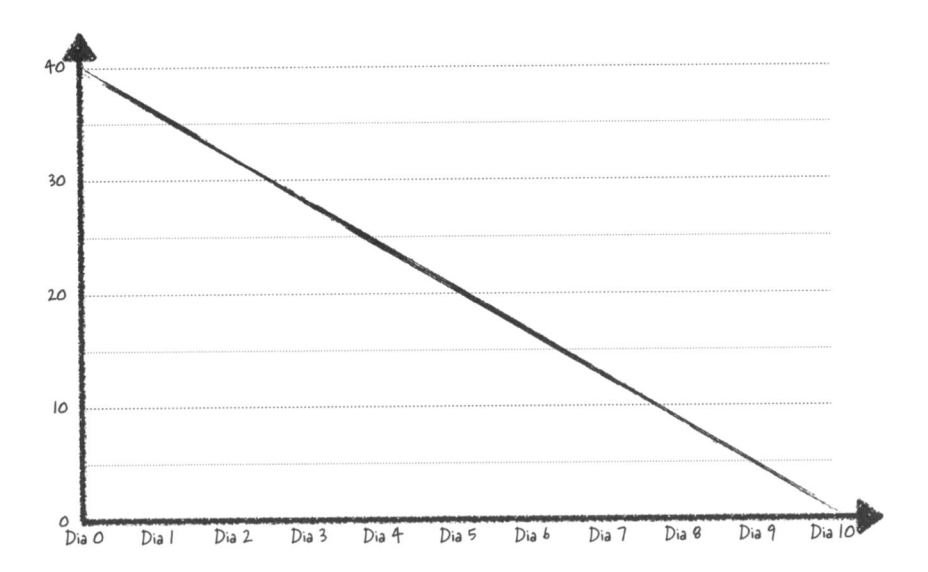

[Gráfico com eixo Y de 0 a 40 pontos e eixo X de Dia 0 a Dia 10, com uma linha diagonal de (Dia 0, 40) até (Dia 10, 0)]

Dia 1: Finalizamos a limpeza no recurso da supercolheitadeira, que vale 2 pontos. Podemos marcar o script de compilação como concluído também, somando mais 2 pontos.

Dia 2: Não marcamos nada como concluído hoje.

Dia 3: Concluímos o novo movimento de finalização da luta de Big Bessie, marcando 3 pontos.

Dia 4: Somamos dois pontos, pois identificamos um trabalho de refatoração que precisa ser feito para que o enfardador de feno volte a funcionar.

Dia 5: Finalizamos a refatoração do enfardador de feno, somando 2 pontos.

Dia 6: O galinheiro secreto foi concluído, 8 pontos.

Dia 7: Concluímos o script do pacote de distribuição, 5 pontos.

Dia 8: Atualizamos a IA de Bessie para agilizarmos suas reações, 10 pontos.

Dia 9: Incluímos animações para a recarga da supercolheitadeira, 2 pontos.

Dia 10: Reestruturação do galinheiro concluída, 7 pontos.

burn down burn up

✏️ Aponte o seu lápis

Indicamos aqui as notas que Rick escreveu ao analisar o painel de tarefas ao final do Scrum Diário. A estimativa total para o backlog dessa etapa é de 40 pontos. Crie o respectivo gráfico de burndown.

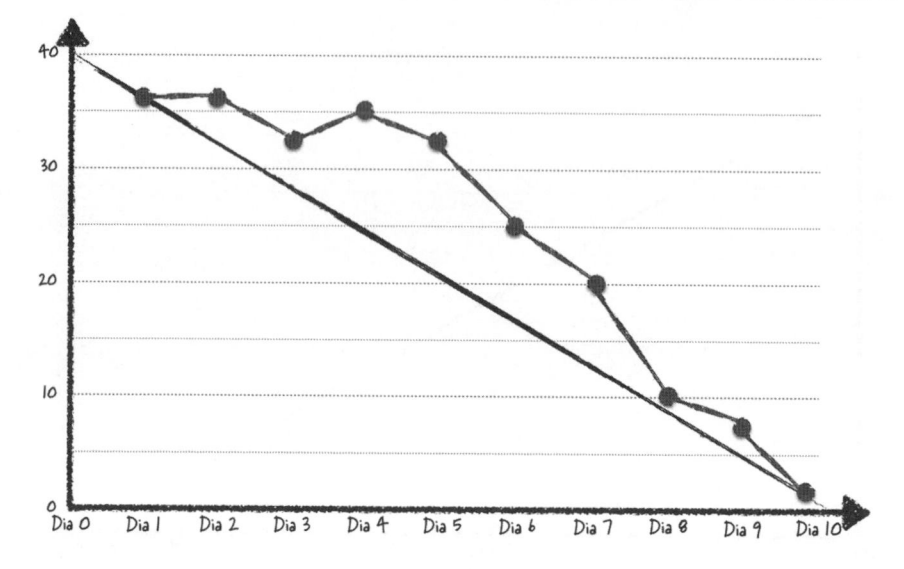

Dia 1: Finalizamos a limpeza no recurso da supercolheitadeira, que vale 2 pontos. Podemos marcar o script de compilação como concluído também, somando mais 2 pontos.

Dia 2: Não marcamos nada como concluído hoje.

Dia 3: Concluímos o novo movimento de finalização da luta de Big Bessie, marcando 3 pontos.

Dia 4: Somamos dois pontos, pois identificamos um trabalho de refatoração que precisa ser feito para que o enfardador de feno volte a funcionar.

Dia 5: Finalizamos a refatoração do enfardador de feno, somando 2 pontos.

Dia 6: O galinheiro secreto foi concluído, 8 pontos.

Dia 7: Concluímos o script do pacote de distribuição, 5 pontos.

Dia 8: Atualizamos a IA de Bessie para agilizarmos suas reações, 10 pontos.

Dia 9: Incluímos animações para a recarga da supercolheitadeira, 2 pontos.

Dia 10: Reestruturação do galinheiro concluída, 7 pontos.

práticas *scrum* comumente aceitas

Os burnups dividem o progresso e o escopo do projeto

Outra forma de controlar o progresso de uma etapa é usar um gráfico de burnup. Em vez de indicarem a diferença entre o número de pontos comprometidos e o número de itens concluídos, os gráficos de burnup controlam o valor acumulado ao longo da etapa e mostram o escopo comprometido em uma linha separada. Pela linha do escopo, é fácil observar quando as histórias são adicionadas ou excluídas. Por outro lado, para identificar as histórias colocadas na coluna "Concluído" do quadro de tarefas, basta conferir o número total de pontos eliminados na etapa. Como o escopo é controlado por uma linha diferente da que indica o número de pontos concluídos, eventuais mudanças são percebidas com maior facilidade.

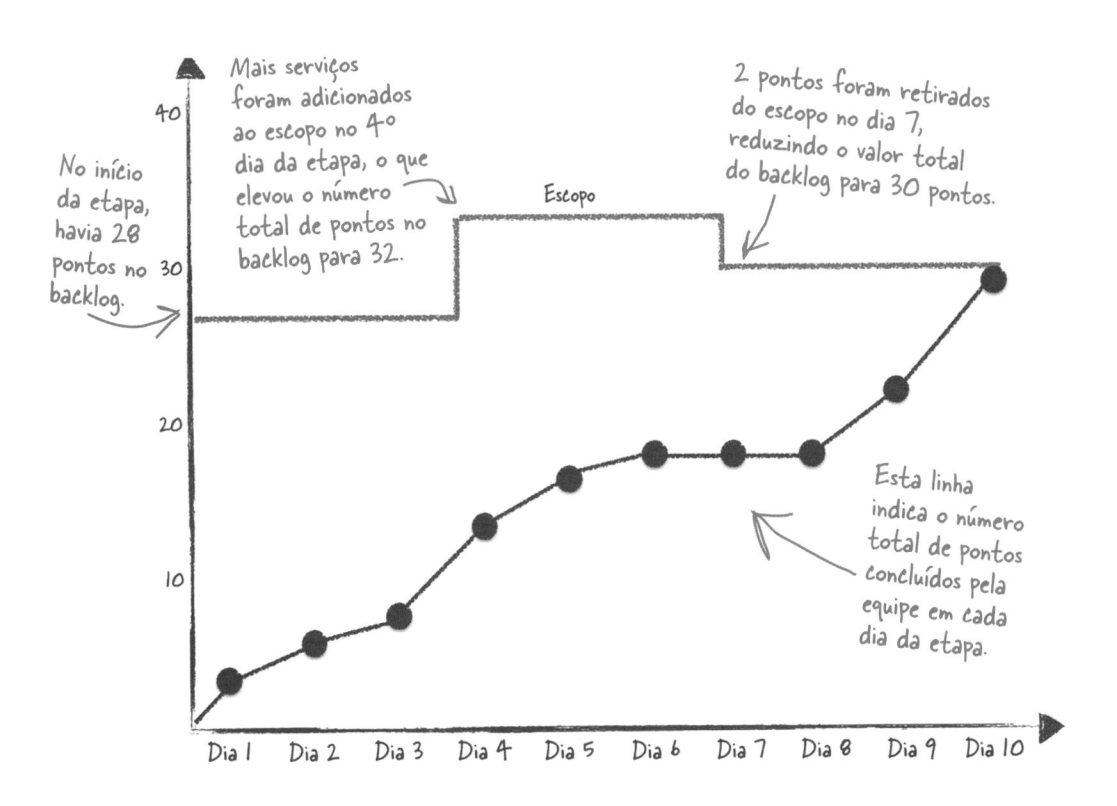

No início da etapa, havia 28 pontos no backlog.

Mais serviços foram adicionados ao escopo no 4º dia da etapa, o que elevou o número total de pontos no backlog para 32.

2 pontos foram retirados do escopo no dia 7, reduzindo o valor total do backlog para 30 pontos.

Esta linha indica o número total de pontos concluídos pela equipe em cada dia da etapa.

você está aqui ▶ 147

planeje seus lançamentos com mapas da história

Como definir o que criar?

O papel do Product Owner é orientar todos os profissionais a trabalharem nos itens mais importantes em cada etapa. Ele é responsável por elaborar a sequência das histórias nos backlogs da etapa e do produto. Quando a equipe tem dúvidas sobre uma história do usuário, o Product Owner localiza as respostas. Muitas equipes programam um horário perto do final de cada etapa para verificar se o backlog está em ordem e iniciar o planejamento da próxima etapa. Essa ocasião é conhecida como **reunião de refinamento do backlog do produto**.

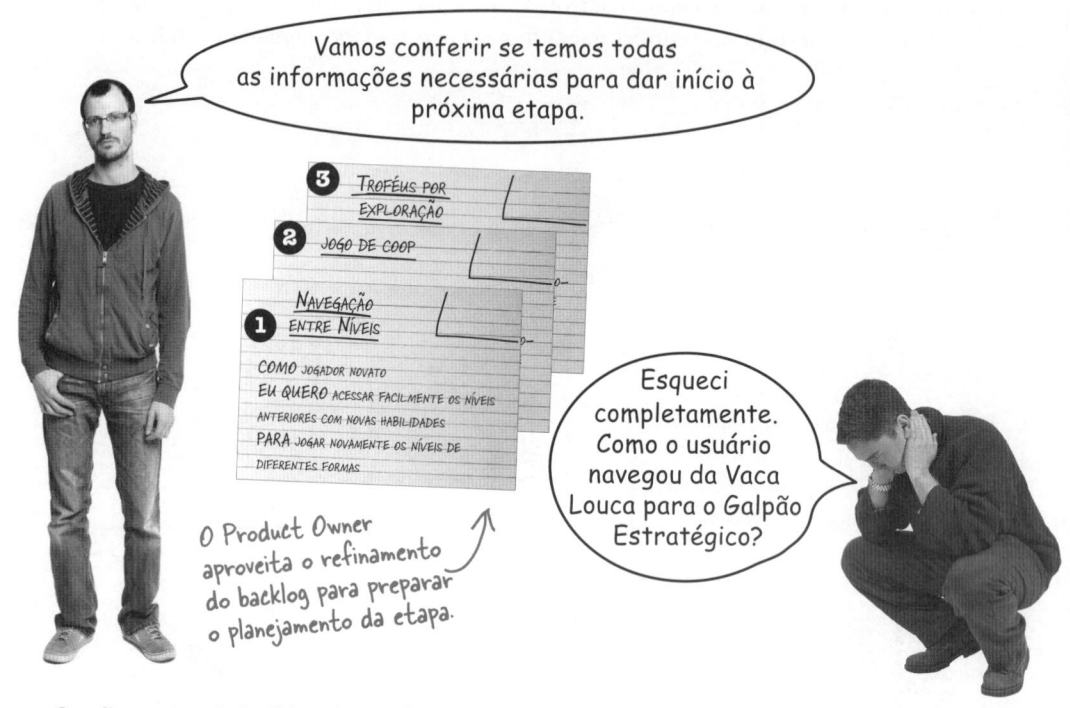

> Vamos conferir se temos todas as informações necessárias para dar início à próxima etapa.

3 TROFÉUS POR EXPLORAÇÃO
2 JOGO DE COOP
1 NAVEGAÇÃO ENTRE NÍVEIS
COMO JOGADOR NOVATO
EU QUERO ACESSAR FACILMENTE OS NÍVEIS ANTERIORES COM NOVAS HABILIDADES
PARA JOGAR NOVAMENTE OS NÍVEIS DE DIFERENTES FORMAS

O Product Owner aproveita o refinamento do backlog para preparar o planejamento da etapa.

> Esqueci completamente. Como o usuário navegou da Vaca Louca para o Galpão Estratégico?

O refinamento do backlog do produto serve para que a equipe inclua detalhes e estimativas em cada item do backlog e reveja a ordem utilizada. As equipes geralmente adotam a estimativa feita no Planejamento da Etapa, mas podem reavaliar os itens do Backlog do Produto a qualquer momento. O Product Owner e a Equipe de Desenvolvimento atuam em conjunto nesse processo, que aborda exclusivamente o Backlog do Produto (a ordem do Backlog da Etapa é responsabilidade exclusiva da Equipe de Desenvolvimento).

Depois da reunião de refinamento do backlog, o Product Owner dispõe de alguns dias antes do início da próxima etapa para resolver eventuais pendências e verificar se as prioridades também atendem às demandas das partes interessadas.

← *Muitas equipes reservam 2 ou 3 dias antes do final da etapa para promover o refinamento do backlog. Nessa ocasião, fazem perguntas que devem ser respondidas antes da sessão de planejamento e verificam novamente a ordem de prioridade das histórias.*

Algumas equipes se referem ao refinamento do backlog do produto como PBR. Em geral, os grupos dedicam menos de 10% a essa prática.

práticas scrum comumente aceitas

Os mapas da história facilitam a priorização do backlog

> Observe que essas práticas não são obrigatórias no Scrum e sim geralmente aceitas!

Para visualizar o *backlog*, é possível colocá-lo em um mapa da história. Os mapas da história começam pela identificação dos principais recursos do produto como sua **estrutura**. Em seguida, essa funcionalidade é distribuída entre as histórias do usuário mais importantes da estrutura, constituindo seu **esqueleto móvel**. As primeiras etapas devem priorizar a entrega do maior número possível de itens do esqueleto. A seguir, você pode planejar seus lançamentos e incluir no mapa os demais recursos na respectiva ordem de prioridade.

A estrutura é um agrupamento de alto nível que inclui todos os recursos do mapa.

Se esses recursos forem finalizados, o CGW poderá ser jogado.

Estrutura		Mecânica da Luta		Exploração	
Esqueleto Móvel **Versão 1**	Big Bessie	Herói	Pulando / Correndo	Interação do Objeto	Ambiente do design
Versão 2	Enfardador de feno	Central de Leite	Galinheiro Secreto	Antigo Mapa da Fazenda MacDonald	Mapa do Galpão da Fazenda
Versão 3	Captura	Vacas Loucas Zumbis	Superetapa	Disfarces	Rancho Flapjack
	Galpão Estratégico		Colecionadores		

Ao mapear integralmente o backlog do produto, a equipe passa a compreender a relação entre o andamento do serviço e a priorização das histórias.

As histórias podem passar de uma versão para outra no decorrer do desenvolvimento do projeto pela equipe.

Através dos mapas da história, as equipes podem visualizar o plano de produção

entenda seus usuários

Os personagens facilitam a identificação dos usuários

Um **personagem** é um perfil utilizado pelas equipes Scrum para compreender melhor os usuários e partes interessadas e consiste em um usuário fictício, no qual se incluem fatos pessoais e, muitas vezes, uma foto. Atribuir um rosto para cada função do usuário e escrever suas motivações vai ajudá-lo a fazer as escolhas corretas ao definir o que desenvolver e como. Com os personagens, suas histórias de usuário ficam mais pessoais. Depois de criar alguns, a equipe Rancho Hand Games começou a determinar a reação de cada usuário diante dos recursos em desenvolvimento.

Melinda Oglesby

Idade: 28
Ocupação: Consultora de TI
Local: Nova York, NY
Função: Jogadora Experiente

Bio: Participa de conferências de games sempre que possível. Possui todos os consoles disponíveis. Joga a maioria dos games mais de uma vez. Tem PCs montados para jogos.

Objetivos:
- História satisfatória
- Múltiplos estilos de jogabilidade/opções de histórias
- Enigmas desafiadores/lutas
- Funcionalidade multiplayer

Frustrações:
- Baixa qualidade (bugs, bloqueios, travamentos)
- Erros de lógica
- Desempenho ruim do servidor

Para criar esse personagem, Alex perguntou a 50 participantes da conferência como eles costumam jogar o CGW.

Essas metas e frustrações surgiram em muitas entrevistas.

Agora que os jogadores experientes têm um rosto e um nome, a equipe costuma pensar sobre a opinião de Melinda antes de definir o design de um recurso.

PODER DO CÉREBRO

Qual é a relação entre personagens e mapas de história e os princípios da transparência, inspeção e adaptação do Scrum?

práticas scrum comumente aceitas

PONTOS DE BALA

- Ao envolver toda a equipe no planejamento, as GASPs facilitam a **adaptação** do plano com base nas informações obtidas em cada etapa.

- As **histórias do usuário** indicam uma demanda do usuário que descreve uma função, a ação desejada e o benefício a ser obtido.

- As histórias do usuário são muitas vezes escritas de acordo com o seguinte modelo: *Como <função>, Eu quero <ação>, para <benefício>.*

- Muitas equipes adotam o método do **tamanho da camiseta** para classificar os recursos em categorias de tamanho (P, M, G, XG, XXG) com base na quantidade de trabalho necessária para criá-los.

- Os **pontos da história** são uma forma de indicar o esforço necessário para criar uma história, mas não correspondem a horas ou datas.

- A **velocidade** corresponde ao número total de pontos concluídos por uma equipe durante uma etapa anterior.

- **Planning poker** é uma técnica de estimativa colaborativa utilizada pelas equipes Scrum para determinar a pontuação de cada história em uma etapa. Consiste em obter estimativas e adaptá-las depois de ouvir as explicações dos profissionais sobre os valores baixos e altos que comunicaram.

- As equipes usam **gráficos de burndown** para controlar o número de pontos concluídos em cada dia da etapa.

- Os Product Owners promovem as reuniões PBR (**refinamento do backlog do produto**) perto do final da etapa para preparar o backlog para a próxima sessão de planejamento.

não existem Perguntas Idiotas

P: Como usar os pontos para verificar se o projeto inteiro está indo bem? Devo fazer estimativas para todo o backlog?

R: Algumas equipes fazem isso. Outras estimam todo o backlog e criam um gráfico de **burndown do lançamento**, através do qual controlam o andamento do processo eliminando os recursos colocados inicialmente no backlog do produto. É assim que algumas equipes preveem as datas de lançamento dos grandes projetos.

Mas isso só vai funcionar se for estipulado que todos os itens do Backlog do Produto serão entregues no decorrer do projeto. É comum que no backlog existam recursos com uma prioridade tão baixa que provavelmente nunca serão criados. Nesse caso, não faz muito sentido estimar todos os itens do backlog e definir uma data de lançamento. Em vez disso, muitas equipes se dedicam a criar a funcionalidade de maior prioridade em cada versão e a liberar software com frequência. Assim, os recursos mais importantes são disponibilizados com precedência sobre os demais.

P: Quantas histórias devo colocar em uma etapa?

R: Quando planeja uma etapa, a equipe sempre adota o Objetivo da Etapa como ponto de partida para definir a prioridade de cada recurso no Backlog da Etapa. Com esse procedimento, todos os profissionais podem identificar os recursos mais importantes. Essa é base do planejamento **orientado a compromissos** (uma metodologia criada por Mike Cohn, um dos pensadores mais influentes do planejamento ágil): você deve negociar e entregar um produto tangível e útil ao final de cada etapa.

Outra opção para as equipes é o planejamento **orientado à velocidade**. Nesse modelo, a equipe seleciona as principais histórias do backlog até atingir sua velocidade média. Cohn prefere o planejamento orientado a compromissos pelo seu destaque à opinião dos membros da equipe sobre o que é necessário para criar um produto de qualidade.

P: Os mapas da história e os quadros de tarefas são a mesma coisa?

R: Não. As duas ferramentas podem ser materializadas em quadros brancos e fichas de histórias para indicar o que está acontecendo no projeto, mas utilizam informações muito diferentes.

Pense no painel de tarefas como um panorama atualizado do backlog da etapa que indica sempre o que está acontecendo em cada história da etapa atual.

O mapa da história oferece uma representação parecida do plano atual, indicando todas as histórias contidas no backlog do produto.

Com o mapa da história, todos os profissionais da equipe ficam informados sobre o desenvolvimento do produto. Os mapas da história são um modo de as equipes visualizarem o plano de lançamento e compreenderem a organização das histórias.

você está aqui ▶ **151**

a equipe está fazendo progresso, mas não o suficiente

As notícias poderiam ser melhores...

Agora que a equipe dispõe de métricas simples para controlar seu desempenho, é mais fácil verificar quando algo não sai como planejado. Com base na série de etapas, os profissionais podem afirmar que o processo não era tão previsível quanto se imaginava.

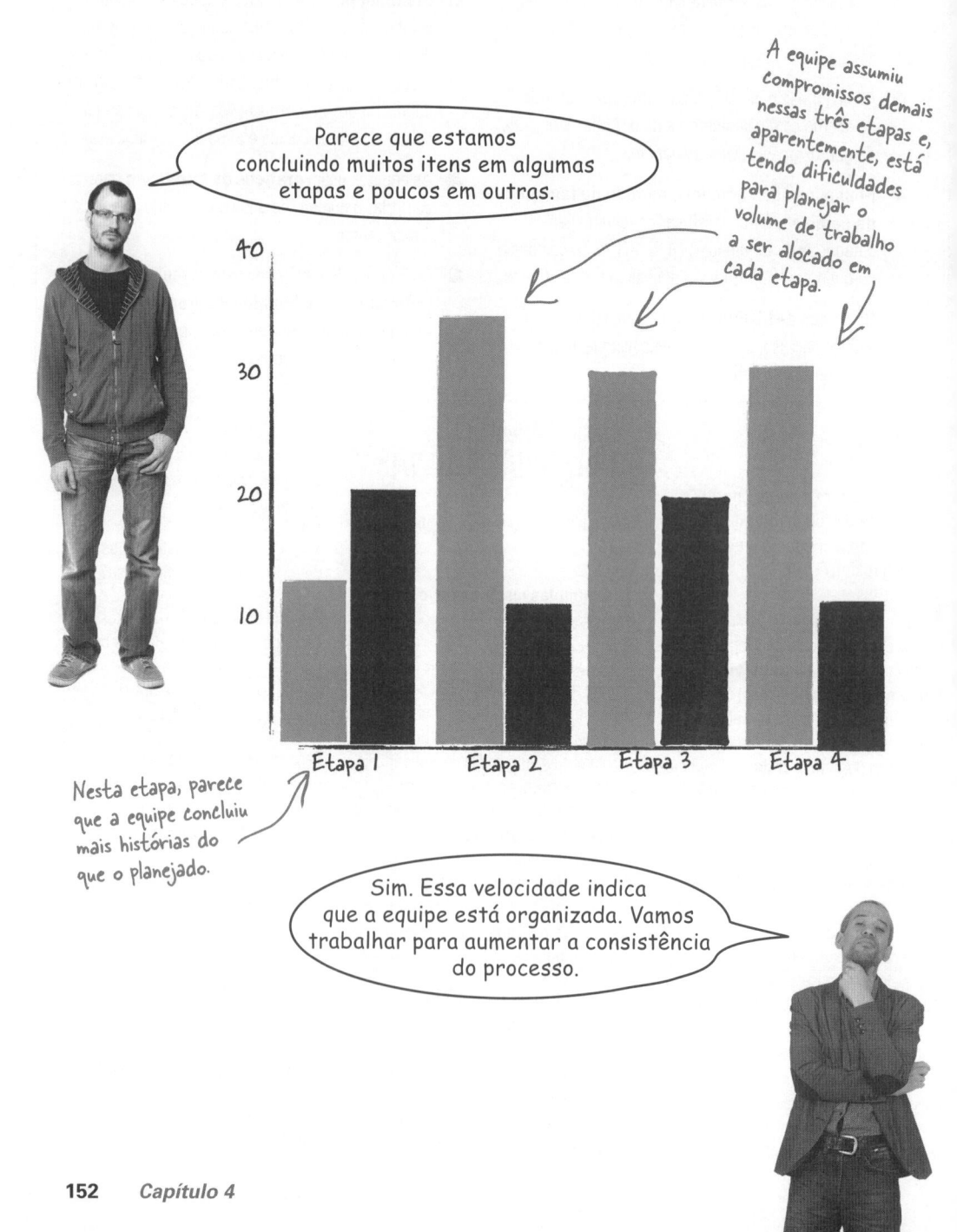

> Parece que estamos concluindo muitos itens em algumas etapas e poucos em outras.

> A equipe assumiu compromissos demais nessas três etapas e, aparentemente, está tendo dificuldades para planejar o volume de trabalho a ser alocado em cada etapa.

> Nesta etapa, parece que a equipe concluiu mais histórias do que o planejado.

> Sim. Essa velocidade indica que a equipe está organizada. Vamos trabalhar para aumentar a consistência do processo.

152   Capítulo 4

práticas scrum comumente aceitas

> Planejamos o projeto em equipe, criamos o produto em equipe e acompanhamos o andamento do processo em equipe. Com certeza o Scrum **tem práticas** que podem nos ajudar a corrigir os problemas do nosso modelo de trabalho... certo?

PODER DO CÉREBRO

Indique formas de envolver toda a equipe nas práticas de transparência, inspeção e adaptação do processo adotado nas etapas.

reveja a etapa encontre maneiras de melhorar

As retrospectivas viabilizam o aperfeiçoamento do modelo de trabalho da equipe

No final de cada etapa, a equipe analisa a experiência obtida e corrige eventuais problemas. Nas retrospectivas, os profissionais se informam sobre o andamento do serviço e promovem melhorias em cada etapa. Quando aprende com a experiência, a equipe aperfeiçoa seu modelo de trabalho e atua no desenvolvimento do projeto. No livro *Agile Retrospectives: Making Good Teams Great*, Esther Derby e Diana Larsen indicam um esquema simples para a reunião retrospectiva.

1 Crie o clima

No início da reunião, os profissionais devem entender o objetivo e o tema da retrospectiva. Derby e Larsen também recomendam que cada membro compartilhe suas impressões sobre a etapa com a equipe na abertura do encontro. Se todos os profissionais falarem logo no início, talvez fiquem mais à vontade para expressar suas opiniões no decorrer da reunião.

A equipe pode promover uma retrospectiva para determinar por que ocorreram mais falhas nas últimas etapas ou como comunicar melhor eventuais mudanças de design.

2 Colete dados

Nessa parte da reunião, a equipe analisa os eventos da etapa em questão com base em fatos. Os profissionais examinam a linha do tempo e conversam sobre os itens concluídos e decisões tomadas. Geralmente, os membros da equipe devem votar para definir se esses eventos e decisões foram os pontos altos ou baixos da etapa.

práticas scrum comumente aceitas

③ Gere ideias

Depois de coletar dados sobre a etapa, a equipe pode abordar os eventos aparentemente mais problemáticos. Nessa parte da reunião, a equipe identifica as principais causas dos problemas encontrados e determina diferentes procedimentos para o futuro.

As linhas verticais do diagrama de "espinha de peixe" são categorias que viabilizam a identificação e organização das causas das falhas.

As linhas horizontais indicam as principais causas identificadas em cada categoria.

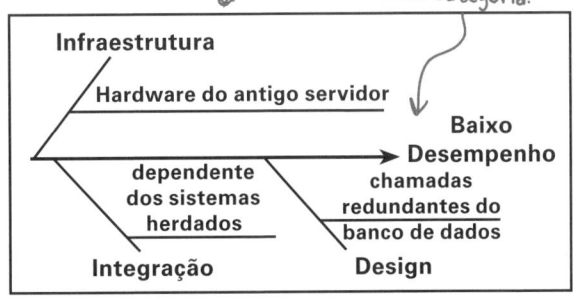

```
Infraestrutura
    \
     Hardware do antigo servidor
                                    Baixo
                                    Desempenho
        dependente      chamadas
        dos sistemas    redundantes do
        herdados        banco de dados
    /
Integração          Design
```

Diagrama de espinha de peixe ou de Ishikawa

Neste exemplo, a equipe pretende identificar as causas das falhas em uma etapa.

As equipes usam diagramas de espinha de peixe para identificar as principais causas dos problemas.

④ Tome decisões

Depois de analisar os eventos da etapa e definir diferentes procedimentos para o futuro, o próximo passo é determinar as melhorias a serem implementadas na próxima etapa.

!

tenha algumas ideias

Algumas ferramentas para aumentar a eficiência das retrospectivas

Para implementarem o princípio do Manifesto Ágil de analisar e melhorar continuamente seu modelo de trabalho, as equipes Scrum podem utilizar as ferramentas a seguir em suas reuniões de retrospectiva:

Ferramentas para criar o clima:

★ Os **check-ins** são uma forma de incentivar a participação da equipe no início da retrospectiva. Essa prática, proposta pelo líder da retrospectiva, geralmente consiste em orientar cada profissional a percorrer a sala e responder brevemente uma determinada pergunta aos outros integrantes no início da reunião.

★ O **ECTP** é uma técnica que consiste em orientar cada membro a se definir com base em uma das quatro categorias a seguir: Explorador, Cliente, Turista ou Prisioneiro. Os **Exploradores** querem aprender e obter os melhores resultados possíveis com a retrospectiva. Os **Clientes** estão em busca de uma ou duas melhorias nas retrospectivas. Os **Turistas** se sentem bem por estarem fazendo algo diferente, fora das suas mesas de trabalho. Os **Prisioneiros** queriam fazer outra coisa e participam da retrospectiva contra sua vontade. Orientar os membros a optarem por um desses grupos viabiliza a compreensão do contexto de cada um deles e incentiva sua participação na reunião.

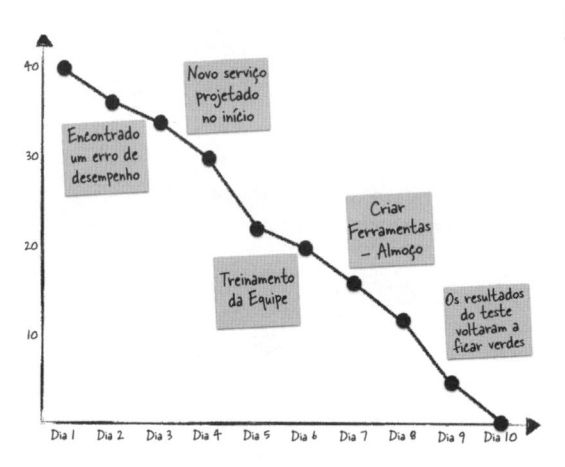

Ferramentas para coletar dados:

★ A **Linha do Tempo** é uma forma de mostrar as principais atividades de uma determinada etapa em ordem cronológica. Cada profissional pode adicionar fichas à linha do tempo para indicar eventos importantes. Depois de criar o primeiro conjunto de fichas a serem incluídas na linha do tempo, a equipe reavalia as fichas existentes e adiciona novas fichas para indicar outros eventos que devam estar no gráfico.

★ Os **Pontos de Código Coloridos** servem para representar a opinião dos membros da equipe a respeito dos eventos indicados na linha do tempo. O moderador pode atribuir pontos verdes para indicar uma opinião positiva sobre um determinado evento e pontos amarelos para representar uma opinião negativa. Essa prática possibilita que todos os profissionais da equipe confiram a linha do tempo e determinem suas impressões sobre as atividades como positivas ou negativas.

Ferramentas para gerar ideias:

* Os diagramas de **espinha de peixe** também são chamados de diagramas de **causa e efeito** ou de **Ishikawa** e têm a função de identificar as causas das falhas. Para criar um diagrama como esse, liste todas as categorias das falhas identificadas e, em seguida, escreva as possíveis causas localizadas em cada categoria. Com os diagramas de espinha de peixe, é possível visualizar **todas as prováveis causas dos problemas** e definir procedimentos para evitá-las no futuro.

* Na técnica da **priorização com pontos**, cada membro da equipe recebe 10 pontos para atribuir às questões que devem ser abordadas inicialmente pela equipe. Em seguida, os profissionais selecionam os problemas com maior pontuação para analisar na fase "tome decisões" da retrospectiva.

Ferramentas para tomar decisões:

* Os **assuntos curtos** são uma forma de categorizar as ideias geradas pela equipe em um plano de ação. Normalmente, o moderador lista assuntos curtos em um quadro branco e a equipe insere suas sugestões nas categorias correspondentes. Uma sequência comum de assuntos curtos é: Parar de Fazer/Começar a Fazer/Continuar a Fazer. Ao adotar essa prática, a equipe deve classificar os feedbacks obtidos na retrospectiva, indicando as ações a serem tomadas para preservar as práticas que estão funcionando e mudar as que não estão.

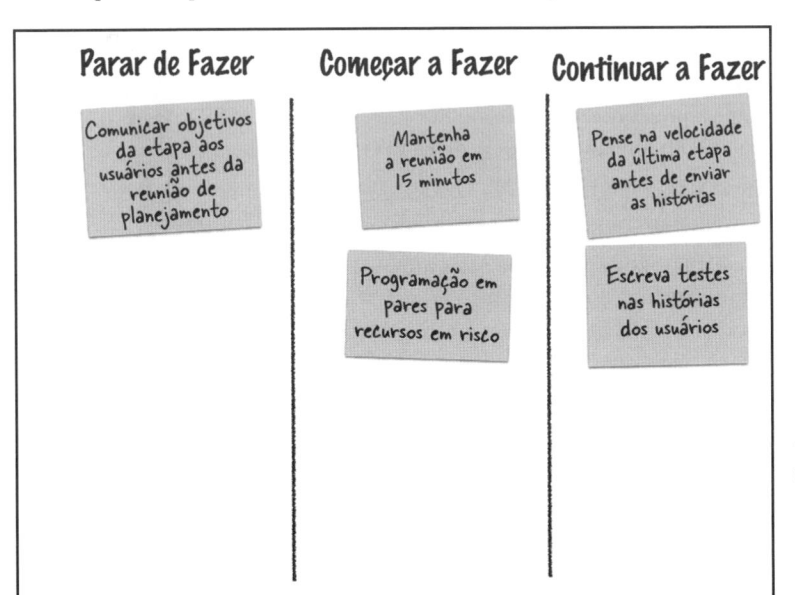

Parar de Fazer	Começar a Fazer	Continuar a Fazer
Comunicar objetivos da etapa aos usuários antes da reunião de planejamento	Mantenha a reunião em 15 minutos	Pense na velocidade da última etapa antes de enviar as histórias
	Programação em pares para recursos em risco	Escreva testes nas histórias dos usuários

Como não conseguiu definir as expectativas dos usuários antes da reunião de planejamento, a equipe pretende alterar esse ponto na próxima etapa.

mudando para melhor

Conversa de corredor

As equipes Scrum estão sempre querendo melhorar seu desempenho. Ao final de cada etapa, os profissionais analisam o gráfico de burndown, a velocidade e o número de histórias contidas no backlog durante a retrospectiva. Com base nas métricas da etapa, a equipe se mantém informada sobre as principais causas dos problemas e atua em conjunto para definir as soluções aplicáveis às eventuais falhas identificadas no processo. As retrospectivas servem para ilustrar como as equipes Scrum adotam os princípios de transparência, inspeção e adaptação e aperfeiçoam sua performance na criação de software.

> O foco da retrospectiva deve ser definir por que **nossa velocidade é tão imprevisível**.

> Boa ideia! Se as partes interessadas recebessem a lista fechada de histórias depois da sessão de planejamento, as demonstrações ao final da etapa **seriam muito melhores**.

Rick: Com base na velocidade das últimas quatro etapas, precisamos definir melhor o volume de trabalho planejado no início de cada etapa.

Alex: Mas como fazer isso? O backlog da etapa só contém itens importantes para os usuários.

Rick: Devemos apresentar esses números de velocidade na retrospectiva da equipe, explicar o problema e definir soluções em conjunto.

práticas scrum comumente aceitas

Exercício

Confira abaixo alguns comentários feitos pela equipe durante a retrospectiva da última etapa sobre a variação na velocidade. Ligue cada opinião ao respectivo assunto curto.

> Os programadores não precisam analisar a velocidade da etapa, pois isso é responsabilidade do Scrum Master.

Continuar Fazendo

> Talvez a equipe não deva se comprometer com um número de pontos da história maior do que o entregue na última etapa.

Parar de Fazer

> Gosto bastante do Planning Poker porque é um método muito eficiente para a equipe definir uma abordagem de design.

Começar a Fazer

> Posso conversar com as partes interessadas sobre os objetivos depois que a equipe definir os itens a serem incluídos no backlog da etapa.

Não Construtivo

cheque seu **conhecimento**

Exercício Solução

Confira abaixo alguns comentários feitos pela equipe durante a retrospectiva da última etapa sobre a variação na velocidade. Ligue cada opinião ao respectivo assunto curto.

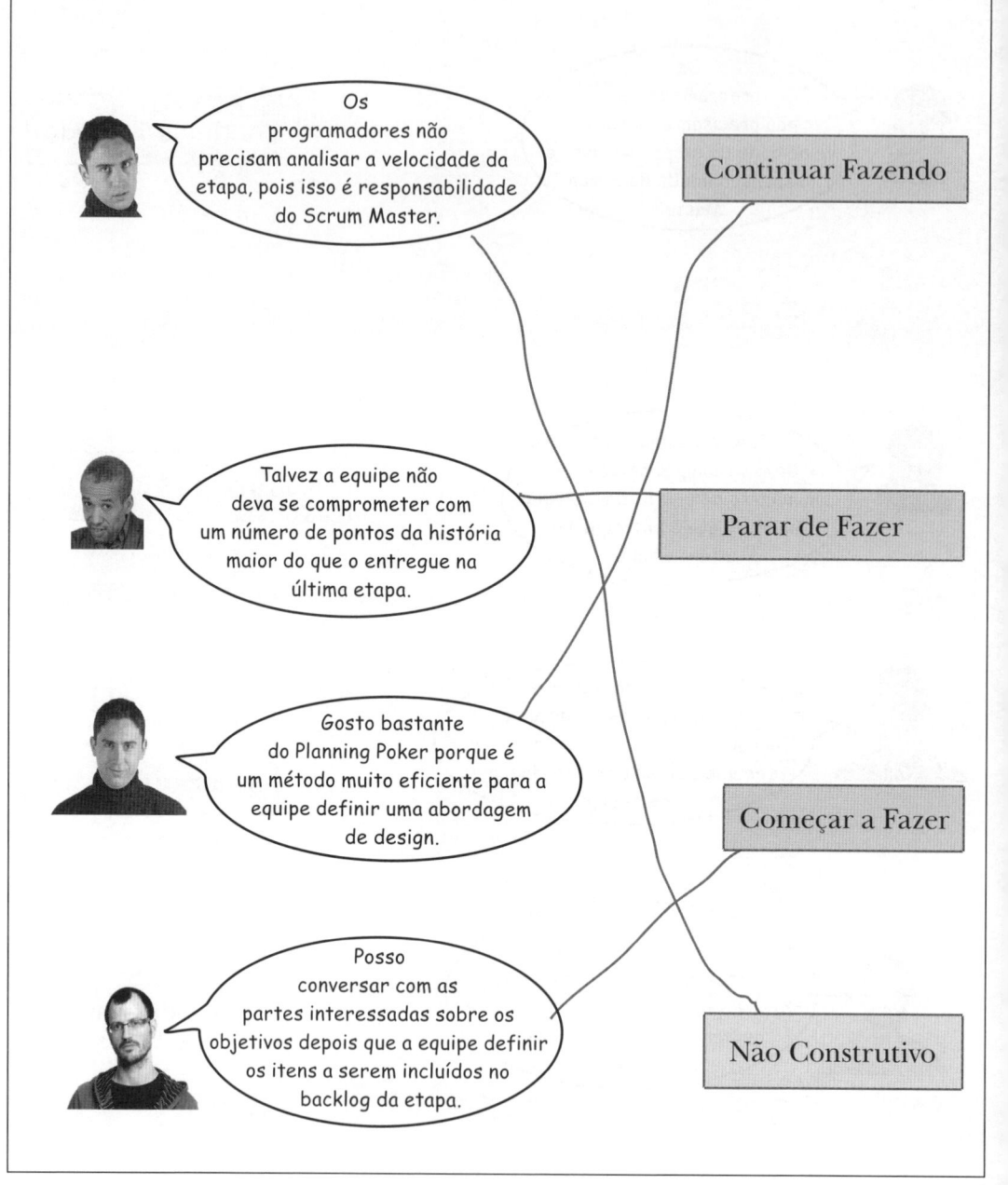

Os programadores não precisam analisar a velocidade da etapa, pois isso é responsabilidade do Scrum Master.

Continuar Fazendo

Talvez a equipe não deva se comprometer com um número de pontos da história maior do que o entregue na última etapa.

Parar de Fazer

Gosto bastante do Planning Poker porque é um método muito eficiente para a equipe definir uma abordagem de design.

Começar a Fazer

Posso conversar com as partes interessadas sobre os objetivos depois que a equipe definir os itens a serem incluídos no backlog da etapa.

Não Construtivo

práticas scrum comumente aceitas

Cruzadas GASP

Aproveite essa ótima oportunidade para memorizar as GASPs. Tente responder sem consultar o capítulo.

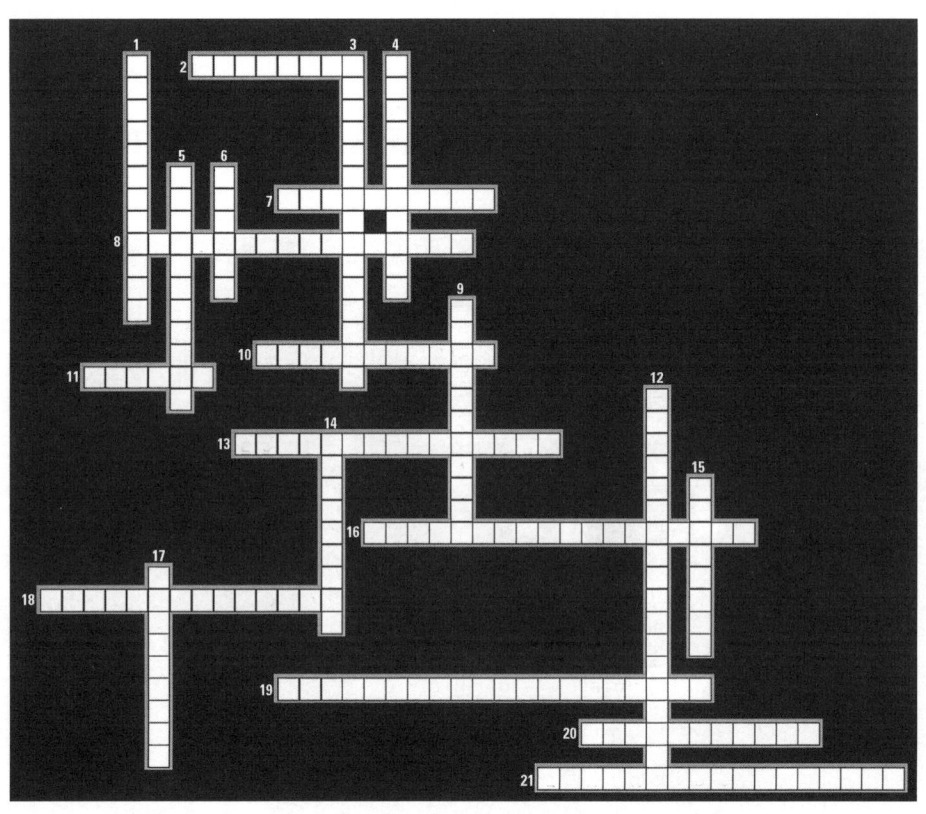

Horizontais

2. Referência de tamanho para agrupar recursos em categorias de esforço como pequeno, médio e grande
7. Número de pontos da história concluídos em uma etapa
8. Diagrama que determina a principal causa de um problema
10. Ferramenta em que se atribuem um nome e fatos pessoais a um usuário fictício do sistema
11. Acrônimo que auxilia na identificação de uma boa história do usuário
13. Indica os recursos necessários para que a funcionalidade mínima de um produto seja implementada
16. Eixo y de um gráfico de burndown
18. Técnica de planejamento do Scrum em que os profissionais da equipe propõem estimativas altas e baixas até que o grupo chegue a um consenso
19. Demandas das partes interessadas escritas de acordo com um modelo (p. ex., como uma <função>, eu quero <ação> para <benefício>)
20. Sessão de planejamento para a qual o Product Owner prepara o backlog com alguns dias de antecedência
21. Ferramenta de acompanhamento do serviço que informa o status de todas as histórias da etapa

Verticais

1. Outra fase da retrospectiva, segundo Derby e Larsen, além de criar o clima, coletar dados e tomar decisões
3. Forma de classificar ações de acompanhamento nas retrospectivas
4. Prazo necessário para concluir uma tarefa sem interrupções
5. Outra referência que orienta o planejamento e a inclusão de pontos da história além da velocidade
6. Gráfico que indica o escopo e os pontos concluídos em linhas diferentes
9. Outro passo da elaboração de histórias do usuário além de ficha e conversa
12. Tipo de estimativa que indica a data de conclusão de uma tarefa
14. Linha mais importante em um mapa da história
15. Outra categoria indicada na sigla ECTP além de exploradores, clientes e prisioneiros
17. Série numérica utilizada por algumas equipes para dimensionar adequadamente os recursos e estimar o esforço necessário para concluí-los em pontos da história

bem feito

Cruzadas GASP – Solução

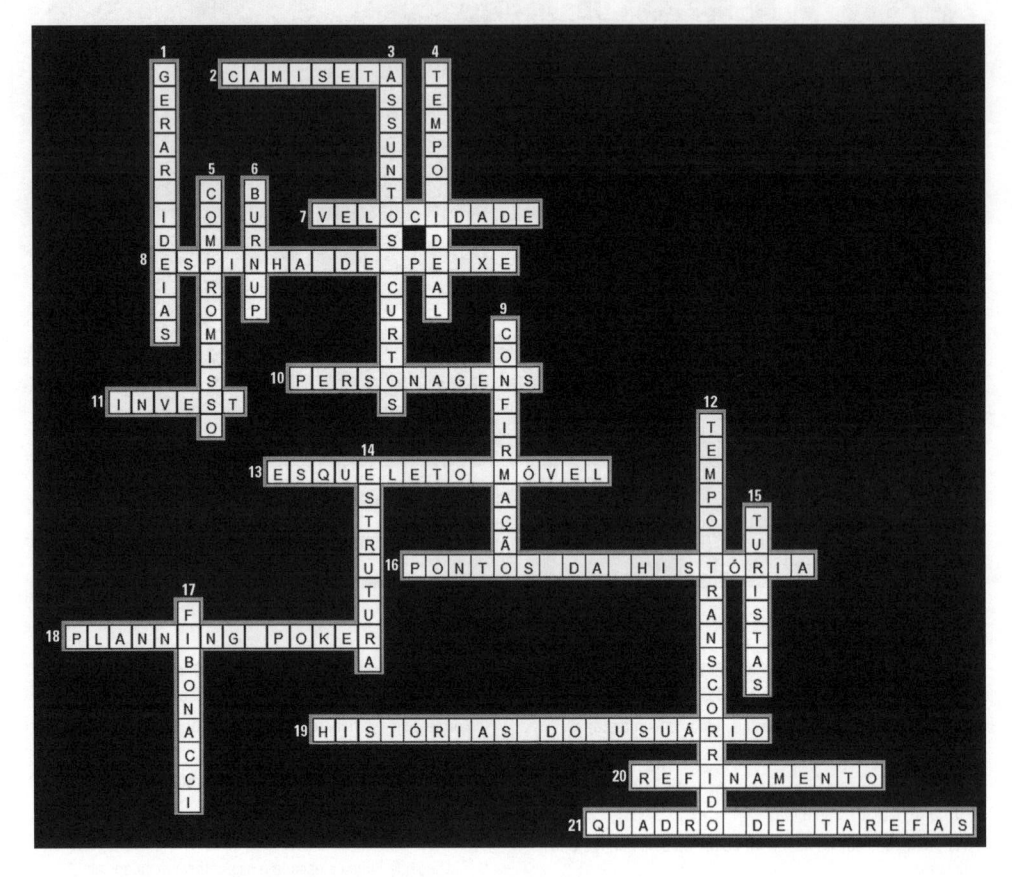

Across:
2. CAMISETA
7. VELOCIDADE
8. ESPINHA DE PEIXE
10. PERSONAGENS
11. INVEST
13. ESQUELETO MÓVEL
16. PONTOS DA HISTÓRIA
18. PLANNING POKER
19. HISTÓRIAS DO USUÁRIO
20. REFINAMENTO
21. QUADRO DE TAREFAS

Down:
1. GERAR IDEIAS
3. ASSUNTOS CURTOS
4. TEMPO MEDIDAL
5. COMPROMISSO
6. BURN UP
9. CONFIRMAÇÃO
12. TEMPO TRANSCORRIDO
14. ESTRUTURA
15. TURISTAS
17. FIBONACCI

práticas scrum comumente aceitas

Festa da Pizza!

A equipe do Rancho Hand Games utilizou suas retrospectivas para encontrar e resolver problemas no planejamento e entrega do *CGW5*. Com o tempo, suas etapas ganharam mais consistência e o grupo conseguiu apresentar novos e excelen0tes recursos ao final de cada uma delas. Pouco antes do lançamento do game, a equipe sabia que tinha em mãos um produto de grande qualidade!

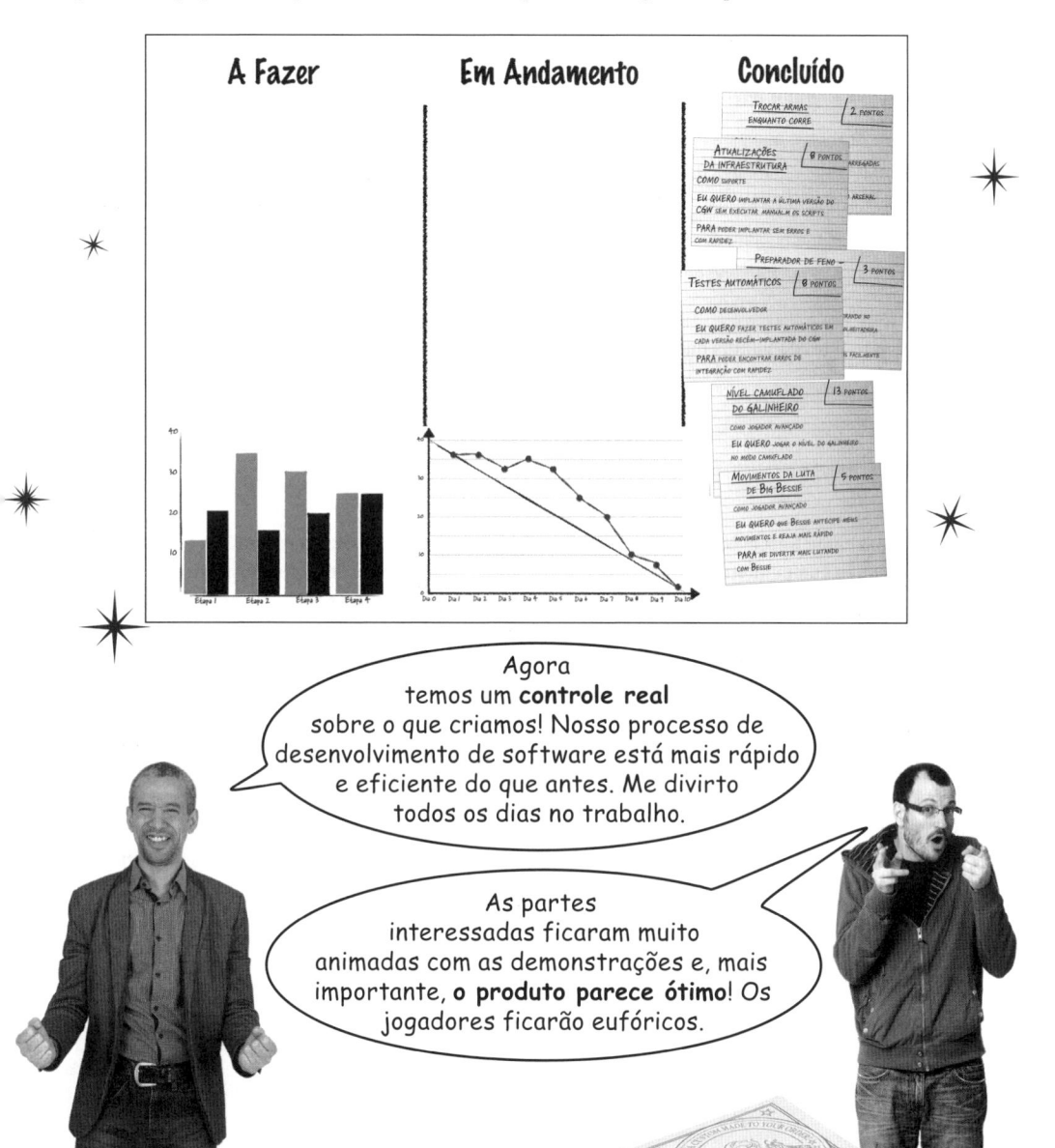

> Agora temos um **controle real** sobre o que criamos! Nosso processo de desenvolvimento de software está mais rápido e eficiente do que antes. Me divirto todos os dias no trabalho.

> As partes interessadas ficaram muito animadas com as demonstrações e, mais importante, **o produto parece ótimo**! Os jogadores ficarão eufóricos.

você está aqui ▶

Perguntas do Exame

> As perguntas práticas do exame irão ajudá-lo a revisar o material deste capítulo. Tente respondê-las mesmo se não estiver se preparando para a certificação PMI-ACP. As perguntas são uma ótima forma de avaliar conhecimentos e lacunas, o que facilita a memorização do material.

1. As opções a seguir descrevem as funções do gráficos de burndown, exceto:

    A. Auxiliar a equipe a definir o número de pontos entregues em uma determinada etapa

    B. Auxiliar a equipe a definir o número de pontos que devem ser entregues ao final de uma determinada etapa

    C. Indicar o número de pontos entregues por cada membro da equipe

    D. Indicar se a equipe entregou ou não os itens com que se comprometeu em uma determinada etapa

2. O número total de pontos da história entregues em uma etapa é chamado de _____

    A. Incremento

    B. Revisão

    C. Tempo Ideal

    D. Velocidade

3. Jim atua como Scrum Master em um projeto Scrum de uma empresa de mídia. Sua equipe deve criar um novo componente de apresentação de publicidade. Depois de 5 etapas, os profissionais observaram que a velocidade aumentou nas últimas duas. A equipe se reúne no primeiro dia da sexta etapa para promover uma sessão de planejamento. Nessa reunião, o grupo utiliza um método que consiste em conversar com o Product Owner sobre os recursos que serão criados, apresentar estimativas em fichas e fazer ajustes nesses valores até chegar a um número estabelecido pela equipe como um todo.

    Qual das seguintes opções MELHOR descreve a prática usada pela equipe?

    A. Planning poker

    B. Planejamento de convergência

    C. Planejamento da etapa

    D. Estimativa análoga

Perguntas do Exame

4. Entre as alternativas abaixo, qual acrônimo serve para descrever boas histórias do usuário?

A. INSPECT
B. ADAPT
C. INVEST
D. CONFIRM

5. As opções abaixo descrevem funções da velocidade, exceto:

A. Medir a produtividade da equipe em diversas etapas
B. Comparar equipes e indicar a mais produtiva
C. Definir o volume de trabalho que a equipe pode assumir para fins de estimativa da etapa
D. Definir se a equipe está se comprometendo com um número excessivo ou reduzido de itens

6. Entre as opções abaixo, qual ferramenta indica mudanças no escopo?

A. Gráfico de Barras de Velocidade
B. Gráfico de Burnup
C. Gráfico de Fluxo Cumulativo
D. Histograma de Escopo

7. Qual é o modelo mais utilizado para escrever histórias do usuário?

A. *Como <personagem> eu quero <ação> para <benefício>*
B. *Como <recurso> eu quero <objetivo> para <justificativa>*
C. *Como <função> eu quero <ação> para <benefício>*
D. Nenhuma das opções acima

8. Qual das seguintes opções MELHOR descreve um quadro de tarefas?

A. Utilizado pelo Scrum Master para avaliar se a equipe está seguindo o plano
B. Indica a inclusão de novas tarefas durante uma etapa
C. Mostra o número total de pontos realizados em uma etapa
D. Oferece um panorama do serviço realizado na etapa atual

Perguntas do Exame

9. Qual das seguintes opções MELHOR descreve o método de Derby e Larsen para a realização de retrospectivas:

A. Criar o clima, reunir informações, tomar decisões, documentar as decisões
B. Verificar, criar linhas do tempo, interpretar os dados, definir o foco, medir
C. Criar o clima, coletar dados, gerar ideias, tomar decisões
D. ECEP, Pontos de Código Coloridos, Assuntos Curtos

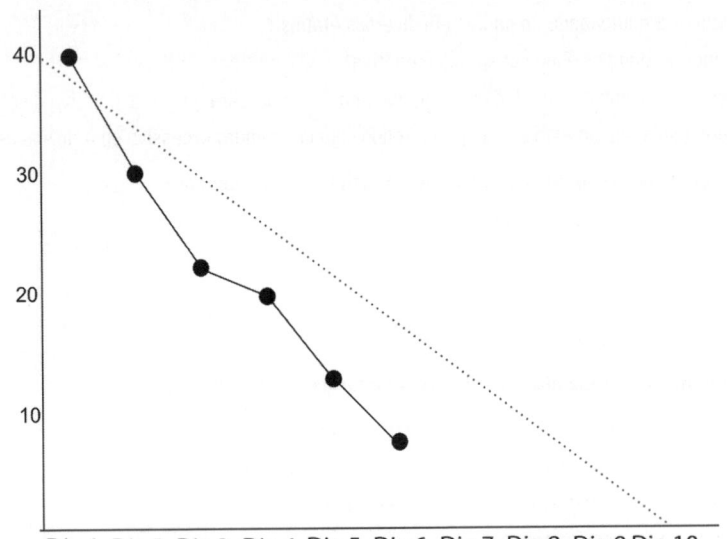

10. Com base no gráfico de burndown acima, você diria que:

A. A etapa está adiantada em relação ao cronograma
B. A etapa está atrasada em relação ao cronograma
C. O projeto está com problemas
D. A velocidade está muito baixa

11. Qual é a diferença entre um gráfico de burndown e um gráfico de burnup?

A. Os gráficos de burndown subtraem os pontos da história do número total de itens previstos, enquanto os gráficos de burnup começam em 0 e vão somando pontos para cada item concluído
B. Nos gráficos de burndown, uma linha indica o escopo e informa os itens adicionados ou subtraídos no decorrer do projeto
C. Nos gráficos de burnup, uma linha indica a tendência e a taxa constante de conclusão
D. Nenhuma, os gráficos de burnup e burndown são iguais

166 Capítulo 4

Perguntas do Exame

12. Qual das seguintes opções é a MELHOR ferramenta para determinar a principal causa de um problema?

A. Personagens
B. Velocidade
C. Diagramas de espinha de peixe
D. Assuntos curtos

13. Uma equipe Scrum de uma empresa de software da área médica organizou em um quadro todas as histórias do usuário contidas no backlog do produto segundo o critério da importância da respectiva funcionalidade para o sucesso do produto. Em seguida, determinou os recursos que seriam desenvolvidos inicialmente com base nessas informações. Qual é o melhor termo para descrever essa prática?

A. Planejamento do lançamento
B. Esqueleto móvel
C. Planejamento da velocidade
D. Mapeamento da história

14. O processo de identificação dos requisitos com base nas histórias do usuário geralmente é chamado de

A. Ficha, Chamada, Confissão
B. História, Conversa, Produto
C. Ficha, Conversa, Confirmação
D. Ficha, Teste, Documentação

15. A sigla ECTP significa

A. Executivo, Colega, Ex-presidente
B. Explorador, Colega, Turista, Prisioneiro
C. Explorador, Cliente, Turista, Profissional
D. Explorador, Cliente, Turista, Prisioneiro

16. Sua equipe Scrum passou a medir a velocidade nas últimas três etapas e registrou os seguintes números: 30, 42, 23. O que você pode dizer sobre a equipe a partir desses dados?

A. A equipe ainda está determinando a escala dos pontos da história
B. A equipe está ficando menos produtiva e ações devem ser tomadas para corrigir isso
C. A velocidade está se estabilizando ao longo das etapas
D. A velocidade não foi medida corretamente

Perguntas do Exame

17. Qual das seguintes opções MELHOR descreve a ferramenta que serve para identificar um usuário de software representativo e descrever suas demandas e motivações?

A. Diagramas de Ishikawa
B. Matrizes de Identificação do Usuário
C. Personagens
D. Mapeamento da História

18. As ferramentas de Planejamento do Scrum auxiliam as equipes a tomarem decisões relacionadas ao projeto...

A. O mais cedo possível
B. Em cima da hora
C. No último momento viável
D. Com responsabilidade

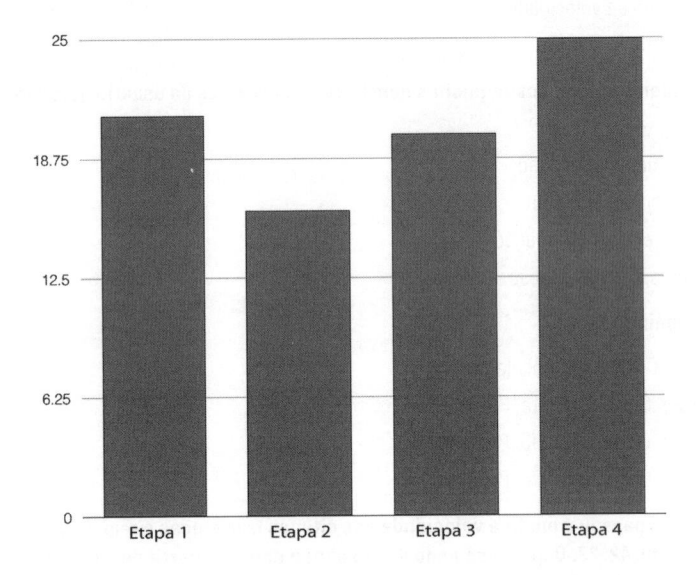

19. Com base no gráfico de barras de velocidade acima, você diria que:

A. A velocidade do projeto é muito alta
B. A equipe está entregando cada vez mais pontos da história com o decorrer do projeto
C. Vêm ocorrendo muitas mudanças no escopo
D. O projeto está atrasado

Perguntas do Exame

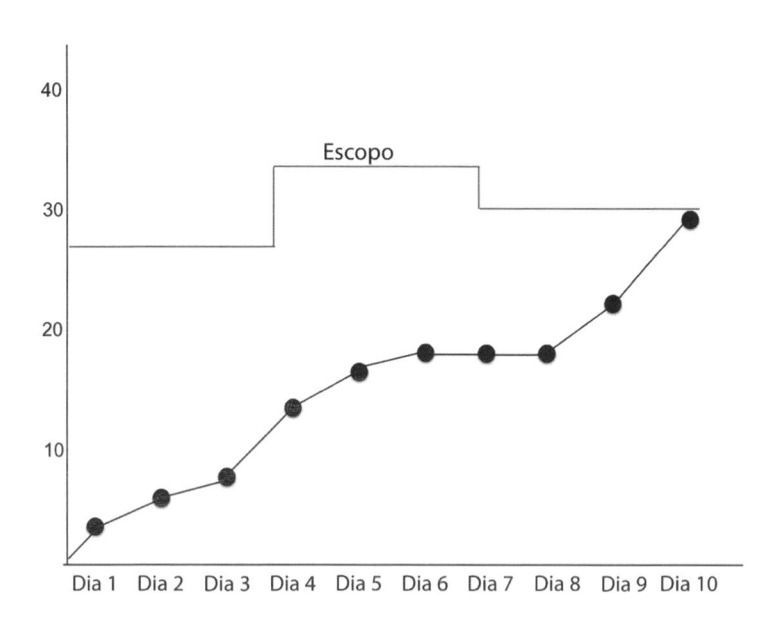

20. Com base no gráfico de burnup acima, você diria que:

A. Alguns pontos da história foram adicionados ao escopo do projeto no dia 4 e outros foram removidos no dia 7

B. A equipe está adicionando mais histórias ao escopo a cada dia da etapa

C. O desempenho da equipe é insuficiente

D. O acréscimo de histórias ao projeto no dia 4 causou o atraso do dia 8

~~perguntas do exame~~ Respostas

~~Perguntas~~ do Exame

> Aqui estão as respostas das perguntas do exame prático deste capítulo. Quantas você acertou? Se errou apenas uma, tudo bem. Vale a pena rever esse tópico no capítulo para compreender melhor o assunto.

1. Resposta: C

Com os gráficos de burndown, a equipe pode conferir a quantidade de trabalho já realizado e a fazer e não a produtividade individual de cada profissional.

Alguns leitores podem argumentar que os gráficos de burndown servem apenas para indicar o trabalho restante. Mas como esses três itens são representados no gráfico, a opção C está tecnicamente correta.

2. Resposta: D

A equipe determina o número total de pontos entregues em cada etapa para obter a velocidade. A velocidade pode ser medida em várias etapas e oferece às equipes uma referência para aperfeiçoar estimativas e a previsão do volume de trabalho. Muitas vezes, a velocidade também serve para indicar o efeito de eventuais mudanças sobre o processo.

3. Resposta: A

A equipe está jogando o planning poker. Os profissionais estão planejando a etapa, mas como a questão aborda especificamente o modo de planejamento, essa não é a melhor resposta. O grupo também está fazendo estimativas análogas, mas essa não é a MELHOR resposta para a questão por não se tratar de uma prática do Scrum geralmente aceita. A prática do planejamento de convergência não existe. Fique atento a nomes falsos como esses.

4. Resposta: C

A sigla INVEST significa Independente, Negociável, Valoroso, Estimável, Simples e Testável. Uma boa história do usuário deve ter todas essas qualidades.

5. Resposta: B

Como a velocidade é a soma de todos os pontos da história estimados para uma determinada etapa, essa medida só pode ser utilizada para uma equipe apenas. Cada equipe adota uma escala diferente, uma vez que os valores atribuídos aos respectivos pontos decorrem das conversas entre os profissionais durante o planejamento da etapa ou da estimativa feita no refinamento do backlog do produto.

*práticas **scrum comumente aceitas***

~~Perguntas~~ Respostas do Exame

6. Resposta: B

Os gráficos de burnup mostram o escopo como uma linha separada e indicam quando itens são adicionados ou removidos do escopo.

7. Resposta: C

O modelo correto para a história do usuário é *Como <função> eu quero <ação> para <benefício>*. Embora as outras respostas sejam parecidas com a alternativa correta, há uma grande diferença entre recursos, personagens e funções. As funções servem para identificar as diversas perspectivas que o aplicativo deve contemplar.

8. Resposta: D

Os quadros de tarefas indicam o status de cada tarefa contida no backlog da etapa. Essa ferramenta visual informa todos os profissionais da equipe sobre os itens disponíveis, em andamento e concluídos.

9. Resposta: C

As retrospectivas começam com a criação do clima e o apelo para que toda a equipe participe da conversa. Em seguida, a equipe analisa as informações coletadas durante a etapa. Depois de estabelecer os fatos, o grupo usa essas informações para gerar ideias sobre as potenciais causas dos problemas apontados. Quando um problema é identificado, a equipe pode desenvolver soluções adequadas.

10. Resposta: A

A linha pontilhada representa a taxa de conclusão constante da etapa. É normal que o número de pontos flutue e fique à esquerda e à direita da linha em alguns locais. Nesse caso, a linha de conclusão efetiva está bem à esquerda da linha pontilhada, ou seja, a velocidade com que a equipe está concluindo os pontos da história é superior à taxa constante necessária para a conclusão dos itens conforme o planejado.

> *Alguns profissionais de desenvolvimento ágil não gostam de usar a expressão "conforme o planejado" para descrever um gráfico de burndown. No entanto, essa terminologia pode aparecer no exame PMI-ACP e muitos gerentes usam esse termo. Então, é bom se acostumar com ele!*

11. Resposta: A

Os gráficos de burndown e burnup utilizam a mesma informação: a taxa de conclusão de pontos da história registrada pela equipe. Os gráficos de burndown representam essa taxa subtraindo os pontos concluídos do número total de pontos a cada dia. Os gráficos de burnup adicionam o número de pontos concluídos a cada dia ao número total de pontos.

perguntas *do exame* Respostas

Perguntas do Exame

12. Resposta: C

Os diagramas de Ishikawa são ferramentas que servem para classificar as principais causas de falhas e problemas nos projetos e determinar as categorias aplicáveis a esses lapsos. Você pode usá-los para identificar os pontos em que pode melhorar seu modelo de trabalho e resolver os problemas do processo.

13. Resposta: D

A equipe estava mapeando suas histórias para determinar a melhor sequência de entrega.

14. Resposta: C

A expressão Ficha, Conversa, Confirmação é um modo eficiente de fixar a ideia de que as fichas de histórias do usuário são apenas lembretes que indicam a necessidade de conversar com os detentores das informações necessárias para se criar uma história. Partindo desse princípio, as equipes Scrum podem valorizar mais a comunicação cara a cara do que uma documentação abrangente e anotar apenas as passagens essenciais das conversas sobre as fichas de histórias do usuário.

15. Resposta: D

A técnica do ECTP é uma forma de avaliar o perfil dos membros da equipe no início da retrospectiva. Quando cada integrante é orientado a definir sua atitude diante da retrospectiva de acordo com as categorias de explorador, cliente, turista ou prisioneiro, a equipe incentiva a participação de todos na reunião e compartilha com o grupo as impressões de cada profissional.

16. Resposta: A

É muito comum que as equipes obtenham uma grande variação quando estão começando a definir a escala das estimativas. Por isso, não se preocupe se a velocidade variar. A equipe deve medir a velocidade para definir a quantidade de trabalho realizada em cada etapa e, portanto, calcular melhor o volume de trabalho a ser estabelecido nas próximas sessões de planejamento.

17. Resposta: C

Os personagens são usuários fictícios criados pela equipe com o objetivo de compreender as possíveis reações dos usuários ao utilizarem o software em desenvolvimento. (Algumas equipes usam pessoas reais, embora essa prática seja condenada por violar direitos de privacidade.)

Perguntas (Respostas) do Exame

18. Resposta: C

As equipes Scrum sabem que tomar muitas decisões de antemão, sem informações suficientes sobre as situações que surgem no decorrer de um projeto, pode causar mais problemas do que resolver. Por isso, costumam tomar decisões no último momento viável.

19. Resposta: B

A equipe está entregando um número maior de pontos a cada etapa. Essa é uma ótima tendência a ser observada em um projeto, pois significa que a equipe melhora seu desempenho continuamente no decorrer do serviço.

20. Resposta: A

Como os gráficos de burnup diferenciam a linha do escopo da linha de burnup, é fácil observar quando ocorrem novas estimativas, acréscimos ou exclusões de histórias do escopo (que não são concluídas durante o trabalho diário realizado pela equipe).

Parabéns! Seus conhecimentos já são consideráveis.

De longe, o Scrum é a abordagem mais bem-sucedida e popular à metodologia ágil. Trata-se de um método empírico: você atua junto com a equipe para compreender o andamento do projeto, fazer ajustes simples — também em equipe! — , corrigir eventuais problemas e retomar o monitoramento do processo típico para verificar se os ajustes funcionaram realmente.

Uma excelente vantagem do Scrum é oferecer um ponto de partida que muitas equipes vêm utilizando em projetos reais. Mas o verdadeiro poder do Scrum está em colaborar com a equipe na análise do trabalho e realizar experiências para desenvolver melhorias. **Por isso, o Scrum é um modelo de referência.**

Mas há uma diretriz muito importante a ser observada em todos os casos:

USE O BOM SENSO!

Os objetivos do projeto vêm sempre em primeiro lugar

É possível prejudicar o projeto com a aplicação indevida das regras do Scrum. Por exemplo, imagine que foi identificado um bug enorme e crítico que pode custar bilhões de dólares à empresa se não for corrigido no dia seguinte. Nesse caso, um desenvolvedor não terá a seguinte reação:

> Já estou trabalhando em outro item. Como o valor Scrum do Foco recomenda continuar o serviço atual, vamos programar esse bug para a próxima etapa.

Como talvez você já saiba, o Scrum dispõe de um bom procedimento para lidar com essa situação. O Product Owner pode adicionar serviços para corrigir o bug na Etapa atual e atuar junto à Equipe Scrum para defini-lo como prioridade máxima.

Não existe bala de prata

Muitas vezes, os profissionais costumam aplicar indevidamente as regras do Scrum a ponto de prejudicar o projeto. Mas lembre-se de que adotar o Scrum exige tempo, esforço, experiência e o desenvolvimento de uma compreensão profunda e autêntica sobre as práticas e valores da metodologia. Então, ao implementar o Scrum, coloque sempre os objetivos reais do projeto e sua organização em primeiro lugar! É assim que uma equipe Scrum eficiente deve atuar.

Não mude algo só porque é diferente...

Tente adotar as práticas em sua forma original — sempre em equipe — antes de alterá-las ou adaptá-las. É muito comum que as equipes tenham problemas quando não conseguem implementar uma prática Scrum e tentem mudá-la:

> O Scrum não é voltado para o aumento da eficiência? Então por que precisamos esperar o Scrum Diário se a equipe já sabe que Brian é especialista em algoritmos aplicáveis à hidrodinâmica? Sabemos que ele dá conta do recado. Devemos atribuir agora, durante o planejamento da etapa. Vamos ganhar tempo!

Rick disse tudo! Ele está tentando encontrar uma maneira de ganhar tempo para a equipe. Porém, há outros fatores em jogo. *Rick também não está à vontade com a auto-organização.* Talvez ele queira que Brian execute essa tarefa específica sem esperar que a equipe se auto-organize.

Tudo bem para você?

Uma das regras básicas do Scrum é a capacidade da equipe de desenvolvimento de definir como irá cumprir o Objetivo da Etapa e entregar o Incremento. Com os valores Scrum, é possível "concretizar" esse princípio. Há momentos em que fazer uma mudança pode aperfeiçoar realmente a forma como sua equipe administra seus projetos. Mas em certos casos os valores Scrum *não são compatíveis com a cultura da equipe*.

Por isso, é muito importante conversar sobre os valores do Scrum, o compromisso coletivo e a auto-organização. Assim, todos podem **desenvolver uma nova mentalidade** em vez de se limitarem a adotar práticas.

Com uma nova mentalidade, os profissionais podem obter <u>resultados incríveis</u>! Os valores Scrum são uma ferramenta realmente importante para o - aprender mais sobre o Scrum, os valores da metodologia e a auto-organização das equipes, confira o livro Learning Agile.

esta página foi intencionalmente deixada em branco

5 XP (programação extrema)

Receptividade a mudanças

> Parece que a equipe de manutenção **literalmente** remendou isso com fita adesiva, clipes e goma de mascar.

> Bem, já que aparentemente está funcionando, é melhor deixar pra lá. Se não está quebrado, não é preciso consertar.

O sucesso das equipes de desenvolvimento de software depende da criação de um excelente código. Até mesmo boas equipes e desenvolvedores talentosos têm que lidar com problemas de programação. Quando pequenas mudanças no código dão origem a uma **sequência de erros** e confirmações comuns resultam em horas de correção de conflitos de mesclagem, *um trabalho que geralmente é satisfatório* torna-se **irritante**, **chato** e **frustrante**. É nesse ponto que o **XP** entra em cena. Essa metodologia ágil promove a formação de equipes coesas, uma boa **comunicação** e um **ambiente harmônico e dinâmico**. Quando as equipes criam códigos **simples** (e não complexos) podem ser receptivas a ***mudanças*** em vez de temê-las.

este é um novo capítulo

nova equipe novo projeto

Conheça a equipe da CircuitTrak

A CircuitTrak é uma startup que vem crescendo rapidamente. Seu produto é um software que controla aulas e a frequência dos clientes de academias, estúdios de ioga e centros de artes marciais.

Gary é fundador e CEO

Depois de atuar como jogador de futebol americano na faculdade e treinador de times de colégios e, mais tarde, universidades, Gary abriu a empresa em sua garagem há dois anos. O empreendimento obteve um sucesso quase que imediato e agora opera em um escritório no centro da cidade. Gary tem orgulho da empresa que construiu e quer continuar crescendo.

Gary sempre procura colaboradores que já tenham sido atletas devido à dedicação intensa desse tipo de profissional ao trabalho.

Seu apelido entre os colaboradores é "treinador", por ser considerado o técnico e chefe da equipe.

No novo escritório, há móveis de última geração e até equipamentos de exercícios para que a equipe se exercite sem sair do trabalho.

178 Capítulo 5

programação extrema xp

As academias, estúdios de ioga e centros de artes marciais usam o software da CircuitTrak para gerenciar horários e controlar a frequência dos clientes através de um site ou aplicativo móvel.

Ana e Ryan são os engenheiros-chefes

Não haveria CircuitTrak sem Ana e Ryan. Eles trabalham na empresa desde o início, quando eram só três pessoas na garagem de Gary. A CircuitTrak agora emprega nove colaboradores — no ano passado, foram contratados mais quatro engenheiros e dois vendedores —, mas Ryan e Ana ainda formam a base da equipe.

Ana foi a primeira colaboradora a ser contratada por Gary. No colégio, ela jogava lacrosse, softbol e futebol e acabou ganhando uma bolsa para cursar a faculdade, onde se graduou em Ciência da Computação. Pouco depois de Gary contratá-la, Ana recomendou seu colega de faculdade, Ryan. Formado em Ciência da Computação um ano depois de Ana, Ryan também praticava esportes na faculdade.

Ryan estabeleceu o recorde para os 400 metros de natação estilo livre do seu colégio e na mesma semana invadiu o site de uma escola rival. (Ninguém descobriu sua façanha.)

Ana foi a única aluna da universidade a figurar entre os estudantes de maior desempenho nos esportes e no departamento de Ciência da Computação ao mesmo tempo.

você está aqui ▶

limparemos o código mais tarde

Esticar o expediente e trabalhar nos finais de semana causam problemas no código

Ryan e Ana criaram as duas primeiras versões do CircuitTrak trabalhando 90 horas semanais, com muita determinação e cafeína. Agora, com o crescimento das vendas e a versão 3.0 em desenvolvimento, estão pensando em relaxar um pouco, embora quase sempre trabalhem noite adentro e nos fins de semana. Mas Ryan está começando a ficar preocupado com o efeito desses excessos sobre o código.

> Não me importo em trabalhar duro, mas talvez seja hora de parar com isso de passar a noite e os finais de semana programando. Como isso ainda ocorre, acabamos criando um **código ruim**.

Ana: Qual é o problema? Vamos logo com isso; preciso voltar a programar.

Ryan: Esse é o problema! Estamos sempre cumprindo um prazo.

Ana: Bem, a empresa é uma startup. O que você esperava?

Ryan: Eu pensava que isso só ocorreria no primeiro ano. Mas agora temos clientes e estamos crescendo. Não deveria ser assim.

Ana: Mas é isso que ocorre com os projetos de software.

Ryan: Talvez. Mas você já viu os efeitos desse excesso sobre o código?

Ana: Como assim?

Ryan: Aqui tem um exemplo. Você se lembra quando tivemos que mudar a forma de armazenamento dos identificadores de grupos no serviço de gestão de treinadores?

Ana: Sim, foi horrível. Tivemos que usar as antigas IDs em algumas partes do código.

Ryan: Certo, uma parte do código está no formato antigo e outra no novo formato.

Ana: Calma. Não precisamos limpar isso?

Ryan: Esse é mais um item para a nossa **longa lista de coisas** que "precisamos" limpar.

Ana: Bem, tudo está funcionando, certo? Se limparmos agora, vamos atrasar o projeto.

Ryan: E então? Devemos continuar adicionando código ruim até ficar impossível limpar tudo?

Ana: Não sei o que dizer. Acho que é isso mesmo.

Parece que Ryan e Ana não têm tempo suficiente para criar um código de boa qualidade. Por isso, estão enchendo o código com anotações de COISAS A FAZER, indicando serviços de limpeza que são sempre adiados.

```
public class TrainerContact
{
    // TODO: Need to clean up the ugly hack in getTrainer() when
    // we switched from integer group identifiers to GUIDs

    public Object getTrainerByOldId(String oldId)
        throws TrainerException {
        UUID trainerGroup = GroupManager.convertGuidToId(oldId);
        if (trainerGroup != null) {
```

programação extrema xp

O XP promove uma mentalidade que beneficia a equipe e o código

O XP (ou **P**rogramação **Ex**trema) é uma metodologia ágil bastante popular entre as equipes de software desde a década de 90. O foco dessa abordagem não está direcionado apenas para a gestão de projetos (como o Scrum), mas também para a forma como as equipes efetivamente criam código. Como o Scrum, o XP promove **práticas** e **valores** que ajudam as equipes a desenvolverem uma mentalidade eficiente. A mentalidade do XP aumenta a coesão entre os profissionais, além de incrementar a comunicação e o planejamento da equipe, possibilitando a programação de tempo suficiente para o desenvolvimento adequado do código.

> Certo, talvez Ryan tenha razão. Como disse o grande treinador da UCLA John Wooden: "Seja rápido, mas não se apresse." Existe alguma forma de eliminar essa pressão que os prazos exercem sobre a equipe?

> Isso seria ótimo, treinador. Mas sempre temos que fazer mudanças que resultam em outras mudanças. Por isso, estamos **com um código com o qual é difícil trabalhar.**

> Sempre essa história de mudanças. Talvez o que precise de verdade é mudar de **atitude em relação às mudanças.**

Gary está certo. A equipe já se queimou muitas vezes ao fazer mudanças ruins e improvisadas no código, o que exigiu horas frustrantes de trabalho em algo que poderia ter sido evitado. Agora, os profissionais estão apreensivos diante de qualquer alteração. Mas o grupo pode se beneficiar do XP e desenvolver uma nova mentalidade para eliminar sua inibição diante das mudanças.

O XP foi criado em meados de 1990 por Kent Beck e Ron Jeffries, pioneiros na engenharia de softwares. Como Jeffries disse uma vez: "Sempre implemente algo quando for realmente necessário, nunca em caso de previsão de necessidade."

PODER DO CÉREBRO

Qual dos 12 princípios do desenvolvimento ágil se aplica a essa situação?

você está aqui ▶ **181**

déjà vu isto realmente parece familiar

O desenvolvimento iterativo indica possíveis mudanças para as equipes

O segundo princípio por trás do Manifesto Ágil descreve fielmente a postura das equipes XP em relação às mudanças:

> Devemos ser receptivos às mudanças nos requisitos, mesmo com o desenvolvimento em andamento. Os processos ágeis transformam mudanças em vantagens competitivas para o cliente.

Espere um pouco... não falamos sobre esse princípio no início do livro? Sim, mas ele também explica o desenvolvimento iterativo e a prática de tomar decisões no último momento viável. Portanto, o **XP** também é uma metodologia iterativa e incremental. Essa abordagem utiliza **práticas** bastante parecidas com as do Scrum. As equipes XP usam **histórias** como as das equipes Scrum. No XP, as equipes planejam seu backlog com base em um **ciclo trimestral**, que dividem em iterações chamadas **ciclos semanais**. Na verdade, a *única novidade ligada ao planejamento nessa metodologia* é uma prática simples conhecida como **folga**, que as equipes XP utilizam para aumentar a capacidade de cada iteração.

As equipes XP utilizam histórias para controlar os requisitos

Não é surpresa que as histórias sejam uma das principais práticas adotadas pelas equipes XP, porque são uma forma muito eficiente de controlar o que se planeja criar. Dito isso, funcionam exatamente como no Scrum.

Muitas equipes XP usam o formato "Como... Eu quero... para" nas suas histórias, que geralmente são escritas em fichas ou notas adesivas.

Além disso, histórias do XP quase sempre trazem uma estimativa aproximada do tempo necessário para a sua conclusão. Comumente, as equipes XP praticam o planning poker para definir essa estimativa.

Nesse exemplo, Ana escreveu uma história do usuário em uma ficha. A equipe usou o planning poker para definir a estimativa indicada no canto superior direito da ficha.

> **REMOVER UMA AULA DO CRONOGRAMA DO TREINADOR** / **11 HORAS**
>
> **COMO** TREINADOR,
>
> **EU QUERO** USAR O APLICATIVO MÓVEL PARA REMOVER UMA AULA DO MEU CRONOGRAMA
>
> **PARA** ORIENTAR MEUS ALUNOS A NÃO APARECEREM NO HORÁRIO EM QUESTÃO

As equipes XP planejam o trabalho em trimestres

A prática do **ciclo trimestral** faz bastante sentido, pois elaborar um plano de longo prazo a cada trimestre parece natural: dividimos o ano em estações e muitas empresas atuam com base em trimestres. Assim, uma vez a cada trimestre, a equipe XP promove reuniões para planejar e analisar o serviço. Suas práticas mais comuns são as seguintes:

- ★ Promover reuniões e analisar os resultados do trimestre anterior.
- ★ Conversar sobre o panorama geral: qual é o foco da empresa e a função da equipe nesse contexto.
- ★ Definir os **temas** do trimestre para acompanhar a execução dos seus objetivos de longo prazo (cada tema é um objetivo geral que concentra as histórias).
- ★ Planejar o backlog do trimestre com base na realização de reuniões com os usuários e partes interessadas para a definição das histórias a serem consideradas para o próximo trimestre.

As equipes XP usam os temas como referência para não se desviarem do seu propósito geral. O tema é como o objetivo da etapa no Scrum: uma descrição de uma ou duas frases da meta a ser concretizada.

programação extrema xp

As equipes XP adotam iterações de uma semana

A prática do **ciclo semanal** consiste na adoção das iterações de uma semana. Nesse período, a equipe define histórias e desenvolve um software para apresentar como "Concluído" e em funcionamento no final da semana.

Cada ciclo começa com uma reunião na qual a equipe demonstra o software em funcionamento e planeja o serviço a ser realizado. Para isso, o grupo:

- ★ Analisa o progresso do projeto até o momento e faz uma demonstração dos resultados da semana anterior.
- ★ Atua junto ao cliente para definir as histórias da próxima semana.
- ★ Decompõe as histórias em tarefas.

Às vezes, as equipes XP distribuem tarefas entre os profissionais durante o planejamento do ciclo semanal. Mas é mais comum que os integrantes se auto-organizem, criando uma pilha de tarefas e selecionando sua próxima tarefa nesse acervo.

> **TAREFA** — 3 HORAS
> MODIFICAR A BIBLIOTECA DO BANCO DE DADOS E O BANCO DE DADOS PARA PERMITIR QUE A EXCLUSÃO DAS AULAS DO TREINADOR E O REGISTRO DA AÇÃO
>
> **TAREFA** — 6 HORAS
> ADICIONE UMA CHAMADA DA API "REMOVER AULA" AO SERVIÇO DE PLANEJAMENTO DO TREINADOR
>
> **TAREFA** — 2 HORAS
> ATUALIZAR A IU DO APLICATIVO MÓVEL PARA ADICIONAR UM BOTÃO "REMOVER AULA" À PÁGINA DE EXIBIÇÃO DA AULA E CONFIGURAR O BOTÃO PARA CHAMAR A NOVA API PARA REMOVER A AULA

O ciclo semanal sempre começa no mesmo dia em todas as semanas, geralmente em uma terça ou quarta-feira (*não é recomendável optar pelas segundas-feiras* para que a equipe não se sinta pressionada a trabalhar durante o fim de semana). A reunião de planejamento costuma ocorrer no mesmo horário em todas as semanas. Em regra, o cliente participa da reunião para colaborar com a equipe na definição das histórias e obter informações sobre o progresso do projeto.

> A sugestão de Ana pode melhorar o desempenho do grupo e ser adicionada na folga do ciclo como um recurso "preferencial".

> Para melhorar bastante seu desempenho, que tal se a equipe otimizar o serviço de planejamento? Podemos **adicionar esse trabalho na folga** do próximo ciclo semanal.

A folga é um espaço de manobra à disposição da equipe

Ao criar um plano, a equipe sempre adiciona uma **folga** (outra prática do XP), ou seja, *inclui <u>alguns itens opcionais ou menores</u>* que podem ser deixados de lado caso ocorram atrasos. Por exemplo, a equipe pode incluir histórias "preferenciais" no ciclo semanal. Durante o trimestre, algumas equipes costumam programar "dias de hacking" ou "semanas geek" para desenvolver projetos relacionados ao serviço principal e testar boas ideias que ainda não tenham sido colocadas em prática. Mas não exagere ao estabelecer a folga! Algumas equipes incluem apenas um ou dois itens, o que raramente ocupa mais de 20% do ciclo semanal.

xp é focado na programação

Coragem e respeito afastam o medo do projeto

Como todos os métodos ágeis, o sucesso do XP está associado ao desenvolvimento da mentalidade correta pela equipe. Por isso, essa abordagem promove seu próprio conjunto de valores, que incluem **coragem** e **respeito**. Já ouviu falar deles? Com certeza, pois são os mesmos valores abordados anteriormente no Capítulo 3, onde vimos que as equipes Scrum também valorizam a coragem e o respeito.

Coragem

As equipes XP têm a coragem de enfrentar desafios. Os profissionais têm a coragem de defender seu projeto.

O recurso de integração com o calendário do Outlook deve ser concluído até o final do mês.

Compreendo a importância desse recurso, mas não é possível atender a essa solicitação. Vamos definir de forma realista o que podemos entregar.

Ryan não gosta de dizer "não" ao chefe, mas tem a coragem de fazer o que é melhor para o projeto. Nesse caso, a melhor opção é não se comprometer com um prazo impraticável.

Respeito

Os integrantes da equipe se respeitam mutuamente e confiam na capacidade profissional uns dos outros.

Para construir o respeito, primeiro é necessário escutar com atenção as ideias e opiniões de que você talvez não goste e levá-las a sério.

*Vai ser difícil vender essa ideia, mas se a IU do usuário exibir compromissos atualizados, isso talvez funcione... **por enquanto**.*

É mais fácil para Ryan demonstrar coragem porque todos respeitam sua opinião (especialmente Gary). Nesse caso, o respeito é mútuo: Ryan pensa em Gary não apenas como chefe, mas também como um membro importante da equipe, valorizando suas opiniões e ideias.

> Recapitulando.
> O XP é iterativo como o Scrum e tem valores como o Scrum, sendo que alguns deles são **iguais, como respeito e coragem**. Isso está começando a parecer muito redundante. Então, por que usar o XP? Por que não ficar com o Scrum?

O XP e o Scrum abordam diferentes aspectos do desenvolvimento de softwares.

Como o Scrum, o XP é uma metodologia iterativa e incremental, mas *não* tem o **foco direcionado para a gestão de projetos** do Scrum. Isso porque a prioridade do XP não é o controle empírico do processo, uma ferramenta bastante poderosa com a qual as equipes podem aperfeiçoar o modo como desenvolvem seus projetos. Além disso, há uma outra razão para as equipes Scrum parecerem tão estruturadas: o início e o final de cada etapa são marcados por reuniões com duração predeterminada e, diariamente, o grupo promove uma reunião no mesmo horário.

O "P" no XP significa **programação**. Todos os recursos do XP atendem ao objetivo de aperfeiçoar o modelo de trabalho das equipes de programação. O XP é diferente do Scrum porque seu foco está em promover a coesão entre os profissionais da equipe. O XP dá menos destaque à gestão de projetos, priorizando mais o incremento da forma como a equipe cria o código.

O foco do XP está no desenvolvimento de softwares. Nenhuma característica do Scrum atende especificamente a equipes de desenvolvimento de software. Na verdade, muitos outros setores adotaram o Scrum devido ao controle empírico do processo.

o xp mais o scrum são realmente poderosos

> Então, o Scrum aborda principalmente a gestão de projetos, mas não estabelece orientações para as **atividades diárias das equipes de desenvolvimento**. Esse é o foco do XP, que não trata especificamente da gestão de projetos.

O XP aborda a gestão de projetos de modo suficiente para concretizar seus objetivos.

As duas abordagens estão ligadas pelas ideias e valores contidas no Manifesto Ágil. Como o XP dispõe de iterações e valores (coragem e respeito) como os do Scrum, **muitas equipes ágeis adotam uma *combinação* entre Scrum e XP** e associam o controle empírico do processo ao foco do XP nos fatores de coesão da equipe, comunicação, qualidade do código e programação.

PODER DO CÉREBRO

O que os profissionais de uma equipe de desenvolvimento devem fazer para melhorar a comunicação entre eles?

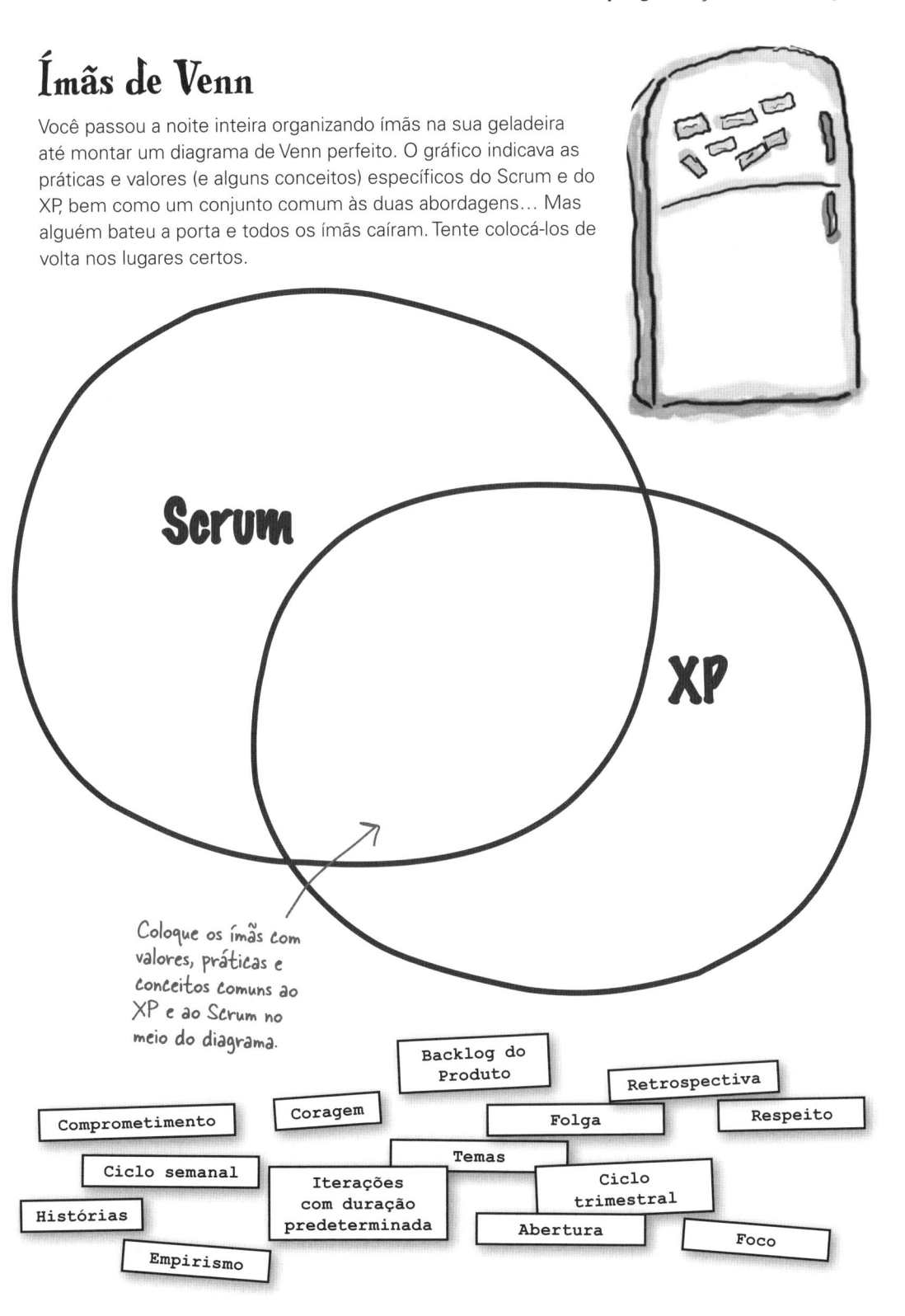

programação extrema xp

Ímãs de Venn

Você passou a noite inteira organizando ímãs na sua geladeira até montar um diagrama de Venn perfeito. O gráfico indicava as práticas e valores (e alguns conceitos) específicos do Scrum e do XP, bem como um conjunto comum às duas abordagens... Mas alguém bateu a porta e todos os ímãs caíram. Tente colocá-los de volta nos lugares certos.

Scrum

XP

Coloque os ímãs com valores, práticas e conceitos comuns ao XP e ao Scrum no meio do diagrama.

- Backlog do Produto
- Retrospectiva
- Comprometimento
- Coragem
- Folga
- Respeito
- Ciclo semanal
- Temas
- Histórias
- Iterações com duração predeterminada
- Ciclo trimestral
- Abertura
- Foco
- Empirismo

você está aqui ▶ **187**

alguns sobrepõem muitas diferenças

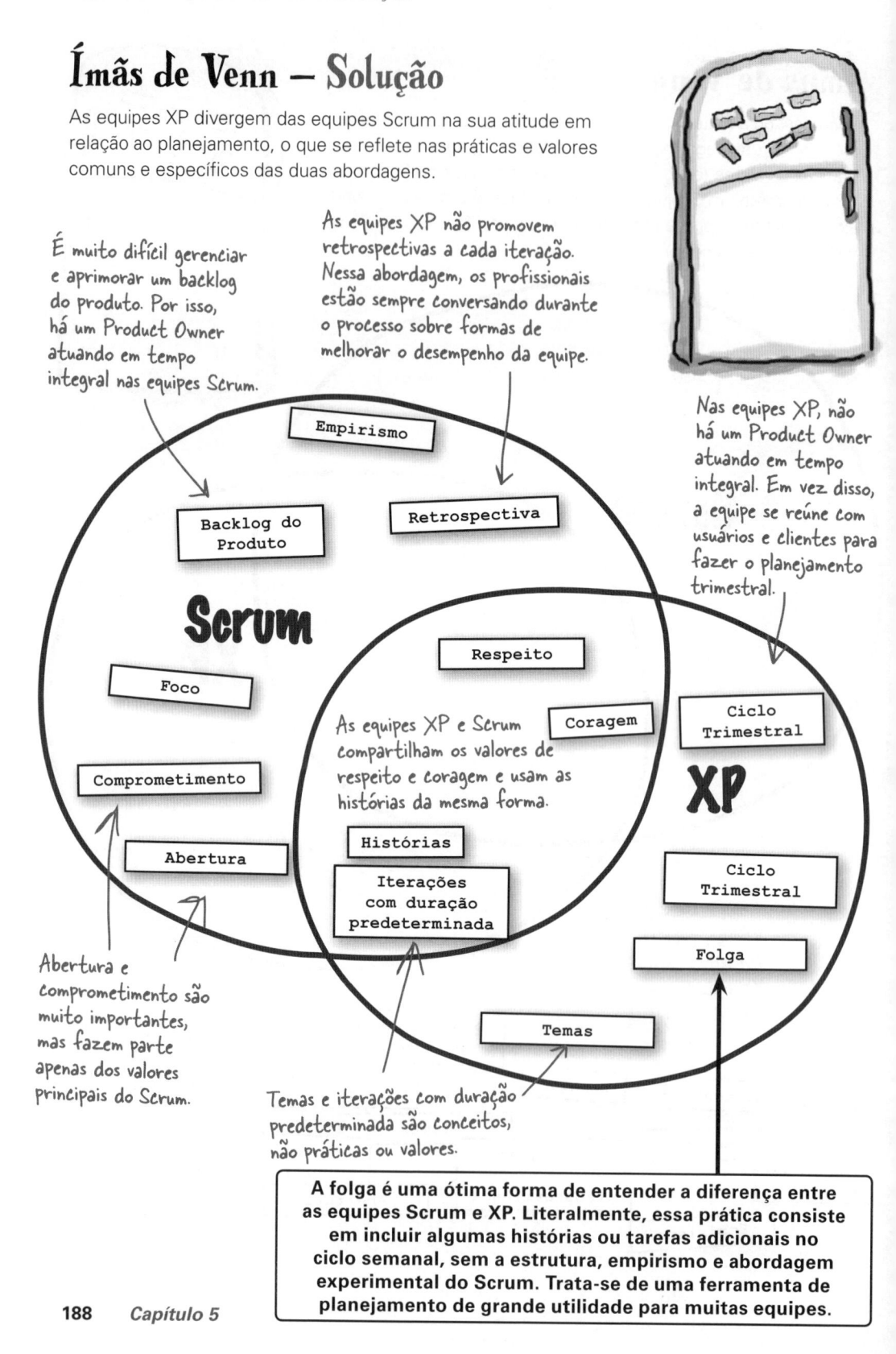

Ímãs de Venn – Solução

As equipes XP divergem das equipes Scrum na sua atitude em relação ao planejamento, o que se reflete nas práticas e valores comuns e específicos das duas abordagens.

É muito difícil gerenciar e aprimorar um backlog do produto. Por isso, há um Product Owner atuando em tempo integral nas equipes Scrum.

As equipes XP não promovem retrospectivas a cada iteração. Nessa abordagem, os profissionais estão sempre conversando durante o processo sobre formas de melhorar o desempenho da equipe.

Nas equipes XP, não há um Product Owner atuando em tempo integral. Em vez disso, a equipe se reúne com usuários e clientes para fazer o planejamento trimestral.

Scrum

- Empirismo
- Backlog do Produto
- Retrospectiva
- Foco
- Respeito
- Coragem
- Ciclo Trimestral
- Comprometimento
- Abertura
- Histórias
- Iterações com duração predeterminada
- Ciclo Trimestral
- Folga
- Temas

XP

As equipes XP e Scrum compartilham os valores de respeito e coragem e usam as histórias da mesma forma.

Abertura e comprometimento são muito importantes, mas fazem parte apenas dos valores principais do Scrum.

Temas e iterações com duração predeterminada são conceitos, não práticas ou valores.

> A folga é uma ótima forma de entender a diferença entre as equipes Scrum e XP. Literalmente, essa prática consiste em incluir algumas histórias ou tarefas adicionais no ciclo semanal, sem a estrutura, empirismo e abordagem experimental do Scrum. Trata-se de uma ferramenta de planejamento de grande utilidade para muitas equipes.

não existem Perguntas Idiotas

P: Como as histórias são estimadas?

R: O planning poker é uma prática muito popular entre as equipes XP, embora haja muitos outros métodos de estimativas. As primeiras versões do XP incluíam a prática (ainda implementada por algumas equipes XP) do **jogo do planejamento**, que orientava a decomposição das histórias em tarefas, atribuídas aos membros da equipe e transformadas em um plano para a iteração. Mas para a maioria das equipes, não há diferença entre definir estimativas no XP e no Scrum. Técnicas como o planning poker são bastante úteis, mas no final das contas, fazer estimativas é uma habilidade: os resultados da equipe melhoram com a prática.

P: Por que os "focos" das metodologias são diferentes?

R: O foco Scrum está na gestão de projetos e no desenvolvimento de produtos porque suas práticas, valores e ideias são voltadas especificamente para os objetivos da gestão de projetos: determinar o produto que será construído e planejar e executar o trabalho. As práticas do Scrum se destinam principalmente a ajudar a equipe a se organizar, administrar as expectativas dos usuários e partes interessadas e viabilizar uma boa comunicação.

A abordagem do XP à gestão de projetos é mais limitada. As práticas desse método iterativo e incremental (ciclos trimestral e semanal, folga e histórias) são uma forma eficiente de planejar e gerenciar as iterações. Mas o XP não tem a rigidez do Scrum: não há reuniões diárias nem encontros com duração predeterminada e tudo é mais "flexível" em comparação ao Scrum. Muitas equipes apreciam a eficiência da estrutura do Scrum e acabam por adotar uma **mistura Scrum/XP**, substituindo os ciclos trimestral e semanal e a folga do XP por uma implementação **completa** do Scrum. Na prática, adotam todos os eventos, artefatos e funções do Scrum.

P: Uma "mistura" entre o XP e o Scrum não viola as regras de uma das abordagens?

R: Sim, mas tudo bem! Se a equipe adotar uma mistura entre o XP e o Scrum, substituindo as práticas de planejamento do XP pelas do Scrum, obviamente não estará executando todas as práticas do XP. Mas lembre-se de que as regras de uma metodologia existem para ajudá-lo com a execução eficiente dos seus projetos. Muitas equipes têm problemas ao modificarem uma metodologia ágil porque não compreendem exatamente como funciona a abordagem. Muitas vezes, os profissionais mudam ou removem um elemento que parece sem importância, mas não percebem que se trata de um dos princípios fundamentais da metodologia, como ocorre quando as equipes substituem o Product Owner do Scrum por um comitê e acabam eliminando um peça crítica do Scrum. Felizmente, substituir os ciclos semanal e trimestral e as folgas do XP por uma implementação completa e sem modificações do Scrum influencia apenas o planejamento do XP, mas não elimina nenhum dos demais princípios essenciais ao funcionamento do XP. Por isso, muitas equipes foram bem-sucedidas com essa mistura.

Então, ao adotar uma **mistura entre o Scrum e o XP**, as equipes combinam a mentalidade e as práticas centradas no código do XP com a mentalidade e as práticas baseadas em comprometimento e valor do Scrum para obter o melhor das duas abordagens.

nenhuma função significa *todos a bordo*

As equipes programam melhor quando trabalham em conjunto

Uma equipe de software é mais do que apenas um grupo de pessoas trabalhando em um mesmo projeto. Ao atuarem em conjunto, os profissionais conversam, ajudam uns aos outros e resolvem seus problemas, obtendo uma produtividade muito maior (às vezes 10 vezes maior!). Além disso, o código que criam tem uma qualidade muito superior. As equipes XP sabem disso e adotam essa prática no dia a dia, orientando todos os profissionais a trabalharem em conjunto. O grupo deve promover uma cultura de integração e cooperação entre os membros.

Todos os integrantes da equipe XP trabalham realmente em conjunto. Para o grupo, criar um ambiente verdadeiramente colaborativo é uma prática fundamental.

A <u>confiança</u> é a base das equipes

Quando uma equipe XP se depara com obstáculos, todos os profissionais devem trabalhar juntos para superá-los. Todas as decisões importantes sobre a direção do projeto devem ser tomadas em conjunto. Por isso, a confiança é muito importante para as equipes XP. Os colaboradores devem confiar uns nos outros para definirem as decisões que serão tomadas individualmente e as que caberão à equipe.

> Er... não consegui entender direito como esse recurso deve funcionar. Vou demorar, pelo menos, um dia para corrigi-lo.

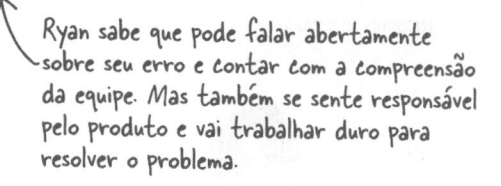

Ryan sabe que pode falar abertamente sobre seu erro e contar com a compreensão da equipe. Mas também se sente responsável pelo produto e vai trabalhar duro para resolver o problema.

A confiança deixa os profissionais à vontade para cometer erros

Todo mundo comete erros. Quando as equipes XP adotam realmente essa prática, os profissionais se sentem à vontade para cometer erros, porque sabem que contam com a compreensão dos colegas. Inevitavelmente, a única forma de avançar é cometer erros e aprender com eles.

Não há funções fixas ou sugeridas nas equipes XP

Os projetos de software envolvem muitos tipos de serviços: criar código, escrever histórias, conversar com usuários, projetar interfaces do usuário, planejar a arquitetura, gerenciar o projeto e muitos outros. Em uma equipe XP, todos os integrantes fazem um pouco de tudo — suas funções acompanham suas habilidades. Por isso, as equipes XP **não dispõem de funções fixas ou sugeridas**.

Funções podem dificultar a integração dos colaboradores à equipe. Por exemplo, nas equipes Scrum, é comum que o Product Owner ou Scrum Master fique com a impressão de que *efetivamente* não faz parte do trabalho do grupo, como se sua função "especial" estivesse inclinada para o status de interessado e não de comprometido. (Você lembra do exemplo dos porcos e galinhas? Quando atribuímos um nome para a função de um membro da equipe, às vezes incentivamos a divisão dos profissionais em "porcos" e "galinhas" no âmbito do projeto.)

> Vou providenciar cartões de visita para a equipe. Qual é o cargo de cada membro? Quem é o arquiteto? Quem é o engenheiro-chefe?

> Não trabalhamos dessa forma. Sempre que precisamos fazer um serviço, convocamos o **melhor profissional** para a tarefa.

Ana faz todo tipo de trabalho: programa, gerencia projetos, atua junto aos usuários... tudo o que for preciso para concluir o serviço.

A prática da "equipe inteira" consiste em integrar os profissionais à equipe sem associá-los a uma função específica.

As equipes têm melhor desempenho quando trabalham no mesmo local

Programação é uma atividade essencialmente social. É isso mesmo! Todos conhecemos a imagem do programador solitário, que passa horas a fio na escuridão e só sai da toca depois de várias semanas com um produto completo e acabado. Mas não é assim que as equipes criam software no mundo real. Confira novamente este princípio ágil:

> O método mais eficiente e eficaz de transmitir informações para uma equipe é através de uma conversa cara a cara.

Os membros das equipes de desenvolvimento precisam de informações o tempo inteiro: querem saber o que estão criando, como a equipe planeja criar, como a peça em desenvolvimento vai se incorporar ao software e assim por diante. Para isso, é necessário ter muitas conversas cara a cara.

Quero fazer uma pergunta para Ana, mas ela fica do outro lado do escritório. Acho que vou enviar por e-mail.
E se a pergunta de Ryan for muito importante e Ana passar mais de uma hora sem checar sua caixa de entrada?

As equipes XP ~~trabalham no mesmo local~~ porque essa prática deixa os programadores mais à vontade para inovar e conversar abertamente entre si, sem precisarem se deslocar muito para obter informações.

Mas o que acontece quando a sua equipe está espalhada por diferentes locais da empresa? Isso é muito comum: por exemplo, quando o arquiteto que projeta a estrutura física da empresa associa o desenvolvimento de software à imagem do "programador das trevas", a disposição do espaço prioriza os gerentes e a equipe de programação é espalhada pela empresa. Esse é um ambiente muito ineficaz para uma equipe de desenvolvimento.

Por isso, as equipes XP **trabalham no mesmo local.** Segundo essa prática simples, todos os profissionais devem atuar na mesma área da empresa, o que facilita o acesso aos colegas e as conversas cara a cara.

programação extrema xp

Sentar Juntos
Um Olhar de Perto

O **layout do espaço de trabalho da sua equipe** pode ter um grande impacto sobre o desempenho do grupo. Abaixo, indicamos uma abordagem que muitas equipes consideram particularmente eficiente.

- Uma forma bastante eficaz de organizar o espaço de trabalho da equipe é essa variação do design de "áreas privadas e comuns".

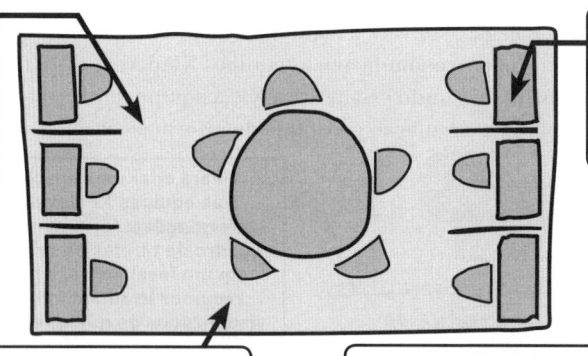

- Cada membro da equipe possui uma área privada para trabalhar sem interrupções.

- Existe um local específico para reuniões. Nesse caso, há uma grande mesa com cadeiras no meio do espaço onde os profissionais podem promover debates e reuniões em grupo.

- Esse design de áreas privadas e comuns <u>não está entre</u> as práticas do XP, mas é uma ferramenta importante para a aplicação da prática de "trabalhar no mesmo local" pelas equipes XP.

PONTOS DE BALA

- **O XP** é uma metodologia ágil focada na coesão da equipe, comunicação, qualidade do código e programação.

- As **práticas** do XP viabilizam o aperfeiçoamento do modelo de trabalho das equipes e seus **valores** auxiliam o desenvolvimento de uma mentalidade eficiente.

- Para controlar seus requisitos, as equipes XP usam **histórias** que funcionam exatamente como as do Scrum.

- A prática do **ciclo trimestral** auxilia as equipes no planejamento de longo prazo do trabalho, oferecendo ao grupo uma ocasião para discutir sobre o quadro geral, definir **temas** (ou metas gerais) para o trimestre e selecionar histórias para o backlog do trimestre.

- A prática do **ciclo semanal** estabelece para a equipe uma iteração com duração de uma semana, que começa com uma reunião de planejamento onde ocorre a demonstração do software em funcionamento, a seleção de histórias para a iteração junto ao cliente e a decomposição dessas histórias em tarefas.

- As equipes XP adicionam uma **folga** a cada iteração para incluir histórias "preferenciais" que podem ser deixadas de lado em caso de atraso, observando-se o objetivo do grupo de entregar software em funcionamento e "Concluído".

- Algumas equipes adotam uma **mistura de Scrum/XP**, substituindo as práticas de planejamento do XP por uma versão completa do Scrum.

- **A prática da equipe inteira** consiste na criação de uma cultura de integração no âmbito do grupo.

- Nas equipes XP, não há funções **fixas** ou **sugeridas**. Cada membro contribui com a equipe no que for possível.

- Todos na equipe trabalham **em conjunto** no mesmo local.

- **O design de áreas privadas e comuns** é um layout de espaço de trabalho compartilhado, em que os profissionais dispõem de uma área individual e outra comum, no centro do espaço de trabalho.

você está aqui ▶

code monkey como você

As equipes XP valorizam a comunicação

Nas equipes XP, os profissionais trabalham em conjunto. Planejam, colaboram na definição dos próximos serviços e programam em grupo. Como integrante de uma equipe XP, você *realmente acredita* que a melhor solução para um problema pode ser encontrada no diálogo com seus colegas. Por isso, a **comunicação** é um dos valores do XP. Para melhorarem a forma como se comunicam, as equipes XP devem dispor de um **espaço de trabalho informativo**. Segundo essa prática XP, a equipe deve criar um ambiente profissional que permita a circulação constante de informações entre os colaboradores.

Comunicação

Estas são duas ferramentas úteis para que as equipes XP apliquem a prática do espaço de trabalho informativo.

Para criar um espaço de trabalho informativo, as equipes XP devem utilizar **irradiadores de informações:** ferramentas visuais (como um grande quadro de tarefas ou gráfico de burndown) colocadas em um local visível a todos os profissionais. Esses recursos irradiam informações porque podem ser visualizados de qualquer ponto do espaço de trabalho.

As equipes XP praticam a chamada **comunicação osmótica**, ou seja, os profissionais absorvem informações úteis quando estão próximos de colegas que conversam sobre o projeto, quase como se isso ocorresse por osmose.

Muitos programadores trabalham melhor quando usam fones de ouvido e se desligam do resto do mundo. Tudo bem. Você não precisa absorver tudo o que acontece ao seu redor o tempo todo.

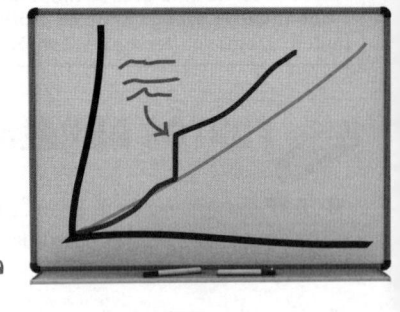

> Para ajustar o serviço de planejamento, criei um objeto que armazena os dados em cache em algumas das tabelas.

> Tive um problema parecido, mas acho que posso reutilizar o objeto de Ana no meu código.

Ryan ouviu um pequeno trecho da conversa de Ana e teve uma boa ideia. Em seguida, conferiu o gráfico de burndown do ciclo semanal e concluiu que era melhor deixar o serviço para a próxima iteração. O espaço de trabalho informativo otimizou o desempenho da equipe no projeto.

> Hmm, parece que estamos um pouco atrasados. Acho melhor esperar pelo próximo ciclo semanal.

programação extrema xp

> Tenho minhas dúvidas. Os programadores não precisam trabalhar sem interrupções em uma sala escura e silenciosa para entregar um bom código?

Programação em equipe é uma atividade social, não um serviço individual.

Há um bom motivo para os programadores não gostarem de ser interrompidos. Depois de um certo tempo programando, você entra em uma espécie de "zona": um estado de alta concentração em que o trabalho parece fluir. Muitas pessoas chamam esse estado de **fluxo**. É o que acontece quando um atleta está "na zona de desempenho máximo" (nesse ponto, os jogadores percebem uma bola de beisebol ou basquete como se fosse uma melancia gigante). Pesquisas apontam que pode demorar de 15 a 45 minutos para um programador atingir esse estado. Uma chamada telefônica, um e-mail irritante ou qualquer outro tipo de interrupção pode tirar completamente o profissional do fluxo. Se atender duas ligações por hora, você pode acabar ficando o dia todo sem fazer nada.

Mas calma aí. Então quer dizer que a equipe precisa trabalhar em um ambiente de silêncio absoluto para alcançar o fluxo máximo? Não, é exatamente o contrário! Na verdade, os profissionais têm dificuldades para se concentrar em meio a um silêncio absoluto, porque cada vez que alguém tosse ou mexe em alguns papéis, o ruído lembra o de um trem de carga em alta velocidade. Quando há uma movimentação reduzida, mas frequente ao seu redor, fica mais fácil desligar no local de trabalho. (Afinal de contas, os atletas conseguem entrar na zona de desempenho máximo até mesmo diante de uma multidão de fãs ensandecidos!)

Veja bem!

Não caia na armadilha do "code monkey". A programação é um trabalho criativo e intelectual em que o profissional não se limita a digitar comandos.

*Os novatos na área costumam achar que a programação exige dedicação intensiva. Em outras palavras, o programador deve ficar por algumas horas em uma sala escura, diante de um computador e sem distrações, para escrever suas linhas de código. Mas **não** é assim que trabalha a maioria das equipes profissionais de desenvolvimento de software. Em equipe, os colaboradores podem fazer muito mais do que fariam se atuassem individualmente. (Isso vale para muitos tipos de equipes, não apenas para as que desenvolvem softwares!)*

é uma maratona, não uma corrida

Colaboradores com mentes relaxadas e descansadas têm melhor desempenho

Equipes de desenvolvimento precisam inovar o tempo todo. Diariamente surgem novos problemas para resolver. A programação é um trabalho singular porque envolve o design de novos produtos, a implementação de novas ideias, a definição das demandas dos clientes, a resolução de problemas lógicos complexos e a realização de testes nos itens criados. Esse tipo de serviço exige mentes relaxadas e descansadas. A prática do **trabalho energizado** do XP auxilia os profissionais da equipe a manterem diariamente o foco e a disciplina. Indicamos aqui algumas ideias para energizar o trabalho do grupo:

Programe tempo suficiente para fazer o trabalho

Prazos loucos e irreais podem facilmente destruir a produtividade da equipe, bem como o moral e a satisfação dos profissionais com o serviço. Essa é uma das razões pelas quais as equipes XP adotam o desenvolvimento iterativo. Quando a equipe percebe que não irá entregar todo o trabalho programado para o ciclo semanal, os profissionais transferem os itens para a próxima iteração em vez de esticarem o expediente para tentar fazer tudo.

Elimine as interrupções

O que aconteceria se todos os integrantes da equipe desativassem as notificações de e-mail e colocassem seus celulares no silencioso durante duas horas por dia na empresa? Quando aplicada, essa prática facilita bastante a chegada ao fluxo, um estado de concentração profunda no qual você mal percebe o tempo passar.

Oriente os colaboradores a não interromperem seus colegas, pois um tapinha no ombro pode tirar o profissional da zona de desempenho máximo.

Permita-se cometer erros

Se cometer erros, fique tranquilo! Criar software é inovar constantemente (projetar novos recursos, propor novas ideias e escrever código) e o *fracasso é a base da inovação*. Como todas as equipes saem dos trilhos de vez em quando, é muito mais produtivo decidir coletivamente e considerar essa oportunidade como uma experiência de aprendizagem, na qual o grupo pode assimilar informações importantes sobre o código em desenvolvimento.

Você se lembra deste princípio que vimos no Capítulo 3? Manter um bom equilíbrio entre vida pessoal e profissional integra a mentalidade ágil, pois essa é a forma mais produtiva de se administrar uma equipe.

Implemente um ritmo sustentável

De vez em quando, não faz mal passar por um período de "crise" e trabalhar por horas a fio durante alguns dias, mas nenhuma equipe pode atuar desse jeito para sempre. As equipes que adotam essa prática regularmente acabam constatando que estão produzindo um código de qualidade inferior e passam a programar menos, obtendo um desempenho menor em circunstâncias normais. Um **ritmo sustentável** significa trabalhar 40 horas semanais, sem jornadas noturnas ou nos finais de semana. Essa é a melhor forma de se obter uma maior produtividade da equipe.

Esse é o significado do princípio ágil de desenvolvimento sustentável.

Os processos ágeis promovem o desenvolvimento **sustentável**. Logo, os patrocinadores, desenvolvedores e usuários devem ser capazes de manter um ritmo constante indefinidamente.

programação extrema xp

Agora, observe esse jogo de "Quem sou eu?" com as práticas e valores do XP. Com base nas pistas abaixo, identifique os elementos correspondentes e escreva o nome e o tipo de cada item (evento, função etc.).

Observação: Pode haver algumas <u>ferramentas</u> que <u>não</u> são práticas ou valores XP entre os demais itens!

Quem sou eu?

	Nome	Tipo do item

Ajudo as equipes XP a desenvolverem uma mentalidade para a qual a melhor forma de resolver problemas é compartilhar conhecimento entre os integrantes. _____ _____

Sou uma ótima forma de absorver informações sobre o projeto a partir das discussões que acontecem ao meu redor. _____ _____

Ajudo a entender as demandas do usuário e também sou bastante utilizada pelas equipes Scrum. _____ _____

Sou um espaço profissional que permite a comunicação eficiente de informações sobre o projeto. _____ _____

Ajudo a equipe a trabalhar em um ritmo sustentável, evitando jornadas longas que resultam em menos código e má qualidade. _____ _____

Sou o modo como as equipes XP fazem seu planejamento de longo prazo, por meio de reuniões trimestrais com os usuários para definir o backlog. _____ _____

Ajudo os profissionais a desenvolverem uma mentalidade voltada para o tratamento digno e valorização do trabalho e das contribuições uns dos outros. _____ _____

Sou o fator que motiva os integrantes das equipes XP a dizerem a verdade sobre o projeto, mesmo que seja desconfortável. _____ _____

Sou o modo como as equipes XP implementam o desenvolvimento iterativo e entregam cada incremento do software em funcionamento como "Concluído". _____ _____

Sou um grande gráfico de burndown ou quadro de tarefas colocado em um local visível a todos os profissionais. _____ _____

Determino que a equipe disponha de um espaço para que todos os profissionais atuem próximos dos seus colegas. _____ _____

Ajudo a equipe a ter um espaço de manobra em cada iteração e posso conter histórias ou tarefas opcionais. _____ _____

➔ Respostas na página 242

ir mais cedo para casa aumenta a produtividade, quem diria

Perguntas Idiotas não existem

P: Não acredito nesse negócio de "energizada" e "sustentável". Essa não é mais uma desculpa que os programadores usam para não fazerem horas extras?

R: Claro que não! Não foi acidental a definição da jornada de trabalho atual em 40 horas semanais. Foram necessários muitos estudos, realizados em vários setores ao longo dos anos, para se chegar à conclusão de que, por mais que as equipes possam cumprir jornadas longas durante um curto período, em pouco tempo a produtividade e a qualidade despencam. Se você já teve que trabalhar durante três semanas, cumprindo uma jornada de 7 dias de trabalho ou 70 horas semanais, sabe como seu cérebro fica cansado e não consegue mais encarar o cansativo serviço intelectual de criar um software de qualidade. Por isso, os profissionais das equipes XP levam a sério o equilíbrio entre vida pessoal e profissional: saem da empresa em um horário razoável todos os dias e mantêm interesses e famílias fora do ambiente de trabalho.

P: Ainda não captei a mensagem. Programar não é só ficar digitando?

R: Talvez os programadores passem o dia na frente de um teclado, mas criar código é muito mais do que apenas digitar. Um programador pode escrever algo entre dez e algumas centenas de linhas de código por dia. Mas se você entregar um pedaço de papel com algumas centenas de linhas de código a esse programador, talvez ele demore de 10 a 15 minutos para inserir esses dados em um computador. Programação não consiste em digitar, mas em descobrir o que o código realmente deve fazer e desenvolver linhas para que o programa funcione de forma correta e eficiente.

P: A comunicação osmótica não atrapalha o trabalho dos profissionais? Não é difícil trabalhar em um ambiente barulhento?

R: A comunicação osmótica funciona melhor quando os profissionais da equipe estão acostumados com um ambiente um pouco barulhento. Tendemos a prestar mais atenção quando ouvimos alguém falando sobre algo importante e relevante, como ocorre se mencionarem nosso nome em uma sala lotada. Então, não é difícil ignorar conversas em que você não tem nenhum interesse. Mas essa prática não funciona tão bem em um ambiente de trabalho do tipo "silencioso", onde todos os profissionais se sentem obrigados a sussurrar ou evitar qualquer conversa.

P: Ainda não entendi como o planejamento funciona no XP. Quando a equipe se reúne? Como as histórias são estimadas?

R: A equipe estima as histórias em grupo durante a reunião de planejamento trimestral que acontece no início do ciclo trimestral. Além disso, os integrantes conversam sobre essas estimativas durante a reunião de planejamento semanal no início do ciclo semanal. Como os profissionais definem histórias no decorrer do processo, a equipe se reúne para estimar essas histórias coletivamente. Nessa atividade de estimar as histórias, é muito comum que as equipes XP pratiquem o planning poker, mas cada grupo pode simplesmente ter uma conversa sobre a história para chegar a uma estimativa razoável.

P: Quando a equipe demonstra o software para os usuários?

R: Em uma reunião no início ou ao final do ciclo semanal, em que os usuários analisam o software e definem os próximos serviços da equipe. O relacionamento entre a equipe e os usuários não é tão formal como no Scrum, que dispõe de uma função específica (Product Owner) para atuar como representante do cliente e aceitar o software. O XP não recomenda nenhuma função, embora as equipes XP reconheçam a importância da participação dos clientes reais no processo. As equipes XP mais eficientes definem a prática da "equipe inteira" como uma forma de tratar os usuários, essenciais para a compreensão do serviço, como integrantes efetivos do grupo.

P: Calma aí. Quer dizer que no XP não há nenhuma função sugerida?

R: Não. Uma das premissas básicas do XP é que, sempre que houver algum trabalho, um dos profissionais deve se prontificar e fazer o serviço. Cada integrante da equipe tem um conjunto específico de habilidades e sua função no projeto varia de acordo com as exigências do trabalho e suas capacidades profissionais.

P: Ouvi reclamações de programadores que receberam tarefas de "manutenção", como corrigir bugs em sistemas antigos. Isso pode ser considerado criativo ou inovador?

R: Na verdade, a manutenção pode ser um dos trabalhos mais intelectualmente desafiadores para uma equipe de desenvolvimento. Pense no objetivo principal da "manutenção": corrigir bugs, muitas vezes em um código que você não escreveu. Isso equivale a pegar uma máquina (que talvez seja muito complexa), descobrir como ela funciona (muitas vezes a partir de pouca documentação e sem qualquer suporte), identificar a causa da falha e definir uma forma de resolver a situação. Os programadores muitas vezes reclamam quando recebem tarefas de manutenção, que acabam sendo classificadas como trabalho "difícil": apesar de esse serviço ser intelectualmente exigente, ao contrário de um novo recurso, raramente é recompensado ou elogiado por chefes ou colegas de trabalho.

Os profissionais das equipes XP levam a sério o equilíbrio entre vida pessoal e profissional: saem da empresa em um horário razoável todos os dias e mantêm interesses e famílias fora do ambiente de trabalho.

programação extrema xp

> Até agora vimos que o XP orienta o planejamento do projeto e cria um ambiente descontraído e propício à programação para a equipe. Mas ainda não falamos sobre **qualidade do código** e **programação**, embora esses sejam os focos principais do XP. Então, tudo que aprendemos até aqui tem algo a ver com a programação, certo?

Sim! As equipes XP criam seu próprio espaço para escrever um ótimo código.

Tudo que falamos até agora tem como objetivo remover obstáculos que atrapalham o ritmo da equipe. Iteração, folga e histórias ajudam a equipe a criar software de qualidade e evitam que uma pressão por prazos desnecessária recaia sobre os profissionais. Um ambiente de trabalho energizado, a cooperação entre os colaboradores e um espaço informativo criam o melhor clima possível no contexto profissional. Não é por acaso que o XP aborda esses pontos: neles está a origem da grande maioria dos problemas enfrentados pelas equipes. Ao eliminá-los, o grupo cria uma grande oportunidade para inovar.

Então, depois dessas considerações iniciais, a equipe agora está pronta. **É hora de começar a escrever o código.**

PONTOS DE BALA

- A **comunicação** (um dos valores do XP) é essencial para os projetos de software.

- De acordo com a prática do **espaço informativo**, todos os profissionais devem ser informar sobre o projeto ao caminhar pelo ambiente profissional.

- Os profissionais absorvem informações por meio da **comunicação osmótica** quando trabalham no mesmo local e ouvem conversas úteis.

- A prática do **trabalho energizado** consiste em deixar a equipe relaxada, descansada e na melhor forma mental para trabalhar.

- Os **irradiadores de informações** são grandes ferramentas visuais, como quadros de tarefas ou gráficos de burndown, colocados em locais de fácil visualização para "irradiarem" informações.

- As equipes XP atuam em um **ritmo sustentável** para evitar desgastes. Isso geralmente significa cumprir uma jornada normal de trabalho.

- Uma equipe energizada dispõe de tempo suficiente para fazer seu trabalho e **liberdade para cometer erros**.

- As interrupções podem prejudicar a concentração dos desenvolvedores e impedi-los de chegar ao **fluxo**, um estado de alta concentração ou "zona de desempenho máximo".

Clínica de Perguntas: A pergunta do tipo "qual NÃO é"

Algumas perguntas do exame listam valores, práticas, ferramentas ou conceitos e questionam qual dos itens indicados não faz parte do grupo. Em regra, você pode identificar a alternativa correta examinando as opções e eliminando a alternativa incompatível com as outras.

O XP e o Scrum são iterativos. XP adota ciclos semanais e o Scrum adota etapas. Logo, esta não é a resposta certa.

97. Qual das seguintes opções NÃO é compartilhada pelas metodologias XP e Scrum?

A. Iterações com duração predeterminada

B. Histórias

C. Respeito e coragem

D. Folga

Como as histórias são utilizadas pelas equipes Scrum e XP, essa opção também não é a alternativa correta.

Os valores de respeito e coragem são comuns às equipes Scrum e XP. Logo, as respostas incluem valores, bem como práticas e ferramentas.

Fique atento às perguntas que contêm o seguinte trecho: "todas as seguintes, exceto" (uma outra forma das perguntas do tipo "qual não é").

A opção D é a resposta certa: a folga não é uma prática compartilhada pelas abordagens do XP e do Scrum. As equipes XP usam a folga para incluir histórias adicionais nos ciclos semanais. Essas histórias podem ser deixadas de lado em caso de atrasos. As equipes Scrum dão mais destaque à gestão de projetos e possuem práticas e ferramentas de planejamento mais específicas.

Pense um pouco até identificar a alternativa correta. Todas as opções têm algo em comum, exceto uma. Determine o grupo da maioria delas para chegar à solução.

Pense um pouco para responder às perguntas do tipo "qual NÃO é".

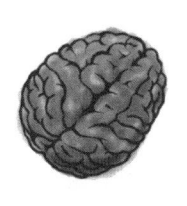

EXERCÍCIOS LIVRES

Preencha as lacunas abaixo para criar uma pergunta do tipo "qual NÃO é"!

Qual das seguintes opções NÃO é um(a) _____?
(valor, prática, ferramenta ou conceito)

A. _____
(valor, prática, ferramenta ou conceito de um determinado grupo)

B. _____
(a resposta correta)

C. _____
(valor, prática, ferramenta ou conceito de um determinado grupo)

D. _____
(valor, prática, ferramenta ou conceito de um determinado grupo)

> Senhoras e Senhores, vamos voltar ao Capítulo Cinco

colocando o "p" no xp

AVISO: as próximas seções do capítulo falam sobre código

Há um bom motivo para que o P em XP signifique programação. Se as práticas XP mencionadas até aqui são aplicáveis a equipes que fazem trabalhos criativos ou intelectuais, as práticas abordadas nas próximas seções deste capítulo tratam especificamente de código.

Mesmo se você não for programador, continue lendo o capítulo! No entanto, parte do material pode conter mais código do que o habitual. Mas se você pretende trabalhar com uma equipe que cria softwares, pode ser MUITO ÚTIL conhecer essas ideias. Compreender melhor as perspectivas dos seus colegas de equipe pode ajudá-lo a desenvolver uma mentalidade mais alinhada com o desenvolvimento ágil.

Se você não entende nada de programação, fique à vontade para pular as seções deste capítulo que contêm fragmentos de código. Leia todo o texto e dê uma atenção especial às palavras em negrito. Faça os exercícios e teste seus conhecimentos com as palavras cruzadas e as perguntas do exame no final do capítulo. Assim, você vai aprender uma forma muito eficiente de memorizar as partes mais importantes do XP.

Mas se estiver estudando para o exame PMI-ACP®, não se preocupe. O exame NÃO exige conhecimentos de programação.

programação extrema xp

> Devo admitir que não acreditava muito nesse ritmo sustentável, mas agora estou convencida. Não trabalhamos mais à noite nem nos finais de semana, mas **estou produzindo muito mais**. A programação flui muito mais rápido quando meu cérebro **não está sobrecarregado**.

Pouco tempo depois, no espaço de reunião da equipe...

> Ah! Essa mudança vai ser uma dor de cabeça... e poderia ter sido **evitada**.

Ana: Pare de reclamar, Ryan.

Ryan: Ei, não fale assim. Você também vai ser prejudicada.

Ana: Certo, estou ouvindo. Qual é o problema?

Ryan: Você não vai gostar. É uma mudança nos planejamentos de personal trainers no aplicativo móvel.

Ana: São as notificações de sessões com personal trainers para os clientes. Qual é o problema?

Ryan: O problema é que eles não querem apenas receber notificações. Também querem agendar as aulas no aplicativo móvel.

Ana: Não, não, não. Isso não vai funcionar na estrutura que criamos.

Ryan: Fale com o Treinador. Ele anda prometendo esse recurso aos clientes.

Gary: Alguém me chamou?

Ana: Você prometeu aos clientes um recurso de agendamento de aulas no aplicativo?

Gary: Qual é o problema, pessoal? Será que é tão difícil adicionar essa funcionalidade?

Ana: Vamos ter que refazer completamente o design da entrada de dados no sistema.

Ryan: Sabe o que é mais frustrante? *Se você simplesmente tivesse nos dado essa informação alguns meses atrás*, teríamos criado um back-end completamente diferente para a última versão.

Ana: Agora temos que retirar o código de entrada do banco de dados e substituí-lo por um novo serviço.

Gary: Eu sei que vocês dão conta do recado, pessoal.

Ryan: Claro que sim. Mas reescrever todo esse código vai ser um *caos gigantesco*.

Ana: Você sabe que dizem: toda correção cria bugs. Este é um exemplo clássico.

Ryan: Em outras palavras, muitas *horas de expediente noturno totalmente desnecessárias*. Isso cheira mal.

No Capítulo 2, vemos que a correção é uma grande causa de bugs. Será que isso sempre acontece?

você está aqui ▶ 203

a correção sempre causa erros

As equipes XP são receptivas a mudanças

Um fato básico sobre os projetos de software é que eles mudam muito. Os usuários solicitam mudanças o tempo todo, mas geralmente não têm ideia do trabalho necessário para implementá-las. Isso não é tão ruim, mas há um problema: muitas equipes criam código *difícil de modificar*. Nesse caso, qualquer mudança exige modificações complexas que danificam o código. Isso muitas vezes cria uma aversão a *mudanças* entre as equipes, o que causa problemas no projeto. Os valores e práticas do XP se propõem a solucionar a causa dessa questão, orientando as equipes a criarem um código mais fácil de modificar e eliminando a aversão a mudanças entre os programadores. Por isso, as **práticas e valores do XP são focados na programação**. Além de ajudarem as equipes a criarem um código mais fácil de modificar, essas práticas do XP viabilizam o desenvolvimento de uma mentalidade *receptiva a mudanças*.

Gary sabe que os usuários realmente precisam dessa mudança, mas não tinham como prever isso.

> Vamos mudar o aplicativo móvel para permitir que os treinadores modifiquem seus horários.

> Da última vez que fizemos uma mudança como essa, o código ficou **frágil** e cheio de bugs.

Mas Ryan está apreensivo, pois essa mudança talvez exija um trabalho muito desgastante e hacks improvisados para que a equipe possa entregar o produto no prazo.

Os profissionais das equipes de desenvolvimento sentem <u>aversão</u> a mudanças quando já tiveram experiências ruins com correções que causaram bugs. Mas isso não precisa ser assim. O XP ajuda as equipes a se tornarem <u>receptivas a mudanças</u>, estabelecendo práticas e valores voltados para a criação de softwares mais fáceis de modificar.

> Já ouviu um programador reclamar sobre código espaguete? Isso ocorre quando a estrutura do código é complexa e emaranhada (como um espaguete). Geralmente, esse problema decorre de uma revisão em que foram realizadas muitas alterações na mesma parte da base de código. Mas a <u>programação não precisa ser assim!</u> As equipes XP dispõem de práticas e valores que viabilizam a escrita de um código <u>mais fácil de modificar</u> e, portanto, a realização de correções que não danificam o código.

programação extrema xp

A troca frequente de feedback modera a extensão das mudanças

Em qualquer conversa com um grupo de programadores, não demora muito para que alguém comece a reclamar sobre a frequência com que os usuários mudam de ideia. "Eles pedem uma coisa e nós criamos esse recurso. Depois, eles dizem que precisam de algo totalmente diferente. Não seria mais fácil criar o recurso certo logo de cara?"

Mas pergunte a esse mesmo grupo de programadores com que frequência eles projetam e criam uma API e depois descobrem que ela apresenta algumas funções estranhas e complexas. Não seria mais fácil construir a API certa logo de cara? Claro. Mas ninguém pode saber com certeza se a interface projetada e criada será fácil de usar até escrever o código correto.

Em síntese, os programadores admitem que é muito raro criar o recurso certo na primeira tentativa. Então, procuram receber feedback nos estágios iniciais do processo e com frequência durante o andamento do serviço. Por isso, as equipes XP valorizam o **feedback**.

Uma API ("interface de programação de aplicativos") é um conjunto de funções integradas a um sistema para permitir que outros programadores escrevam código e controlem o produto.

O feedback tem várias formas:

Iteração

Já vimos um excelente exemplo de feedback: iteração. Em vez de planejar seis meses de trabalho e fazer uma grande demonstração ao final desse período, a equipe realiza uma pequena parte do projeto e depois recebe o feedback dos usuários. Assim, você pode **ajustar continuamente o plano**, à medida que os usuários identificam suas demandas.

Integração do código

Caso os arquivos de código em seu computador estejam desatualizados em relação aos da equipe, isso pode causar problemas frustrantes. Quando você **integra** com frequência seu novo código com o código dos seus colegas, pode receber feedback nos estágios iniciais. Quanto maior a frequência da integração, maior a probabilidade de identificar conflitos logo início, o que facilita bastante sua resolução.

Feedback

Revisões da equipe

As equipes que atuam com código aberto têm um velho ditado: "Dados olhos suficientes, todos os erros são óbvios." Sua equipe não é diferente. Receber **feedback dos colegas** é essencial para encontrar problemas no código, compreender o produto criado e definir o que deve ser reformulado.

Esta é a Lei de Linus, em homenagem ao criador do Linux.

Testes de unidade

Uma forma muito eficaz de obter feedback é criar **testes de unidade** ou testes automáticos para confirmar o funcionamento do código construído. Em regra, os testes de unidade são armazenados em arquivos com as demais partes do código. Quando você faz uma alteração no código e ela passa no teste, esse é um dos feedbacks mais importantes para a equipe.

se acontecesse com você, também teria medo da mudança

Experiências ruins causam um medo <u>racional</u> de mudanças

Nada é mais frustrante para um programador do que ser interrompido por um problema irritante e frustrante. A maioria dos desenvolvedores já lidou com algum desses problemas comuns e frustrantes encarados por Ryan e Ana.

> *Nãããããão!* Alguém enviou três semanas de mudanças e agora **tenho que lidar com dezenas de conflitos** para enviar o meu código.

> Vou passar horas resolvendo todos esses conflitos. É um **pesadelo**!

O código da CircuitTrak está armazenado em um <u>sistema de controle de versão</u>. Trata-se de uma ferramenta de software que as equipes podem usar para trabalhar com um único conjunto de arquivos, evitando a superposição das mudanças realizadas por cada profissional. O sistema controla todas as mudanças no código, identificando o responsável pela mudança e os estados do código antes e depois da alteração.

Ana está trabalhando em uma mudança que abrange muitos arquivos. Um dos seus colegas passou as últimas semanas modificando vários desses arquivos e enviou suas mudanças. A boa notícia é que, quando Ana tentou enviar seu código, o sistema de controle de versão <u>detectou</u> os conflitos e <u>rejeitou</u> a atualização. A má notícia é que agora ela precisa ficar atenta ao conciliar suas mudanças com as do seu colega.

A ação de adicionar as alterações de código mais recentes em um sistema de controle de versão chamada de envio.

Isso vai dar muito trabalho. Ana está querendo reescrever tudo do zero em vez de integrar as mudanças.

> Comecei a corrigir um bug, mas para que a solução funcione, tenho que consertar mais *duas* partes do código...

Ryan começou a fazer uma pequena alteração no código, mas ela logo se espalhou de alguma forma por diversas áreas do software. Sempre que ele percorre a série de correções, acaba esquecendo o que deveria fazer. Muitos programadores já passaram por isso. É a tão chamada cirurgia com rifle.

> ... e uma *dessas* mudanças abrange *outra* parte, o que exige mais duas mudanças aqui...

> ... Urhh, todas essas mudanças me dão dor de cabeça!

programação **extrema xp**

Como funciona um sistema de controle de versão

Nos Bastidores

Ana, Ryan e os demais integrantes da equipe já atuam na CircuitTrak há anos. O projeto agora tem milhares de arquivos, como códigos-fontes, scripts de compilação, scripts do banco de dados, gráficos e muitos outros. Se o grupo armazenasse esses arquivos em uma pasta compartilhada localizada na rede o processo logo descambaria para o caos:

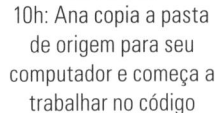

- **10h:** Ana copia a pasta de origem para seu computador e começa a trabalhar no código
- **11h30:** Ryan copia a pasta de origem para o computador e também começa a trabalhar no código.
- **13h:** Ana copia o *TrainerContact.java* atualizado de volta para a pasta compartilhada
- **15h:** Ryan copia o *TrainerContact.java* atualizado de volta para a pasta compartilhada

Opa! As mudanças salvas por Ryan substituíram as mudanças salvas por Ana. Isso vai causar bugs mais tarde!

Por essa razão, a equipe adota um sistema de controle de versão: um **repositório** que contém não apenas as cópias mais recentes de cada arquivo, como também um histórico completo das mudanças realizadas. Além disso, esse recurso permite que vários profissionais atuem no mesmo arquivo ao mesmo tempo:

- **10h:** Ana faz o checkout da fonte do repositório para uma pasta de trabalho em seu computador
- **11h30:** Depois de fazer uma verificação, Ryan atualiza a fonte com suas últimas mudanças
- **13h:** Ana envia as mudanças que fez no *TrainerContact.java* de volta para o repositório
- **15h:** Ryan envia as mudanças que fez em uma parte diferente do *TrainerContact.java*

Como Ryan e Ana alteraram linhas diferentes do arquivo, o sistema de controle de versão mesclou suas alterações automaticamente.

É um pouco mais confuso (embora ainda seja possível lidar com a situação) quando dois profissionais fazem **mudanças conflitantes** no mesmo arquivo.

- **10h:** Ana e Ryan atualizam suas pastas de trabalho com a fonte mais recente
- **13h:** Ana envia as mudanças que fez no *TrainerContact.java* de volta para o repositório
- **14h30:** Ryan tenta enviar uma mudança conflitante, mas ela é rejeitada

Como ocorreram apenas alguns conflitos neste caso, Ryan conseguiu resolvê-los com muita facilidade e enviou o código atualizado. Mas quando há MUITOS conflitos, pode ser bastante difícil mesclar as alterações.

> Quando Ryan tentou enviar sua mudança, o sistema identificou que Ana já havia feito mudanças diferentes nas mesmas linhas do mesmo arquivo. Por isso, a alteração foi rejeitada e o sistema atualizou o arquivo local de Ryan para indicar os dois conjuntos de mudanças. Ryan teve que resolver os conflitos para poder enviar linhas de código.

você está aqui ▶ **207**

um feedback antecipado torna as mudanças gerenciáveis

As práticas XP oferecem feedback sobre o código

Muitas práticas ágeis têm a função de oferecer feedback preliminar e frequente à equipe. Por exemplo, as práticas relacionadas à iteração oferecem feedback sobre o produto que a equipe planeja criar e o trabalho necessário para isso. A cada iteração, a equipe reúne mais informações para aperfeiçoar o planejamento das próximas iterações. É um exemplo de **loop de feedback**: a equipe aprende a cada rodada de feedbacks, fazendo ajustes e autocorreções que influenciam seu aprendizado na próxima rodada. As **quatro práticas do XP** a seguir são ferramentas muito úteis para oferecer bons feedbacks à equipe sobre design e programação.

Prática XP
Programação em pares

Diante de um computador, dois membros da equipe trabalham juntos para discutir, projetar, propor ideias e escrever o código.

Os membros da equipe trocam feedback sobre o código em desenvolvimento. As duplas são recombinadas com frequência para que os colaboradores fiquem por dentro das alterações na base de código como um todo.

Prática XP
Compilação de 10 minutos

A equipe dispõe de uma compilação automática para compilar o código, executar testes automatizados e criar pacotes implementáveis. O grupo configura esse recurso para ser executado em 10 minutos ou menos.

Você aprende muito sobre o código ao tentar fazer uma compilação e conferir as falhas. Quando a compilação é executada rapidamente, todos na equipe se sentem à vontade para executá-la sempre que necessário.

Debaixo do Capô: Compilação Automática

Este é um breve resumo sobre o funcionamento da compilação automática, caso você nunca tenha usado uma antes.

compilações automáticas transformam o código-fonte em pacotes binários

Se você não é programador, pode não entender totalmente a mecânica da criação de softwares. O que os programadores passam o dia todo digitando e como isso se transforma em um software executável? Veja o que acontece:

- ★ O software geralmente começa como um conjunto de **arquivos de texto que contém código**. Este é o código-fonte do projeto.

- ★ As linguagens de programação possuem compiladores que **leem os arquivos do código-fonte e criam um arquivo binário** ou executável que pode rodar no sistema operacional do computador.

- ★ Em regra, o binário deve ser **empacotado** em um único arquivo, que irá conter o binário e os arquivos adicionais necessários para a execução (como um instalador executável, uma imagem de disco ou um arquivo implementável).

- ★ Compilar o código-fonte e criar o pacote manualmente pode **demorar muito e causar erros**, especialmente se houver muitos binários e arquivos agrupados em um único pacote.

- ★ Por isso, as equipes **automatizam as etapas de compilação e empacotamento** necessárias para criar binários e outros arquivos. Existem muitas ferramentas e linguagens de script que facilitam a criação de compilações automáticas.

208   *Capítulo 5*

programação extrema xp

> Um sistema que oferece muito feedback geralmente **falha rápido**. Você quer que seu sistema falhe rápido para poder corrigir os problemas nos estágios iniciais, antes da inclusão de partes dependentes.

Prática XP
Integração contínua

Todos na equipe integram constantemente o código localizado nas suas pastas de trabalho no repositório para que nenhuma pasta fique muito tempo desatualizada.

Quando cada profissional tem acesso ao código mais recente em uma pasta de trabalho, os conflitos surgem logo e podem ser corrigidos com maior facilidade.

Uma compilação de 10 minutos viabiliza efetivamente tanto a integração contínua quanto o desenvolvimento orientado a testes, pois executa testes de unidade que verificam rapidamente se há falhas no código adicionado.

Prática XP
Desenvolvimento orientado a testes

Antes de adicionar um novo código, cada membro da equipe primeiro escreve um teste de unidade com falhas para só depois escrever ou modificar o código correto.

Os testes de unidade formam um pequeno loop de feedback: crie um teste com falhas, escreva o código correto, aprenda mais sobre item em desenvolvimento, escreva outro teste e repita o processo.

DEFINIÇÃO DO DICIONÁRIO

reestruturar, verbo

alterar a estrutura do código sem modificar seu comportamento

*Um bloco de código particularmente problemático ficou muito menos frustrante de trabalhar depois de ser **reestruturado** por Ryan.*

Os desenvolvedores normalmente executam testes de unidade com um programa especializado (que geralmente é um plug-in para uma ferramenta de compilação ou um ambiente de desenvolvimento). Os resultados dos testes de unidade geralmente são exibidos em cores: os testes aprovados em verde e os testes com falhas em vermelho. As equipes que atuam com base no desenvolvimento orientado a testes geralmente adotam um ciclo em que adicionam testes com falhas que começam vermelhos e ficam verdes ao longo do processo para, depois, reestruturarem o código. Esse ciclo é conhecido como vermelho/verde/reestruturação, uma importante ferramenta de desenvolvimento para essas equipes.

Pronto para dar uma olhada em cada uma dessas práticas? Vire a página! ⟶

você está aqui ▶ **209**

conflitos de fusão gigantescos são muito frustrantes

As equipes XP utilizam compilações automáticas de execução rápida

Não há nada mais frustrante para um programador do que esperar. Isso é bom: muitas inovações começam com um programador dizendo: "Não suporto essa demora." Então, é muito frustrante quando programar exige muito tempo e esforço, o que pode rapidamente acabar com o potencial de inovação de uma equipe. Quando algo costuma demorar muito, o primeiro pensamento de um bom programador é: "Como posso automatizar isso?"

É aqui que entra a prática da **compilação em 10 minutos**. A ideia é simples: a equipe cria uma compilação automática, geralmente usando uma ferramenta ou linguagem de script que serve especificamente para automatizar compilações, logo no início do projeto. O segredo aqui é que toda a compilação deve ser realizada em menos de 10 minutos. Esse é praticamente o limite da paciência para a maioria dos programadores que precisam esperar a conclusão da compilação. Também é tempo suficiente para que você possa iniciar uma compilação, pegar uma xícara de café e pensar. Quando a compilação dura 10 minutos ou menos, ninguém pensa duas vezes antes de executá-la para identificar rapidamente eventuais problemas.

Quando a compilação requer muito esforço manual ou demora mais de 10 minutos para ser executada, a equipe fica estressada e o projeto acaba atrasando.

A compilação automática lê os arquivos do código-fonte e empacota o binário.

Arquivos do código-fonte

Pacote binário

Quando a compilação é executada em 10 minutos ou menos, os desenvolvedores se sentem à vontade para executá-la com frequência.

Durante uma compilação de 10 minuto, o programador pode **tomar uma xícara de café** e relaxar um pouco.

Uma integração contínua evita surpresas desagradáveis

Quando você trabalha em uma equipe que cria código e o envia para um sistema de controle de versão, sua rotina diária segue um padrão. Você executa um serviço, atualiza a pasta de trabalho para receber as últimas mudanças feitas pelos seus colegas e, em seguida, envia suas próprias alterações de volta para o sistema de controle de versão. Trabalho, atualização, envio... trabalho, atualização, envio... trabalho, atualização... *conflitos de mesclagem*! Ops, um dos seus colegas fez mudanças na mesma linha e as enviou depois da sua última atualização. Como o sistema de controle de versão não tem a capacidade de definir qual das duas é a mudança certa, modificou os arquivos de código na sua pasta de trabalho e incluiu os dois conjuntos de mudanças. Portanto, seu trabalho agora é **resolver o conflito**: você vai analisar os dois casos, definir a função do código, corrigi-lo e enviá-lo de volta para o repositório:

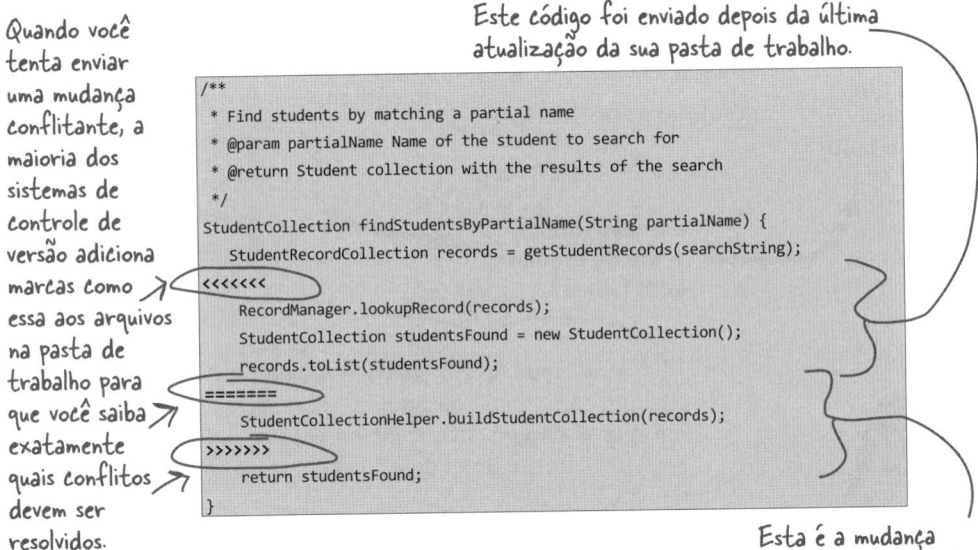

Quando você tenta enviar uma mudança conflitante, a maioria dos sistemas de controle de versão adiciona marcas como essa aos arquivos na pasta de trabalho para que você saiba exatamente quais conflitos devem ser resolvidos.

Este código foi enviado depois da última atualização da sua pasta de trabalho.

```
/**
 * Find students by matching a partial name
 * @param partialName Name of the student to search for
 * @return Student collection with the results of the search
 */
StudentCollection findStudentsByPartialName(String partialName) {
    StudentRecordCollection records = getStudentRecords(searchString);
<<<<<<<
    RecordManager.lookupRecord(records);
    StudentCollection studentsFound = new StudentCollection();
    records.toList(studentsFound);
=======
    StudentCollectionHelper.buildStudentCollection(records);
>>>>>>>
    return studentsFound;
}
```

Esta é a mudança conflitante que você tentou adicionar. Para resolver o conflito, é necessário analisar as duas mudanças e definir a função prevista para o código.

Os conflitos de mesclagem são como pequenos quebra-cabeças e, às vezes, esses enigmas podem ser chatos de resolver porque você não sabe exatamente o que sua equipe pretendia fazer.

Agora volte para a página 206. Você sabe por que Ana teve tantos problemas?

O colega de Ana passou algumas semanas sem atualizar a pasta de trabalho. Em vez disso, ele fez alterações em uma versão antiga do código (que ficava cada dia mais desatualizada) e, depois, enviou todas essas mudanças ao mesmo tempo. Ana ficou horas trabalhando em uma mudança que abrange muitos desses arquivos. Mas em vez de resolver um ou dois pequenos enigmas, agora ela tem que lidar com dezenas de arquivos pontuados de conflitos. Nada pode ser mais frustrante para um programador do que resolver muitos conflitos de mesclagem de uma só vez.

Por isso, as equipes XP promovem a **integração contínua**. Trata-se de uma prática muito simples: os membros da equipe integram e testam suas mudanças uma vez a cada poucas horas para que nenhuma pasta de trabalho fique desatualizada. Quando promovem a integração contínua, todos na equipe trabalham com uma versão atualizada do código. Ainda ocorrerão conflitos de mesclagem, mas eles serão quase sempre pequenos e administráveis e não mudanças gigantescas e frustrantes como as que Ana tem que encarar agora.

Quando as pastas de trabalho de todos os integrantes estão sempre atualizadas, os conflitos de mesclagem tendem a ser pequenos e administráveis.

teste primeiro, então codifique

O ciclo semanal começa com a criação de testes

Para muitos desenvolvedores, o XP representa uma forma diferente de trabalhar. Uma das mudanças mais óbvias é que a equipe passa a aplicar o **desenvolvimento orientado a testes** (TDD). Trata-se de uma prática em que os programadores criam testes de unidade antes de escrever o código. Quando você adota o hábito de escrever testes de unidade no início do processo, também adquire o costume de definir com antecedência o que o código precisa para funcionar corretamente, o que facilita a criação de um código "Concluído" ao final do ciclo.

O loop de feedback do desenvolvimento orientado a testes

- Avance para a próxima peça de funcionalidade
- Defina a função do código
- Escreva um teste de unidade com falhas
- Escreva um código que passe no teste

O TDD estabelece a necessidade de definir o comportamento do código antes de iniciar sua criação.

O TDD indica as dependências desnecessárias estabelecidas entre as diferentes partes do código. São essas dependências que causam a sensação de "cirurgia com rifle".

> Mas isso não faz sentido. Como testar um código que ainda não foi escrito? **Por que é importante** criar os testes antes do código?

Os testes de unidade influenciam o design do código

Todos os programadores conhecem a sensação de querer ter escrito algo diferente no código de um projeto anterior. Posteriormente, você percebe que um argumento diferente teria funcionado melhor em uma determinada função ou que poderia ter usado uma estrutura diferente de dados ou ter feito outras escolhas. Mas agora o código que você escreveu é chamado por outros cinco locais e talvez seja mais trabalhoso alterá-lo do que conviver com uma decisão ruim.

Em outras palavras, alguns problemas de código muito irritantes ocorrem quando você faz uma escolha ruim de design e, em seguida, adiciona outro código que depende dessa falha. Se continuar fazendo isso, acabará tendo uma sensação de "cirurgia com rifle" sempre que trabalhar nessa parte do código.

O teste de unidade ajuda a evitar esse problema. Os problemas de design no código geralmente surgem na primeira vez em que se escreve o código em questão. E é exatamente isso que fazemos quando escrevemos um teste de unidade no início do processo: *usamos o código antes de escrevê-lo*. Você pode realizar esse teste em pequenos incrementos, um pouco de cada vez, para resolver os problemas de design que forem eventualmente surgindo.

programação extrema xp

Desenvolvimento orientado por teste Um olhar de perto

```
public class ScheduleFactory {
```
```
public class TrainerManager {
```
```
public class UserInterfaceModel {
```

Cada unidade tem seus próprios testes de unidade

O nome "teste de unidade" é bastante autoexplicativo: você escreve testes para as unidades de código. Por exemplo, o teste de unidade Java normalmente é feito por classe. Esses testes são escritos na linguagem do código e armazenados no mesmo repositório. Os testes acessam todas as partes da unidade que são visíveis para o resto do código (para as classes Java, isso corresponde aos métodos e campos públicos) e usam essas partes para confirmar o funcionamento da unidade.

> A mentalidade do XP orienta o profissional a pensar de forma diferente sobre a programação, o design e o código, pois suas práticas difundem **bons hábitos** para a criação de um código limpo, simples e fácil de manter. O TDD é um desses bons hábitos.

É exatamente assim que a mentalidade Scrum orienta os profissionais a pensarem de forma diferente sobre o planejamento.

O código é sempre dividido em unidades discretas

De acordo com a linguagem, as unidades podem ser classes, funções, módulos e procedimentos, entre outras. As unidades variam de linguagem para linguagem, mas toda linguagem de programação funciona dessa maneira. Por exemplo, grande parte do código Java se divide em "pedaços" chamados classes, que são salvas em arquivos *.java*. Essas são as unidades do código Java.

```
public class ScheduleFactoryTest {
```
```
public class TrainerManagerTest {
```
```
public class UserInterfaceModelTest {
```

Escrever os testes de unidade no início orienta o desenvolvedor a pensar sobre o modo como o código será utilizado

Cada unidade de código é usada por, pelo menos, outra unidade em algum lugar do sistema; é assim que o código funciona. Mas quando você está programando, surge um paradoxo: em muitos casos, não se tem certeza de como a unidade em questão será usada até o momento efetivo do uso.

Com o desenvolvimento orientado a testes, é possível identificar problemas no código nos estágios iniciais, quando são muito mais fáceis de corrigir. Ironicamente, é muito fácil projetar uma unidade complexa de usar e "eternizar" esse design ruim com a criação de unidades adicionais dependentes dele. Mas se você escrever um pequeno teste de unidade sempre que modificá-la, muitas dessas decisões de design se tornarão intuitivas.

> Humm, eu não havia percebido como essa classe era estranha até escrever o código de um teste de unidade para executar nela. Fico feliz por fazer essas correções agora **antes de criar outro item que dependa dela!**

você está aqui ▶ 213

um feedback antecipado melhora a interface do usuário

As equipes ágeis recebem feedback do design e dos testes

As equipes ágeis possuem excelentes ferramentas de design e testes que podem oferecer bastante feedback no decorrer do projeto. Os profissionais podem usar **wireframes** (modelos visuais) para desenhar interfaces de usuário antes de criá-las, **soluções de referência** para descobrir problemas técnicos difíceis e **testes de usabilidade** para verificar a qualidade das suas escolhas de design. Algumas equipes criam um plano muito leve, com um gráfico e uma lista de objetivos, para dividir o recurso ou produto desenvolvido e encontrar novas combinações de ações nas quais o desenvolvedor talvez não tenha pensado antes. Essa prática é conhecida como **teste exploratório** e pode ser muito eficiente para encontrar possíveis problemas dos usuários no futuro. Como todas essas ferramentas são úteis para gerar feedback, as equipes XP integram essas práticas nos ciclos semanais e obtêm feedback a partir delas para planejar os próximos ciclos semanais.

Os wireframes oferecem à equipe feedback preliminar sobre a interface do usuário

De todos os itens criados pelas equipes de desenvolvimento, as interfaces do usuário parecem suscitar a maioria das opiniões dos usuários e partes interessadas. Por isso, os profissionais estão sempre querendo feedback preliminar sobre as IU e as equipes usam wireframes para esboçar interfaces. Existem muitas formas diferentes de criar wireframes, como através de esboços básicos da navegação do sistema ou de representações muito detalhadas de telas ou páginas individuais. Como é muito mais fácil modificar um wireframe do que alterar o código, as equipes em geral analisam várias iterações de cada wireframe com a colaboração dos usuários.

Crie soluções de referência para determinar o nível de dificuldade técnica de um recurso

Não raramente, uma equipe se depara com problemas ao estimar um determinado recurso por não saber o suficiente sobre o que é necessário para viabilizar a solução de problemas técnicos específicos. Nesse caso, a solução de referência é útil. Trata-se de um código escrito por um membro da equipe com a função exclusiva de descobrir um problema técnico específico. O único propósito dessa solução é obter mais informações sobre o problema, e o código geralmente é descartado ao final do procedimento.

> Quando falam sobre usabilidade, as equipes estão tentando determinar o nível de dificuldade associado a aprender e usar o software. É muito comum discutir a usabilidade da interface do usuário de um programa ou da sua interface visual (como janelas ou páginas web) com as quais os usuários interagem para usar o sistema.

Uma pequena alteração na interface do usuário pode ter um enorme impacto na usabilidade. Por isso, os wireframes e testes de usabilidade são tão importantes.

O teste de usabilidade avalia a interface de usuário junto aos usuários

Para determinar sua eficiência, não há nada melhor do que disponibilizar a interface do usuário para os usuários e verificar o modo como interagem com ela. É nisso que consiste o teste de usabilidade: oferecer aos usuários uma versão preliminar da UI em desenvolvimento para que executem tarefas típicas. Em regra, as equipes XP realizam testes de usabilidade perto do final do ciclo semanal a fim de utilizar as informações assimiladas no próximo ciclo e criar, assim, um loop de feedback de grande valor.

> Em geral, os wireframes têm baixa resolução: são esboços desenhados à mão ou desenvolvidos em um programa que atribui a aparência de desenho manual. Esse modelo deixa os usuários mais à vontade para propor mudanças do que esquemas definitivos. Quando a IU parece ter sido finalizada, alguns usuários hesitam em solicitar mudanças porque talvez isso exija um trabalho adicional da equipe. Criar um wireframe que pareça ter sido desenhado à mão aumenta o volume de feedback dos usuários.

programação extrema **xp**

Soluções de Referência
Um Olhar de Perto

A solução de referência serve para resolver problemas difíceis de natureza técnica e design.

A solução de referência é um programa simples criado exclusivamente para explorar as soluções de um determinado problema. Esse programa geralmente é configurado para rodar durante algumas horas ou dias e, depois de executado, o código em regra é descartado ou guardado (para ser utilizado pela equipe em outro momento, se for o caso). Assim, o programador tem mais liberdade para se concentrar apenas em resolver o problema e ignorar o resto do projeto. Mas mesmo que o código seja descartado, a solução ainda é considerada como uma tarefa essencial do projeto. Normalmente, a equipe adiciona uma história ao ciclo semanal para executar a solução de referência.

Referência arquitetônica

Quando as equipes XP falam sobre soluções de referência, geralmente se referem a uma **referência arquitetônica**. Esse tipo de referência confirma se uma abordagem técnica específica funciona. As equipes muitas vezes executam uma referência arquitetônica quando dispõem de várias opções para projetar uma solução técnica específica ou para determinar a eficácia de uma determinada abordagem.

Referência baseada em riscos

Às vezes, um determinado problema representa um risco para o projeto: os desenvolvedores têm certeza de que podem resolvê-lo, mas se não conseguirem, o problema talvez prejudique o projeto. Nesse caso, a equipe executa uma referência baseada em riscos. Esse recurso funciona como uma **referência arquitetônica**, mas seu objetivo é diferente: o programa tem a função de remover um risco do projeto.

As soluções de referência falham rapidamente: quando o programador determina que a abordagem não funciona, a referência é finalizada e considerada como bem-sucedida pela equipe.

Aponte o seu lápis

Wireframes, testes de usabilidade e soluções de referência não são recursos específicos do XP, embora sejam utilizados por muitas equipes XP.

Os três cenários abaixo representam situações em que Ryan e Ana esperam obter feedback sobre o projeto. Escreva o nome da ferramenta correspondente a cada cenário.

> Precisamos de um novo tipo de armazenamento para os horários dos treinadores que ocupe menos memória. Estou criando uma prova de conceito para definir o volume de trabalho necessário para desenvolver esse item.

> Não estou satisfeita com o modo de inicialização da classe, pois será difícil de usar. Depois de realizar os testes de unidade, irei modificá-la.

> Concluí o design da nova interface do usuário. Para verificar seu funcionamento, vamos reunir alguns usuários e observar o modo como interagem com a interface.

→ Respostas na página 244.

duas cabeças são melhores que uma

Programação em pares

As equipes XP utilizam a prática bastante singular da **programação em pares**, na qual duas pessoas sentam diante de um computador e escrevem o código juntas. Essa é uma nova experiência para os profissionais acostumados a pensar na programação como uma atividade solitária. Contudo, pode ser uma ferramenta muito eficaz para o rápido desenvolvimento de um código de alta qualidade, pois o desempenho de muitos programadores é melhor quando atuam em pares se comparado com seu rendimento individual.

> A programação em pares mantém todos focados, ajuda a equipe a ver os erros, facilita o debate e faz com que todos envolvidos participem em todas as partes da base de código.

Ryan e Ana cooperam entre si para manter o foco.

Quando Ryan encontra um obstáculo, Ana intervém e continua o projeto, e vice-versa.

A dupla está sempre conversando sobre os problemas atuais do projeto e propondo soluções.

É muito mais difícil improvisar uma solução quando há outro profissional trabalhando ao seu lado.

Nem sempre você compreende bem uma ideia até explicar para outra pessoa.

Cada mudança passa por duas verificações de dois profissionais, que identificam muitos erros que poderiam ter passado e evitam dores de cabeça mais tarde.

A equipe promove um rodízio constante de pares para que todos ganhem experiência em todas as partes do sistema.

programação **extrema xp**

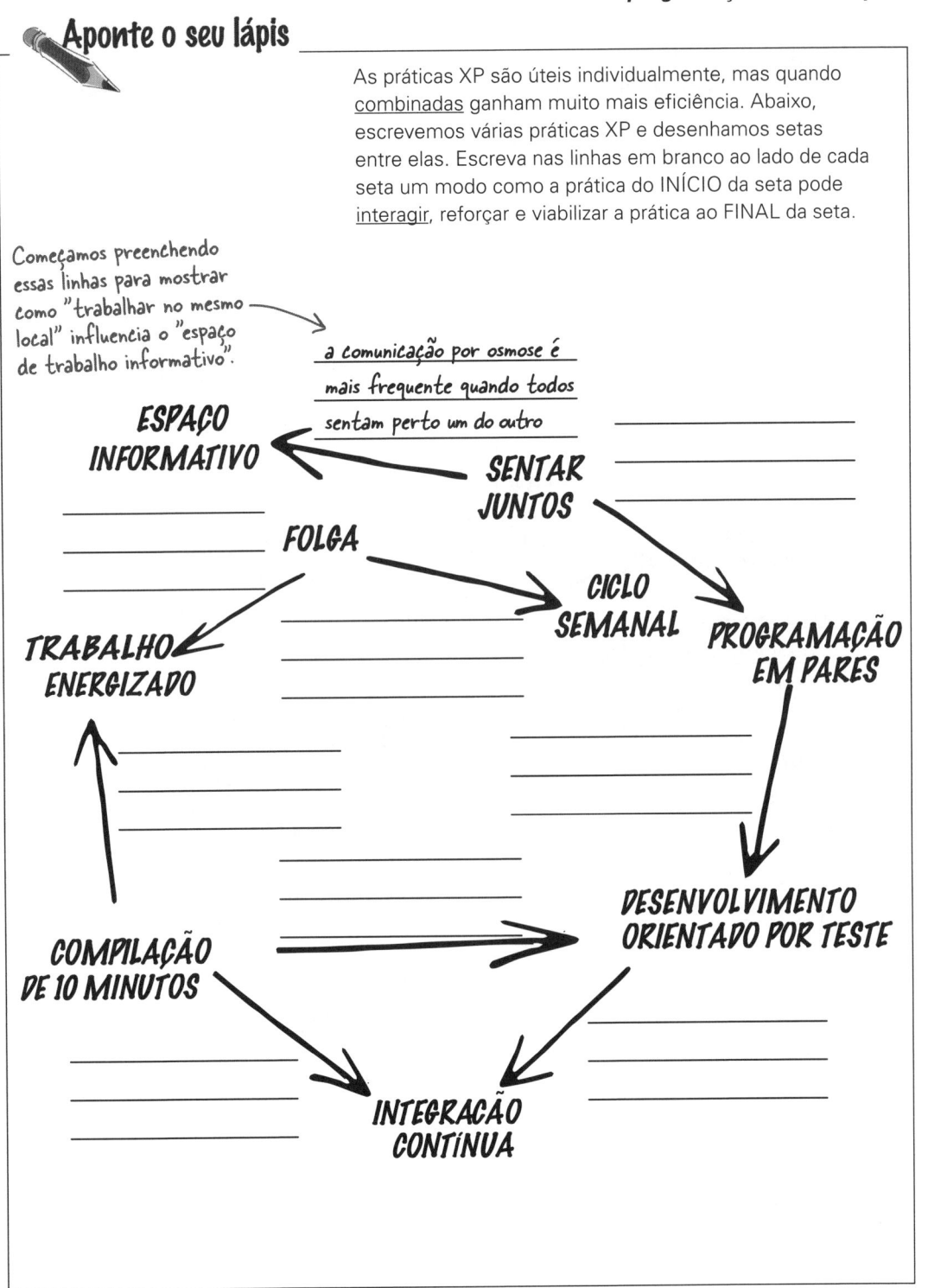

Aponte o seu lápis

As práticas XP são úteis individualmente, mas quando <u>combinadas</u> ganham muito mais eficiência. Abaixo, escrevemos várias práticas XP e desenhamos setas entre elas. Escreva nas linhas em branco ao lado de cada seta um modo como a prática do INÍCIO da seta pode <u>interagir</u>, reforçar e viabilizar a prática ao FINAL da seta.

Começamos preenchendo essas linhas para mostrar como "trabalhar no mesmo local" influencia o "espaço de trabalho informativo".

ESPAÇO INFORMATIVO ← a comunicação por osmose é mais frequente quando todos sentam perto um do outro — **SENTAR JUNTOS**

FOLGA → **CICLO SEMANAL**

TRABALHO ENERGIZADO

PROGRAMAÇÃO EM PARES

DESENVOLVIMENTO ORIENTADO POR TESTE

COMPILAÇÃO DE 10 MINUTOS

INTEGRAÇÃO CONTÍNUA

você está aqui ▶ 217

não existe um xp "puro"

Aponte o seu lápis
Solução

Há muitas maneiras de preencher esse exercício, pois as práticas do XP interagem, se reforçam e viabilizam de diversas formas. Portanto, escrevemos algumas que consideramos importantes. Suas respostas foram parecidas com as nossas?

> **As práticas XP funcionam de modo integrado para formar um <u>ecossistema</u> que produz um código melhor, flexível e mais sustentável.**

ESPAÇO INFORMATIVO ← a comunicação por osmose é mais frequente quando todos se sentam perto uns dos outros — **SENTAR JUNTOS**

mais fácil de sincronizar com pessoas que sentam próximas umas das outras e que conversam todos os dias

mais fácil de ser energizado com menos pressão de cronogramas absurdos — **FOLGA**

TRABALHO ENERGIZADO ← o espaço extra nas iterações semanais torna os planejamentos mais fáceis — **CICLO SEMANAL** → **PROGRAMAÇÃO EM PARES**

criações menores significam menos interrupções e menos espera

as pessoas tendem a fazer menos corpo mole nos testes porque os pares as mantêm focadas

uma criação rápida torna mais fácil executar todos os testes de unidade → **DESENVOLVIMENTO ORIENTADO POR TESTE**

COMPILAÇÃO DE 10 MINUTOS

mais fácil verificar se você acabou de integrar quando a compilação ocorre mais rápido → **INTEGRAÇÃO CONTÍNUA** ← os testes de unidade facilitam verificar antecipadamente os problemas de integração

programação extrema xp

não existem Perguntas Idiotas

P: As práticas de "trabalhar no mesmo local" e "programação em pares" exigem que todos estejam no mesmo espaço de trabalho. Isso significa que as equipes globais ou distribuídas não podem usar o XP?

R: Muitas equipes globais e distribuídas usam o XP. Quando trabalham no mesmo local, as equipes XP têm mais contato pessoal, menos chamadas telefônicas e um espaço de trabalho informativo. Uma equipe distribuída, em que todos trabalham em diferentes espaços e se comunicam por e-mail e telefone, não se beneficia dessas vantagens. Mas um aspecto importante da mentalidade XP é que cada prática se destina a melhorar o desempenho da equipe. Se não for possível aplicar algumas das práticas, os profissionais terão que fazer o que for possível.

P: Mas essas equipes não estão adotando o XP "puro", certo?

R: As equipes muito eficientes sabem que **não existe isso de XP "puro"**. As equipes XP estão sempre procurando formas de melhorar. Não adotam como meta atingir um estado ideal e "perfeito"; estão apenas tentando melhorar seu desempenho enquanto grupo. Aplicar as práticas de forma imprudente pode acabar com a energia do ambiente rapidamente. Além disso, fazer com que os profissionais se sintam mal por não adotarem uma abordagem "pura" o suficiente é desrespeitoso. **Importunar os colaboradores com cobranças sobre a "pureza" do XP é contraproducente**. Essa postura passa a impressão de que você está julgando o profissional e o trabalho dele e não traz nenhuma mudança. Em vez disso, cria ressentimentos em relação a você e ao XP.

P: Quer dizer que eu posso descartar as práticas de que não gosto?

R: Não. As práticas do XP foram especificamente projetadas para serem usadas juntas e ajudarem a equipe a integrar os valores do XP em sua mentalidade. Por exemplo, as equipes começam realmente a entender o valor XP da comunicação quando trabalham no mesmo local e criam um espaço de trabalho informativo. Quando as equipes decidem descartar uma prática, isso geralmente se deve à sua mentalidade ser incompatível com um dos valores, o que torna a prática inconveniente para o grupo. Quando isso acontece, a equipe deve se **esforçar sinceramente para aplicar a prática**. Muitas vezes, esse procedimento ajuda a equipe a mudar sua mentalidade, e todos os profissionais passam a trabalhar melhor juntos para criar um software de mais qualidade.

P: A integração contínua não consiste apenas em configurar um servidor de compilação?

R: Não. Um servidor de compilação é um programa que recupera periodicamente o código mais recente do sistema de controle de versão, executa a compilação automática e alerta a equipe se houver falhas. É uma boa ideia adotada por quase todas as equipes ágeis. Mas um servidor de compilação não é o mesmo que integração contínua. A integração contínua ocorre quando cada membro da equipe integra de modo ativo (e contínuo!) o código mais recente escrito por seus colegas na sua própria pasta de trabalho. Com frequência esse processo é chamado de servidor de compilação porque o servidor está constantemente "integrando" o código do sistema de controle de versão em seu próprio repositório e alerta a equipe sempre que o código enviado que não é compilado ou causa falhas no teste. Mas isso não substitui a orientação para que cada profissional mantenha sua pasta de trabalho atualizada.

P: Não entendi. Se houver um servidor de compilação integrando constantemente o código, isso não reduzirá o volume de trabalho para todos?

R: Certamente, quando cada membro da equipe integra continuamente o código mais recente do controle de versão em sua pasta de trabalho, isso é mais trabalhoso do que apenas configurar um servidor de compilação. Mas quando os profissionais percebem que estão fora de sintonia exclusivamente pelos alertas de e-mail do servidor de compilação, a situação muitas vezes termina mal. Por exemplo, você pode descobrir que irrita todo mundo quando envia um código que corrompe a compilação e, a partir daí, passa a enviar código com muito menos frequência do que faria normalmente. Ou a equipe pode estar tão acostumada com os e-mails do servidor alertando sobre "compilação corrompida" que passa a ignorá-los e arquivá-los em pastas. Por outro lado, se cada profissional se sentir responsável por parar o que está fazendo a cada hora e integrar o código no sistema de controle de versão nas suas próprias pastas de trabalho, as ocorrências de compilação corrompida serão raras e, quando acontecerem, a equipe identificará rapidamente e trabalhará em conjunto para corrigir o problema.

P: Então, a integração contínua, é uma questão disciplina para a equipe?

R: Não é bem assim. Quando uma equipe sabe realmente como aplicar práticas como a integração contínua, compilações de 10 minutos e desenvolvimento orientado a testes, o grupo passa a impressão de ser bastante disciplinado. Mas isso vai além da disciplina. A equipe adota essas práticas **porque elas fazem sentido para todos**. Todos na equipe simplesmente acreditam que a velocidade do trabalho irá diminuir se, digamos, a compilação não for agilizada ou se não for criado um teste de unidade antes do desenvolvimento do código. Não é necessário importunar, gritar ou reprender os profissionais nem, em outras palavras, disciplina-los, porque não aplicar essas práticas não é uma opção para a equipe.

P: Atuo em uma equipe de QA. Segundo o desenvolvimento orientado a testes, os programadores devem criar os testes de unidade enquanto eu escrevo o código?

R: Não. Primeiro, você deve escrever seus próprios testes de unidade e, em seguida, criar o código correto. Os testes de unidade devem ser criados pelo mesmo profissional que escreve o código porque, quando você cria os testes, acumula mais informações sobre o problema em questão, o que aumenta a qualidade do código.

uma reação cética para a programação em pares

> Tem algo me incomodando muito. A programação em pares parece ser uma grande perda de tempo. Quando duas pessoas trabalham juntas, não deveriam entregar o código na **metade do tempo**?

A programação em pares é uma forma muito eficiente de codificar.

Trabalhar em pares direciona seu foco e elimina muitas distrações (como abrir um navegador ou verificar seu e-mail). Além disso, há sempre outro profissional atento para identificar os erros o quanto antes e evitar uma maior perda de tempo mais adiante no processo. E mais importante, você **colabora constantemente com seus colegas**. Programação é uma atividade intelectual: escrever código consiste em resolver problemas e enigmas o dia inteiro. Analisar esses enigmas e problemas com um colega é uma forma muito eficiente de resolvê-los.

Por isso, até mesmo os profissionais mais resistentes à programação em pares em um primeiro momento passam a apreciar essa prática depois de algumas semanas de aplicação.

> É correto usar a "irracional" neste caso? Achamos que sim. A programação em pares é um modelo de trabalho objetivo e (falando francamente) trivial. Muitos profissionais utilizam essa prática diariamente. Uma reação emocional muito intensa e negativa diante de algo tão comum é, por definição, irracional.

> Certo, entendi. Mas ... você tem certeza? Pra falar a verdade, ainda **não estou convencida**. A programação em pares simplesmente não me parece uma boa.

Quando uma prática "não parece uma boa", está contrariando sua mentalidade.

Você se considera um programador melhor do que todos ao seu redor? Na sua opinião, programar é uma atividade solitária? Se sim, você terá uma aversão irracional à programação em pares, pois pensa em si mesmo como uma "estrela do rock" cercada de idiotas que não têm competência suficiente para codificar uma simples linha de código. Por isso, terá uma *hostilidade extremamente forte e irracional* em relação à programação em pares. A palavra-chave aqui é **irracional**: mesmo que você pense em razões e racionalizações para não gostar da programação em pares, no fundo o que sente realmente é uma *convicção íntima de que essa prática não é correta* para você e sua equipe. Essa é a definição de irracional: decisões motivadas por sentimentos e não pela razão.

Mas em projetos reais, muitos programadores bastante competentes percebem (e se surpreendem!) quando seus colegas de equipe "inferiores" demonstram que podem acompanhar o seu ritmo. Isso ocorre quando *realmente aplicam* a programação em pares e não ficam apenas na enrolação, mas colaboram de fato com outros profissionais. Com essa prática, passam também a programar *com muito mais rapidez*. Além disso, seus colegas de equipe "mais lentos" começam a utilizar muitas das habilidades e técnicas que aprenderam no processo, e toda a equipe melhora seu desempenho.

programação extrema xp

> Desculpe, permaneço com a mesma opinião. A programação em par é **ruim**, e nada do que você disse vai me fazer mudar de ideia. Isso quer dizer que o XP não é **recomendável para mim e a minha equipe**?

Só se você e a sua equipe não valorizarem as mesmas coisas que as equipes XP.

As equipes XP valorizam foco, respeito, coragem e feedback. Se você realmente valoriza essas coisas, a programação em pares faz muito sentido. Quando você valoriza o foco, aprecia como a programação em pares mantém você e seus colegas no caminho certo. Quando valoriza o respeito, não tem uma reação irracional diante da ideia de trabalhar com seus colegas, porque tem respeito por eles e pelas suas habilidades. Quando valoriza a coragem, está disposto a superar sua má vontade e aplicar uma prática que pode trazer benefícios à equipe. E quando valoriza o feedback, dispor de mais profissional para conferir cada linha de código parece uma ótima ideia.

Por outro lado, caso as ideias do trecho anterior pareçam um clichê simplista, excessivamente idealista ou mesmo estúpido, você não compartilha dos mesmos valores que as equipes XP eficientes.

> Eu não compartilho os valores XP. E daí?

Quando você tenta adotar uma prática que não combina com sua mentalidade ou cultura, ela geralmente não "pega" e a equipe acaba aplicando a prática roboticamente.

Adotar novas práticas é trabalhoso, mas os valores compartilhados motivam todos a encararem essa missão.

Quando as equipes tentam adotar uma metodologia com valores que não combinam com sua cultura, a situação geralmente não termina bem. A equipe tenta aplicar algumas das práticas, que talvez funcionem temporariamente. Mas no final das contas, acaba parecendo que você e sua equipe estão simplesmente aplicando a prática "roboticamente". Os profissionais sentem como se carregassem um peso nas costas sem recompensa e, depois de algumas semanas ou meses, a equipe volta ao modo como era antes.

Mas ainda há esperança! Para reverter a situação, você e sua equipe devem *conversar sobre os valores antes de aplicar as práticas*. Abordar os problemas de cultura desde o início facilita bastante a adoção do XP (e de qualquer metodologia!) e aumenta consideravelmente a probabilidade de sucesso do empreendimento.

Por falar em melhorar o desempenho da equipe, vamos conferir a história de Ryan e Ana ➝

mais código mais problemas

> Nosso desenvolvimento está realmente bombando! Não acredito na quantidade de código que escrevemos nas últimas semanas.

> Sim, essas novas práticas fizeram uma grande diferença. Mas... bem, será que **isso não está dando certo demais?**

Ryan: Ha ha! Boa!... hum... espere, você não está brincando, está?

Ana: Não, estou falando sério. Estamos criando muito mais código, mas agora os programas são mais complexos.

Ryan: Sim!

Ana: Isto não é necessariamente bom.

Ryan: Uh... o quê?

Ana: Como esse script centralizado de compilação automatizada que você criou.

Ryan: Qual é o problema com ele? Já tivemos muitos scripts quase idênticos a esse. Havia muito código duplicado. Eu corrigi isso.

Ana: Sim, você colocou 12 linhas de código duplicado em oito scripts de compilação diferentes...

Ryan: Sim.

Ana: ... e criou essa monstruosidade de 700 linhas impossível de depurar

Ryan: Hum... foi?

Ana: E agora, sempre que preciso modificar a compilação, tenho que passar horas tentando depurar esse script enorme. É muito complicado.

Ryan: Mas ele economiza... bem... tudo bem. O script coloca 12 linhas duplicadas em alguns scripts. Entendo o que você quer dizer: geralmente é ruim ter código duplicado, mas neste caso manter algumas linhas duplicadas seria melhor do que continuar trabalhando com o script que eu escrevi.

Ana: Mas não são apenas as compilações. Construímos essa estrutura de teste de unidade supercomplexa.

Ryan: Já sei o que é. Tive que depurar isso um dia desses para atualizar os dados do teste para apenas um teste de unidade. Levei duas horas para fazer um trabalho simples que deveria ter durado cinco minutos.

Ana: Sabe de uma coisa? Acho que aplicar essas práticas XP agilizou a programação. Mas estou começando a pensar que essa complexidade está atrasando o projeto.

Ryan: O que vamos fazer?

programação extrema xp

É muito difícil manter um código complexo

À medida que os sistemas crescem, geralmente ficam grandes e complicados. Já **um código complexo tende a ficar mais complexo** de acordo com evolução do desenvolvimento. Quanto mais aumenta a complexidade do código, mais se torna difícil trabalhar com ele, o que leva os desenvolvedores a criarem improvisos que só pioram o problema. Foi exatamente o que aconteceu quando Ryan tentou fazer uma mudança para atender às demandas dos clientes:

❶ Alguns centros de ioga e artes marciais querem que o CircuitTrak ofereça ao treinador a opção de reservar todo o estúdio para seminários, reuniões e aulas com duração de um dia. Este é o diagrama de uma pequena parte da base de código do CircuitTrak que Ryan precisa modificar para fazer a mudança.

❷ Quando Ryan começou a trabalhar na mudança, achava que só precisaria fazer uma modificação simples na classe TrainerSchedule.

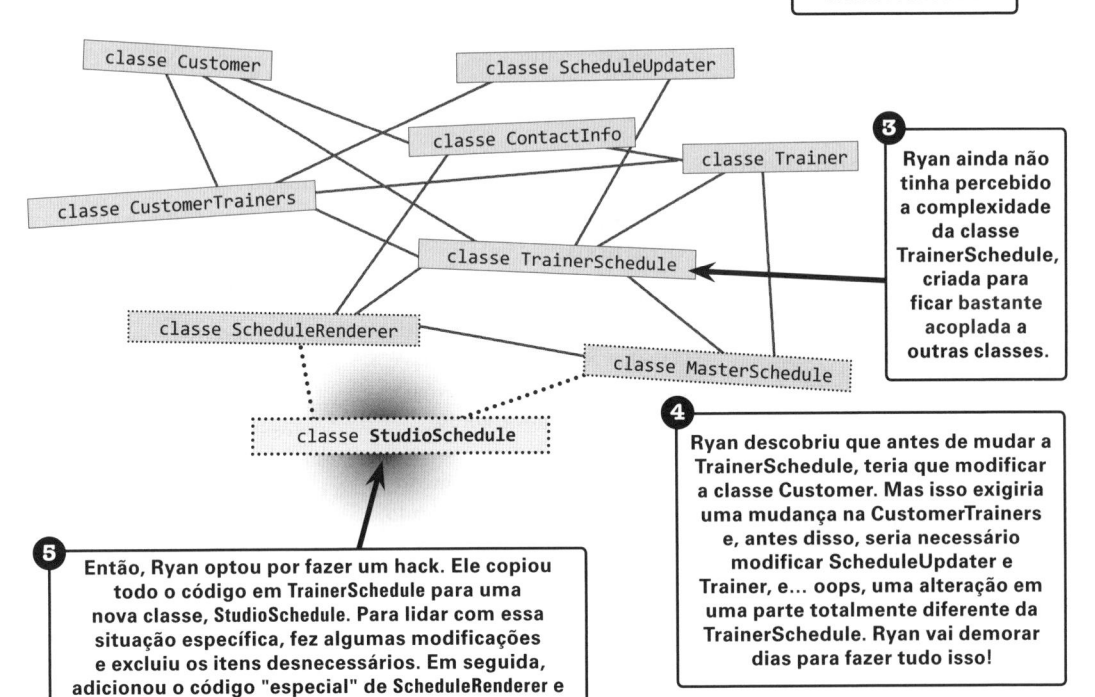

- classe Customer
- classe ScheduleUpdater
- classe ContactInfo
- classe Trainer
- classe CustomerTrainers
- classe TrainerSchedule
- classe ScheduleRenderer
- classe MasterSchedule
- classe StudioSchedule

❸ Ryan ainda não tinha percebido a complexidade da classe TrainerSchedule, criada para ficar bastante acoplada a outras classes.

❹ Ryan descobriu que antes de mudar a TrainerSchedule, teria que modificar a classe Customer. Mas isso exigiria uma mudança na CustomerTrainers e, antes disso, seria necessário modificar ScheduleUpdater e Trainer, e... oops, uma alteração em uma parte totalmente diferente da TrainerSchedule. Ryan vai demorar dias para fazer tudo isso!

❺ Então, Ryan optou por fazer um hack. Ele copiou todo o código em TrainerSchedule para uma nova classe, StudioSchedule. Para lidar com essa situação específica, fez algumas modificações e excluiu os itens desnecessários. Em seguida, adicionou o código "especial" de ScheduleRenderer e MasterSchedule. Funciona, mas ficou feio e aumentou a complexidade do sistema como um todo.

Um hack (ou "gambiarra") é um termo usado pelos programadores para indicar uma solução desajeitada, rápida e que dá conta do recado tecnicamente, embora possa causar problemas mais adiante.

A solução de Ryan certamente é um hack. Do modo como a solução foi implementada, se for preciso mudar a lógica dos horários, o programador terá que se lembrar de alterar a nova classe StudioSchedule também, o que provavelmente causará uma série de mudanças do tipo "cirurgia com rifle".

Um sistema grande e complexo fica cada vez mais complexo a cada hack.

você está aqui ▶ 223

reestruturar sempre é um ótimo hábito

Equipes que valorizam a simplicidade criam um código melhor

Há um número quase infinito de formas de codificar a solução de um problema de programação, umas muito complexas e outras nem tanto. Algumas soluções podem ter diversas interconexões entre as unidades ou adicionar camadas extras de lógica. As unidades podem ficar grandes demais, o que dificulta sua compreensão como um todo, ou podem ser escritas de um modo difícil de ler e compreender.

Por outro lado, tudo funciona melhor quando o código é simples, pois fica mais fácil modificá-lo para adicionar um novo comportamento ou mudar a dinâmica do seu funcionamento. Além disso, em códigos simples, ocorrem menos bugs e é mais fácil rastrear essas ocorrências.

Mas como saber quando uma unidade específica (como a classe Java TrainerSchedule em que Ryan estava trabalhando) está ficando complexa demais? Não existe uma regra rígida para determinar a complexidade. Por isso, em vez de uma norma, as equipes XP aplicam um valor. Especificamente, os integrantes das equipes XP valorizam a **simplicidade**. Entre as diversas formas de resolver um determinado problema de codificação, um membro de uma equipe XP deve escolher a opção mais simples que identificar no momento.

> Simplicidade

O código fica complexo quando tem funções demais.

Uma das causas mais comuns para o aumento da complexidade do código é o excesso de funções. As unidades de código tendem a ser organizadas pelo seu comportamento. Quando uma unidade tem muitas funções, uma das formas mais eficientes de reduzir sua complexidade é dividi-la em unidades menores, com uma função cada.

Reestruture o código para deixá-lo menos complexo.

Não existe um jeito "certo" de criar uma unidade de código específica. Há muitas respostas certas, mas é raro escrever um código perfeito na primeira tentativa. Por isso, as equipes XP reestruturam seu código sempre que precisam. Ao ser reestruturado (ou modificado para mudar sua estrutura sem alterar o comportamento), o código quase sempre acaba ficando menos complexo do que antes.

Bons hábitos são mais eficientes do que disciplina.

Quase nunca dá certo obrigar sua equipe (inclusive você) a aplicar práticas como o desenvolvimento orientado a testes ou ferramentas como a reestruturação. Por outro lado, os integrantes de equipes XP eficientes desenvolvem bons hábitos. Por exemplo, os profissionais criam os hábitos de reestruturar o código sempre que necessário e de escrever primeiro os testes de unidade. Isso faz parte da mentalidade XP.

Os membros das equipes XP estão sempre atentos ao aumento da complexidade nas unidades, pois sabem que vale a pena parar e reestruturar sempre que surgir a oportunidade de simplificar algo.

PODER DO CÉREBRO

Quais hábitos podem ajudar a equipe do CircuitTrak a evitar problemas como o que Ryan encontrou ao modificar o recurso de reservas do estúdio?

A simplicidade é um princípio ágil fundamental

Vamos analisar um dos 12 princípios do Manifesto Ágil:

> Simplicidade (a arte de maximizar o volume de trabalho por fazer) é essencial.

Hmm… "maximizar o volume de trabalho por fazer" parece uma reflexão filosófica ou um conselho da lagarta de *Alice no País das Maravilhas*. Mas o que isso significa realmente?

Unidades muito acopladas aumentam a complexidade do projeto

Ao reformar uma casa, a pior coisa que você pode fazer é usar uma marreta para derrubar uma parede. Essa é uma diferença entre a engenharia de objetos físicos e a de softwares: se você excluir uma parte código, não causará danos permanentes ao projeto, pois é possível recuperar facilmente a seção excluída no sistema de controle da versão.

Para piorar efetivamente o código, você deve criar um novo código, modificar algumas unidades e estabelecer dependências em relação ao código original. Em seguida, modifique algumas unidades adicionais para ficarem acopladas às modificadas anteriormente. Certamente, você passará muitas horas frustrantes saltando de uma unidade para outra ao tentar identificar um problema.

> No que eu estava pensando quando escrevi esse código há seis meses? Achei que estava criando algo reutilizável, mas saiu uma bagunça.

Uma forma eficiente de maximizar a quantidade de trabalho por fazer é escrever código para um propósito específico, concreto e acessível no momento. Evite escrever código pensando em situações incertas no futuro.

É difícil optar entre simplicidade e reusabilidade

Os desenvolvedores **adoram** código reutilizável. Quando você está programando, é comum constatar que precisa resolver o mesmo problema em diversas partes do sistema. É gratificante trabalhar em um problema difícil e perceber que é possível chamar um método existente ou usar um objeto disponível.

Mas existe uma armadilha em que muitos programadores costumam cair: tentam otimizar o código optando pela reusabilidade em vez da simplicidade. Foi o que Ana apontou na página 222: Ryan havia criado um script de compilação muito complexo para lidar com algumas linhas de código duplicado, mas esse novo script acabou dificultando bastante a modificação e correção de problemas na compilação. Ryan queria eliminar o código duplicado, mas conseguiu entravar as mudanças no projeto.

pague seu débito

Todas as equipes acumulam dívida técnica

O número de pequenos problemas em um código tende a aumentar com o tempo. Isso acontece com todas as equipes. Todos os desenvolvedores, até mesmo os mais competentes e qualificados, escrevem códigos que podem ser aprimorados aqui e ali. É natural: durante a escrita de um código para resolver um determinado problema, muitas vezes aprendemos mais sobre falha enquanto trabalhamos nela. É muito comum escrever um código que funciona, observar os resultados, *pensar durante um tempo* e depois identificar formas de **melhorar e simplificar** o programa.

Mas geralmente os desenvolvedores não voltam atrás para aperfeiçoar o código, sobretudo quando estão sob uma enorme pressão para enviar o código o mais rápido possível, mesmo que não esteja totalmente "concluído". Além disso, os problemas no design e na programação marcados como "pendentes" na base de código tendem a se acumular e deixar o código complexo e difícil de trabalhar. As equipes se referem a esses problemas persistentes no design e no código como **dívida técnica**.

> Não toco nessa parte do código há dois anos, mas agora vejo que isso aqui está uma *pilha gigante de espaguete*. E ainda tenho que corrigir um bug nessa bagunça. Vai ser uma **grande dor de cabeça**.

USE A SIMPLICIDADE E A REESTRUTURAÇÃO PARA PAGAR A DÍVIDA TÉCNICA

Todas as equipes acumulam dívida técnica. Sabe por quê? Um dos motivos para isso é a facilidade de se escrever um código muito complexo. Aqui estão algumas dicas para **aumentar a simplicidade** e **evitar a dívida técnica**:

* **Dedicação:** Simplicidade é um **valor** e você deve se dedicar a aplicá-lo.
* **Plano:** Simplificar o código é trabalhoso. De fato, muitos profissionais acham mais difícil escrever um código simples do que um complexo. Por isso, as equipes XP alocam tempo para realizar a reestruturação durante o planejamento dos ciclos semanais.
* **Busca:** Nem sempre é fácil identificar a complexidade do programa, especialmente quando você está acostumado com o código. Às vezes, é preciso se esforçar para encontrar os pontos que devem ser simplificados.
* **Ação:** Encontrou algum código complexo que deveria ser mais simples? Agora é hora de reestruturá-lo!

Com isso, voltamos à prática da **folga**, um recurso ágil cuja função vai além de estender o cronograma do projeto. A folga oferece à equipe o tempo necessário para pagar (ou, melhor, evitar!) a dívida técnica.

Veja bem!

Fique à vontade para deletar o código. ← *Fique à vontade para excluir o código, pois sempre é possível recuperá-lo no repositório de controle de versão.*

Uma das armadilhas mais comuns para os desenvolvedores é a **relutância em excluir o código já escrito**. Isso pode resultar no chamado código inchado: comportamento extra, código inativo e outras redundâncias ou ineficiências que prejudicam a qualidade do código.

programação extrema xp

As equipes XP "pagam" a dívida técnica em cada ciclo semanal

Você ficou surpreso quando soube que os programadores não costumam criar o código perfeito na primeira tentativa? É verdade! O trabalho dos desenvolvedores não consiste apenas em "jogar" o código e passar para o próximo problema. Como os grandes artistas e artesãos, que criam esboços e desenhos preliminares para só então refiná-los e gerar produtos definitivos, os grandes programadores criam versões preliminares do código e reestruturam esses programas várias vezes.

Por isso, as equipes XP mais competentes alocam um **tempo adicional em cada ciclo semanal** para "pagar" a dívida técnica e corrigir esses problemas persistentes antes que eles se acumulem. Como a forma mais eficiente de fazer isso é através da reestruturação do código, as equipes XP têm um nome para esse ótimo hábito: **reestruturar sem piedade**.

> Sei que temos um prazo a cumprir, mas **seria muito bom alocar um tempo** para corrigir o código **agora**, pois a próxima etapa ficará muito mais rápida... e muito menos frustrante!

Debaixo do Capô: Reestruturação

Vamos conferir um exemplo específico de como os desenvolvedores reestruturam o código

A reestruturação consiste em modificar a estrutura do código sem alterar seu comportamento, um processo de fácil compreensão como a maioria das ações das equipes ágeis (embora exija tempo e prática para que suas sutilezas sejam assimiladas). Confira um exemplo comum de reestruturação, realizada por Ana para simplificar seu código pelo **método de extração**:

```
for ( StudioSchedule schedule : getStudioSchedules() ) {
    CustomerTrainers trainers = getTrainersForStudioSchedule( schedule );
    if ( trainers.primaryTrainerAvailable() ) {
        ScheduleUpdater scheduleUpdater = new ScheduleUpdater();
        scheduleUpdater.updateSchedule( schedule );
        scheduleUpdater.setTrainer( trainers.getPrimaryTrainer() );
        scheduleUpdater.commitChanges();
    } else if ( trainers.backupTrainerAvailable() ) {
        ScheduleUpdater scheduleUpdater = new ScheduleUpdater();
        scheduleUpdater.updateSchedule( schedule );
        scheduleUpdater.setTrainer( trainers.getBackupTrainer() );
        scheduleUpdater.commitChanges();
    }
}
```

Estas quatro linhas de código atualizam o cronograma de aulas de um determinado treinador primário.

Estas quatro linhas de código são quase idênticas e têm a mesma função, mas se referem ao treinador reserva.

Ana reestruturou o código movendo as quatro linhas duplicadas para um novo método chamado createScheduleUpdaterAndSetTrainer()

```
for ( StudioSchedule schedule : getStudioSchedules() ) {
    CustomerTrainers trainers = getTrainersForStudioSchedule( schedule );
    if ( trainers.primaryTrainerAvailable() ) {
        createScheduleUpdaterAndSetTrainer( trainers.getPrimaryTrainer() );
    } else if ( trainers.backupTrainerAvailable() ) {
        createScheduleUpdaterAndSetTrainer( trainers.getBackupTrainer() );
    }
}
```

Ana eliminou as linhas duplicadas para simplificar o código. Agora, sempre que ela precisar repetir o procedimento para outros treinadores, poderá reutilizar esse novo método.

você está aqui ▶ 227

projete no último momento viável

O design incremental começa (e termina) com um código simples

As práticas que vimos até aqui são muito úteis para que todos na equipe desenvolvam hábitos e ajudem a criar unidades pequenas, desacopladas e independentes umas das outras. À medida que a equipe começa a desenvolver esses hábitos, passa a praticar o **design incremental**. É nisso que consiste essa prática XP: a equipe cria o design para o projeto em pequenos incrementos, desenvolvendo apenas a parte do design que será objeto do ciclo trimestral em questão e priorizando os itens necessários para o ciclo semanal atual. O grupo constrói pequenas unidades desacopladas, reestrutura o código enquanto remove as dependências, separa as unidades que crescem demais e simplifica o design de cada unidade.

Quando uma equipe XP aplica o design incremental, seu primeiro conjunto de unidades compiladas geralmente evolui para um núcleo pequeno e estável. À medida que o sistema cresce, o grupo adiciona ou modifica um pequeno número de unidades a cada ciclo semanal. Os profissionais devem adotar o desenvolvimento orientado a testes para que cada unidade tenha um mínimo de dependências em relação a outras unidades, o que facilita o funcionamento de todo o sistema. Em cada iteração, a equipe inclui apenas o design necessário para criar o próximo conjunto de histórias. Quando as unidades interagem de forma simples, todo o sistema cresce organicamente, pouco a pouco.

Quando as equipes aplicam o design incremental, identificam, analisam e desenvolvem o design pouco a pouco, como ocorre com o desenvolvimento incremental, em que o grupo identifica, analisa e desenvolve o plano pouco a pouco.

O design incremental não tem como dar certo. Como construir um sistema de grande escala sem primeiro criar um design de grande escala no papel?

Todos os designs mudam. Os designs incrementais são criados para mudar.

Gerações de engenheiros de software aprenderam que o design do sistema tem que ser concluído antes de a equipe começar a codificar. Essa ideia está na base do processo em cascata: a fase de design do projeto deve ser concluída antes de a equipe avançar para a fase de desenvolvimento. Para que o design incremental funcione, as equipes devem **tomar decisões de design no último momento viável**, exatamente como ocorre nas decisões de planejamento do desenvolvimento iterativo.

O design incremental <u>realmente funciona</u> no mundo real. Um dos exemplos mais bem-sucedidos é o conjunto de ferramentas Unix (o conjunto de comandos shell do Unix: `cat`, `ls`, `tar`, `gzip` etc.). Essas ferramentas não foram desenvolvidas de uma só vez, mas criadas com base na *filosofia da simplicidade*: cada ferramenta tem uma função específica e direta, produzindo uma saída que pode servir como entrada para qualquer outra ferramenta. Isso permitiu que milhares de pessoas contribuíssem para o conjunto de ferramentas ao longo dos anos. O recurso cresceu de forma incremental, com cada ferramenta sendo adicionada à medida que a necessidade surgia.

As equipes XP utilizam uma abordagem bastante semelhante, pois também adotam o valor da simplicidade. Como o conjunto de ferramentas do Unix, seu modelo de trabalho também é muito eficiente.

programação extrema xp

> Portanto, quando a equipe *valoriza a simplicidade*, faz sentido criar apenas as unidades necessárias para o próximo conjunto de histórias. Além disso, um design simples **é fácil de modificar**.

É isso mesmo. Com um software projetado para ser modificado, a equipe pode ser mais receptiva a mudanças.

O objetivo central do XP é melhorar o desempenho de programação da equipe, bem como aperfeiçoar e energizar o ambiente de trabalho. Quando todos na equipe realmente "sacam" o design incremental, fica mais fácil trabalhar com o sistema. O serviço como um todo se torna **muito mais satisfatório**: as partes mais entediantes do desenvolvimento de software são reduzidas e muitas vezes eliminadas.

Esse procedimento gera um ciclo de feedback muito positivo: o ciclo semanal e a folga oferecem à equipe tempo suficiente para fazer o trabalho, reestruturar constantemente o código e criar um design simples de forma incremental, o que energiza os profissionais e possibilita que todos abordem os problemas com uma mente limpa e clara, avancem rapidamente e obtenham sucesso na empresa. Esse sucesso *permite que a equipe trabalhe de forma mais eficiente com o setor comercial* e continue planejando o projeto com base em ciclos semanais e folgas.

Esse ciclo de feedback motiva as equipes XP a serem receptivas a mudanças.

PONTOS DE BALA

- As equipes XP são **receptivas a mudanças** e não avessas a elas.

- Uma **compilação de 10 minutos** oferece à equipe um feedback constante sobre o desenvolvimento e reduz a frustração da espera.

- A equipe aplica a **integração contínua** ao atualizar de hora em hora as pastas de trabalho dos profissionais.

- **O desenvolvimento orientado a testes** consiste em criar primeiro os testes de unidade para só depois escrever o código correto, permitindo que as equipes mantenham as unidades de código simples e reduzam as dependências.

- Na **programação em pares**, uma dupla de desenvolvedores usa um só computador para produzir um código melhor e de forma mais rápida do que quando cada profissional atua individualmente.

- Quando há dúvidas sobre a eficácia de uma abordagem técnica, uma **solução de referência** (um pequeno programa descartável) é aplicada pela equipe para testar a solução e determinar sua qualidade.

- As práticas XP se **reforçam mutuamente** para criar um efeito de ecossistema.

- As equipes XP desenvolvem **bons hábitos** e produzem ótimos softwares sem precisarem impor disciplina aos profissionais.

- Quando as práticas de uma metodologia **não parecem uma boa**, isso geralmente indica um choque entre os valores da metodologia e a mentalidade ou cultura da equipe.

- As equipes ágeis valorizam a **simplicidade** porque, com esse valor, produzem código de melhor qualidade em menor quantidade.

- As equipes XP **não trocam a simplicidade** pela reusabilidade.

- A prática do **design incremental** consiste em criar apenas o design necessário para a iteração atual e evita de forma eficiente o aumento da complexidade do sistema.

exaustão e tédio atrasam o projeto

Perguntas Idiotas não existem

P: O XP *realmente* deixa o trabalho mais satisfatório?

R: Sim, com certeza! Quando o local de trabalho está energizado, todos ficam atentos a sinais de exaustão, tédio e agitação. Esses sentimentos muitas vezes indicam que os membros da equipe estão lidando com problemas de código que podem ser evitados ou trabalhando até tarde por conta de um planejamento irresponsável.

P: Por que a mudança no planejamento do estúdio feita por Ryan foi um hack?

R: Havia alguns sinais de alerta evidentes. Primeiro, ele copiou uma classe inteira, deixou uma parte intacta e excluiu as partes de que não precisava, gerando muito código duplicado. Em seguida, ele adicionou o código "especial" a outras partes do sistema. Esse código procura um determinado estado (nesse caso era o agendamento de um estúdio inteiro em vez de uma única aula de ioga ou artes marciais) e executa um comportamento específico apenas para esse caso. Os desenvolvedores tentam evitar esse tipo de solução porque ela dificulta a manutenção do sistema. Quase sempre há uma forma mais elegante de resolver um problema como esse.

P: Certo, mas fiquei confuso a respeito desse negócio de código duplicado. Ryan não deveria ter criado um script de compilação complexo para evitar algumas linhas duplicadas, mas também não deveria ter implementado esse hack em uma classe que tinha muito código duplicado. Afinal, o código duplicado é bom ou ruim?

R: Esteticamente, nada é mais desagradável para um programador do que um bloco de código duplicado em dois locais (ou mais, para piorar!). Quase sempre é melhor reutilizar o código duplicado e transferi-lo para sua própria unidade (como uma classe, função, módulo etc.). Mas às vezes a situação não é tão simples assim, pois pode não ser muito fácil reutilizar algumas linhas de código duplicado. Eventualmente, é muito difícil extraí-las e colocá-las na sua própria unidade. Quando estamos programando, queremos a todo custo evitar um pequeno bloco de código duplicado e acabamos aumentando a complexidade em vez de simplificar o código. Essa foi a armadilha em que Ryan caiu com o script de compilação.

P: Espere aí... "esteticamente desagradável?" Desde quando a estética tem algo a ver com o código?

R: A estética do código é muito importante! Se você não atua como desenvolvedor, talvez estranhe a afirmação de que o código pode ser "esteticamente agradável" ou não. Mas é sinal de talento entre desenvolvedores demonstrar uma noção de estética e até de beleza no código em desenvolvimento. O código duplicado é uma ofensa estética para os profissionais da área, pois quase sempre aponta para a impossibilidade da simplificação.

P: Então, como determinar quando o código é complexo demais ou não é simples o suficiente? Existe uma regra que posso aplicar?

R: Não, não há nenhuma regra que defina o excesso de complexidade. Por isso, a *simplicidade é um valor, não uma regra*. Quanto mais experiência você tiver como programador em equipes que valorizam a simplicidade, melhor será seu desempenho na simplificação do código. Dito isso, há diversos sinais de alerta que indicam quando seu código pode estar complexo demais. Por exemplo, um bloco de código provavelmente está complexo demais se você fica apreensivo ao mexer em qualquer parte dele ou quando há um comentário assustador no topo informando **Não edite nada!**. Os scripts de compilação e testes de unidade são muito complexos quando você evitar fazer qualquer mudança, por mais fácil que seja, para não ter que encarar a dificuldade ou tédio de modificar o script de compilação ou teste de unidade em questão.

P: Ainda não entendi esse negócio de desenvolvimento orientado a testes e simplicidade. Criar primeiro os testes de unidade realmente ajuda na simplificação do código?

R: Sim. Grande parte da complexidade resulta da criação de unidades de código com muitas dependências em relação a outras partes do sistema. Quando não contém dependências como essas, o sistema como um todo fica muito mais fácil de manter e não há aquela sensação de "cirurgia com rifle" ao se trabalhar no código. Os testes de unidade são muito eficientes em evitar dependências desnecessárias, porque cada teste oferece entradas específicas para cada unidade. Quando uma unidade contém muitas dependências, o teste fica muito chato de escrever, e as dependências de que você realmente precisa serão facilmente identificáveis. Muitas vezes, isso também indica outra parte do sistema que pode ser reestruturada. Além disso, essa prática incentiva a realização imediata da reestruturação para deixar o trabalho menos chato, monótono ou frustrante.

P: Reduzir os níveis de aborrecimento e tédio... isso é bom para a equipe, certo?

R: Sim! Uma das melhores formas de aumentar a produtividade da equipe é deixar o trabalho **menos irritante, chato, monótono e frustrante**. Esse é um modo muito eficiente de criar um local de trabalho energizado. Por isso, os membros das equipes XP não conseguem se imaginar trabalhando de outra maneira.

Exaustão, tédio e agitação muitas vezes são os primeiros indicadores de problemas no código que podem ser evitados.

programação extrema xp

Ouvimos Ana, Ryan e Gary conversando. Alguns dos comentários abaixo são compatíveis com os valores XP e outros são incompatíveis. Identifique o valor XP que é compatível ou incompatível com cada opinião. Em seguida, trace uma linha de cada balão até **COMPATÍVEL** ou **INCOMPATÍVEL** e outra linha até o valor Scrum correspondente.

COMPATÍVEL

Essa classe Java é muito grande e tem muitas funções. Vou reestruturá-la em duas classes separadas.

INCOMPATÍVEL

Respeito

COMPATÍVEL

Sempre executo a compilação antes de enviar o código para compilar tudo e fazer os testes da unidade com sucesso.

INCOMPATÍVEL

Comunicação

COMPATÍVEL

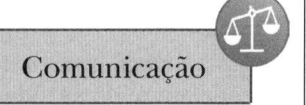

Você está alocando essa tarefa para o novato? Como é muito jovem, vamos dar a ele um trabalho difícil para que ganhe um pouco de experiência.

INCOMPATÍVEL

Simplicidade

COMPATÍVEL

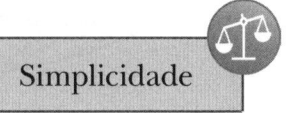

Há um bug no meu código? Coloque uma etiqueta para eu conferir quando tiver tempo.

INCOMPATÍVEL

Feedback

➡ Respostas na página 243

a equipe está feliz porque os negócios prosperam

Quatro meses depois...

Ei, Ryan! Qual foi a última vez que você trabalhou até tarde?

Sabe de uma coisa? Já faz algum tempo. Nosso código costumava ser bem frustrante, mas trabalhar nele tem sido **muito mais fácil** ultimamente.

Em algum ponto do processo, a reestruturação e a programação em pares **deixaram de ser tarefas árduas** e se tornaram um hábito. Agora, sempre que alguém encontra um código ruim, simplesmente tira um tempo para corrigi-lo.

Exatamente! Você lembra do hack que implementei no agendamento do estúdio um tempo atrás? George precisava de uma mudança para que os clientes pudessem reservar o estúdio.

Pensei que esse item seria horrível de desenvolver e demoraria três semanas, mas alguém já havia reestruturado o código, **facilitando a limpeza da bagunça que eu criei antes**. Fiz tudo em apenas três dias.

O importante é que funcionou, pessoal. Estou negociando com a maior rede de estúdios de ioga do país. Como esse recurso era um item obrigatório para essa empresa, fiz uma demonstração para o vice-presidente sênior e conseguimos fechar a maior venda do ano!

Cruzadas XP

programação extrema xp

Respostas na página 244

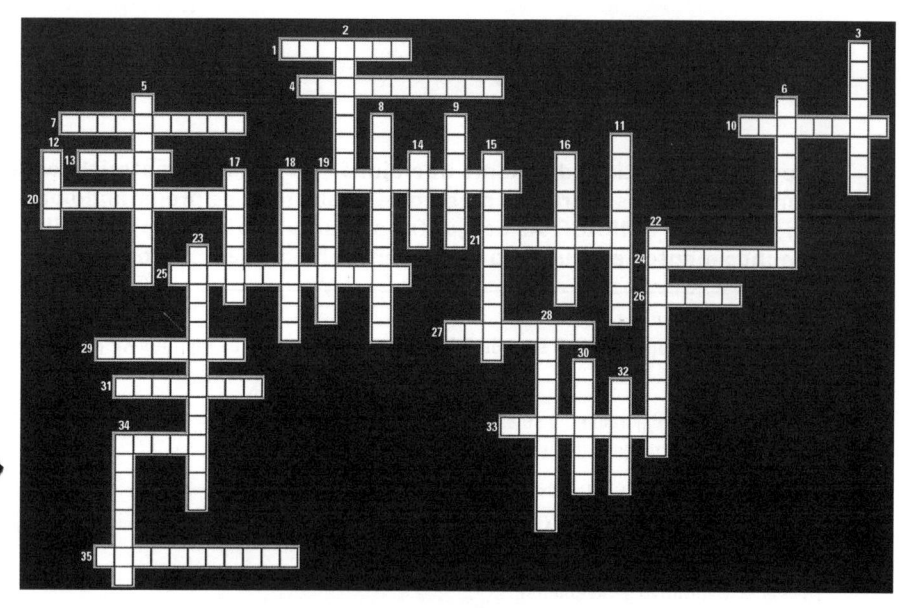

Horizontais

1. Tipo de modelo em que as equipes XP substituem sua prática de planejamento por uma implementação completa e não modificada do Scrum
4. Tipo de ritmo almejado pelas equipes XP e tipo de desenvolvimento promovido pelos processos ágeis
7. Tipo de solução que consiste em um pequeno programa descartável que realiza uma experiência
10. O código se divide em _____
13. Para melhorar sua comunicação, as equipes trabalham no mesmo _____
19. As equipes XP criam _____ automatizadas que rodam em 10 minutos ou menos
20. Ao adotarem esse valor, os profissionais não se importam com o papo furado no ambiente de trabalho
21. Frequência das iterações no XP
24. Tipo de programação em que dois profissionais compartilham um computador
25. Postura das equipes XP em relação às mudanças
26. Conjunto de mudanças transmitido a um sistema de controle de versão
27. No TDD, é preciso criar testes de unidade _____
29. Todos na equipe _____ continuamente o código que está nas suas pastas de trabalho no sistema de controle de versão
31. Tipo de comunicação em que você absorve as informações de conversas ao seu redor
33. Outro nome para uma solução improvisada e rápida
34. Prática adotada pelas equipes para incluir itens opcionais ou menores no ciclo
35. As práticas XP se integram e reforçam mutuamente para formar um _____

Verticais

2. Valor do XP e do Scrum que difunde a confiança entre os membros da equipe
3. O foco do Scrum é direcionado para a gestão de _____
5. Um gráfico de burndown ou quadro de tarefas situado em um local visível para propagar dados é um _____ de informação
6. Prática usada no XP e no Scrum para gerenciar requisitos
8. Valor que maximiza a quantidade de trabalho por fazer
9. Nas equipes XP, não há _____ fixas ou sugeridas
11. Para fazer um planejamento de médio a longo prazo, as equipes XP adotam o ciclo _____
12. Solução desajeitada e rápida
14. Um programador leva de 15 a 45 minutos para alcançar este estado de alta concentração
15. Recurso do sistema de controle de versão em que a equipe armazena o código
16. As equipes de desenvolvimento ágil devem ser receptivas às _____ nos requisitos, mesmo com o desenvolvimento em andamento
17. Esse valor evita que os profissionais concordem com prazos impossíveis de serem cumpridos só por conveniência
18. É muito menos estressante trabalhar com um código fácil de _____
19. Ocorre quando você tenta enviar uma mudança de código, mas descobre que seu colega de equipe já enviou uma alteração nas mesmas linhas de código
22. Aumentam a complexidade do código
23. Simplifica um código complexo
28. Tipo de design no qual as equipes tomam decisões de design no último momento viável
30. São melhores do que impor disciplina para viabilizar as práticas
32. Incomodar as pessoas para conseguir isso não é apenas chato e ineficaz, como muito contraproducente
34. Tipo de ciclo adotado pelas equipes para obter informações úteis e fazer ajustes constantemente

Perguntas do Exame

> As perguntas práticas do exame irão ajudá-lo a revisar o material deste capítulo. Tente respondê-las mesmo se não estiver se preparando para a certificação PMI-ACP. As perguntas são uma ótima forma de avaliar conhecimentos e lacunas, o que facilita a memorização do material.

1. Qual das seguintes opções NÃO é verdadeira sobre o modo como as equipes XP planejam seu trabalho?

    A. As equipes XP geralmente se auto-organizam e seus membros selecionam suas próximas tarefas em uma pilha de fichas

    B. As equipes XP adotam iterações de uma semana

    C. A prioridade das equipes XP é o código e seus profissionais se dedicam muito pouco ao planejamento

    D. O XP é iterativo e incremental

2. Como os valores e práticas XP incentivam as equipes a serem receptivas a mudanças?

    A. Orientando seus profissionais a criarem um código mais fácil de modificar

    B. Estabelecendo limites estritos sobre o modo como os usuários solicitam alterações

    C. Aplicando um processo de controle de alterações

    D. Limitando o contato entre os usuários internos e a equipe

3. Amy atua como desenvolvedora em uma equipe que cria apps móveis para usuários de transporte público. O grupo adotou o XP, mas em vez de implementarem os ciclos semanais, trimestrais e folgas, os profissionais realizam o Scrum Diário, fazem o planejamento da etapa e promovem retrospectivas. Qual das seguintes opções MELHOR descreve a equipe da Amy?

    A. A equipe não faz um planejamento adequado

    B. A equipe ainda está implementando o XP

    C. A equipe adota uma combinação entre o Scrum e o XP

    D. A equipe está fazendo a transição do XP para o Scrum

4. Qual das seguintes opções NÃO é comum ao XP e ao Scrum?

    A. Funções

    B. Iterações

    C. Respeito

    D. Coragem

programação extrema *xp*

Perguntas do Exame

5. Qual das seguintes opções é um método utilizado pelas equipes XP para fazer estimativas?

- A. Planning poker
- B. Jogo do planejamento
- C. Técnicas tradicionais de estimativa de projetos
- D. Todas as opções acima

6. Evan atua como gerente de projetos em uma equipe XP. Nos últimos ciclos semanais, ele percebeu que os profissionais sempre usam fones de ouvido para ouvir música enquanto programam. Evan está preocupado com a falta de comunicação por osmose, pois isso pode deixar o espaço de trabalho menos informativo. Portanto, ele convocou uma reunião com a equipe para explicar a prática XP do espaço de trabalho informativo e sugeriu que os colaboradores adotem uma regra para o uso de fones de ouvido no local trabalho.

Qual das opções abaixo MELHOR descreve essa situação?

- A. A equipe não está aplicando a prática do espaço de trabalho informativo
- B. Evan tem o dever de ajudar a equipe a adotar o XP e está demonstrando que é um líder servidor
- C. Evan precisa se informar mais sobre os valores do XP
- D. A equipe adota um modelo híbrido de Scrum e XP

7. Qual das seguintes opções contém uma afirmação verdadeira sobre o desenvolvimento orientado a testes?

- A. Os testes de unidade são escritos logo após a criação do código a ser testado
- B. Criar primeiro os testes de unidade pode influenciar decisivamente o design do código
- C. O desenvolvimento orientado a testes é adotado exclusivamente pelas equipes XP
- D. A criação de testes de unidade estende a duração do projeto porque a equipe passa mais tempo programando, mas ainda assim é válida porque aumenta a qualidade do produto

8. No que consiste a integração contínua?

- A. Configurar um servidor de compilação para integrar constantemente o código mais recente em uma pasta de trabalho e alertar a equipe sobre falhas de compilação ou teste
- B. Adotar a iteração para produzir continuamente software em funcionamento
- C. Orientar cada membro da equipe a manter suas pastas de trabalho atualizadas, de acordo com o código mais recente no sistema de controle de versão
- D. Reduzir continuamente a dívida técnica, aperfeiçoar a estrutura do código sem modificar seu comportamento e reintegrar essas mudanças

Perguntas do Exame

9. Qual das seguintes opções NÃO é um exemplo de irradiador de informação?

A. Orientar a equipe a trabalhar no mesmo local para absorver as informações veiculadas nas conversas entre os profissionais

B. Colocar um gráfico de burndown em um local visível a todos os profissionais

C. Colocar o painel de tarefas da equipe em uma parede na área comum

D. Manter uma lista das histórias concluídas pela equipe no ciclo semanal em um quadro branco visível a todos os profissionais

10. Todas as práticas a seguir criam ciclos de feedback para as equipes XP, exceto:

A. Desenvolvimento orientado a testes

B. Integração contínua

C. Compilação de 10 minutos

D. Histórias

11. Por que as equipes usam wireframes de baixa resolução?

A. Os usuários oferecem mais feedback quando o modelo da interface parece menos definitivo

B. As equipes ágeis raramente criam software com áudio detalhado

C. A equipe só cria e analisa um conjunto de wireframes por ciclo semanal

D. Os wireframes são utilizados apenas para representar as interfaces menos complexas e as equipes XP valorizam a simplicidade

12. Qual das seguintes opções promove o desenvolvimento sustentável?

A. Planejar minuciosamente os próximos seis meses de trabalho para evitar surpresas para a equipe

B. Orientar todos os profissionais a criarem o produto correto na primeira tentativa, evitando a necessidade de uma revisão

C. Orientar todos os profissionais a saírem do serviço na hora adequada e eliminar as jornadas nos finais de semana para não esgotar a energia da equipe

D. Estabelecer prazos apertados para motivar os profissionais

13. Qual das seguintes opções NÃO é um benefício da programação em pares?

A. Todos na equipe ganham experiência ao atuarem em diferentes partes do sistema

B. Dois profissionais analisam cada mudança

C. Os profissionais se ajudam a manter o foco

D. Os colaboradores trabalham em rodízio para reduzir o cansaço

Perguntas do Exame

14. Joanne atua como desenvolvedora em uma equipe que reestrutura constantemente, promove a integração contínua, cria primeiro os testes de unidade e aplica muitas outras práticas do XP. Qual das opções abaixo MELHOR explica a cultura da equipe?

    A. O grupo dispõe de um gerente rigoroso para impor as regras do XP

    B. O grupo tem bons hábitos

    C. O grupo é muito disciplinado

    D. O grupo teme demissões caso não se adeque ao padrão

15. O que acontece quando a execução da compilação demora mais de 10 minutos?

    A. Ocorrem erros no processo de empacotamento

    B. Os membros da equipe executam a compilação com pouca frequência

    C. Ocorrem conflitos de mesclagem difíceis de resolver

    D. Ocorre falhas nos testes de unidade

16. Joy atua como desenvolvedora em uma equipe que está criando um sistema operacional móvel. Ela tenta enviar o código de um recurso em que está trabalhando, mas o sistema de controle de versão não permite esse envio até que vários conflitos sejam resolvidos. Qual das práticas abaixo será MELHOR para evitar esse problema no futuro?

    A. Ritmo sustentável

    B. Integração contínua

    C. Compilação de 10 minutos

    D. Desenvolvimento orientado a testes

17. Kiah atua como desenvolvedora em um projeto XP e sua equipe está fazendo o planejamento trimestral. O grupo tem que entregar um recurso muito importante para evitar sérias consequências para o projeto. Por ser especializada nesse tipo de recurso, Kiah fará o trabalho de programação. Na opinião dela, o projeto é relativamente simples e ela sabe exatamente como criar o produto.

Qual é a MELHOR ação a ser tomada por Kiah e sua equipe?

    A. Incluir uma história para uma referência arquitetônica em um dos primeiros ciclos semanais

    B. Construir um wireframe de baixa resolução para obter feedback preliminar

    C. Incluir uma história para uma referência baseada em riscos em um dos primeiros ciclos semanais

    D. Realizar mais testes de usabilidade

Respostas Perguntas do Exame

> Aqui estão as respostas das perguntas do exame prático deste capítulo. Quantas você acertou? Se errou apenas uma, tudo bem. Vale a pena rever esse tópico no capítulo para compreender melhor o assunto.

1. Resposta: C

As equipes XP podem não priorizar a gestão de projetos tanto quanto as equipes Scrum, mas o XP ainda é uma metodologia iterativa e incremental que valoriza as equipes auto-organizadas. Esses princípios integram todas as metodologias ágeis.

2. Resposta: A

Isso também evita que a revisão cause muitos erros.

É muito mais fácil para as equipes serem receptivas a mudanças quando essas alterações não estão associadas a dificuldades. O XP viabiliza isso, pois estabelece práticas e valores com os quais as equipes podem criar um código mais fácil de modificar.

3. Resposta: A

As equipes que adotam uma combinação de Scrum/XP substituem as práticas XP relacionadas ao planejamento por uma implementação completa do Scrum. A equipe de Amy não fez isso. O grupo adotou algumas das práticas Scrum, mas abandonou o ciclo trimestral sem adicionar nenhum tipo de backlog do produto e, portanto, parou de fazer qualquer tipo de planejamento de longo prazo.

A equipe também não tem um Scrum Master ou Product Owner. Que outras práticas do Scrum não foram adotadas? Na sua opinião, o que isso indica sobre a mentalidade dos membros da equipe de Amy?

4. Resposta: A

O XP e o Scrum valorizam o respeito e a coragem e adotam iterações com duração predeterminada para fins de planejamento. Mas no XP não há funções fixas, enquanto as equipes do Scrum devem sempre indicar membros da equipe para preencher as funções do Product Owner e do Scrum Master.

O jogo do planejamento é uma prática que fazia parte de uma versão inicial do XP. Ele orientava a equipe na criação de um plano de iteração, que consistia na decomposição de histórias em tarefas e na sua atribuição aos membros da equipe. Ainda é usado por algumas equipes, mas o planning poker é muito mais popular.

5. Resposta: D

As equipes XP usam várias técnicas para fazer estimativas e não há uma regra específica que estabeleça uma técnica específica para os profissionais. Portanto, todas as técnicas listadas são válidas. Outra técnica seria uma simples reunião com a equipe para definir o tempo previsto para o trabalho.

programação extrema xp

~~Perguntas~~ Respostas do Exame

6. Resposta: C

Pode parecer estranho falar sobre sentimentos no local trabalho, mas isso é muito importante para a eficiência da equipe. É muito difícil inovar e realizar um trabalho complexo de natureza intelectual e criativa quando você se distrai com sentimentos negativos, como o ressentimento.

Evan concluiu que a equipe está fazendo algo errado porque os profissionais não estão de acordo com sua interpretação pessoal das práticas do XP. Quando convocou a reunião da equipe e propôs uma regra para o uso de fones de ouvido, ele estava ignorando o fato de que é assim que a equipe prefere trabalhar. Isso é muito desrespeitoso e mostra que ele não confia no grupo para determinar sua própria forma eficiente de trabalhar. O respeito é um valor básico do XP e ignorá-lo prejudica toda a equipe, além de provocar ressentimentos e outros sentimentos negativos.

7. Resposta: B

Criar primeiro os testes de unidade pode influenciar decisivamente o design do código. Isso porque, quando você está escrevendo os testes, é mais fácil identificar construções estranhas e conexões desnecessárias entre as unidades. O desenvolvimento orientado a testes não é uma prática exclusiva das equipes XP. Na verdade, muitas equipes utilizam esse modelo, inclusive nos projetos em cascata. Mesmo que, em geral, os desenvolvedores tenham que programar mais, a maioria dos profissionais que implementam o desenvolvimento orientado a testes conclui que essa ferramenta ajuda a economizar muito tempo, pois agiliza bastante a correção de bugs e a implementação de mudanças.

8. Resposta: C

O tempo total que as equipes dedicam a escrever o código dos testes de unidade é mais do que compensado pela economia do tempo necessário para fazer mudanças. Esse não é um efeito de longo prazo, pois pode ser facilmente verificado em dias ou até horas.

A integração contínua é uma prática simples que pode ter um efeito fora do comum no projeto. Nesse modelo, a equipe integra a cada hora o código mais recente no sistema de controle de versão nas suas pastas de trabalho. Isso evita a necessidade de lidar com conflitos de mesclagem demorados e chatos que atingem muitos arquivos ao mesmo tempo.

9. Resposta: A

Um irradiador de informações é qualquer tipo de ferramenta visual que, ao ser colocado em local de grande visibilidade, transmite informações úteis sobre o projeto aos membros da equipe. A primeira resposta descreve a comunicação osmótica.

10. Resposta: D

Os irradiadores de informações e a comunicação osmótica são ferramentas que viabilizam a prática do espaço de trabalho informativo.

As histórias são muito úteis, mas não criam um ciclo de um feedback como as práticas de desenvolvimento orientado a testes, integração contínua e compilações de 10 minutos. Isso porque, na maioria das vezes, a história não muda muito depois de ser escrita e, portanto, não pode incluir novas informações em vários momentos. As outras três práticas criam ciclos de feedback diversas vezes ao longo de um ciclo semanal.

você está aqui ▶ **239**

respostas do exame
~~Perguntas~~ Respostas do Exame

11. Resposta: A

Os wireframes geralmente são de baixa resolução, ou seja, parecem esboços desenhados à mão. Os usuários muitas vezes ficam mais à vontade para oferecer feedback sobre um esboço do que para um modelo definitivo com dados precisos, pois acham intimidante solicitar mudanças em um design já finalizado. Além disso, um wireframe de baixa resolução pode captar todos os detalhes de uma interface de usuário e ser tão complexo ou simples quanto um modelo definitivo.

> Em regra, wireframes de baixa resolução dão muito menos trabalho de fazer do que os definitivos, permitindo que as equipes analisem várias versões diferentes com a colaboração dos usuários. Os usuários podem ajudar a equipe a testar uma IU em várias iterações durante um ciclo semanal.

12. Resposta: C

O desenvolvimento sustentável ocorre quando a equipe trabalha em um ritmo tranquilamente praticável, o que geralmente corresponde a uma jornada normal de trabalho de 40 horas.

> Em muitas equipes, há um ou dois integrantes que fazem questão de trabalhar até tarde para demonstrar seu "comprometimento" (ou impressionar o chefe). Isso por vezes coloca muita pressão em todos para esticar o expediente, o que pode facilmente criar um ritmo insustentável e esgotar as energias da equipe.

13. Resposta: D

A programação em pares é uma prática muito eficiente porque consiste em dois profissionais trabalhando no mesmo computador, mantendo o foco, colaborando o tempo todo, identificando vários problemas e tendo um desempenho melhor do que se estivessem trabalhando individualmente. No entanto, os dois colaboradores estão sempre atuando ao mesmo tempo sem se revezar.

14. Resposta: B

As equipes XP aplicam ótimas práticas diariamente porque têm bons hábitos. Não fazem isso por disciplina e certamente não atuam por medo de alguma coisa. A disciplina e o medo podem provocar mudanças temporárias e de curto prazo no modelo de trabalho das equipes, mas o grupo logo retoma seus hábitos.

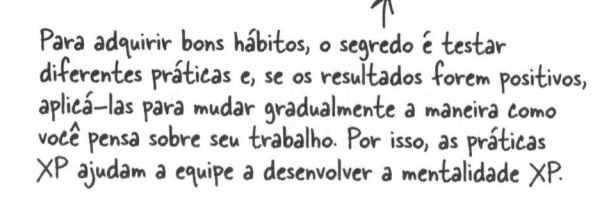

> Para adquirir bons hábitos, o segredo é testar diferentes práticas e, se os resultados forem positivos, aplicá-las para mudar gradualmente a maneira como você pensa sobre seu trabalho. Por isso, as práticas XP ajudam a equipe a desenvolver a mentalidade XP.

> Kent Beck, o criador do XP, disse certa vez: "Não sou um ótimo programador. Sou apenas um *bom programador* com **bons hábitos**."

programação extrema xp

~~Perguntas~~ Respostas do Exame

15. Resposta: B

Quando a execução de uma compilação automática demora muito, a equipe roda o programa com menos frequência e, portanto, recebe feedbacks menos frequentes sobre o estado da compilação.

16. Resposta: B

A integração contínua é uma prática simples na qual os membros da equipe mantêm suas pastas de trabalho atualizadas com base nas mudanças mais recentes registradas no sistema de controle de versão. Isso evita muitos conflitos de mesclagem, que podem ocupar excessivamente o tempo da equipe e causar muita frustração.

17. Resposta: C

Uma referência baseada em risco é uma solução adotada pela equipe com o objetivo específico de reduzir o risco do projeto. Nesse caso, como Kiah já conhece a abordagem técnica a ser utilizada, não é necessário aplicar uma referência arquitetônica. Mas como o risco desse recurso específico é muito alto, é recomendável incluir uma referência baseada em risco em um ciclo semanal logo no início do projeto. Dessa forma, o risco será eliminado o quanto antes.

↑

Caso haja problemas inesperados, é muito melhor descobri-los no início do projeto.

soluções dos exercícios

Agora, observe esse jogo de "Quem sou eu?" com as práticas e valores do XP. Com base nas pistas abaixo, identifique os elementos correspondentes e escreva o nome e o tipo de cada item (evento, função etc.).

Observação: Pode haver algumas <u>ferramentas</u> que <u>não</u> são práticas ou valores XP entre os demais itens!!

Quem sou eu? solução

Descrição	Nome	Tipo do item
Ajudo as equipes XP a desenvolverem uma mentalidade para a qual a melhor forma de resolver problemas é compartilhar conhecimento entre os integrantes.	comunicação	valor
Sou uma ótima forma de absorver informações sobre o projeto a partir das discussões que acontecem ao meu redor.	comunicação por osmose	ferramenta
Ajudo a entender as demandas do usuário e também sou bastante utilizada pelas equipes Scrum.	histórias	prática
Sou um espaço profissional que permite a comunicação eficiente de informações sobre o projeto.	espaço informativo	prática
Ajudo a equipe a trabalhar em um ritmo sustentável, evitando jornadas longas que resultam em menos código e má qualidade.	trabalho energizado	prática
Sou o modo como as equipes XP fazem seu planejamento de longo prazo, por meio de reuniões trimestrais com os usuários para definir o backlog.	ciclo trimestral	prática
Ajudo os profissionais a desenvolverem uma mentalidade voltada para o tratamento digno e valorização do trabalho e das contribuições uns dos outros.	respeito	valor
Sou o fator que motiva os integrantes das equipes XP a dizerem a verdade sobre o projeto, mesmo que seja desconfortável.	coragem	valor
Sou o modo como as equipes XP implementam o desenvolvimento iterativo e entregam cada incremento do software em funcionamento como "Concluído".	ciclo semanal	prática
Sou um grande gráfico de burndown ou quadro de tarefas colocado em um local visível a todos os profissionais.	irradiador de informações	ferramenta
Determino que a equipe disponha de um espaço para que todos os profissionais atuem próximos dos seus colegas.	trabalhar no mesmo local	prática
Ajudo a equipe a ter um espaço de manobra em cada iteração e posso conter histórias ou tarefas opcionais.	folga	prática

242 *Capítulo 5*

programação extrema xp

JULGAMENTO APELAÇÃO
Solução

Ouvimos Ana, Ryan e Gary conversando. Alguns dos comentários abaixo são compatíveis com os valores XP e outros são incompatíveis. Identifique o valor XP que é compatível ou incompatível com cada opinião. Em seguida, trace uma linha de cada balão até **COMPATÍVEL** ou **INCOMPATÍVEL** e outra linha até o valor Scrum correspondente.

COMPATÍVEL
> Essa classe Java é muito grande e tem muitas funções. Vou reestruturá-la em duas classes separadas.

INCOMPATÍVEL
Quando uma unidade tem duas funções diferentes, dividi-la em duas unidades separadas e independentes diminui um pouco a complexidade do código.

COMPATÍVEL
> Sempre executo a compilação antes de enviar o código para compilar tudo e fazer os testes da unidade com sucesso.

INCOMPATÍVEL
Quando você realiza os testes antes do envio, obtém um feedback imediato e pode determinar se um bug foi adicionado e corrompeu outra parte do código.

COMPATÍVEL
> Você está alocando essa tarefa para o novato? Como é muito jovem, vamos dar a ele um trabalho difícil para que ganhe um pouco de experiência.

INCOMPATÍVEL
É muito desrespeitoso tratar um integrante da equipe como um "cidadão de segunda classe" e atribuir a ele apenas tarefas que, de alguma forma, não são "boas" para os outros.

COMPATÍVEL
> Há um bug no meu código? Coloque uma etiqueta para eu conferir quando tiver tempo.

INCOMPATÍVEL
Quando alguém apontar um problema no seu código, sempre vale a pena tirar um tempo para ouvir.

- Respeito
- Comunicação
- Simplicidade
- Feedback

solução da **palavra cruzada**

Cruzadas XP — Solução

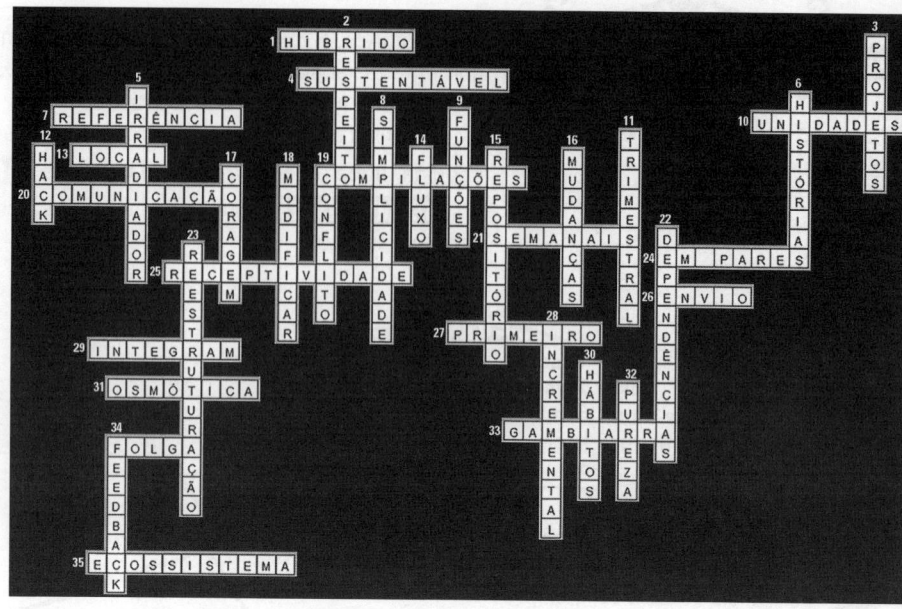

Horizontais:
1. HÍBRIDO
4. SUSTENTÁVEL
7. REFERÊNCIA
10. UNIDADES
13. LOCAL
20. COMUNICAÇÃO
21. SEMANAIS
24. EM PARES
25. RECEPTIVIDADE
26. ENVIO
27. PRIMEIRO
29. INTEGRAM
31. OSMÓTICA
33. GAMBIARRAS
34. FOLGA
35. ECOSSISTEMA

Verticais:
2. REPEITO
3. PROJETOS
5. IRRADIADOR
6. HISTÓRIA
8. SIMPLICIDADE
9. FUNÇÕES
11. TRIMESTRAL
12. HACK
14. FLUXO
15. REPOSITÓRIO
16. MUDANÇAS
17. CORAGEM
18. MODIFICAR
19. ONDE
22. DEPENDÊNCIAS
23. REESTRUTURAÇÃO
28. INCREMENTAL
30. HÁBITOS
32. PUREZA
34. FEEDBACK

Aponte o seu lápis — Solução

Os três cenários abaixo representam situações em que Ryan e Ana esperam obter feedback sobre o projeto. Escreva o nome da ferramenta correspondente a cada cenário.

> Precisamos de um novo tipo de armazenamento para os horários dos treinadores que ocupe menos memória. Estou criando uma prova de conceito para definir o volume de trabalho necessário para desenvolver esse item.

referência arquitetônica

> Não estou satisfeita com o modo de inicialização da classe, pois será difícil de usar. Depois de realizar os testes de unidade, irei modificá-la.

vermelho/verde/reestruturar

> Concluí o design da nova interface do usuário. Para verificar seu funcionamento, vamos reunir alguns usuários e observar o modo como interagem com a interface.

testando a usabilidade

6 Lean/Kanban

Eliminando desperdícios e gerenciando o fluxo

> Nunca estou ocupado demais para **acabar com o desperdício**!

As equipes ágeis sabem que sempre podem melhorar seu desempenho. Profissionais que adotam uma **mentalidade Lean** sabem como descobrir se estão dedicando seu tempo a tarefas que não **entregam valor**. Em seguida, eliminam o **desperdício** que está atrasando o grupo. Muitas equipes que adotam a mentalidade Lean usam o **Kanban** para definir os **limites do trabalho em andamento** e criar **sistemas puxados** para que os profissionais não se distraiam com tarefas pouco importantes. Neste capítulo, vamos aprender a conceber o processo de desenvolvimento como um **sistema completo** para, assim, criar softwares melhores!

este é um novo capítulo

novo processo, mesmos problemas

Problemas com o Analisador de Audiência 2.5

Vamos conferir de novo o que se passa com Kate, Ben e Mike. A versão anterior foi um grande sucesso porque a equipe tinha uma definição precisa das demandas dos usuários desde o início. Quando os profissionais começaram a definir os recursos que entrariam no Analisador de Audiência 2.5, alguns problemas que eles tentaram corrigir com as práticas ágeis voltaram.

> Fizemos um monte de mudanças quando adotamos a metodologia ágil, mas estou começando a achar que não valeu a pena. Parece que ainda temos os **mesmos problemas do projeto anterior** e o desenvolvimento ágil deveria resolver essa situação! Antes, nossas obsessões eram as horas de trabalho e o número de colaboradores. Agora, estamos sempre falando sobre quantos pontos da história podem ser incluídos em cada lançamento. Vamos lá... como isso pode ser uma melhoria?

> Compreendo. É verdade, a equipe deve colaborar para realizar o projeto. Mas eu tenho metas de vendas a cumprir. Portanto, temos que dizer aos clientes que a equipe entregará o produto no final do trimestre.

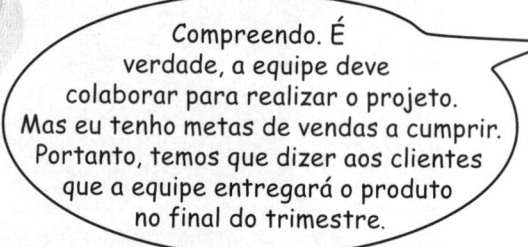

No início, todos na equipe de desenvolvimento de Mike ficaram empolgados com o desenvolvimento ágil. Mas, nos últimos tempos, ele teve muitas reuniões com profissionais que reclamaram sobre como o projeto ficou estressante.

Ben adora conferir o progresso da equipe ao final de cada etapa. Mas como Product Owner, ele precisa saber o volume de trabalho que a equipe pode realizar por trimestre para que as projeções de vendas do produto sejam concretizadas.

lean kanban

> Concordo. Isso me parece muito familiar, mas não no bom sentido. Acho que **há algo errado** com a forma como estamos trabalhando.

Ben: Por que é tão difícil para a equipe me informar quais recursos serão incluídos no próximo lançamento importante? Não podemos simplesmente chamar nossos clientes para uma demonstração e depois dar um jeito de atender às solicitações deles.

Kate: Compreendo. Todos compreendem. Você está pedindo um recurso muito importante, que todos querem para ontem.

Mike: O problema é que **todos** são recursos muito importantes.

Kate: Certo. E sempre são para ontem.

Ben: Mas alto lá, pessoal. Sem querer ser desmancha-prazeres, mas a empresa precisa avançar. Nossa equipe costumava ser uma máquina bem azeitada. As primeiras iterações foram excelentes. Todos sabiam o que deviam fazer e eu sempre informava com precisão aos gerentes quais itens estariam no próximo lançamento. Mas, nos últimos tempos, surgiram três recursos que o grupo não está conseguindo incluir. Pior ainda, estamos sempre encontrando erros agora e vocês não costumavam entregar um trabalho de baixa qualidade antes. Qual é o problema?

Kate: Francamente, Ben, não tenho uma boa resposta. Há algo de errado no modo como estamos planejando o trabalho. Sei que estamos atrasando, mas não consigo definir uma solução para isso. Não sei o que fazer. O trabalho está se acumulando a cada iteração, mas isso é bom, pois significa que podemos lidar com incertezas. Fazer planejamento de longo prazo não é torturante para nós, mas... bem...

Mike: Entendo a situação, Kate. Basicamente, antes a equipe era focada no instante: cada profissional tinha que realizar uma tarefa em um momento e outra depois. Agora, todos na equipe sabem exatamente os recursos que farão nos próximos dois, três e até seis meses. É como se o futuro do projeto fosse tão importante que o serviço de hoje acaba nos *impedindo de executar os trabalhos programados para amanhã*. Temos a sensação constante de atraso, o que nos faz cometer erros e improvisar soluções. Parece que existe um volume imenso de trabalho por fazer, que a equipe deve executar rapidamente. Essa é uma situação muito estressante e está prejudicando a qualidade do produto.

Ben: Sei que nossos projetos não precisam ser assim. Mas não tenho ideia de como resolver isso. Na sua opinião, podemos melhorar as coisas?

Kate é a profissional que mais conhece o problema, o que geralmente ocorre com os gerentes de projetos. Ela percebe o sentimento da equipe em relação à lentidão do processo e ao aumento da pressão para realizar o serviço.

PODER DO CÉREBRO

Você já atuou em uma equipe que, a partir de um ponto, não conseguia mais trabalhar tão bem quanto antes? Na sua opinião, o que causava esse problema? Existe alguma forma de a equipe melhorar a forma como trabalha?

uma mentalidade com um nome

Lean é uma <u>mentalidade</u> (não uma metodologia)

Já falamos sobre o Scrum e o XP e explicamos que cada uma dessas abordagens tem um componente de mentalidade (valores) e um componente de método (práticas). Mas o Lean é diferente. Não é uma metodologia nem estabelece práticas. O **Lean é uma mentalidade** baseada em princípios que dirigem o processo implementado pela equipe para viabilizar a criação de produtos de qualidade para os clientes. Se o Scrum indica um modelo de processo (com funções, reuniões de planejamento, etapas, avaliações de etapas, retrospectivas), o Lean orienta o profissional a analisar a forma como trabalha atualmente, identificar os problemas e aplicar os princípios Lean para corrigi-los. Em vez de impor regras, o Lean oferece ferramentas que determinam se o processo em questão pode realmente concretizar seus objetivos.

> **As equipes Lean analisam a forma como trabalham atualmente e identificam seus problemas mais comuns. Em seguida, promovem mudanças para melhorar seu modelo de trabalho.**

Lean, Scrum e XP são compatíveis

Você não precisa ter um Product Owner ou um Scrum Master na sua equipe para adotar o Lean. Também não precisa fazer reuniões de planejamento no primeiro dia de cada etapa ou retrospectivas ao final. Do mesmo modo, não é necessário implementar a programação em pares, trabalhar no mesmo local ou reestruturar sem piedade. Porém, tanto o XP quanto o Scrum foram desenvolvidos com base no Lean. Então, ao adotar (ou não) o XP ou o Scrum, você pode aplicar o Lean para melhorar o desempenho da sua equipe.

Os princípios Lean trazem uma nova perspectiva

O Lean se divide em **princípios Lean** e **ferramentas do pensamento,** que viabilizam a aplicação dos princípios durante a criação dos softwares. Todas as metodologias ágeis são influenciadas pelo pensamento Lean, e muitas das ideias apresentadas neste capítulo vão soar familiares a você ou desenvolver conceitos abordados nos capítulos anteriores. Mas, segundo o Lean, você deve aplicar esses conceitos no seu processo de desenvolvimento e aperfeiçoar continuamente a forma como trabalha. As equipes que adotam o Lean têm até mesmo um nome para a aplicação desses princípios e ferramentas do pensamento: **pensamento Lean**.

Eliminar o desperdício

Criar um produto exige muito trabalho. Mas as equipes geralmente trabalham mais do que precisam: incluem recursos desnecessários ou desperdiçam tempo tentando fazer várias tarefas ao mesmo tempo e esperando algo acontecer. Nas equipes que adotam a mentalidade Lean, os profissionais se dedicam a identificar esse desperdício e eliminá-lo do projeto, muitas vezes removendo focos de distração que dificultam a criação de um software que atenda às demandas dos usuários.

Amplificar o aprendizado

Este princípio orienta os profissionais a dominarem suas atividades e aproveitarem o feedback no aperfeiçoamento contínuo do seu desempenho. Ao fazer mudanças no modelo de trabalho da equipe, observe os efeitos dessas alterações e use suas observações para definir as próximas modificações.

Decidir o mais tarde possível

Deixe para tomar as decisões mais importantes do projeto quando dispor de mais informações sobre o trabalho, ou seja, no último momento viável. Não se precipite ao tomar decisões desnecessárias no momento.

Para lembrar o significado da expressão "último momento viável", tire um minuto para conferir novamente o Capítulo 3.

Entregar o mais rápido possível

Tudo o que atrasa o projeto custa caro. Portanto, sempre avalie a forma como você trabalha para identificar os focos de atrasos e seus efeitos sobre a equipe. Estabeleça **sistemas puxados**, **filas** e **buffers** para uniformizar o trabalho e desenvolver o produto da forma mais rápida e eficiente possível.

Vamos falar mais sobre esse ponto no decorrer do capítulo.

não tão diferente afinal de contas

Mais princípios Lean

Você se lembra do encontro em Snowbird de que falamos no Capítulo 2? Nessa ocasião, os participantes debateram profundamente sobre auto-organização, simplicidade e melhoria contínua, três princípios ágeis e Lean.

> Se as equipes Scrum aplicam a transparência, inspeção e adaptação no projeto para melhorar seu desempenho a cada Etapa, as equipes Lean determinam os efeitos das mudanças e utilizam essas informações para avaliar a eficácia das modificações e definir se é necessário mudar de abordagem. As equipes Lean aplicam esses princípios e ferramentas do pensamento para encontrar a rota mais eficiente entre o conceito e a disponibilização do software definitivo para os clientes.

Capacitar a equipe

Ninguém conhece tão bem a dinâmica da equipe quanto seus integrantes. Com base nesse princípio, os profissionais devem ter acesso às informações necessárias sobre os objetivos e o progresso do projeto e a equipe deve determinar o modelo mais eficiente de trabalho.

Incorporar a integridade

Os usuários podem compreender melhor o propósito do software e avaliar a qualidade do trabalho quando a equipe cria um produto que atende às suas demandas. Se o software em desenvolvimento for intuitivo e tiver uma função útil para os usuários, o empenho dos profissionais na sua criação terá sido produtivo.

Ver o todo

Dedique-se a compreender a forma como a equipe atua no projeto e reúna dados precisos para disponibilizar ao grupo as informações necessárias para tomar boas decisões ao longo do processo. Quando os integrantes da equipe têm conhecimento das atividades de todos (e não apenas das próprias contribuições), a equipe pode colaborar para definir a melhor na forma de conduzir o projeto.

Uma mentalidade Lean direciona o foco da equipe para a criação do produto mais útil possível no prazo disponível.

lean kanban

Ímãs de Venn

Você passou a noite colocando ímãs na geladeira para formar um diagrama de Venn que representasse os valores e princípios específicos do Scrum, do XP e do Lean e os valores e princípios comuns a todas essas abordagens. Mas alguém bateu a porta da geladeira e todos os ímãs caíram. Agora, veja se você consegue reorganizar tudo de novo.

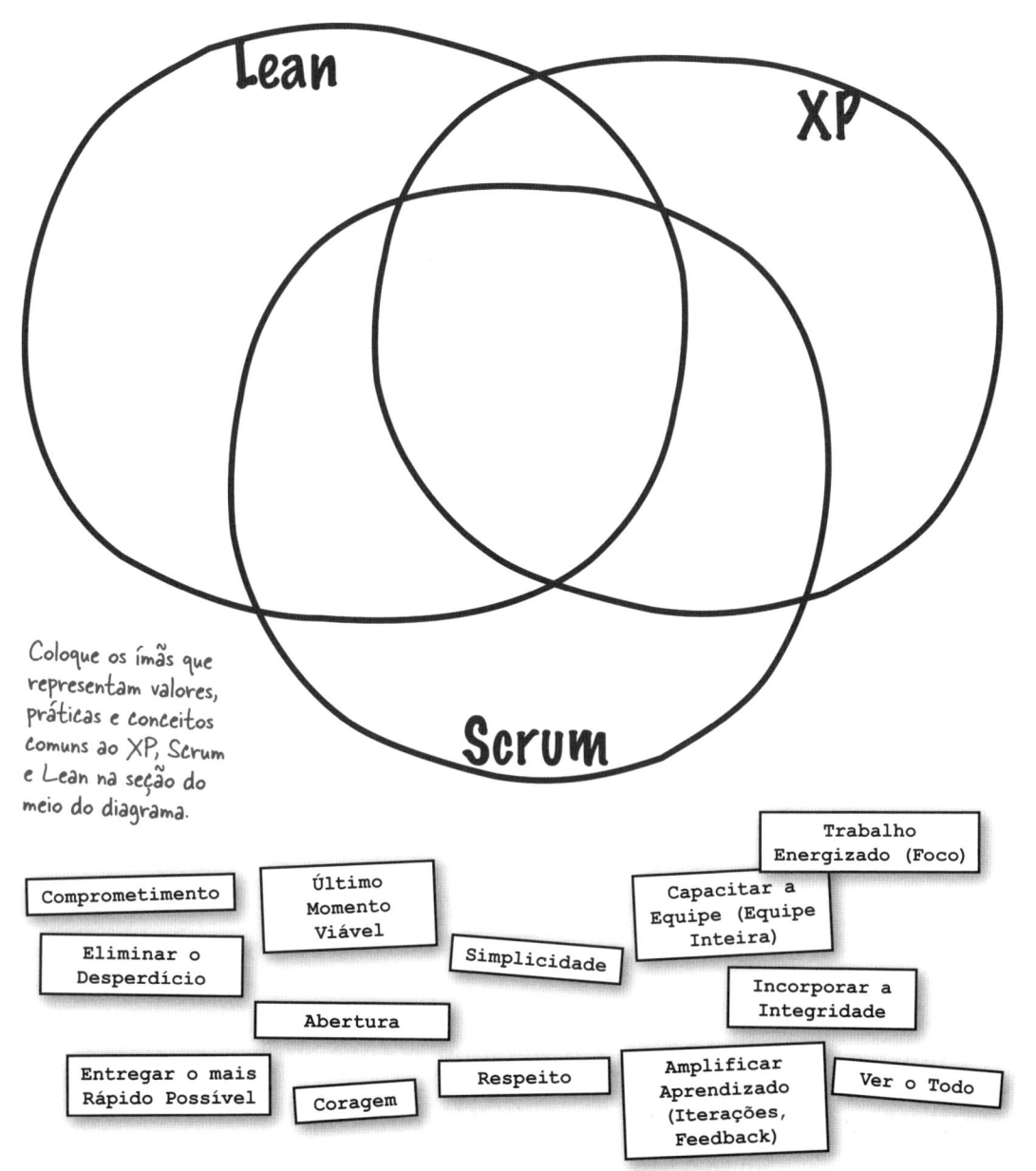

Coloque os ímãs que representam valores, práticas e conceitos comuns ao XP, Scrum e Lean na seção do meio do diagrama.

Lean   **XP**   **Scrum**

- Comprometimento
- Último Momento Viável
- Trabalho Energizado (Foco)
- Eliminar o Desperdício
- Simplicidade
- Capacitar a Equipe (Equipe Inteira)
- Incorporar a Integridade
- Abertura
- Entregar o mais Rápido Possível
- Respeito
- Amplificar Aprendizado (Iterações, Feedback)
- Ver o Todo
- Coragem

ferramentas para ajudá-lo a entender como trabalha

Ímãs de Venn – Solução

Aqui estão os ímãs na sua posição correta. O Lean e o XP compartilham o foco na capacitação da equipe e as três abordagens priorizam o último momento viável e os ciclos de feedback. Já o destaque ao comprometimento é comum ao Lean e ao Scrum.

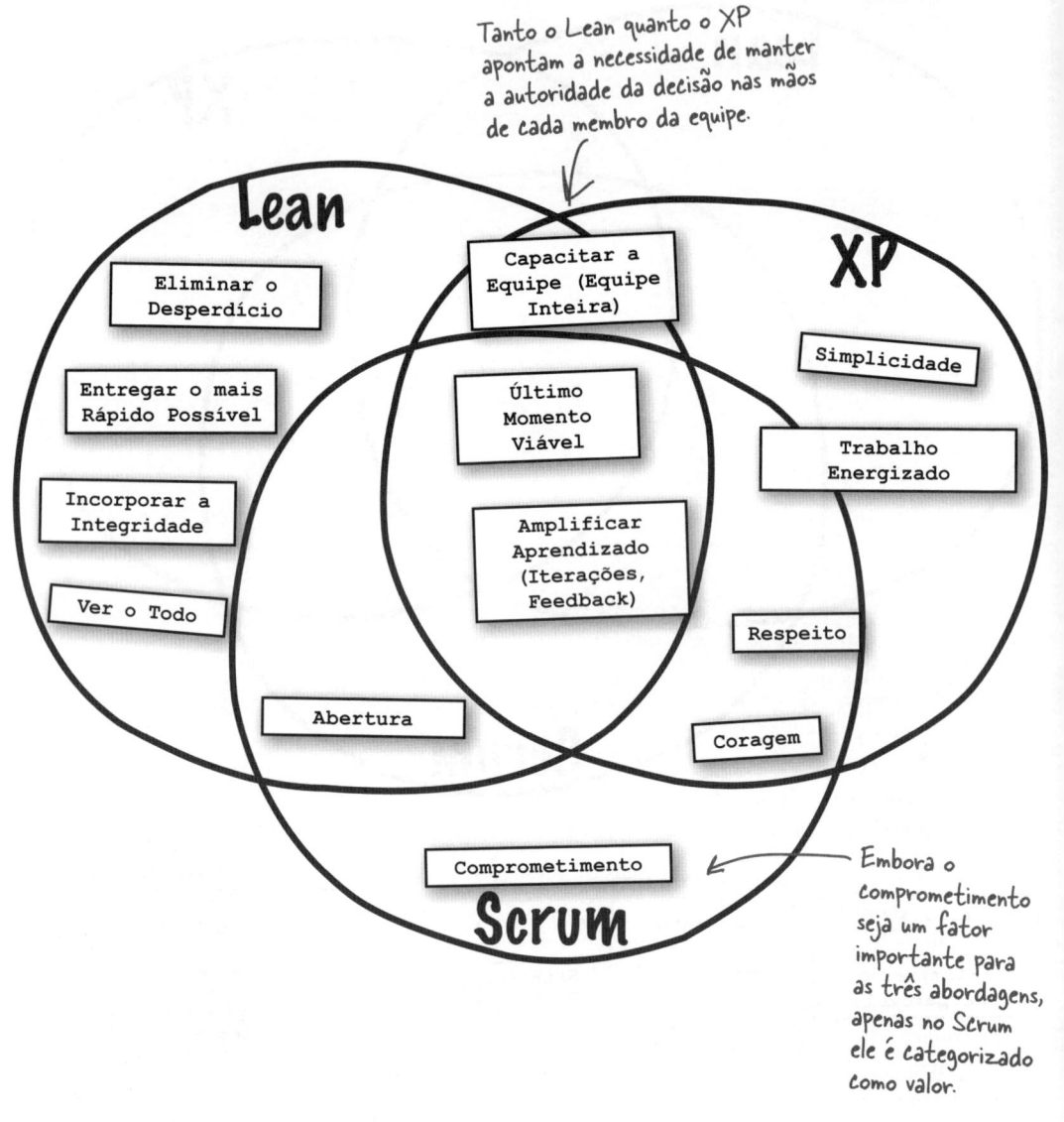

Tanto o Lean quanto o XP apontam a necessidade de manter a autoridade da decisão nas mãos de cada membro da equipe.

Diagrama de Venn com três círculos: **Lean**, **XP** e **Scrum**.

- Somente Lean: Eliminar o Desperdício; Entregar o mais Rápido Possível; Incorporar a Integridade; Ver o Todo
- Somente XP: Simplicidade; Trabalho Energizado; Respeito; Coragem
- Lean ∩ XP (fora de Scrum): Capacitar a Equipe (Equipe Inteira)
- Lean ∩ XP ∩ Scrum: Último Momento Viável; Amplificar Aprendizado (Iterações, Feedback)
- Lean ∩ Scrum: Abertura
- Scrum ∩ XP: Comprometimento

Embora o comprometimento seja um fator importante para as três abordagens, apenas no Scrum ele é categorizado como valor.

lean kanban

Quem faz o quê?

Como o Lean foi uma referência importante para a criação do Manifesto Ágil, não é surpresa que muitas ferramentas do pensamento também estejam presentes no Scrum e no XP. Aqui estão algumas ferramentas do pensamento que abordamos nos capítulos anteriores. Ligue o nome da ferramenta à sua descrição.

O último momento viável

Iterações e feedback

Reestruturar

Autodeterminação, motivação, experiencia em liderança

Alterar o código para viabilizar sua inteligibilidade e manutenção sem mudar seu comportamento.

Definir os próximos trabalhos da equipe sem precisar de aprovação externa.

Tomar decisões no momento em que mais informações estejam disponíveis.

Entregar software de forma incremental para que os novos recursos sejam avaliados durante o desenvolvimento de outros recursos.

> Entendi! As Ferramentas do Pensamento são uma espécie de Prática. Com elas, as equipes Lean podem aplicar os Princípios Lean e melhorar seu processo.

É isso mesmo. Essas ferramentas são ações que viabilizam as decisões das equipes Lean.

No Lean, é essencial identificar onde a equipe está tropeçando durante o processo de criação de um produto útil. Ao aplicar as ferramentas do pensamento das **iterações e feedback**, a equipe define o impacto das mudanças e utiliza essa informação para **amplificar o aprendizado**. Ao aplicar a ferramenta do pensamento do **último momento viável**, a equipe toma decisões **o mais tarde possível** durante o desenvolvimento do produto. Essa é a relação entre as ferramentas do pensamento e os princípios.

eliminando o desperdício com um fluxo de valor

Algumas ferramentas do pensamento que você ainda não conhece

Depois de falarmos sobre os princípios Lean e algumas ferramentas do pensamento presentes no Scrum e no XP, vamos conferir quais são as ferramentas do pensamento específicas do Lean. As equipes Lean utilizam essas ferramentas para lidar com as principais causas dos problemas identificados no processo e corrigi-las.

Enxergando o Desperdício

Para eliminar o desperdício, você precisa vê-lo, o que no papel é sempre mais fácil. Pense em uma pilha de coisas jogadas em um canto da sua casa por muito tempo. Depois de alguns dias, você nem percebe mais. É exatamente assim que o desperdício ocorre no processo, e, por isso, enxergar o desperdício é uma importante ferramenta do pensamento Lean.

Identifique as tarefas que não ajudam sua equipe a criar um produto útil e elimine esses serviços. Sua equipe está escrevendo documentos que ninguém lê? Você está gastando um tempo considerável com um trabalho manual que pode ser automatizado? Você está investindo muita energia ao discutir e estimar recursos que provavelmente não serão incluídos no produto final?

Mapa do Fluxo de Valor

Com essa ferramenta, as equipes Lean podem identificar o desperdício no processo de criação do software. Para criar um mapa do fluxo de valor, defina a menor "parte" do produto que os clientes estão dispostos a priorizar no backlog. Em seguida, analise novamente todas as ações realizadas pela equipe durante a criação, do momento da discussão até a entrega. Então, **desenhe uma caixa** para cada uma dessas etapas e use **setas** para conectá-las. Depois, **determine o tempo** de execução de cada uma das etapas e o tempo de espera entre cada etapa. Os intervalos entre as etapas são o desperdício. **Desenhe uma linha** com trajetória ascendente quando o projeto está em andamento e descendente quando o projeto está em espera. Agora você tem uma representação visual do trabalho e do desperdício!

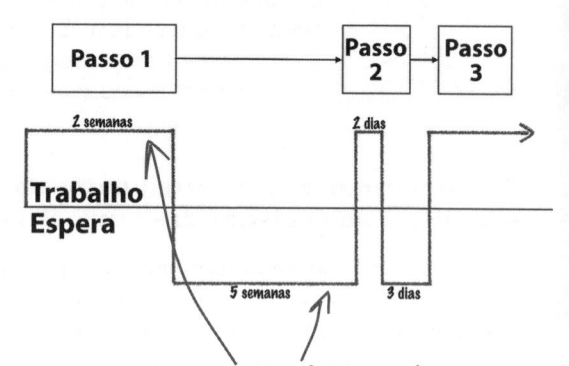

A linha no mapa do fluxo de valor aponta para baixo ao indicar o tempo de espera e para cima ao representar o tempo de trabalho. Agora você pode definir o tempo exato que essa "parte" do trabalho teve que esperar entre cada período de progresso.

> O Lean direciona o foco das equipes para a entrega de valor o mais cedo possível ao exigir que os profissionais identifiquem o menor item de valor que podem entregar para, em seguida, mobilizar a equipe a entregá-lo o mais rápido possível. As equipes Lean geralmente estabelecem os Recursos Minimamente Comercializáveis (RMCs) como um objetivo para um incremento de lançamento. Também tentam identificar o menor produto útil para os clientes que podem entregar. Esse é o Produto Minimamente Viável (PMV). Ao priorizarem a entrega dos RMCs e PMVs, as equipes Lean se comprometem a entregar um produto útil para os clientes o mais rápido possível.

Teoria da Fila

A teoria da fila é o estudo matemático das filas. As equipes Lean adotam a teoria das filas para que os profissionais não fiquem sobrecarregados e tenham tempo para atuar de maneira correta. No desenvolvimento de softwares, essa fila a ser otimizada pode ser uma lista de tarefas, recursos ou afazeres atribuídos a uma equipe ou desenvolvedor individual. Pense no backlog como uma fila. Observe que as primeiras tarefas a serem incluídas no backlog geralmente são as primeiras a serem concluídas... a menos que alguém, como o Product Owner, altere ostensivamente a ordem dos itens. O Lean orienta as equipes a divulgarem a fila de trabalho do grupo para que essa informação integre o processo de tomada de decisões e agilize as entregas. Em regra, as equipes Lean usam a teoria das filas para incluir filas em um sistema a fim de uniformizar o fluxo de trabalho.

Sistemas Puxados

Quando uma equipe organiza seu trabalho em um backlog e os desenvolvedores passam a escolher uma nova tarefa à medida que concluem a anterior, o grupo está utilizando um sistema puxado. O backlog é uma fila de trabalho. No Lean, as tarefas, recursos ou solicitações não são incluídas pelos usuários, gerentes ou Product Owners. Na verdade, esses agentes inserem solicitações em uma fila que será processada pela equipe. Os sistemas puxados consistem na execução de uma tarefa por vez e na inclusão de itens na próxima fase do processo assim que os profissionais estiverem disponíveis para atuar neles. Dessa forma, os colaboradores podem se dedicar a realizar cada tarefa assumida da melhor forma possível e criar produtos com qualidade e eficiência.

As equipes Lean usam mapas do fluxo de valor para encontrar e eliminar o desperdício.

dê a si mesmo opções

Outras ferramentas do pensamento Lean

As demais ferramentas oferecem mais opções para que as equipes verifiquem constantemente se estão trabalhando no item mais útil.

Lógica das Opções

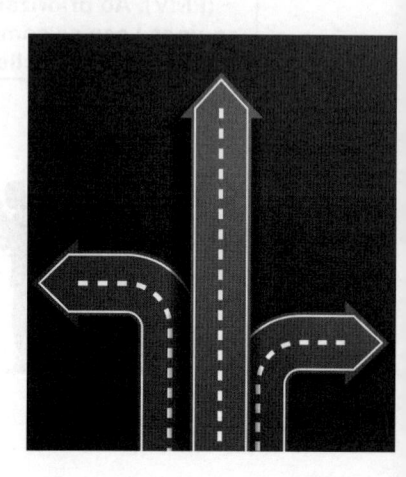

Quando uma equipe está decidindo quais recursos serão incluídos no próximo lançamento, é comum pensar no escopo como um compromisso entre a equipe e os usuários finais. As equipes Lean sabem que a função do processo é determinar as opções disponíveis para que o grupo entregue valor a cada versão. Quando analisamos o Scrum, falamos que essa abordagem não dedica muito tempo à modelagem e controle das dependências entre as tarefas. Em vez disso, a equipe pode adicionar e remover livremente as tarefas indicadas no quadro de tarefas em cada Scrum Diário. Essas tarefas são opções, não compromissos: as tarefas não têm prazo definitivo e os "atrasos" nas tarefas não estouram o prazo do projeto. Quando considera os planos de trabalho como opções, a equipe pode fazer mudanças sempre que precisar, priorizando a qualidade do produto sem assumir um número excessivo de tarefas.

Atrasos acontecem. Mas se todos na equipe souberem os custos, talvez passem a dar maior prioridade a alguns itens. Esse é um aspecto importante do pensamento Lean e possibilita a eliminação do desperdício pelas equipes.

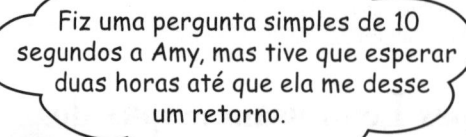

Fiz uma pergunta simples de 10 segundos a Amy, mas tive que esperar duas horas até que ela me desse um retorno.

Custo do Atraso

O custo do atraso é maior para as tarefas de alto risco se comparadas com as de baixo risco. Alguns recursos não terão nenhuma utilidade se não forem concluídos dentro de uma determinada janela de tempo. Compreender o custo do atraso de cada tarefa da fila pode ajudá-lo a tomar decisões melhores ao definir quais tarefas devem ser concluídas primeiro.

Por isso, as equipes Lean desenvolvem um **ritmo de entrega** na liberação de novos recursos. Em vez de se comprometer a entregar um determinado conjunto de recursos em um prazo específico, a equipe assume o compromisso de criar o maior valor possível em intervalos regulares.

Integridade Percebida/Integridade Conceitual

Desde o início do processo, a equipes Lean estão em busca de oportunidades para incorporar a integridade em seus produtos. Esse princípio Lean da integridade se divide em duas vertentes: percebida e conceitual. A integridade percebida corresponde a definir em que medida o recurso atende às demandas do usuário. Já a integridade conceitual consiste em determinar se os recursos funcionam bem em conjunto e formam um produto unificado.

Desenvolvimento baseado em conjuntos

Quando as equipes adotam o desenvolvimento baseado em conjuntos, costumam conversar sobre as opções disponíveis e mudam a forma como atuam para ter mais opções no futuro. A equipe se dedica mais a criar outras opções, pois acredita que sua dedicação será compensada pelas informações colocadas à disposição da equipe para viabilizar a tomada de decisões melhores no futuro. Dessa forma, o grupo pode reunir mais informações sobre diversas opções de uma só vez e definir qual opção irá adotar no último momento viável.

> As equipes Lean estabelecem uma <u>cadência de</u> <u>entrega</u> na qual lançam o último conjunto de trabalhos concluídos em intervalos regulares.

Medidas

Se o Scrum é focado na transparência, inspeção e adaptação, as equipes Lean usam medidas para determinar como o sistema está funcionando antes de fazer mudanças e, em seguida, avaliar o impacto das mudanças realizadas.

★ Uma das medidas utilizadas é o **tempo do ciclo**: a quantidade de tempo necessária para concluir um recurso ou tarefa, desde o momento em que o desenvolvedor começa a trabalhar até a entrega do produto.

★ Outra medida é o **tempo de entrega**: a quantidade de tempo que transcorre entre a identificação e a entrega de um determinado recurso. Em geral, o tempo do ciclo serve para determinar a eficácia das mudanças no processo de desenvolvimento, enquanto o tempo de entrega avalia as mudanças nos processos de coleta e suporte dos requisitos.

★ As equipes também determinam a **eficiência do fluxo**: a porcentagem do tempo total dedicado a um determinado recurso, que corresponde ao período em que a equipe efetivamente passou trabalhando nele (em oposição ao tempo de espera).

O tempo de ciclo e o tempo de entrega avaliam o processo a partir de duas perspectivas diferentes.

Quando você atua em uma equipe que está desenvolvendo um item de trabalho, geralmente pensa em termos de tempo do ciclo ou na quantidade de tempo que transcorre desde que você e a equipe começaram a planejar o item de trabalho até ele ser "*Concluído*".

Mas os clientes não conhecem o tempo do ciclo. Digamos que um cliente tenha solicitado um recurso à equipe, mas você só começou a trabalhar no item em questão seis semanas depois. E quando finalmente iniciou o serviço, você demorou oito semanas para terminar. O tempo do ciclo foi de oito semanas, mas o prazo de entrega foi de 14 semanas. Essa é a medida que *seu cliente realmente percebe*.

parece teórico, pode fazer uma diferença real?

Conversa de escritório

Os membros da equipe Analisador de Audiência identificaram um problema no processo, mas não chegaram a um acordo sobre a causa da falha.

> Você quer informações precisas sobre o tempo estimado para a criação. Bem, a equipe tenta entregar todos os itens solicitados pelos usuários em cada iteração, mas geralmente sobram recursos não concluídos na data de lançamento.

> Talvez sua equipe seja **incompetente para fazer estimativas**. Mas a empresa precisa avançar! Você tem que criar um modo mais eficiente de definir a quantidade de trabalho que a equipe pode executar.

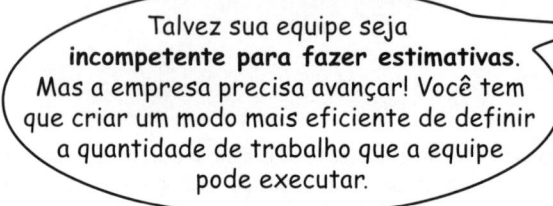

Ben: Se for necessário reduzir o escopo, tudo bem. Posso assumir a responsabilidade, sem problemas. Mas a equipe deve realmente fazer estimativas corretas.

Mike: Tudo bem... mas nem sempre é simples assim. Você se lembra do recurso da opção de privacidade na última versão? Esse é um bom exemplo de que fazer estimativas não é tão fácil. Primeiro, você queria que o item fosse muito intrusivo para que os usuários tivessem que definir o nível desejado de privacidade. Depois, você disse que o recurso seria definido pelos clientes. E, três dias antes do lançamento, você determinou a implementação de um perfil de privacidade restrito que permitiria que usuários e clientes alterassem o perfil quando quisessem.

Ben: Bem, a análise de mercado inicial apontou para a inclusão desse recurso de uma determinada forma, mas uma pesquisa posterior mostrou que era necessário mudar de abordagem. Essas mudanças resultaram no enorme sucesso do último lançamento. Sei que as alterações foram de última hora, mas a empresa tinha que reagir à movimentação do mercado.

Mike: Fico feliz por ter feito essas mudanças também. Mas você precisa entender que é muito difícil estimar o tempo necessário para construir um recurso com algumas semanas de antecedência quando os requisitos estão sempre mudando.

Ben: Mas você deve ser receptivo a mudanças, certo? A equipe não pode melhorar nas estimativas do volume de trabalho e na identificação das dependências para que possamos tomar decisões mais embasadas quando as mudanças surgirem?

lean kanban

> A equipe realmente tenta estimar todo o trabalho necessário para liberar os recursos a tempo. Mas estamos sempre trabalhando muito e perdemos os prazos. Há algo que **não estamos vendo claramente**. O Lean pode ajudar a equipe a melhorar a execução dos projetos?

PODER DO CÉREBRO

Como Mike pode utilizar os princípios e o pensamento Lean para melhorar efetivamente a forma como os projetos da sua equipe são executados?

entendendo o desperdício para eliminá-lo

Categorizar o desperdício pode ajudar a vê-lo melhor

O Lean orienta as equipes a eliminarem o desperdício. Mas o que é, exatamente, esse desperdício? Como podemos localizá-lo? Para responder, pode ser útil pensar em **categorias de desperdício** nos projetos de desenvolvimento de software. Muitas equipes Lean usam mapas do fluxo de valor para definir o tempo desperdiçado durante o desenvolvimento dos recursos entregues. Identificado o desperdício no processo, essa informação pode ser utilizada pela equipe na criação de melhorias voltadas para sua eliminação. Felizmente, você não precisa estabelecer essas categorias por conta própria. Os profissionais do Lean apontam **sete desperdícios no desenvolvimento de software:**

- ★ **Trabalho parcialmente feito**

    Se você começar a fazer muitas coisas diferentes ao mesmo tempo e não concluir as tarefas iniciadas, acabará com uma quantidade muito grande de trabalho que, por não estar pronto, não poderá ser demonstrado ou lançado no final da iteração. Nos projetos de software, o trabalho parcialmente feito é uma ocorrência comum, mesmo que a equipe não esteja considerando os custos de realizar múltiplas tarefas ao mesmo tempo. Às vezes, *parece produtivo* para a equipe iniciar um novo item enquanto os profissionais aguardam mais informações ou a aprovação de outra tarefa. Isso pode fazer com que a primeira tarefa esteja parcialmente concluída ao final da duração predeterminada.

- ★ **Processos extras**

    Os processos extras não viabilizam a entrega do software, mas atribuem mais trabalho à equipe. Às vezes, as equipes se dedicam bastante para documentar um recurso que nunca será entregue. Em outras ocasiões, há uma série sem fim de reuniões de status com o objetivo de demonstrar o interesse da administração pelo trabalho da equipe, mas que se limitam a incluir muitos processos extras, como a solicitação de relatórios especiais de status e informações sobre cada tarefa em desenvolvimento.

- ★ **Recursos Extras**

    Em geral, os membros da equipe ficam entusiasmados com novas tecnologias. Às vezes, insistem em incluir recursos extras que consideram brilhantes, mas que ninguém pediu. É um equívoco comum considerar todas as inovações disponíveis como benéficas ao projeto. Na verdade, os novos recursos adicionados pela equipe tiram o tempo dos recursos solicitados pelos usuários. Embora as equipes sejam fontes de boas ideias, essas propostas devem ser examinadas e apresentadas como opções antes de se investir tempo na sua criação em detrimento dos itens solicitados.

- ★ **Troca de tarefas**

    É muito comum que os gerentes percam o controle do número de solicitações transmitidas à equipe e imaginem que não haverá custo se alocarem mais trabalho para o grupo sem ajustar as expectativas dos profissionais. Além disso, os desenvolvedores de software muitas vezes querem se encher de tarefas para impressionar seus chefes e colegas. Nesse caso, você observará que os profissionais acabam alternando entre três, quatro, cinco ou mais tarefas que deveriam ser realizadas ao mesmo tempo. Por isso, a troca de tarefas é um conceito extremamente útil na identificação do desperdício nos projetos de software. Sempre que um desenvolvedor precisa realizar várias tarefas ao mesmo tempo envolvendo duas prioridades conflitantes, está desperdiçando seu tempo.

lean kanban

Os sete desperdícios do desenvolvimento de software indicam o local do desperdício no processo para que a equipe possa eliminá-lo.

★ Espera

Às vezes, as equipes não podem iniciar o serviço até que um profissional analise uma especificação. Em outras ocasiões, precisam esperar a equipe de infraestrutura configurar um item de hardware ou um administrador de banco de dados para provisionar um banco de dados. Há muitos motivos legítimos que justificam a espera da equipe durante um projeto. Mas todo esse tempo é um desperdício e deve ser reduzido no que for possível.

Às vezes, não é possível eliminar certos desperdícios. Por exemplo, se você estiver esperando a entrega de um hardware que não conseguiu adquirir através de pré-venda. Por isso, é muito importante identificar o desperdício e eliminá-lo no que for possível.

★ Movimentação

Quando os profissionais das equipes trabalham em locais diferentes, só o esforço de ir de uma mesa para outra pode aumentar a faixa de desperdício do projeto. A movimentação corresponde ao tempo desperdiçado com o deslocamento no local de trabalho.

★ Defeitos

Quando se identifica um defeito nos estágios avançados do processo de criação do software, o tempo desperdiçado para encontrá-lo e corrigi-lo é maior. Portanto, é muito melhor que os defeitos sejam identificados assim que forem inseridos pelo desenvolvedor e não mais tarde por meio de um processo de testes durante o desenvolvimento. Se a equipe priorizar as práticas do desenvolvimento centrado na qualidade e a propriedade compartilhada do código, perderá menos tempo corrigindo falhas.

... mas ele sente o peso esmagador do volume de trabalho por fazer da equipe.

Estou iniciando agora o design desses dois recursos, mas cada hora que atuo neles é uma hora de **atraso nesses outros recursos** da fila de espera.

Estes são os recursos que Mike está iniciando agora...

- feed do provedor de dados
- Recurso de aprendizagem automática da Audiência
- Atualizar o algoritmo analítico
- Mudanças no relatório do stat mapper
- Corrigir erros de concorrência
- Mudanças no código do banco de dados
- IU melhorada do stat mapper
- Melhorias no serviço de estatística
- Atualizações da IU
- Modificar perfil da Audiência
- Mudanças no formato dos arquivos

Você já sentiu uma enorme pressão para terminar tudo o que está fazendo agora por conta do volume imenso de trabalho a fazer? Com o pensamento Lean, é possível superar essa sensação. Tirar um tempo para entender os tipos de desperdícios que ocorrem no projeto é o primeiro passo para corrigir o problema.

agile baseado no lean

não existem Perguntas Idiotas

P: Parece que as equipes Lean nunca comunicam a ninguém quando vão finalizar um recurso específico. Elas simplesmente decidem o que vão fazer no último momento e entregam o mais rápido possível? Isso nunca aconteceria na empresa em que eu trabalho.

R: As equipes que adotam um método desenvolvido com base no pensamento Lean (como o Scrum e o XP) priorizam a entrega frequente de pequenos lotes. Mas em vez de definirem todas as tarefas com antecedência, essas equipes optam por criar o item de maior qualidade possível dentro do prazo. As equipes Lean sabem que as solicitações encaminhadas pelos clientes no início do período de planejamento não tendem a continuar as mesmas durante todo o projeto. Portanto, as equipes Lean encaram de forma positiva sua capacidade de alterar as prioridades de acordo com as demandas da empresa.

Uma equipe tradicional pode criar um gráfico de Gantt para prever exatamente quais membros trabalharão em cada tarefa, quais itens são críticos e quando cada evento importante ocorrerá. Embora esse recurso inspire muita confiança em todos na empresa, que passam a admirar a equipe pelo tempo dedicado ao planejamento, o plano quase sempre contém dados imprecisos antes do início do serviço.

Quando uma equipe utiliza as ferramentas do pensamento Lean, seu foco está em desenvolver um processo eficiente. Se o processo for eficiente, o trabalho com o valor mais alto irá para o topo da fila de trabalhos no início de cada incremento. Assim, a equipe poderá se concentrar em eliminar o desperdício no modo como os profissionais abordam e criam cada recurso e entregam os produtos o mais rápido possível. As equipes Lean consideram o planejamento como um modo de identificar opções e fazem a melhor escolha com base nessas opções à medida que surgem novas variáveis no decorrer do processo.

P: Tudo bem. Então, as equipes Lean promovem o desenvolvimento em etapas como as equipes Scrum?

R: Não necessariamente. As equipes Lean estabelecem um ritmo de entrega, que geralmente corresponde a um prazo definido para cada entrega. Esse período pode ser duas semanas ou dois meses. As equipes Lean fazem entregas frequentes de pequenos lotes de acordo com uma programação definida e planejam seus lançamentos para coincidir com esses períodos. No Scrum, as etapas são uma combinação de planejamento e ritmo. Mas muitas equipes Kanban **separam o ritmo do planejamento**: planejam novos itens de trabalho, movimentam esses itens no fluxo de trabalho e lançam os produtos quanto estão prontos, no pulso final do ritmo. Algumas pessoas se referem a essa prática como **desenvolvimento sem iteração**, pois a programação não depende muito do planejamento.

P: Quanto a esses sete desperdícios, as equipes realmente criam processos e recursos extras? Minha equipe sempre parece não ter tempo para nada extra.

R: Sim, isso realmente acontece! Às vezes, as equipes sob maior pressão são as que mais criam desperdício. São os projetos com prazos mais apertados que geralmente estabelecem várias reuniões de status por dia, criam novas práticas para que os desenvolvedores registrem sua jornada de trabalho e analisam o número de horas dedicadas a cada atividade. Essas atividades são um desperdício e dificultam a entrega do produto.

Com a lógica das opções, você pode se contrapor ao desperdício. Sabemos muito pouco sobre problemas complexos em um primeiro momento. Por isso, as equipes Lean se comprometem com objetivos, mas não com planos específicos. Elas estabelecem um objetivo geral para orientar a entrega do item mais útil possível dentro do prazo. Essa postura em relação ao comprometimento oferece à equipe e à organização a liberdade para manter o foco na entrega, o que geralmente resulta em produtos de maior qualidade e entregas mais rápidas.

> Entendi. Todas as metodologias ágeis são influenciadas pelo Lean. Por exemplo, a prática XP do Design Incremental é uma forma de oferecer às **equipes XP várias opções** para lidar com futuras mudanças.

lean kanban

Ouvimos uma conversa entre Mike, Kate e Ben. Alguns dos comentários abaixo descrevem desperdícios no projeto e outros, não. Identifique o tipo de desperdício que cada um deles descreve. Em seguida, desenhe uma linha de cada balão até **DESPERDÍCIO** ou **NÃO DESPERDÍCIO**. Se o comentário não for um desperdício, trace outra linha para o respectivo tipo de desperdício de acordo com o Lean.

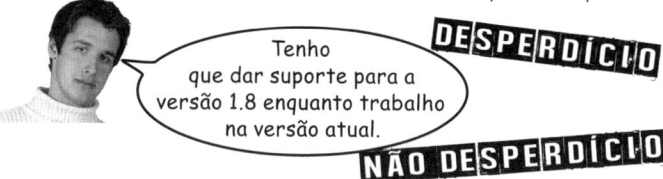

JULGAMENTO / APELAÇÃO

DESPERDÍCIO

Tenho que dar suporte para a versão 1.8 enquanto trabalho na versão atual.

NÃO DESPERDÍCIO

Troca de tarefas

DESPERDÍCIO

Enquanto esperava a equipe do DevOps fazer o trabalho, iniciei outro recurso para não ficar sem fazer nada.

NÃO DESPERDÍCIO

Recursos extras

DESPERDÍCIO

Para mim, os profissionais devem estar sempre ocupados. Portanto, peço mais do que preciso.

NÃO DESPERDÍCIO

Trabalho parcialmente feito

DESPERDÍCIO

Sempre concluo uma tarefa antes de pegar outra.

NÃO DESPERDÍCIO

Respostas na página 299

você está aqui ▶

o trabalho estabelece o fluxo de valor

Os mapas do fluxo de valor possibilitam a visualização do desperdício

Um **mapa do fluxo de valor** é um diagrama simples que representa exatamente a quantidade de tempo perdido no projeto em espera ou ociosidade. Às vezes, consiste na representação gráfica do processo utilizado pela equipe em uma linha do tempo que indica onde o desperdício está diminuindo a velocidade do serviço. O mapa do fluxo de valor pode determinar com exatidão o tempo gasto pela equipe em trabalhos que não trazem valor para os clientes. Quando o grupo se informa sobre os dados precisos do desperdício, os profissionais passam a atuar em conjunto para identificar formas de reduzir o tempo de espera.

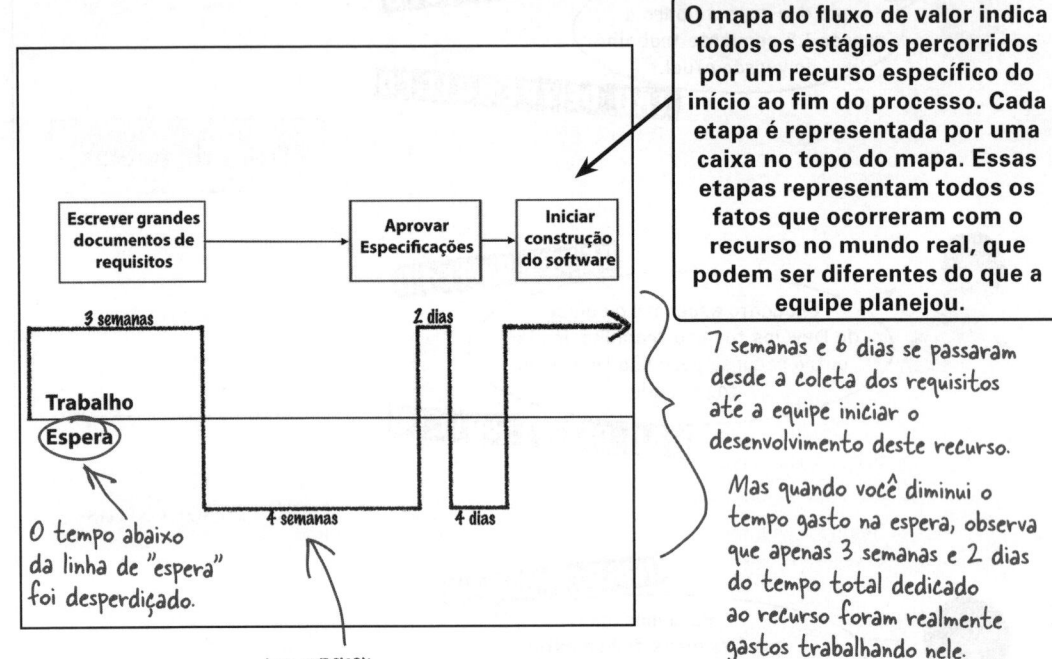

> O mapa do fluxo de valor indica todos os estágios percorridos por um recurso específico do início ao fim do processo. Cada etapa é representada por uma caixa no topo do mapa. Essas etapas representam todos os fatos que ocorreram com o recurso no mundo real, que podem ser diferentes do que a equipe planejou.

[Diagrama: Escrever grandes documentos de requisitos → Aprovar Especificações → Iniciar construção do software. Trabalho/Espera: 3 semanas, 4 semanas, 2 dias, 4 dias.]

O tempo abaixo da linha de "espera" foi desperdiçado.

7 semanas e 6 dias se passaram desde a coleta dos requisitos até a equipe iniciar o desenvolvimento deste recurso.

Mas quando você diminui o tempo gasto na espera, observa que apenas 3 semanas e 2 dias do tempo total dedicado ao recurso foram realmente gastos trabalhando nele.

Parece que a equipe esperou a aprovação da especificação por mais tempo do que levou para escrever a especificação em primeiro lugar!

> O objetivo do mapeamento do fluxo de valor é facilitar a compreensão do equilíbrio entre trabalho e desperdício. Você não pode eliminar totalmente o tempo de espera em cada projeto, mas enxergar o desperdício, ao determinar exatamente o tempo que a equipe passa esperando e trabalhando, é um importante primeiro passo para eliminar o desperdício.

> Muitas equipes utilizam o fluxo de eficiência para determinar o fluxo do valor, expresso em porcentagem:
>
> 100 * Tempo trabalhado ÷ % do Tempo de Entrega

Criar um mapa do fluxo de valor para a entrega mais recente é uma ótima maneira de incentivar a equipe a pensar sobre formas de melhorar o processo.

lean kanban

Aponte o seu lápis

A equipe do Analisador de Audiência está criando um mapa do fluxo de valor para o lançamento mais recente de um dos seus recursos, o Stat Mapper. Leia a descrição que a equipe fez dos fatos ocorridos no serviço e crie um mapa do fluxo de valor para indicar o tempo gasto trabalhando e esperando ao longo do processo de entrega do recurso.

Trabalho

Espera

Passo 1: Grupos de foco, pesquisa sobre os requisitos do cliente (3 semanas)
Passo 2: Escrevemos histórias dos usuários, criamos mapas de histórias/pessoas (2 semanas)
Passo 3: Esperamos a aprovação da alta administração (3 semanas)
Passo 4: Priorizamos o trabalho no backlog (1 dia)
Passo 5: Esperamos o início do desenvolvimento (3 dias)
Passo 6: Desenvolvemos e executamos o teste de unidade do recurso/escrevemos testes de integração (5 dias)
Passo 7: Esperamos o ambiente de teste de integração e a automação (3 dias)
Passo 8: Teste de Integração (2 dias)
Passo 9: Correção de bugs (1 dia)
Passo 10: Esperamos o ambiente de teste de integração e a automação (3 dias)
Passo 11: Teste de integração (2 dias)
Passo 12: Esperamos as instalações do ambiente de demonstração (3 dias)
Passo 13: Implantação no ambiente de demonstração (1 dia)
Passo 14: Demonstração/recebimento de feedbacks (2 dias)
Passo 15: Esperamos a janela de lançamento da produção (2 semanas)
Passo 16: Lançamento para a produção (1 dia)

Qual foi o tempo de entrega (o tempo transcorrido desde a identificação do recurso até sua entrega) do recurso?_____

Quanto tempo foi desperdiçado durante a criação do recurso? _____

Qual foi a eficiência do fluxo? _____

muita coisa acontecendo

Aponte o seu lápis
Solução

A equipe do Analisador de Audiência está criando um mapa do fluxo de valor para o lançamento mais recente de um dos seus recursos, o Stat Mapper. Leia a descrição que a equipe fez dos fatos ocorridos no serviço e crie um mapa do fluxo de valor para indicar o tempo gasto trabalhando e esperando ao longo do processo de entrega do recurso.

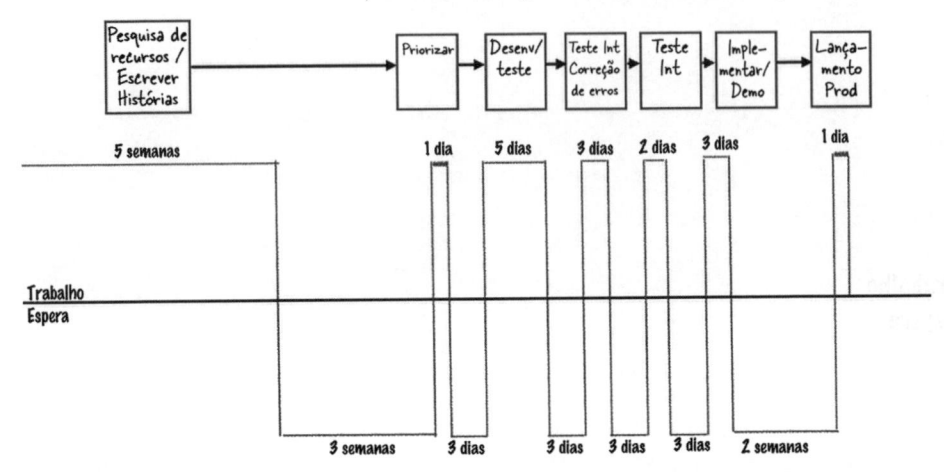

[Fluxograma com as etapas: Pesquisa de recursos / Escrever Histórias (5 semanas) → Priorizar (1 dia) → Desenv/teste (5 dias) → Teste Int Correção de erros (3 dias) → Teste Int (2 dias) → Implementar/Demo (3 dias) → Lançamento Prod (1 dia). Tempos de espera entre etapas: 3 semanas, 3 dias, 3 dias, 3 dias, 3 dias, 2 semanas]

Passo 1: Grupos de foco, pesquisa sobre os requisitos do cliente (3 semanas)
Passo 2: Escrevemos histórias dos usuários, criamos mapas de histórias/pessoas (2 semanas)
Passo 3: Esperamos a aprovação da alta administração (3 semanas)
Passo 4: Priorizamos o trabalho no backlog (1 dia)
Passo 5: Esperamos o início do desenvolvimento (3 dias)
Passo 6: Desenvolvemos e executamos o teste de unidade do recurso/escrevemos testes de integração (5 dias)
Passo 7: Esperamos o ambiente de teste de integração e a automação (3 dias)
Passo 8: Teste de Integração (2 dias)
Passo 9: Correção de bugs (1 dia)
Passo 10: Esperamos o ambiente de teste de integração e a automação (3 dias)
Passo 11: Teste de integração (2 dias)
Passo 12: Esperamos as instalações do ambiente de demonstração (3 dias)
Passo 13: Implantação no ambiente de demonstração (1 dia)
Passo 14: Demonstração/recebimento de feedbacks (2 dias)
Passo 15: Esperamos a janela de lançamento da produção (2 semanas)
Passo 16: Lançamento para a produção (1 dia)

Qual foi o tempo de entrega (o tempo transcorrido desde a identificação do recurso até sua entrega) do recurso? __77 dias__

Quanto tempo foi desperdiçado durante a criação do recurso? __37 dias__

Qual foi a eficiência do fluxo? __52%__

> Combinamos as etapas 1 e 2 em uma única etapa de 5 semanas, pois isso parece razoável. Fique tranquilo se você não fez isso! O mais importante é que esse fato ficou claro no mapa do fluxo de valor.
>
> A equipe passou 40 dias trabalhando e 37 dias esperando, logo, o tempo de entrega foi de 77 dias e a eficiência do fluxo foi de 40 ÷ 77 = .5194... aproximadamente 52%

lean kanban

Tentando executar muitas tarefas ao mesmo tempo

Depois de conferir a linha do tempo do desenvolvimento do Stat Mapper, a equipe identificou bastante desperdício com esperas de ambientes e recursos de testes. O grupo pesquisou um pouco mais e concluiu que os desenvolvedores iniciavam um novo recurso sempre que finalizavam o desenvolvimento e os testes de unidade. Em outras palavras, cada colaborador tinha às vezes entre quatro e cinco recursos em vários pontos dos ambientes de testes e desenvolvimento. Como o design era altamente acoplado, os recursos foram liberados em lotes, causando atrasos de teste e implantação.

> Acho que as equipes de Testes e Operações não estão conseguindo acompanhar a quantidade de pedidos que estamos fazendo. Que tal se, antes de pegar um novo recurso, a equipe desenvolvesse o recurso em que está trabalhando agora até ele ficar pronto para ser repassado à produção?

> Mas o que os desenvolvedores vão fazer enquanto o pessoal dos testes estiver trabalhando nisso? Esperar? Não parece certo.

> Estava pensando que a equipe podia ajudar com os testes e resolução de problemas. Assim, não vamos perder tempo diagnosticando e corrigindo erros.

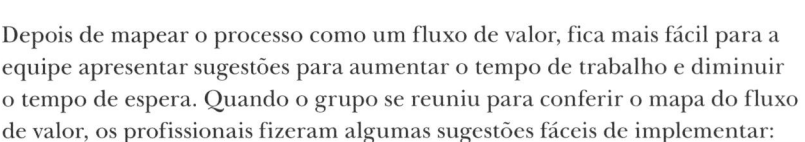

Depois de mapear o processo como um fluxo de valor, fica mais fácil para a equipe apresentar sugestões para aumentar o tempo de trabalho e diminuir o tempo de espera. Quando o grupo se reuniu para conferir o mapa do fluxo de valor, os profissionais fizeram algumas sugestões fáceis de implementar:

- O pessoal dos testes sugeriu a automatização dos testes de integração para reduzir o tempo dedicado aos testes.
- Os desenvolvedores sugeriram a simplificação do design dos componentes para viabilizar sua liberação de forma independente.
- A equipe de operações sugeriu a automatização do pipeline de implantação para facilitar a realização de lançamentos com frequência.

história de melhoria do processo

Debaixo do Capô: Sistema de Produção da Toyota

O pensamento Lean tem origem no Toyota Production System (ou TPS). Entre 1948 e 1975, os engenheiros industriais da Toyota, liderados pelos visionários Taiichi Ohno e Kiichiro Toyoda, criaram uma nova forma de pensar sobre os sistemas de fabricação. Sua meta era analisar todo o fluxo do sistema de fabricação e eliminar locais onde o trabalho não contribuía para o produto final. O grupo descobriu que, ao limitar a quantidade de trabalho em cada etapa e gerenciar o fluxo no sistema, poderia obter produtos de maior qualidade em muito menos tempo do que antes da introdução do TPS.

Mary e Tom Poppendieck são especialistas em engenharia de software, instrutores e consultores. Juntos, adaptaram o pensamento Lean ao desenvolvimento de software no popular livro *Lean Software Development: An Agile Toolkit* (Addison-Wesley Professional, 2003). Mary e Tom aplicaram os conceitos do TPS à forma como as equipes atuam em conjunto no desenvolvimento de softwares. Como ficou claro depois, os processos de fabricação de carros e criação de software têm muito mais em comum do que você poderia pensar em um primeiro momento.

Três fontes de desperdício devem ser removidas

O TPS destaca a ideia de que existem três tipos de desperdícios que diminuem o fluxo de trabalho e devem ser eliminados:

★ **Muda** (無駄), que significa "futilidade; inutilidade; ociosidade; supérfluo; desperdício; perda; esbanjamento".

★ **Mura** (斑), que significa "desigualdade; irregularidade; falta de uniformidade; não uniformidade; discrepância".

★ **Muri** (無理), que significa "irracionalidade; impossível; além do poder de alguém; muito difícil; à força; forçosamente; forçado; obrigatoriamente; excesso; exagero".

As equipes de software também lidam com todas essas fontes de desperdícios. Quando as equipes começam a analisar o seu processo de desenvolvimento, descobrem várias coisas que as pessoas fazem para lidar com futilidade, objetivos impossíveis e desigualdades. Encontrar essas fontes de desperdícios e eliminá-las pode ajudar as equipes a desenvolverem incrementos menores com mais frequência. Era exatamente esse o objetivo do TPS.

Sete tipos de desperdício na fabricação

Outra inovação fundamental do TPS foi a identificação dos sete tipos de desperdícios na fabricação, que Shigeo Shingo indicou no livro *A Study of the Toyota Production System* (Productivity Press, 1981):

Estoque

Transporte

Movimentação

Superprodução

Espera

Defeitos

Processamento Inapropriado

Os tipos de desperdício observados no desenvolvimento de software são semelhantes aos desperdícios que ocorrem na fabricação de carros. À primeira vista, os dois processos parecem diferentes, mas ambos exigem que os membros da equipe resolvam constantemente problemas e pensem sobre a qualidade do trabalho.

> Mary e Tom Poppendieck, os autores que adaptaram o pensamento Lean da fabricação de carros para o desenvolvimento de software, criaram as sete categorias de desperdícios que as equipes de software enfrentam a partir desses sete tipos de desperdícios na fabricação.

lean kanban

Conceitos fundamentais de fluxo, melhoria contínua e qualidade

O casal Poppendiecks traduziu os sete desperdícios da fabricação para desenvolver os sete desperdícios do desenvolvimento de software. Os autores também utilizaram os objetivos do TPS para evitar o muda, mura e muri no processo de desenvolvimento de produtos. Além dessas, muitas outras ideias do TPS foram traduzidas diretamente para o Lean e o desenvolvimento de software:

- ★ **Jidoka**: *criar formas automáticas de interromper a produção quando um problema for detectado*. No TPS, em cada etapa do processo há verificações automáticas para que os problemas sejam corrigidos no ponto exato onde são encontrados e não enviados para o próximo colaborador na linha de produção.

- ★ **Kanban**: *cartão de sinalização*. Os cartões de sinalização eram usados no sistema de fabricação TPS para indicar quando uma etapa no processo estava pronta para receber mais estoque.

- ★ **Sistemas puxados**: *cada etapa no processo indica à etapa anterior que precisa de mais estoque quando as peças estão se esgotando*. Dessa forma, o trabalho era puxado pelo sistema a um ritmo muito eficiente e o fluxo nunca ficava irregular ou bloqueado.

- ★ **Análise de causa raiz**: *descobrir a razão "profunda" de algo ter acontecido*. Taiichi Ohno falava sobre usar os "5 Por quês" (ou cinco vezes "por quê") para descobrir o que causou um problema.

- ★ **Kaizen**: *melhoria contínua*. A equipe só coloca em prática atividades que melhoram todas as funções diariamente quando presta atenção no que acontece no fluxo de trabalho e sugere medidas para aperfeiçoar o processo.

Para implementar o TPS, Taiichi Ohno realizou uma série de experimentos. Ele orientou cada equipe a determinar como criar o fluxo ideal no sistema para produzir itens rapidamente e com a maior qualidade possível. Seu foco estava em capacitar as equipes e oferecer aos profissionais a liberdade e a responsabilidade necessárias para determinar a melhor forma de criar produtos com rapidez e o mínimo possível de desperdício.

O pensamento Lean serviu de base para todas as metodologias ágeis e foi discutido em detalhes na conferência de Snowbird. Por isso, você irá observar que muitas dessas ideias aparecem de uma forma ou de outra no XP e no Scrum.

> "Não existe um método mágico. É necessário dispor de um sistema de gestão total para desenvolver a capacidade humana ao máximo, estimular a criatividade e a produtividade, fazer um bom uso das instalações e máquinas e eliminar todos os desperdícios."
>
> – Taiichi Ohno
> (Toyota Production System, p. 9, CRC 1988)

muitas opções

Anatomia de uma Opção

As equipes Lean utilizam a **lógica das opções** para criar espaço de manobra para suas decisões. Embora elas planejem seus projetos como as outras equipes, a diferença está na atitude de cada profissional de uma equipe Lean em relação a esses planos. Os colaboradores consideram o trabalho planejado como *opções e não compromissos*. A equipe se compromete com um objetivo, mas não com um plano. Isso permite que o grupo priorize atingir o objetivo e altere o plano quando surgir uma forma melhor de concretizar essa meta. Por não se comprometer com cada etapa do plano, a equipe é livre para fazer mudanças quando tiver acesso a novas informações.

Veja como usar a lógica das opções nos seus projetos:

1 Defina seu objetivo e se comprometa com ele.

Objetivo: Liberar um aprimoramento do Analisador de Audiência que irá armazenar dados de três novas fontes e transmitir esses dados ao aplicativo Stat Mapper.

2 Defina as tarefas necessárias para atingir esse objetivo e considere a conclusão dessas tarefas como **uma opção** para a concretização da sua meta.

A equipe planejou preencher o banco de dados e, em seguida, realizar as mudanças necessárias para incorporar esses dados no aplicativo...	DESIGN	DESENVOLVIMENTO	TESTES
	Atualização do Relatório do Stat Mapper	Como o aplicativo Analisador de Audiência precisa de muitas mudanças, a equipe está planejando fazer essas alterações primeiro.	
	Atualizações da Estrutura de Teste da Unidade		
	Mudanças no Algoritmo do Analisador de Audiência	**OPÇÃO 1** A equipe está planejando preencher esse banco de dados depois de concluir as mudanças no Analisador de Audiência. Como dará muito trabalho, o grupo está deixando essa tarefa para depois.	
	Preencha o Banco de Dados de Análise com Dados de Fontes Externas		

Quando a equipe fez o planejamento, os profissionais sabiam como queriam fazer o trabalho. Mas todos encararam essas tarefas como uma opção, com a possibilidade de escolher outro caminho depois.

lean kanban

3 Comece a trabalhar!

> ... mas quando Mike começou a trabalhar com a equipe DBA, percebeu que grande parte do trabalho do banco de dados já estava pronta!

> O líder do DBA me avisou que os dados necessários já estão alocados no banco de dados da equipe. Só precisamos modificar o stat mapper para acessar esses dados.

4 Mude o plano conforme a necessidade.

DESIGN	DESENVOLVIMENTO	TESTES
	Mudar o Código do Banco de dados do Stat Mapper para Acessar Novos Dados	Felizmente, a equipe criou opções para definir seu modelo de trabalho! Com base no que aprendeu com o DBA, o grupo pode substituir a imensa tarefa de preenchimento do banco de dados por outra bem menor de alterações no código.
Melhorias no Relatório do Stat Mapper	**OPÇÃO 2**	
Atualizações da Estrutura de Teste da Unidade		
Mudanças no Algoritmo do Analisador de Audiência		

Com a lógica das opções, as equipes Lean tem a liberdade para decidir o mais tarde possível e reduzir o custo das mudanças que surgirem.

Em uma equipe tradicional, uma mudança na abordagem técnica pode causar muita confusão. Quando o grupo estabelece uma programação detalhada, geralmente aloca tempo e recursos, como ocorre com a indicação de membros das equipes de desenvolvimento e DBA para executarem uma tarefa que envolve programação e banco de dados. Você pode, por exemplo, criar marcos de referência para a comunicação de status à alta administração quando uma tarefa for concluída ou definir essa tarefa como predecessora dos serviços desenvolvimento atual do aplicativo. Esse tipo de planejamento prévio dá muito trabalho.

E se um dos profissionais descobrir que já existe uma solução? Nesse caso, a equipe teria que recalcular o cronograma inteiro e redistribuir os recursos. Esse tipo de coisa acontece o tempo todo! Quando você considera o plano original da equipe como uma opção, não precisa lidar com muitas dependências entre tarefas e recursos alocados para realocar uma determinada tarefa.

está tudo conectado

A lógica dos sistemas oferece um quadro geral para as equipes Lean

Cada equipe tem sua própria forma de trabalhar. Pode parecer que você está inventando, mas sempre existem regras observadas por todos (mesmo que você não perceba que está observando essas regras). É nisso que consiste o princípio Lean. Trata-se de **ver o quadro geral** e reconhecer que o trabalho de cada profissional faz parte de um sistema maior.

Quando a autopercepção da equipe é a de um grupo de profissionais com funções diferentes, cada colaborador tende a se concentrar apenas nas melhorias que podem ser implementadas no seu desempenho profissional. Um programador pode priorizar melhorias que facilitem a programação, um profissional a cargo dos testes pode priorizar melhorias no processo de testes, um gerente de projetos pode priorizar melhorias no cronograma ou nos relatórios de status. Mas quando todos percebem como suas funções contribuem para um sistema maior, começam a propor melhorias que ajudam a equipe a alcançar seus objetivos em vez de priorizar uma função em detrimento das outras.

> Entendi. Quando eu visualizo o sistema como um todo, identifico todos esses pequenos "hacks" realizados individualmente pelos profissionais que podem facilitar a função de cada um deles, mas que talvez prejudiquem o desempenho da equipe.

Quando todos percebem a quadro geral, a equipe inteira melhora em conjunto.

Imagine, por exemplo, um atraso em um projeto. Diante dessa situação, o gerente de projetos otimiza sua função profissional pedindo que cada membro encaminhe relatórios escritos de atualizações de status duas vezes por dia. Isso provavelmente facilitará o trabalho do gerente, pois ele sempre vai saber o andamento de cada tarefa da equipe. Mas também vai desacelerar a equipe e dificultar a conclusão do trabalho no prazo. Outro exemplo: imagine que um dos programadores da equipe acha que pode escrever um volume maior de código se não tiver que criar testes de unidade. Esse programador pode vir a produzir muito mais código, mas o custo de identificar e corrigir as falhas provavelmente vai exceder esse ganho de produtividade.

As equipes Lean atuam de forma coesa para **remover otimizações locais** como essas e aperfeiçoar o sistema. Os profissionais analisam o sistema e removem as atividades que atrapalham a rápida criação de softwares de alta qualidade. As equipes Lean sabem que, de fato, dar prioridade a microproblemas como o aumento da produtividade de cada membro prejudica sua atuação como equipe.

Nos Bastidores

Ao criar um mapa do fluxo de valor, você efetivamente mapeia o tempo necessário para que o sistema gere ideias e transforme essas propostas em produtos. Depois que você percebe a existência do sistema, fica muito mais fácil identificar melhorias voltadas para a rápida criação de softwares de grande qualidade. Ao reconhecer que sua atuação profissional ocorre em um sistema, você pode começar a definir mudanças para o processo adotado pela equipe em vez de se limitar a fazer pequenas melhorias na sua função individual.

lean kanban

Algumas "melhorias" não funcionaram

A equipe examinou minuciosamente o mapa do fluxo de valor e concluiu que devia se concentrar em terminar cada tarefa antes de começar uma nova. Em seguida, os profissionais tentaram definir formas de melhorar sua coordenação com a equipe de operações. Em vez de tentar visualizar o sistema como um todo, o grupo passou a dar prioridade aos serviços que poderia controlar.

> Acho que a eficiência da entrega poderia ser maior se nosso foco estivesse em **finalizar o código do software** e implantá-lo em um ambiente de integração.

> Certo. Posso escrever scripts para implantar o código em um ambiente de integração. A partir daí, o problema não será mais nosso.

> Nesse caso, os atrasos serão responsabilidade da equipe de operações. Podemos comunicar isso à alta administração e apontando que é preciso implementar melhor a metodologia ágil.

A experiência foi um fracasso (e isso é bom!)

Mike e Kate tiveram uma boa ideia: fazer o código funcionar e mandá-lo para outra equipe. Qual foi o resultado? Bem, essa mudança durou duas semanas... até os efeitos colaterais começarem a se manifestar. O software criado passou a ficar congestionado no ambiente de integração e os clientes começaram a reclamar que as correções não estavam sendo rápidas o suficiente. A equipe percebeu que as melhorias tinham que levar em conta o sistema como um todo (incluindo as demais equipes que colaboravam com o grupo) para que houvesse um impacto positivo sobre o prazo de entrega.

← Nem toda experiência dá certo, mas pode ficar tranquilo! Com o pensamento Lean, as equipes se sentem à vontade para testar novas abordagens e ideias. Um pequeno fracasso é um trampolim para um grande sucesso mais tarde.

As equipes Lean utilizam sistemas puxados para atuarem sempre nas tarefas mais úteis

Nas equipes de projetos tradicionais, o trabalho é empurrado ao longo dos sistemas. Os profissionais tentam planejar previamente todo o trabalho e, depois, controlar as mudanças feitas no plano durante a execução do projeto. Ao preverem exatamente a quantidade de trabalho e o responsável por cada tarefa, os projetos tradicionais buscam estabelecer um equilíbrio perfeito entre os recursos através de um planejamento meticuloso.

As equipes que adotam a mentalidade Lean atuam de forma oposta: utilizam **sistemas puxados**. Nesse sistema, cada etapa do processo é iniciada pela etapa anterior e o produto da etapa anterior é puxado pela nova etapa quando estiver concluído. Como a etapa posterior do processo puxa as tarefas da anterior, as equipes Lean finalizam cada recurso no menor tempo possível. Quando o trabalho é puxado ao longo do sistema, os profissionais estabelecem um fluxo constante de trabalho finalizado e não ficam sobrecarregados com otimizações locais.

Em um sistema puxado, a última etapa no processo puxa o trabalho da etapa anterior.

Adotar um sistema puxado corresponde a mudar a forma como todos encaram e executam o trabalho.

Implementação de um sistema puxado pelo estabelecimento de limites para o WIP

Vamos conferir um exemplo. Imagine que uma equipe de testes tradicional está sempre sobrecarregada tentando acompanhar as remessas de código de uma equipe de desenvolvimento. Se o grupo adotasse um sistema puxado, os itens de desenvolvimento não seriam produzidos até que a equipe de testes requisitasse mais trabalho ao desenvolvimento. Mas como os profissionais fariam isso?

Uma forma eficiente seria estabelecer limites para o **trabalho em andamento** (Work In Progress). Uma equipe Lean deve estabelecer um **limite para o WIP**, ou seja, definir o número de itens de trabalho que podem ser realizados no decorrer de cada etapa do sistema. Se uma equipe só pode testar quatro recursos de cada vez, deve *estabelecer um limite para o WIP no estágio anterior* para que a equipe de desenvolvimento nunca crie mais de quatro recursos por vez. Ao estabelecer um limite, o grupo determina a rota mais eficiente do processo e reduz o prazo de entrega total entre a identificação e a liberação do recurso.

Kanban é um método de aperfeiçoamento do processo que implementa sistemas puxados com base no pensamento Lean. Vamos falar muito mais sobre ele no decorrer deste capítulo.

lean kanban

Sistemas de Demanda De Perto

Às vezes, o canal de desenvolvimento fica entupido com trabalho

Quando você visualiza o sistema como um todo, começa a definir a sequência de etapas necessárias para entregar um produto. O sistema puxado é uma forma específica de impulsionar o trabalho ao longo do sistema. Ao empurrar o serviço através do sistema, a equipe pode se deparar com um monte de entulho em algum ponto. Essa é a situação que Mike, Kate e Ben estão enfrentando no seu projeto.

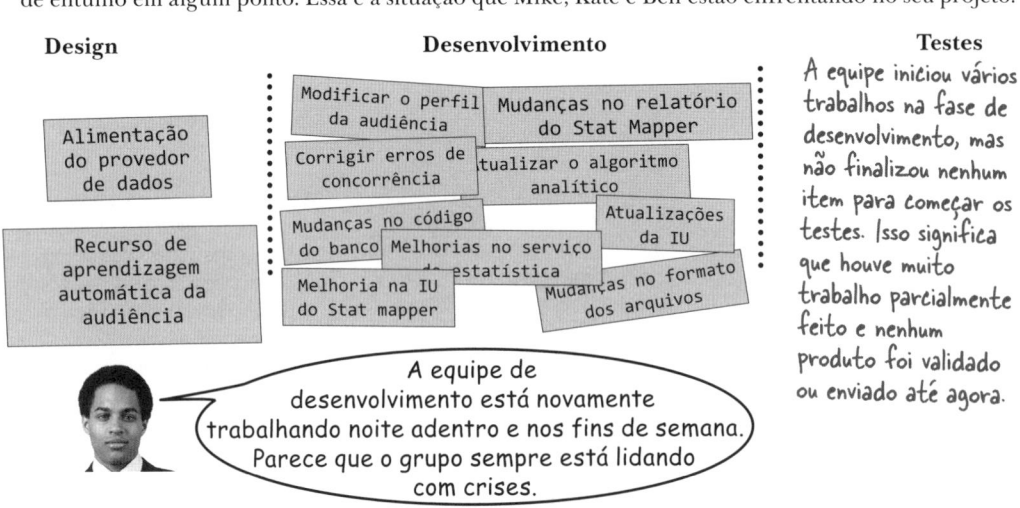

Design	Desenvolvimento	Testes
Alimentação do provedor de dados	Modificar o perfil da audiência	A equipe iniciou vários trabalhos na fase de desenvolvimento, mas não finalizou nenhum item para começar os testes. Isso significa que houve muito trabalho parcialmente feito e nenhum produto foi validado ou enviado até agora.
Recurso de aprendizagem automática da audiência	Mudanças no relatório do Stat Mapper	
	Corrigir erros de concorrência	
	Atualizar o algoritmo analítico	
	Mudanças no código do banco	
	Atualizações da IU	
	Melhorias no serviço de estatística	
	Melhoria na IU do Stat mapper	
	Mudanças no formato dos arquivos	

> A equipe de desenvolvimento está novamente trabalhando noite adentro e nos fins de semana. Parece que o grupo sempre está lidando com crises.

O estabelecimento de um limite WIP cria um sistema puxado para uniformizar o fluxo

Confira o que aconteceu quando todos concordaram em estabelecer um limite WIP. Antes, todos os recursos projetados eram empurrados diretamente para o desenvolvimento. Agora, com o limite WIP, os desenvolvedores puxam o próximo recurso apenas quando estão prontos para trabalhar nele. Para criar um fluxo uniforme no sistema puxado, a etapa posterior do processo *controla quanto trabalho a equipe pode assumir*.

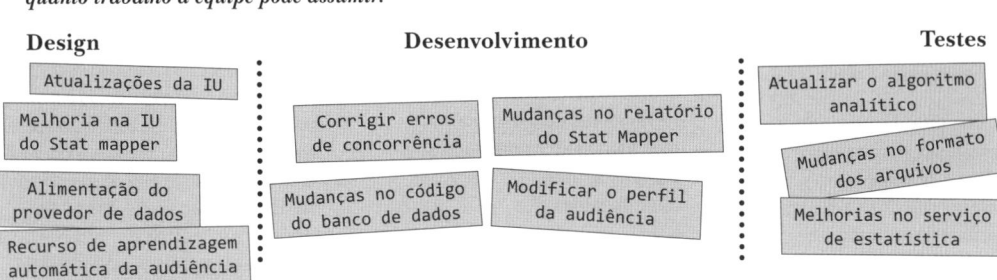

Design	Desenvolvimento	Testes
Atualizações da IU	Corrigir erros de concorrência	Atualizar o algoritmo analítico
Melhoria na IU do Stat mapper	Mudanças no relatório do Stat Mapper	Mudanças no formato dos arquivos
Alimentação do provedor de dados	Mudanças no código do banco de dados	Melhorias no serviço de estatística
Recurso de aprendizagem automática da audiência	Modificar o perfil da audiência	

Mike sabe uma ou duas coisas sobre o teste, o que é muito útil agora. Quando o desenvolvimento atingiu seu limite WIP, ele pôde testar outros recursos finalizados. Por isso, as equipes Lean valorizam os especialistas gerais, profissionais que são experts em uma área, mas podem auxiliar outras etapas do processo e promover o andamento do trabalho.

> Podemos concluir mais recursos nesta etapa se eu der uma mão com os testes.

entenda o sistema

P: Achei a lógica das opções um pouco esquisita. Não é melhor definir exatamente o que acontecerá em um projeto e executá-lo da forma mais previsível possível?

R: Pense na última vez que você iniciou um projeto. Você sabia realmente como seria o trabalho? Se esse projeto foi como a maioria, surgiram surpresas do início ao fim. As equipes Lean reconhecem esse fator: em vez de tentarem prever exatamente o que vai acontecer para depois utilizar essa previsão como referência, consideram até mesmo os pontos-chave do projeto como opcionais. Isso não significa que os principais itens não serão realizados, mas que as equipes Lean irão certamente adotar uma opção melhor se aparecer.

P: Isso tudo parece muito teórico. Qual é a aplicação prática?

R: Na prática, a lógica das opções pode incentivar a análise simultânea de várias possibilidades para resolver um problema técnico difícil cuja resposta não é tão clara. Também pode promover uma postura aberta a mudanças no escopo e na estratégia visando atingir um objetivo e entregar itens de maior valor. Ao considerarem todas as opções disponíveis, as equipes Lean partem da meta comercial da empresa. Não planejam todos os detalhes da implementação de cada tarefa necessária para concretizar o objetivo nem tentam seguir estritamente o plano.

Você já viu essa ideia antes. A lógica das opções também é conhecida como tomar decisões no último momento viável, que vimos no Capítulo 3. Esse é outro exemplo de que os criadores do Manifesto Ágil partiram das ferramentas do pensamento Lean para escrever os princípios do desenvolvimento ágil.

P: Minha cabeça já está cheia de preocupações só de desenvolver meus projetos. Agora também tenho que pensar no sistema todo enquanto atuo nele?

não existem Perguntas Idiotas

R: Essa é uma reclamação comum. Mas priorizar apenas o seu trabalho pode prejudicar o desempenho da equipe. Embora melhorias individuais aparentemente aumentem a produtividade, é mais importante que o processo como um todo produza um software de alta qualidade do que uma melhora no desempenho isolado de um colaborador em seu espaço funcional.

Muitas vezes parece que, se cada colaborador fizer sua parte da melhor forma possível, a equipe poderá lançar o produto em menos tempo, mas isso raramente acontece. Em regra, a criação do software depende da colaboração de muitos profissionais, que definem o que deve ser criado, desenvolvem o produto, verificam seu funcionamento e disponibilizam o resultado para os clientes. Priorizar excessivamente uma dessas etapas pode causar problemas no software. Para resolver esse problema, as equipes Lean orientam cada profissional a considerar o sistema como um todo e a não levar em conta apenas o trabalho pelo qual é pessoalmente responsável. É nesse ponto que as ferramentas do pensamento Lean, abordadas no início do capítulo, podem ajudar as equipes, pois seu objetivo é fazer com que os colaboradores enxerguem o desperdício, apliquem a lógica das opções, determinem as medidas e definam o custo do atraso de cada recurso.

P: Entendi quase todas as ferramentas do pensamento, mas ainda não saquei tudo sobre o custo do atraso. Como posso determinar isso?

R: Para alguns recursos, determinar o custo do atraso é muito fácil. Se você estiver criando um software para implementar uma nova regra em um código fiscal, o custo de atrasar um dia fiscal provavelmente será muito alto. No entanto, pode ser muito difícil determinar o custo do atraso para outros recursos. Por isso, o foco das equipes Lean está em definir não apenas a prioridade dos recursos em desenvolvimento, mas também o custo do atraso de cada recurso. A equipe deve conversar sobre o custo do atraso para se certificar de que está desenvolvendo sempre o recurso de maior valor no momento.

Uma forma de determinar o custo do atraso é fazer perguntas. Quando o *Product Owner* estiver descrevendo o recurso no planejamento da etapa ou quando a equipe estiver determinando os itens a serem incluídos no próximo lançamento, converse com o responsável pela priorização dos recursos para que a equipe compreenda o custo do atraso do item em questão.

Às vezes, fazer perguntas serve para incentivar o *Product Owner* a repensar as prioridades atuais. Algumas equipes recorrem à heurística e práticas como atribuir um valor comercial ou número de custo do atraso a cada um dos recursos planejados para a etapa, facilitando a compreensão do custo de não liberar o item no prazo certo.

Nesse caso, lembre-se de considerar o custo do atraso ao determinar a ordem de prioridade do trabalho em um incremento.

P: Qual é a utilidade dessa tal de "teoria das filas"?

R: Quando você considera seu processo de software como um sistema, não é difícil pensar no trabalho que flui pelo processo como uma fila. Imagine que cada recurso é um elemento que entra na fila e vai do primeiro estágio para o segundo, segundo para o terceiro e assim por diante. Essa é a teoria das filas aplicada o trabalho que sua equipe está desenvolvendo. Você já notou como algumas filas no supermercado andam mais rápido do que outras? Os princípios que determinam por que algumas filas são mais rápidas ou lentas também explicam por que sua equipe cria recursos de forma rápida ou lenta.

As equipes Lean pensam no processo como uma grande linha (quase sempre) reta e tentam encontrar a rota mais direta entre a identificação e a liberação de um recurso para que sua entrega ocorra com o menor desperdício possível.

lean kanban

> Agora que adotamos o Lean para pensar sobre o modo como desenvolvemos, a equipe vai poder determinar melhor sua capacidade e os itens mais importantes!

> Só falta o apoio dos stakeholders.

Mike: Alocamos um pequeno horário em cada incremento para avançar na automação dos testes e começamos a reestruturar os componentes para liberá-los de forma independente. Tudo parece estar em ordem. Em alguns meses, vamos dobrar nossa velocidade.

Kate: O quê? Alguns meses?! Quando começamos a medir nossa velocidade, pensei que estávamos informando todos os colaboradores sobre a capacidade da equipe. Agora, a empresa inteira está obcecada com isso. Sempre que a velocidade diminui, sou chamada para reuniões com gerentes seniores para explicar o porquê.

Mike: Mas é assim que a velocidade e os pontos da história funcionam!

Kate: Diga isso à direção. Os diretores pediram para a equipe fazer as estimativas dos pontos da história para os recursos o quanto antes e definir os próximos cronogramas com base nelas.

Mike: Ah, isso é tão frustrante! A direção precisa entender que estamos informando nossa velocidade para que os diretores possam nos ajudar a fazer as escolhas corretas, não para que eles empurrem mais trabalho para a equipe. No que isso é diferente de quando costumávamos planejar grandes lançamentos com grandes especificações?

PODER DO CÉREBRO

Como podemos usar o conceito de sistema puxado para resolver o problema descrito por Kate e Mike?

Clínica de Perguntas: A opção menos ruim

> Às vezes, o exame traz uma pergunta que não tem uma resposta óbvia. Se todas as alternativas parecem erradas, **escolha a opção menos ruim** e vá para a próxima pergunta.

---

109. Você atua como líder de uma equipe ágil e um dos interessados identifica uma mudança urgente durante uma etapa. Qual ação você deve tomar?

A. Ser um líder servidor

B. ~~Incluir a mudança no backlog~~

C. Orientar o membro da equipe a conversar com o Product Owner

D. Orientar o membro da equipe a incluir a mudança no quadro de controle de alterações

---

Esta resposta não é perfeita, pois não sabemos se a mudança deve ser incluída no backlog da etapa ou no backlog do produto. No entanto, é a única que realmente indica uma possibilidade de fazer a mudança.

As demais alternativas são piores porque não implementam a mudança de nenhuma forma.

Se nenhuma alternativa parecer correta, escolha a que parece mais próxima da resposta certa.

EXERCÍCIOS LIVRES

Preencha as lacunas para criar uma pergunta do tipo "a opção menos ruim"!

Você atua como _____ em uma equipe Scrum.
(tipo de profissional ágil)

Sua equipe gostaria de utilizar _____ como uma das atividades regulares da etapa.
(prática ágil)

Como você pode ajudar o grupo?

A. _____
(alternativa errada)

B. _____
(opção meio errada e meio correta)

C. _____
(alternativa correta, porém ambígua)

D. _____
(opção ridícula)

manual de instruções ilustrado

O Kanban utiliza um sistema puxado para melhorar o processo

O **Kanban** é um *método que melhora o processo* com base na mentalidade Lean, como ocorre com os valores específicos que orientam o XP e o Scrum. Mas, diferente do XP e do Scrum, o Kanban não recomenda funções ou práticas específicas de gestão de projetos e de desenvolvimento para coordenar o trabalho das equipes. Em vez disso, o Kanban analisa o modelo de trabalho atual, define como o serviço flui ao longo do sistema e, em seguida, aplica pequenas mudanças e limites WIP *(Work In Progress)* para que a equipe possa estabelecer um sistema puxado e eliminar o desperdício.

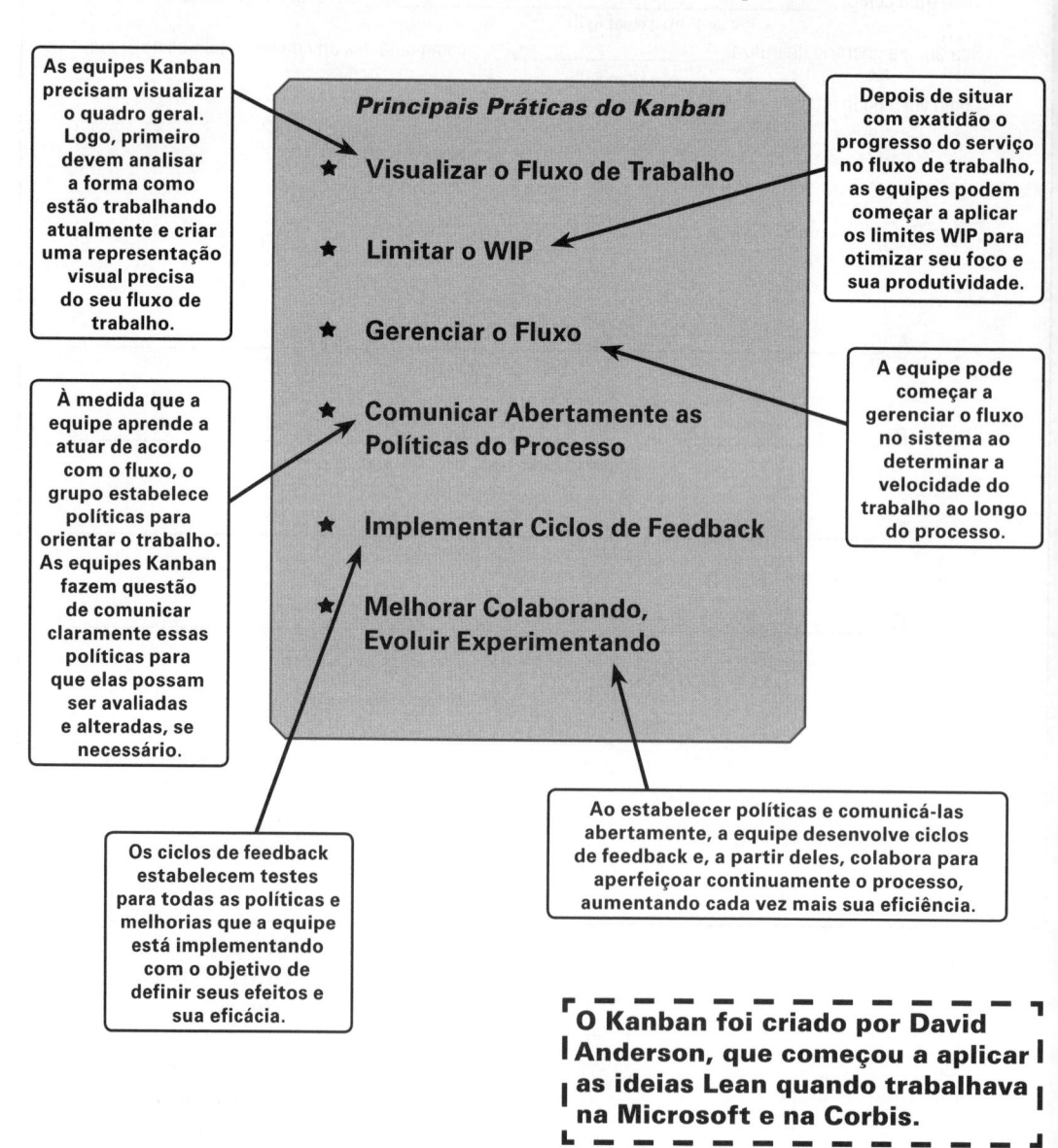

Principais Práticas do Kanban

★ Visualizar o Fluxo de Trabalho

★ Limitar o WIP

★ Gerenciar o Fluxo

★ Comunicar Abertamente as Políticas do Processo

★ Implementar Ciclos de Feedback

★ Melhorar Colaborando, Evoluir Experimentando

As equipes Kanban precisam visualizar o quadro geral. Logo, primeiro devem analisar a forma como estão trabalhando atualmente e criar uma representação visual precisa do seu fluxo de trabalho.

Depois de situar com exatidão o progresso do serviço no fluxo de trabalho, as equipes podem começar a aplicar os limites WIP para otimizar seu foco e sua produtividade.

À medida que a equipe aprende a atuar de acordo com o fluxo, o grupo estabelece políticas para orientar o trabalho. As equipes Kanban fazem questão de comunicar claramente essas políticas para que elas possam ser avaliadas e alteradas, se necessário.

A equipe pode começar a gerenciar o fluxo no sistema ao determinar a velocidade do trabalho ao longo do processo.

Os ciclos de feedback estabelecem testes para todas as políticas e melhorias que a equipe está implementando com o objetivo de definir seus efeitos e sua eficácia.

Ao estabelecer políticas e comunicá-las abertamente, a equipe desenvolve ciclos de feedback e, a partir deles, colabora para aperfeiçoar continuamente o processo, aumentando cada vez mais sua eficiência.

> O Kanban foi criado por David Anderson, que começou a aplicar as ideias Lean quando trabalhava na Microsoft e na Corbis.

Utilize painéis Kanban para visualizar o fluxo

Um painel Kanban é uma ferramenta que as equipes Lean/Kanban utilizam para visualizar o fluxo de trabalho. Consiste em um quadro, geralmente branco, dividido em colunas. Em cada coluna, há fichas que representam os **itens de trabalho** que passam pelo processo.

Um painel Kanban se parece muito com um quadro de tarefas, mas os dois recursos não são iguais. Como você já viu quadros de tarefas quando falamos sobre o Scrum e o XP, é fácil olhar para um painel Kanban e supor que os dois são a mesma coisa. Não são. A finalidade de um quadro de tarefas é indicar claramente o andamento das tarefas atuais para todos na equipe, que pode controlar melhor o status atual dos seus projetos com essa ferramenta. Os painéis Kanban são um pouco diferentes, pois servem para que a equipe compreenda como o trabalho flui ao longo do processo. Como os itens de trabalho são incluídos como recursos no painel Kanban, essa não é a melhor forma de determinar exatamente em qual tarefa cada membro da equipe está trabalhando no momento. No entanto, é uma excelente prática para visualizar o andamento do trabalho em cada estágio do processo.

Quadro de Tarefas

★ Indica o estado de todas as tarefas no quadro.

★ Permite acompanhar o progresso e fazer ajustes quando algo não sai como planejado.

★ Informa à equipe sobre o trabalho de uma etapa ou incremento do projeto de forma clara e transparente.

★ Mostra as prioridades e facilita a auto-organização dos membros da equipe.

Painel Kanban

★ Indica o estado de todos os recursos no quadro.

★ Exibe claramente os limites WIP para que não sejam incluídos novos trabalhos em um estágio que já atingiu seu limite.

★ Representa os estágios do fluxo de trabalho definidos pela equipe.

★ Mostra o fluxo e ajuda os membros da equipe a aplicarem pequenas mudanças no processo.

Ao estabelecer um limite WIP para uma etapa do processo, a equipe escreve esse valor na parte superior da coluna no painel Kanban e nunca permite que o número de itens de trabalho nessa coluna ultrapasse o limite.

vejamos o quadro

Como utilizar o Kanban para melhorar o processo

As principais práticas do Kanban consistem em uma série de etapas que as equipes implementam para conferir o funcionamento do sistema e, em seguida, criar um sistema puxado que movimenta os serviços de forma eficiente ao longo do fluxo de trabalho.

O mapa do fluxo de valor é uma ótima ferramenta para criar essa imagem! Essas caixas também aparecem no topo do mapa.

1 **Visualize o Fluxo de Trabalho**: crie uma imagem do seu processo atual.

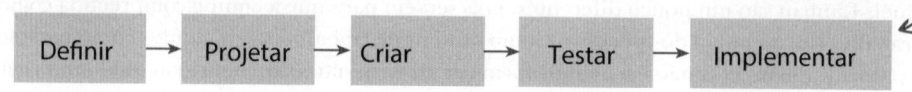

Definir → Projetar → Criar → Testar → Implementar

2 **Limite o WIP**: observe como os itens de trabalho fluem ao longo do sistema e aplique alguns limites ao número de itens em cada etapa até uniformizar o fluxo do trabalho.

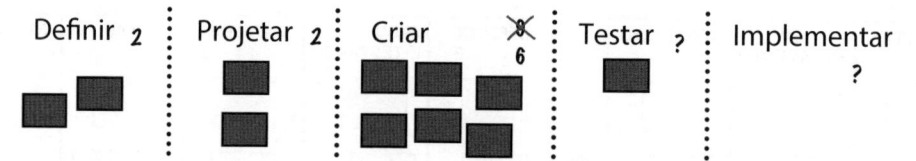

Definir 2 | Projetar 2 | Criar ~~8~~ 6 | Testar ? | Implementar ?

3 **Gerencie o Fluxo**: defina o prazo de entrega e os limites WIP que possibilitam a entrega dos recursos aos clientes no menor tempo possível. Tente manter o ritmo de entrega constante.

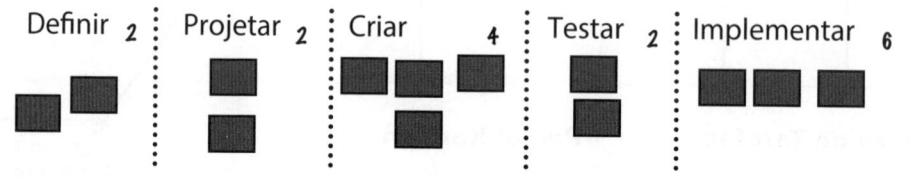

Definir 2 | Projetar 2 | Criar 4 | Testar 2 | Implementar 6

4 **Comunique Abertamente as Políticas do Processo:** determine as regras implícitas que orientam as decisões da sua equipe e as escreva em um documento formal.

5 **Implemente Ciclos de Feedback**: crie uma verificação em cada etapa para viabilizar o bom funcionamento do processo. Defina os prazos de entrega e a duração do ciclo para determinar a velocidade do processo.

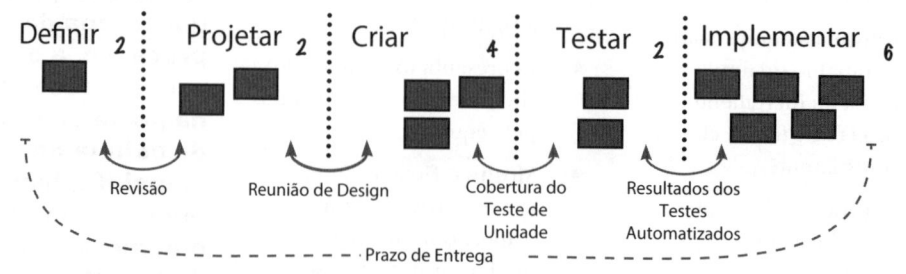

Definir 2 | Projetar 2 | Criar 4 | Testar 2 | Implementar 6

Revisão — Reunião de Design — Cobertura do Teste de Unidade — Resultados dos Testes Automatizados

Prazo de Entrega

6 **Melhore Colaborando**: compartilhe todas as medidas determinadas e incentive a equipe a dar sugestões para aperfeiçoar o processo.

Por que Limitar o WIP?

Nos Bastidores

A maneira mais rápida de fazer algo é começar, fazer o trabalho e terminar sem interrupções ao longo do caminho. Parece bem simples, certo? Mas as equipes não fazem isso por muitas razões. O motivo mais comum é a preocupação de manter todos os profissionais ocupados o tempo inteiro. Por exemplo, quando um desenvolvedor finaliza o código e executa o teste de unidade no produto, o próximo passo é encaminhar o item para que uma equipe de controle de qualidade realize o teste de integração. O que o desenvolvedor deve fazer enquanto o recurso está sendo testado? Na maioria das vezes, ele começa a trabalhar em outro recurso. Essa parece uma boa opção para um caso isolado, mas e se todos os desenvolvedores iniciarem novos recursos no meio do processo de incremento enquanto aguardam os testes? Se fizerem isso, muito provavelmente terão uma série de recursos incompletos ao final do incremento. Mas e se esses desenvolvedores **priorizarem a produção de recursos completos e prontos para serem enviados** em vez de iniciarem novos trabalhos? Nesse caso, a produtividade da equipe aumentaria a cada incremento. Se todos os profissionais se preocuparem em ficar ocupados em detrimento das demais prioridades, ficarão ocupados... mas não irão finalizar os recursos no menor tempo possível.

Quando a equipe fecha uma iteração com muitas tarefas incompletas, acaba ilustrando o que acontece quando o grupo direciona totalmente seu foco para a utilização dos recursos (nesse caso, mantendo todos os integrantes ocupados) em vez de definir a rota mais curta para o fluxo de trabalho. Isso é muito comum quando as equipes recebem solicitações de serviço de várias fontes diferentes, como ocorre quando vários gerentes enviam recursos para um mesmo grupo. Se esses gerentes não estabelecerem comunicação entre si, cada um deles vai considerar suas prioridades como as mais importantes para a equipe. Por exemplo, um profissional do setor de vendas e outro do suporte vão encaminhar diferentes solicitações de recursos. A menos que os gerentes saibam como seus pedidos são priorizados, pressionarão a equipe a executar mais tarefas do que o planejado.

Para resolver esse problema, o Kanban recomenda que a equipe **visualize** a forma como os recursos percorrem o fluxo de trabalho e estabeleça limites para a quantidade de solicitações que serão processadas no decorrer do projeto. Ao definir o número de recursos em desenvolvimento e limitar o número de solicitações a serem executadas em cada estágio, o Kanban estabelece um mecanismo que puxa trabalho constantemente ao longo do sistema, promovendo a entrega frequente de recursos concluídos. Em regra, as equipes primeiro analisam o **fluxo de trabalho** por meio de um painel Kanban e, em seguida, estabelecem limites WIP nos estágios em que o volume de trabalho iniciado parece ser maior do que o concluído. Geralmente, a equipe indica o limite WIP no cabeçalho da coluna no quadro de tarefas e, para não sobrecarregar o sistema, se recusa a incluir mais serviços nesse estágio quando o limite é atingido. Os profissionais priorizam a conclusão dos recursos em desenvolvimento antes de iniciar o trabalho em novos itens. Como a equipe estabelece limites para a quantidade de trabalho que pode ser executada a cada estágio em um determinado momento, acaba criando um fluxo de trabalho previsível no sistema. Os profissionais constatam uma redução nos prazos de entrega e na duração dos ciclos quando todos passam a priorizar a conclusão do trabalho em vez de iniciarem tarefas o tempo inteiro.

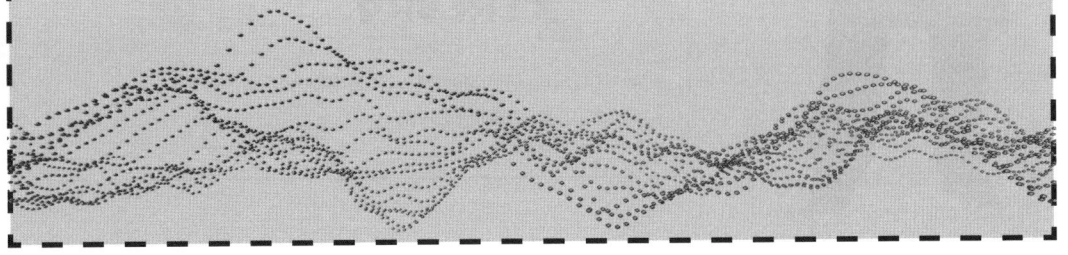

tempo do fluxo de trabalho

A equipe cria o fluxo de trabalho

Para melhorar o fluxo de trabalho, primeiro é necessário **visualizá-lo**, como podemos verificar aqui. A equipe do Analisador de Audiência fez uma reunião para conversar sobre seus procedimentos típicos para a criação de novos recursos. Há exceções, claro: às vezes, a equipe não marca a data da entrega de um determinado recurso. Em outras situações, o gerente de produtos solicita que o item seja desenvolvido como prioridade máxima para atender a uma demanda urgente de um usuário. Nesse caso, todos param o que estão fazendo para trabalhar no recurso. Ocorre ainda de bugs serem identificados tarde demais nos testes, quando já não é possível corrigi-los. Mesmo que o processo não seja realizado sempre nessa ordem, a equipe tenta delinear as fases pelas quais um recurso deve passar entre sua criação e liberação pela equipe.

Depois de discutir sobre essas exceções (e algumas outras), a equipe chegou à conclusão de que, na maioria das vezes, seu fluxo de trabalho ocorre da seguinte forma:

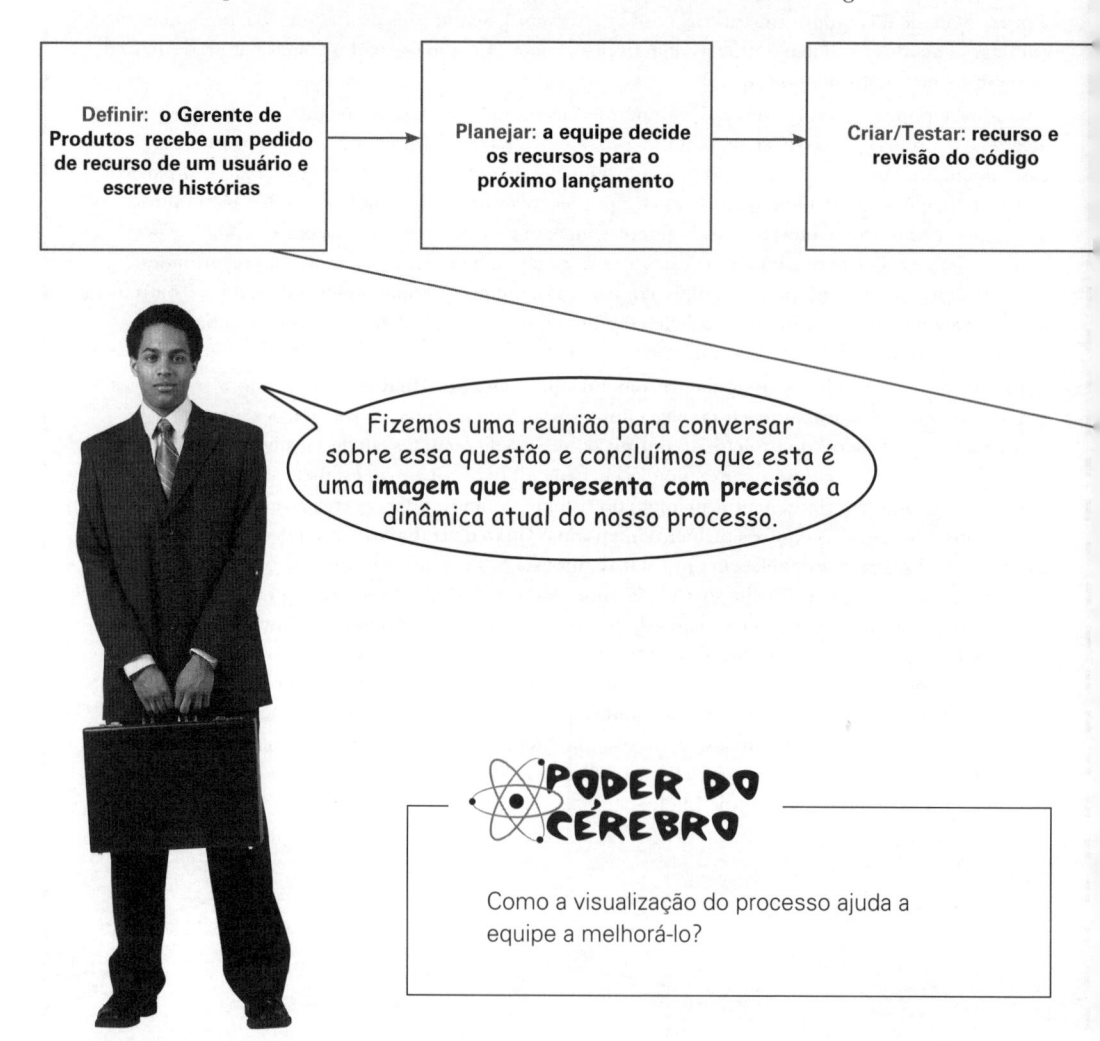

| Definir: o Gerente de Produtos recebe um pedido de recurso de um usuário e escreve histórias | → | Planejar: a equipe decide os recursos para o próximo lançamento | → | Criar/Testar: recurso e revisão do código |

> Fizemos uma reunião para conversar sobre essa questão e concluímos que esta é uma **imagem que representa com precisão** a dinâmica atual do nosso processo.

PODER DO CÉREBRO

Como a visualização do processo ajuda a equipe a melhorá-lo?

lean kanban

Em seguida, os profissionais mapearam o processo em um painel Kanban para identificar os recursos que estavam em cada estágio do fluxo de trabalho. Criaram colunas em um quadro de tarefas que representava os estágios em questão e indicaram o estágio em que cada recurso estava no momento. A equipe escreveu uma nota para cada recurso e colocou cada papel na respectiva coluna do quadro.

Ao criar o painel Kanban, a equipe **resolveu não incluir uma coluna "Plano"**. Como os profissionais sempre fazem uma reunião de duas horas para planejar o trabalho no início de cada incremento, os recursos nunca ficam no estágio "Plano" por mais de duas horas. Por isso, não parecia útil representar essa reunião como um estágio.

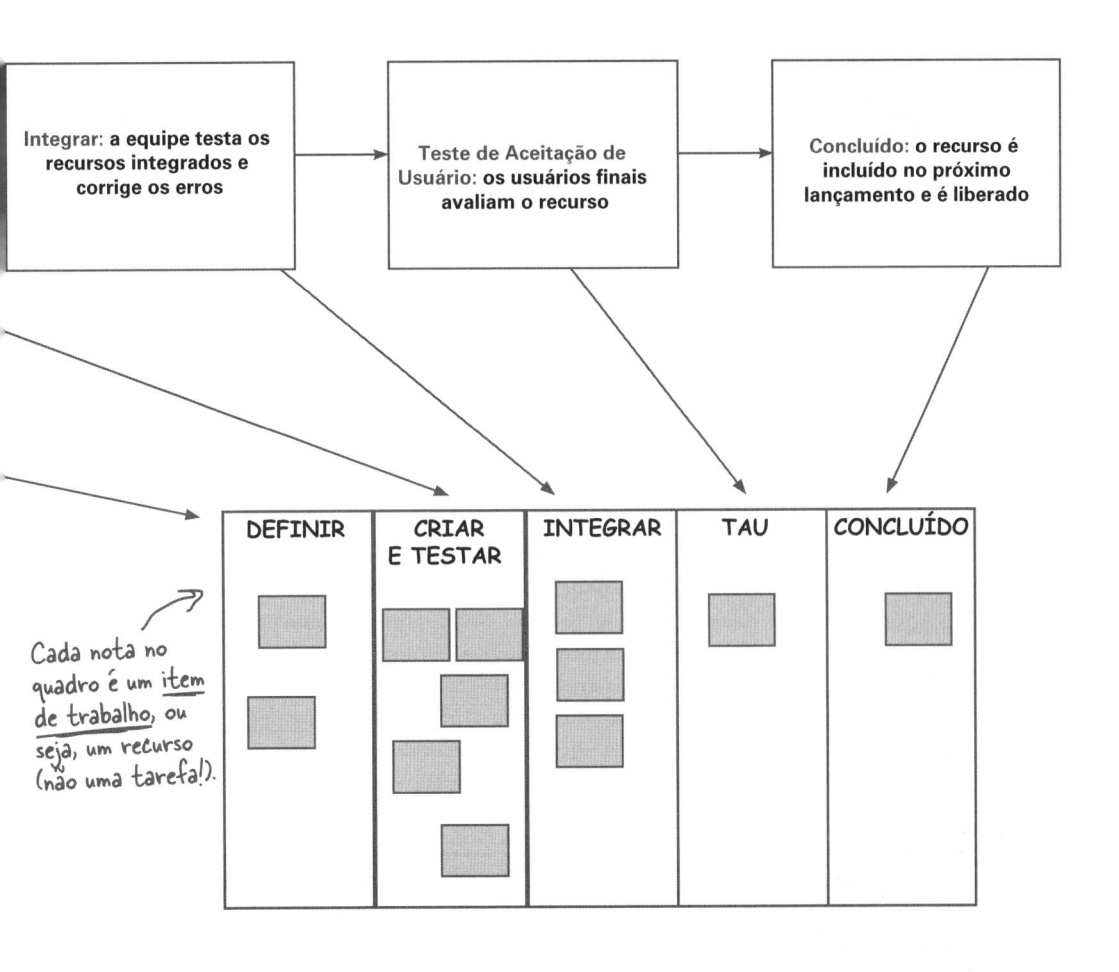

Integrar: a equipe testa os recursos integrados e corrige os erros

Teste de Aceitação de Usuário: os usuários finais avaliam o recurso

Concluído: o recurso é incluído no próximo lançamento e é liberado

DEFINIR	CRIAR E TESTAR	INTEGRAR	TAU	CONCLUÍDO

Cada nota no quadro é um <u>item de trabalho</u>, ou seja, um recurso (não uma tarefa!).

você está aqui ▶ **285**

método para melhoria, não uma metodologia para criar software

> Espere um pouco. Esse "painel Kanban" não é **apenas um quadro de tarefas** com algumas colunas a mais?

O Kanban não é uma metodologia de gestão de projetos. É um método que aperfeiçoa processos com base na visualização do processo atual e real da equipe.

Um dos maiores equívocos sobre o Kanban é dizer que ele consiste basicamente em uma forma de Scrum sem as etapas. Isso não é verdade. O Kanban **não é uma metodologia de gestão de projetos**. O painel Kanban e o quadro de tarefas têm funções diferentes: um quadro de tarefas serve para gerenciar um projeto, enquanto um painel Kanban possibilita a compreensão do processo.

Você se lembra como usou o mapa do fluxo de valor para visualizar o percurso efetivo descrito por um recurso durante o projeto? O painel Kanban tem a mesma função, mas em vez de acompanhar um único recurso, representa o trabalho como um todo. Quando a equipe visualiza todo o fluxo de trabalho no quadro e acompanha a movimentação dos itens ao longo do processo, pode fazer os devidos ajustes para aumentar a precisão da imagem no que for possível.

Com o Kanban, a equipe pode analisar seu modelo de trabalho, fazer mudanças de forma colaborativa e liberar pequenos incrementos com a maior frequência possível. O Kanban não estabelece durações predeterminadas nem funções para as equipes. Também não impõe a realização de reuniões específicas. Seu objetivo é orientar as equipes a definirem essas práticas por conta própria.

Então, o que a equipe pode fazer com o painel Kanban? Cada grupo atua de forma um pouco diferente e *essas diferenças são indicadas nas colunas* do painel Kanban. Se a equipe costuma alocar algumas semanas para criar provas de conceitos para cada recurso desenvolvido e fazer uma demonstração para um grupo de usuários antes de iniciar um projeto, você deve adicionar uma coluna ao painel Kanban para representar esse estágio. No decorrer do projeto, novas colunas serão identificadas e adicionadas ao painel para comunicar informações precisas sobre o modelo de trabalho a todos os profissionais.

Todos na equipe devem contribuir com a atualização do painel Kanban para aumentar a probabilidade de descobrir estágios extras que tenham passado despercebidos e, portanto, criar uma visualização mais precisa do fluxo de trabalho.

Muitas vezes, as equipes que adotam o Scrum, o XP ou um modelo híbrido também utilizam o Kanban. É comum que as equipes Scrum adotem o Kanban para visualizar o fluxo de trabalho, criando um painel Kanban ao lado do quadro de tarefas. Assim, podem estabelecer os limites WIP e criar um sistema puxado *dentro da implementação Scrum*. O Kanban e o Scrum podem ser combinados para que as equipes priorizem o aumento da sua produtividade nas etapas e desenvolvam produtos de maior qualidade.

lean kanban

Conversa de escritório

A equipe dedicou alguns incrementos a analisar a movimentação dos recursos ao longo do processo. Durante essa análise, o grupo reuniu muitas informações sobre seu modelo de trabalho.

> Quando vejo este quadro, sinto que algo está errado. Observe o número de itens que estão se acumulando no TAU. Foram finalizados, mas não ficarão completos até serem implantados.

> Isso explica por que a equipe acha difícil prever datas de lançamento. A equipe de lançamento libera tudo em um só lote e parece não estar sincronizada com o nosso grupo.

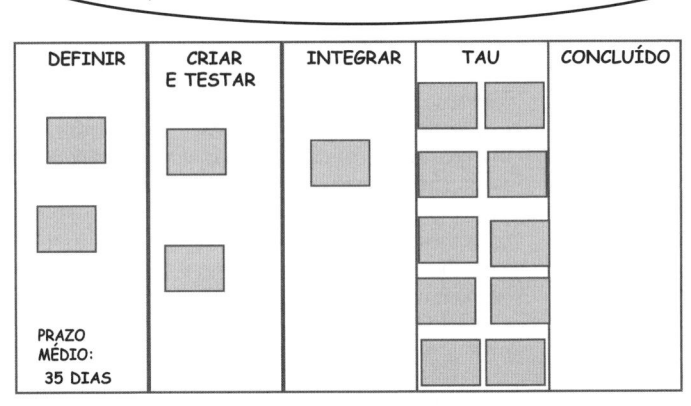

DEFINIR	CRIAR E TESTAR	INTEGRAR	TAU	CONCLUÍDO

PRAZO MÉDIO: 35 DIAS

---

4 semanas depois...

> Depois que incluímos a coluna Implementar no painel, ficou muito mais fácil identificar o número de itens de trabalho que foram testados e estão prontos para seguir em frente.

> O Limite WIP na coluna Implementar indica que a Equipe de Lançamento está fazendo implantações com maior frequência agora. O processo ficou mais previsível. Ben vai gostar de saber disso.

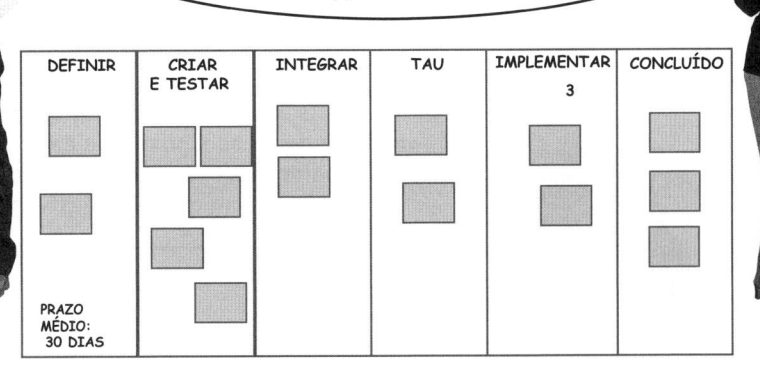

DEFINIR	CRIAR E TESTAR	INTEGRAR	TAU	IMPLEMENTAR 3	CONCLUÍDO

PRAZO MÉDIO: 30 DIAS

lendo os cartões de sinalização

não existem Perguntas Idiotas

P: Já ouvi falar sobre o "Lean/Kanban" e entendo os conceitos do Lean e do Kaban. Mas como eles funcionam juntos?

R: Lean é a mentalidade por trás do Kanban. O Kanban se baseia no Lean como o Scrum e o XP se baseiam nos seus valores. O Kanban destaca a importância das ferramentas do pensamento Lean. Já as equipes Lean utilizam a lógica dos sistemas para melhorar seu processo.

Quando uma equipe de desenvolvimento atua por um certo tempo, é provável que o grupo acabe adotando um conjunto implícito de processos e políticas no seu trabalho. Como essas regras e processos não são expressas, pequenos mal-entendidos podem evoluir ao longo do tempo e prejudicar as escolhas da equipe durante o desenvolvimento.

Com o Kanban, as equipes podem analisar seu modelo de trabalho atual e as decisões tomadas durante a criação dos produtos. Ao orientar os profissionais a considerarem o sistema como um todo e determinar a dinâmica do fluxo de trabalho, a equipe pode identificar o impacto da sua atuação na quantidade de trabalho finalizada e no tempo necessário para concluir os produtos.

Um mapa visual do processo indica o efeito das mudanças feitas pela equipe. As práticas Kanban (como visualizar o fluxo de trabalho, estabelecer limites WIP e controlar o fluxo) incentivam os profissionais a adotarem as ferramentas do pensamento Lean (como considerar o processo como um todo, determinar o custo do atraso e implementar sistemas puxados e a teoria das filas) de forma colaborativa.

P: Você disse antes que Kanban significa "cartão de sinalização". O que isso significa? Esses cartões são iguais a notas adesivas?

R: Boa pergunta. No setor produtivo, um Kanban é um elemento básico dos sistemas puxados e consiste em um cartão com o número de uma peça ou outro tipo de instrumento físico. No Sistema de Produção da Toyota, quando a equipe percebe que a quantidade de uma peça específica está diminuindo, coloca um cartão kanban (literalmente "letreiro" em japonês 看板) com o número de peça em um repositório. A equipe de fornecimento troca o kanban pelas peças que ficam na central de fornecimento. A equipe de produção usa cartões para puxar as peças quando necessário.

Quando uma equipe de software adota o Kanban, deve incluir itens de trabalho em um painel para implementar um sistema puxado. Esse caso é igual ao do setor produtivo, embora as equipes de software executem um trabalho intelectual e criativo muito diferente da fabricação de carros em uma linha de montagem. Se o TPS utiliza Kanbans para reduzir o desperdício e o excesso de estoque no processo de fabricação de veículos, as equipes de software adotam o Kanban para melhorar e reduzir o desperdício nos processos de desenvolvimento de software com base nos mesmos princípios Lean.

P: Ainda não consegui entender tudo. Você pode explicar novamente como limitar o trabalho aumenta a produtividade?

R: Quando os profissionais estão focados em muitos objetivos diferentes e têm diferentes perspectivas sobre o modelo de trabalho, podem acabar atuando de formas completamente opostas. Nesse caso, todos parecem estar ocupados e acham que estão se esforçando ao máximo para lançar o produto. Mas, na verdade, caso os colaboradores não estabeleçam um mesmo objetivo, o prazo de liberação do produto pode ficar gravemente prejudicado.

Ao limitarem o número de itens de trabalho para o projeto, as equipes que adotam o Kanban estão priorizando o objetivo final e eliminando as tarefas que não estejam relacionadas a ele. Como as equipes Kanban definem o prazo de entrega de um recurso antes e depois de limitar o WIP, os profissionais podem determinar se os limites WIP aplicados estão atrasando o processo ou reduzindo o tempo de entrega dos recursos. Com a prática Kanban de fazer entregas de pequenos incrementos no menor tempo possível, as equipes podem eliminar o desperdício no processo e criar softwares de maior qualidade com mais rapidez.

Entendi. Ao limitarem o WIP, as equipes **aumentam bastante sua produtividade**, pois passam a executar primeiro o trabalho mais importante e não se distraem com outros objetivos.

lean kanban

Aponte o seu lápis

Confira o painel Kanban da equipe do Analisador de Audiência e determine o que o grupo deve fazer agora. Escreva o novo limite WIP no quadro de tarefas abaixo.

DEFINIR	CRIAR E TESTAR	INTEGRAR	TAU	IMPLEMENTAR 3	CONCLUÍDO
▢	▢ ▢	▢ ▢	▢	▢	▢
▢	▢	▢		▢	▢
	▢	▢			
	▢				

Cenário: Depois de visualizar o processo, a equipe fez reuniões diárias para mapear a movimentação dos recursos em desenvolvimento ao longo de cada etapa do próximo incremento. Como a equipe atuava de acordo com um ritmo de duas semanas e fazia liberações regularmente, o grupo definiu recursos para duas semanas. No grupo, há um gerente de produtos, quatro desenvolvedores e um profissional dedicado que executa testes de integração em todos os recursos. Ao final de duas semanas, o painel assumiu a forma indicada acima. Todos estavam muito ocupados. De fato, alguns desenvolvedores chegaram a trabalhar nos finais de semana para adiantar os recursos nas fases de construção e testes.

Como o painel deve ficar após duas semanas?

....

Em que ponto a equipe do Analisador de Audiência deve estabelecer um limite WIP?

....

Qual limite você tentaria estabelecer primeiro? Por quê?

....
....

vale a pena tentar

Aponte o seu lápis
Solução

Confira o painel Kanban da equipe do Analisador de Audiência e determine o que o grupo deve fazer agora. Escreva o novo limite WIP no quadro de tarefas abaixo.

Não há uma resposta correta para este exercício. Estas são as nossas respostas. Aqui, o objetivo é que você aprenda a estabelecer limites WIP para controlar o fluxo.

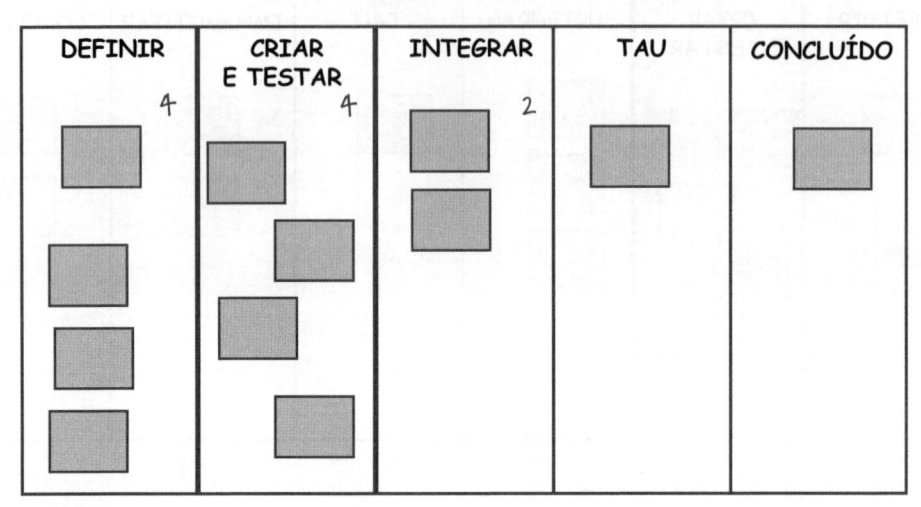

DEFINIR	CRIAR E TESTAR	INTEGRAR	TAU	CONCLUÍDO
4	4	2		

Cenário: Depois de visualizar o processo, a equipe fez reuniões diárias para mapear a movimentação dos recursos em desenvolvimento ao longo de cada etapa do próximo incremento. Como a equipe atuava de acordo com um ritmo de duas semanas e fazia liberações regularmente, o grupo definiu recursos para duas semanas. No grupo, há um gerente de produtos, quatro desenvolvedores e um profissional dedicado que executa testes de integração em todos os recursos. Ao final de duas semanas, o painel assumiu a forma indicada acima. Todos estavam muito ocupados. De fato, alguns desenvolvedores chegaram a trabalhar nos finais de semana para adiantar os recursos nas fases de construção e testes.

Como o painel deve ficar após duas semanas?

Na melhor das hipóteses, todos os recursos do escopo devem estar na coluna Concluído.

Em que ponto a equipe do Analisador de Audiência deve estabelecer um limite WIP?

Nas colunas Definir, Criar e Testar e Integrar.

Qual limite você tentaria estabelecer primeiro? Por quê?

4 para as colunas Definir e Criar e Testar porque a equipe dispõe de quatro desenvolvedores.
2 para a coluna Integrar porque só há um testador e um desenvolvedor para ajudar com os testes depois que tiver enviado seu código.

lean kanban

A equipe está entregando mais rápido

Depois de algumas tentativas e experiências (e muitos prazos de entrega diferentes), a equipe finalmente constatou uma melhora real no processo. Na primeira vez em que o grupo estabeleceu um limite, o projeto acabou atrasando um pouco. Então, o grupo fez uma reunião em que todos tiveram uma boa conversa e decidiram aumentar um pouco esse número no próximo incremento. Parece que funcionou. Quando os profissionais estabeleceram o limite WIP correto, constataram que estavam iniciando e concluindo um número maior de recursos a cada incremento. Melhor ainda, todos passaram a ajudar uns aos outros quando alguém estava com problemas. Logo a opinião corrente entre a equipe era de que o trabalho nunca havia sido tão bem administrado. Isso deixou Ben muito satisfeito, pois indicava que o grupo estava bem mais previsível do que antes.

> Nosso prazo de entrega está cada vez melhor e estamos **finalizando mais recursos do que nunca**! O painel Kanban indica a posição de todos os recursos no sistema.

DEFINIR 2	CRIAR E TESTAR 3	INTEGRAR 2	TAU	IMPLEMENTAR 3	CONCLUÍDO
PRAZO MÉDIO: 15 DIAS					

Poder do Cérebro

Algumas equipes acham que podem entender melhor o fluxo do trabalho se contarem o número de itens em cada etapa do processo. Na sua opinião, por que isso ajuda a equipe a ter uma melhor compreensão do fluxo de trabalho?

diagrame seu fluxo

Os diagramas de fluxo cumulativos viabilizam o controle do fluxo

As equipes Kanban utilizam **diagramas de fluxo cumulativos** ou CFDs *(Cumulative Flow Diagrams)* para identificar os pontos em que há desperdício sistemático e interrupção do fluxo. Os profissionais criam um gráfico para indicar o número de itens de trabalho que passam por cada estágio ao longo do tempo e procuram, nesse diagrama, padrões que possam influenciar a produtividade da equipe (taxa de conclusão de itens de trabalho). Com os CFDs, as equipes têm uma ferramenta visual para acompanhar a dinâmica do sistema.

Quando se habituam aos CFDs, os profissionais podem determinar rapidamente o impacto das mudanças efetuadas no processo e nas políticas. As equipes estão sempre em busca de um processo de desenvolvimento estável e uma produtividade previsível. Ao identificar os limites WIP corretos para a criação do sistema puxado no processo, a equipe pode avaliar como suas práticas e políticas de trabalho influenciam sua atuação profissional. Em grupos que revisam constantemente o CFD, todos os profissionais percebem como suas sugestões e mudanças repercutem na capacidade de trabalho da equipe.

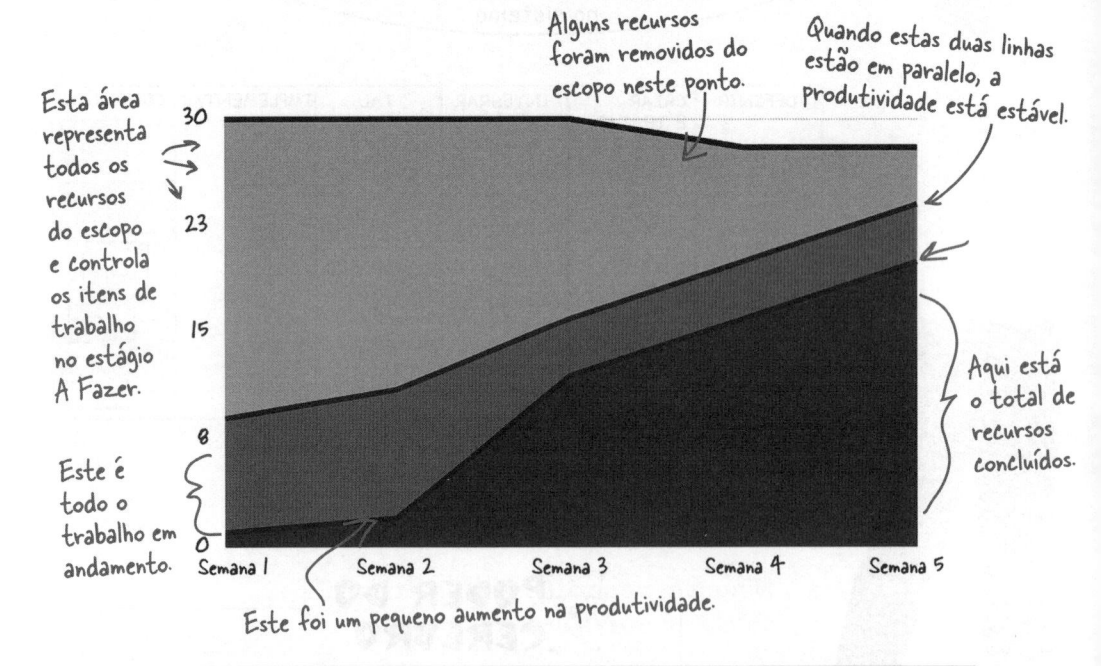

> Essa foi apenas uma visão geral dos CFDs. Aqui você aprendeu as noções básicas dos CFDs para compreender melhor o funcionamento do seu processo. Mas depois de atuar com o Lean e o Kanban por um tempo, é comum que o estudante queira aprender os padrões mais comuns nos CFDs e como interpretá-los. Os CFDs são ferramentas muito úteis e fáceis de criar. Para obter um guia com detalhes sobre todas as etapas da criação de CFDs e como utilizá-los para melhorar seu fluxo de trabalho, confira nosso livro *Learning Agile* (conteúdo em inglês).

lean kanban

As equipes Kanban conversam sobre suas políticas

Depois de escrever as etapas do processo e visualizar a movimentação dos recursos ao longo do sistema, você está pronto para analisar as regras aplicadas pelos membros no seu trabalho diário. É muito comum que os profissionais criem suas próprias regras de conduta no trabalho para orientar seu comportamento e suas decisões. Muitos dos mal-entendidos e falhas de comunicação no local de trabalho são resultados dessas regras implícitas. Mas quando a equipe passa a conversar de forma aberta e colaborativa sobre as políticas e outros temas, todos começam a atuar em bloco para evitar muitos mal-entendidos antes que eles ocorram. As equipes aproveitam essas discussões sobre políticas para desenvolver **práticas de trabalho** com o objetivo de uniformizar as interações e conscientizar o grupo sobre seu dever de alterar as políticas em vez entrar em conflito quando as coisas dão errado.

Essas são as práticas de trabalho que a equipe do Analisador de Audiência estabeleceu quando decidiu comunicar abertamente suas políticas:

> **Práticas de Trabalho da Equipe do Analisador de Audiência**
>
> ★ Todos os membros da equipe devem apresentar estimativas e utilizar a escala de pontos da história estabelecida pelo grupo
>
> ★ Quando um membro da equipe concluir um item de trabalho, deve atuar em seguida no item do backlog com maior pontuação
>
> ★ Ninguém pode incluir um item de trabalho em um estágio que atingiu seu limite WIP
>
> ★ Os itens de trabalho devem atender à nossa definição de "Concluído" para serem efetivamente considerados como finalizados
>
> ★ Ninguém pode atuar em um item que não esteja no nosso backlog

Inicialmente, os responsáveis por realizar os testes no aplicativo não queriam estimar. Mas a equipe chegou à conclusão de que as melhores discussões sobre as estimativas tiveram como tema desenvolvimento e testes.

Os membros da equipe tinham várias opiniões sobre o que deveriam fazer depois de concluir um item de trabalho.

Os membros da equipe não sabem dizer "não" quando alguém liga e solicita uma pequena mudança no código. Comunicar abertamente essa política ajudou os profissionais a definirem as tarefas que devem executar.

Escrever e conversar sobre as políticas da equipe são formas de informar todos os profissionais sobre essas diretrizes.

ciclo a ciclo

Os ciclos de feedback indicam como o processo está funcionando

Movidas pela prioridade de compreender as melhorias efetuadas no processo, as equipes Kanban criam **ciclos de feedback ostensivos** para determinar o impacto de cada mudança realizada. Para isso, avaliam a situação e, em seguida, usam os dados das medições para fazer mudanças no seu modelo de trabalho. Quando o processo é alterado, os valores determinados anteriormente também mudam e passam a servir de base para a realização de novas mudanças no processo, e assim por diante.

As equipes aproveitam os ciclos de feedback para estabelecer uma cultura de melhoria contínua e incentivar todos a se envolverem na avaliação e sugestão de mudanças. Quando os profissionais participam da determinação das medidas, das mudanças e da repetição, a equipe inteira começa a perceber cada mudança no processo como *uma experiência do grupo*.

As equipes Kanban utilizam o prazo de entrega para criar ciclos de feedback

As equipes Kanban estabelecem um método para avaliar as mudanças realizadas e usam os dados coletados sobre o processo para tomar decisões. Para criar ciclos de feedback, as equipes Kanban geralmente determinam o prazo de entrega, implementam mudanças (estabelecendo os limites WIP, por exemplo) e, em seguida, verificam se essas mudanças reduzem de fato o prazo de entrega. Digamos, por exemplo, que a equipe queira adotar uma política que estabelece a quinta-feira como o dia em que os colaboradores podem trabalhar em projetos pessoais. O grupo pode aplicar essa política durante dois lançamentos e definir o impacto da medida sobre a produtividade, determinando o prazo de entrega antes e depois da aplicação da política.

Aponte o seu lápis

Quais dos cenários abaixo são exemplos de equipes que estabelecem ciclos de feedback e quais são as mudanças que a equipe está fazendo para melhorar seu processo?

1. Para Kate, os documentos de design às vezes adicionam recursos extras que podem diminuir a velocidade do desenvolvimento. Portanto, ela sugere que a equipe revise a arquitetura de todos os recursos desenvolvidos para verificar se o produto está de acordo com a visão do arquiteto. A equipe promove essa verificação para acelerar o serviço.

☐ Ciclo de Feedback   ☐ Mudança

2. Mike percebe que a equipe de desenvolvimento não está escrevendo testes de unidade em número suficiente para cobrir a funcionalidade do produto. Ele então define um padrão de 70% de cobertura para todos os novos recursos.

☐ Ciclo de Feedback   ☐ Mudança

3. Ben aproveita suas reuniões com clientes para conversar sobre as funcionalidades com os usuários finais antes de escrever uma especificação.

☐ Ciclo de Feedback   ☐ Mudança

4. Mike calcula o tempo do ciclo para todos os itens de trabalho de cada incremento e percebe que a equipe está ficando cada vez mais rápida.

☐ Ciclo de Feedback   ☐ Mudança

lean kanban

Agora, todos na equipe estão colaborando para definir as melhores formas de trabalhar!

Como toda a equipe conhece o CFD e o prazo de entrega, os profissionais estão apresentando sugestões a cada duas semanas para melhorar o processo. Nem todas dão certo, mas tudo bem, pois o grupo aprende a cada experimento. Os colaboradores reduziram bastante o prazo de entrega, consolidaram seu comprometimento e aumentaram sua influência no serviço.

> É muito bom fazer parte desta equipe! Todos estão dando boas sugestões e o prazo de entrega está melhorando a cada lançamento!

Agora que a equipe está melhorando seu desempenho de forma colaborativa, sua influência e produtividade aumentaram!

verifique seu conhecimento

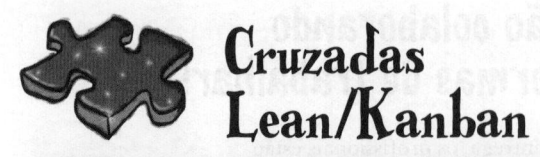

Cruzadas Lean/Kanban

Esta é uma ótima oportunidade para memorizar os conceitos do Lean e do Kanban. Veja quantas respostas você consegue acertar sem consultar o capítulo.

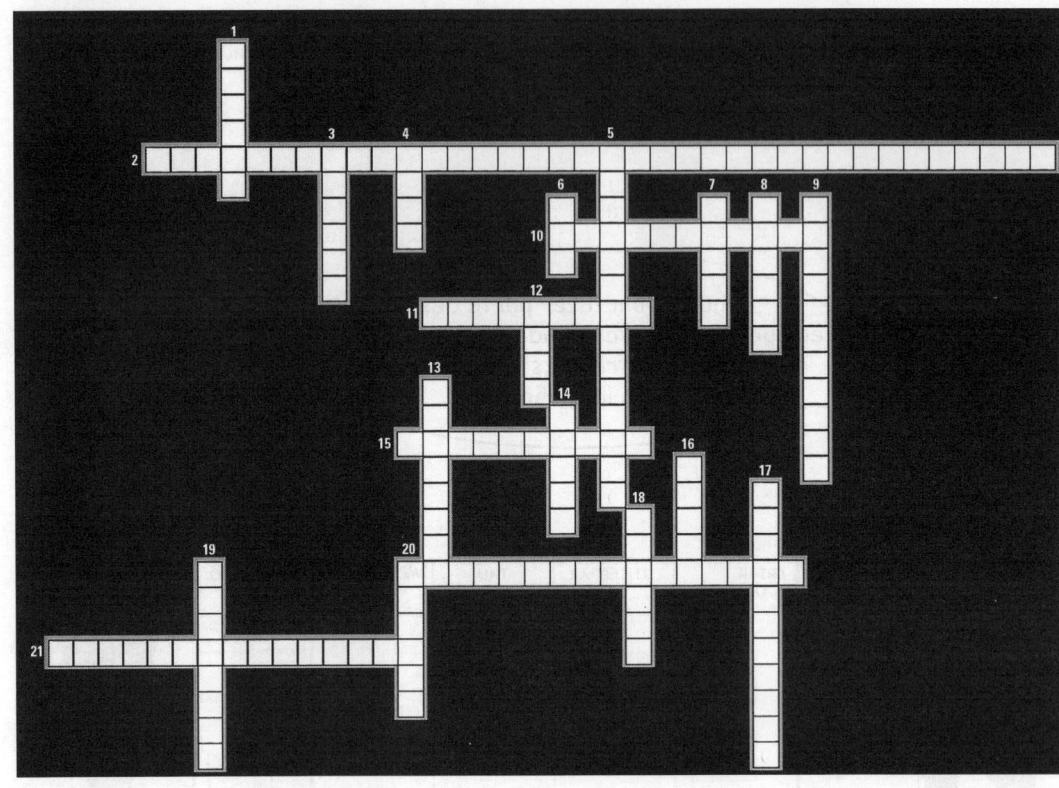

Horizontais

2. Ferramenta do pensamento Lean com a qual as equipes buscam várias opções para desenvolver recursos
10. Quando um produto é fácil de usar e executa sua função corretamente, a equipe conseguiu incorporar a _____
11. As equipes Kanban identificam e comunicam abertamente suas _____
15. Primeiro, as equipes Kanban devem aprender a _____ seu fluxo de trabalho
20. Neste tipo de desperdício, os profissionais tentam fazer muitas coisas ao mesmo tempo
21. Para as equipe Lean, quando mais alto for o risco de uma tarefa, maior será o seu _____

Verticais

1. Tipo de desperdício identificado geralmente na fase de testes
3. As equipes Lean tomam decisões no último momento viável segundo a _____ das opções
4. Palavra japonesa para irracionalidade (tipo de desperdício)
5. Processo em que a etapa posterior solicita trabalho da anterior

6. As equipes Kanban estabelecem limites _____ nos estágios dos seus processos para otimizar o fluxo
7. Para analisar a movimentação do trabalho ao longo do sistema, as equipes Lean usam a teoria das _____
8. Palavra japonesa para melhoria contínua
9. O Lean não é uma metodologia (como o Scrum e o XP), mas uma _____
12. Sendo o pensamento Lean, os profissionais devem "considerar o sistema como um _____" ao analisar um processo
13. As equipes Lean estão sempre trabalhando para _____ o desperdício
14. As equipes Lean não usam etapas, elas desenvolvem um _____ de entrega
16. Para definir o tempo de espera, as equipes Lean criam um mapa do fluxo do _____
17. Em japonês, Kanban significa cartão de _____
18. Às vezes, as equipes desperdiçam tempo com processos e recursos _____
19. As equipes Kanban usam métricas para estabelecer ciclos de _____
20. Empresa cujo Sistema de Produção deu origem ao Lean

lean kanban

QUEM FAZ O QUÊ?
SOLUÇÃO

Como o Lean foi uma referência importante para a criação do Manifesto Ágil, não é surpresa que muitas ferramentas do pensamento também estejam presentes no Scrum e no XP. Aqui estão algumas ferramentas do pensamento que abordamos nos capítulos anteriores. Ligue o nome da ferramenta à sua descrição.

O último momento viável — Alterar o código para viabilizar sua inteligibilidade e manutenção sem mudar seu comportamento.

Iterações e feedback — Definir os próximos trabalhos da equipe sem precisar de aprovação externa.

Reestruturar — Tomar decisões no momento em que mais informações estejam disponíveis.

Autodeterminação, motivação, experiência em liderança — Entregar software de forma incremental para que os novos recursos sejam avaliados durante o desenvolvimento de outros recursos.

Aponte o seu lápis
Solução

Quais dos cenários abaixo são exemplos de equipes que estabelecem ciclos de feedback e quais são as mudanças que a equipe está fazendo para melhorar seu processo?

1. Para Kate, os documentos de design às vezes adicionam recursos extras que podem diminuir a velocidade do desenvolvimento. Portanto, ela sugere que a equipe revise a arquitetura de todos os recursos desenvolvidos para verificar se o produto está de acordo com a visão do arquiteto. A equipe promove essa verificação para acelerar o serviço.

☒ Ciclo de Feedback ☐ Mudança

2. Mike percebe que a equipe de desenvolvimento não está escrevendo testes de unidade em número suficiente para cobrir a funcionalidade do produto. Ele então define um padrão de 70% de cobertura para todos os novos recursos.

☒ Ciclo de Feedback ☐ Mudança

3. Ben aproveita suas reuniões com clientes para conversar sobre as funcionalidades com os usuários finais antes de escrever uma especificação.

☐ Ciclo de Feedback ☒ Mudança

4. Mike calcula o tempo do ciclo para todos os itens de trabalho de cada incremento e percebe que a equipe está ficando cada vez mais rápida.

☒ Ciclo de Feedback ☐ Mudança

soluções dos exercícios

Cruzadas Lean/Kanban – Solução

Aqui está uma ótima oportunidade para fixar o Lean e o Kanban em seu cérebro. Veja quantas respostas você consegue acertar sem voltar no resto do capítulo.

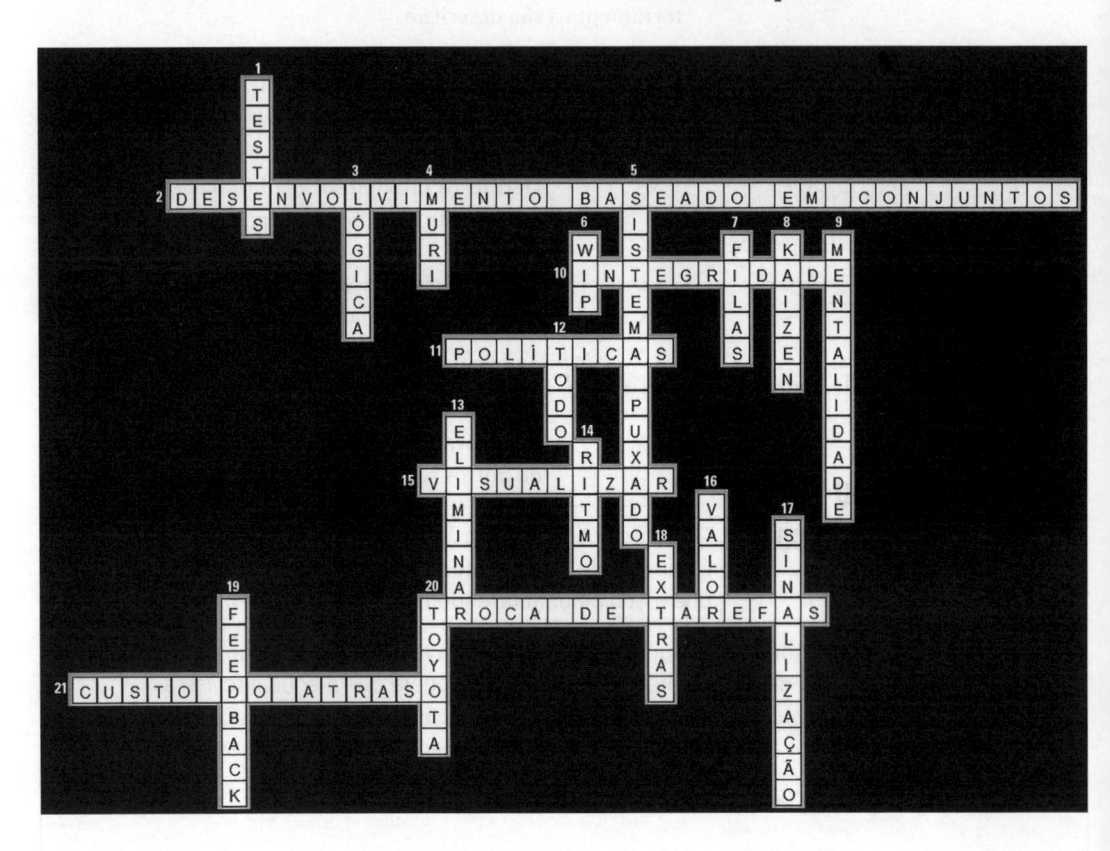

Horizontais:
2. DESENVOLVIMENTO BASEADO EM CONJUNTOS
10. INTEGRIDADE
11. POLÍTICAS
15. VISUALIZAR
20. TROCA DE TAREFAS
21. CUSTO DO ATRASO

Verticais:
1. TESTES
3. LÓGICA
4. URI
5. ISEM
6. WIP
7. FLAS
8. KAIZEN
9. MENTALIDADE
12. ASP
13. ELIMINA
14. PUXADO
16. VALOR
17. SINALIZAÇÃO
18. EXTRAS
19. FEEDBACK
20. TOYOTA

lean kanban

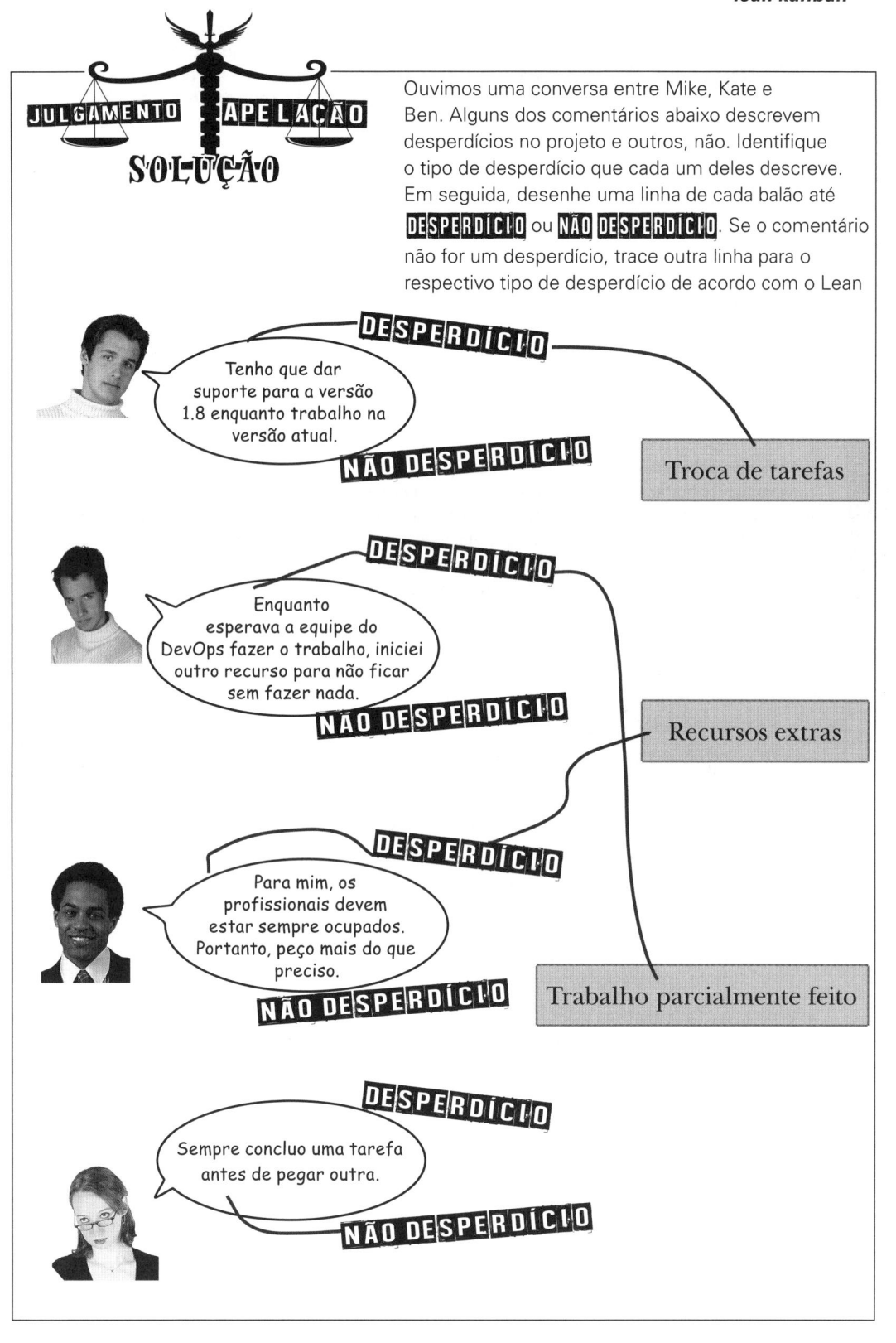

JULGAMENTO APELAÇÃO
SOLUÇÃO

Ouvimos uma conversa entre Mike, Kate e Ben. Alguns dos comentários abaixo descrevem desperdícios no projeto e outros, não. Identifique o tipo de desperdício que cada um deles descreve. Em seguida, desenhe uma linha de cada balão até **DESPERDÍCIO** ou **NÃO DESPERDÍCIO**. Se o comentário não for um desperdício, trace outra linha para o respectivo tipo de desperdício de acordo com o Lean

DESPERDÍCIO

> Tenho que dar suporte para a versão 1.8 enquanto trabalho na versão atual.

NÃO DESPERDÍCIO

→ Troca de tarefas

DESPERDÍCIO

> Enquanto esperava a equipe do DevOps fazer o trabalho, iniciei outro recurso para não ficar sem fazer nada.

NÃO DESPERDÍCIO

→ Recursos extras

DESPERDÍCIO

> Para mim, os profissionais devem estar sempre ocupados. Portanto, peço mais do que preciso.

NÃO DESPERDÍCIO

→ Trabalho parcialmente feito

DESPERDÍCIO

> Sempre concluo uma tarefa antes de pegar outra.

NÃO DESPERDÍCIO

Perguntas do Exame

> As perguntas práticas do exame irão ajudá-lo a revisar o material deste capítulo. Tente respondê-las mesmo se não estiver se preparando para a certificação PMI-ACP. As perguntas são uma ótima forma de avaliar conhecimentos e lacunas, o que facilita a memorização do material.

1. As opções abaixo indicam funções dos mapas do fluxo de valor, exceto:

- A. Facilitar a compreensão do prazo de entrega de um recurso
- B. Viabilizar a identificação do desperdício em um processo
- C. Determinar novos recursos a serem criados
- D. Definir o tempo de ciclo de um recurso

2. Sean atua como desenvolvedor em uma equipe que está criando um software financeiro. Ao receber uma solicitação para construir um novo sistema de negociação, o grupo fez uma reunião para determinar o estado atual do seu fluxo de trabalho. Em seguida, os profissionais indicaram o processo em um quadro branco, desenhando colunas para cada etapa. Depois de algumas semanas analisando os itens de trabalho em desenvolvimento representados nas colunas no quadro, a equipe constatou que algumas etapas pareciam estar mais sobrecarregadas.

Qual é a MELHOR ação à disposição da equipe?

- A. Atuar em conjunto para aumentar a eficiência das etapas em que o trabalho está fluindo mais lentamente
- B. Alocar mais colaboradores nas etapas mais lentas
- C. Priorizar a conclusão das tarefas indicadas no quadro
- D. Limitar a quantidade de trabalho que pode ser executado nas etapas sobrecarregadas

3. O Lean é diferente das metodologias como Scrum e XP porque é uma _____ com _____

- A. Mentalidade, ferramentas do pensamento
- B. Metodologia, práticas
- C. Plano de melhoria de processo, medidas
- D. Escola do pensamento, princípios

4. Uma equipe Lean analisou todos os itens de trabalho e a sua movimentação ao longo de cada estágio do processo. Depois, o grupo definiu medidas para uniformizar o ritmo da produção de itens. Qual ferramenta do pensamento possibilita a visualização do trabalho como uma sequência de recursos que são removidos do sistema quando finalizados?

- A. Enxergar o desperdício
- B. Último momento viável
- C. Teoria das filas
- D. Medidas

Perguntas do Exame

5. Qual das opções a seguir MELHOR descreve a ferramenta do pensamento Lean conhecida como "Custo do Atraso"?

- A. Classificar os recursos com base na urgência da demanda dos clientes
- B. Atribuir um valor em dólares ao tempo dedicado à criação de um produto
- C. Definir a urgência de cada tarefa na fila da equipe para determinar com mais eficiência as tarefas que devem ser concluídas primeiro
- D. Determinar o prejuízo financeiro causado pelos atrasos do projeto

6. Quais são os sete tipos de desperdício no desenvolvimento de softwares?

- A. Trabalho Parcialmente Feito, Processos Extras, Troca de Tarefas, Heroísmo, Excesso de Comprometimento, Defeitos e Recursos Extras
- B. Trabalho Parcialmente Feito, Processos Extras, Recursos Extras, Troca de Tarefas, Comunicação, Espera e Defeitos
- C. Trabalho Parcialmente Feito, Processos Extras, Troca de Tarefas, Espera, Movimentação, Defeitos e Recursos Extras
- D. Trabalho Parcialmente Feito, Processos Extras, Troca de Tarefas, Planejamento Detalhado, Movimentação, Defeitos e Recursos Extras

7. Qual das seguintes opções MELHOR descreve as principais práticas do Kanban:

- A. Visualizar o Fluxo de Trabalho, Criar um Painel Kanban, Limitar o WIP, Gerenciar o Fluxo, Comunicar Abertamente as Políticas do Processo, Implementar Ciclos de Feedback, Melhorar Colaborativamente, Evoluir Experimentalmente
- B. Planejar, Fazer, Verificar, Agir
- C. Visualizar o Fluxo de Trabalho, Observar o Fluxo, Limitar o Trabalho em Andamento, Mudar o Processo, Medir o Resultado
- D. Visualizar o Fluxo de Trabalho, Limitar o WIP, Gerenciar o Fluxo, Comunicar Abertamente as Políticas do Processo, Implementar Ciclos de Feedback, Melhorar Colaborativamente, Evoluir Experimentalmente

8. Qual das seguintes opções NÃO é um princípio Lean?

- A. Eliminar o Desperdício
- B. Implementar Ciclos de Feedback
- C. Decidir o Mais Tarde Possível
- D. Ver o Todo

Perguntas do Exame

9. Qual das seguintes opções MELHOR descreve a função do painel Kanban?

A. Representar o fluxo dos recursos ao longo do processo para que as equipes possam determinar limites WIP e identificar a movimentação mais uniforme a ser aplicada nas etapas do fluxo de trabalho

B. Controlar os limites WIP e o status das tarefas em andamento para que a equipe saiba quanto trabalho falta para concluir o projeto

C. Identificar defeitos e problemas e possibilitar a definição da rota mais rápida para a resolução dos problemas do produto

D. Facilitar a auto-organização da equipe e a localização de gargalos no seu fluxo de trabalho

10. Determine o prazo de entrega e o tempo do ciclo para o recurso com base no mapa do fluxo de valor abaixo.

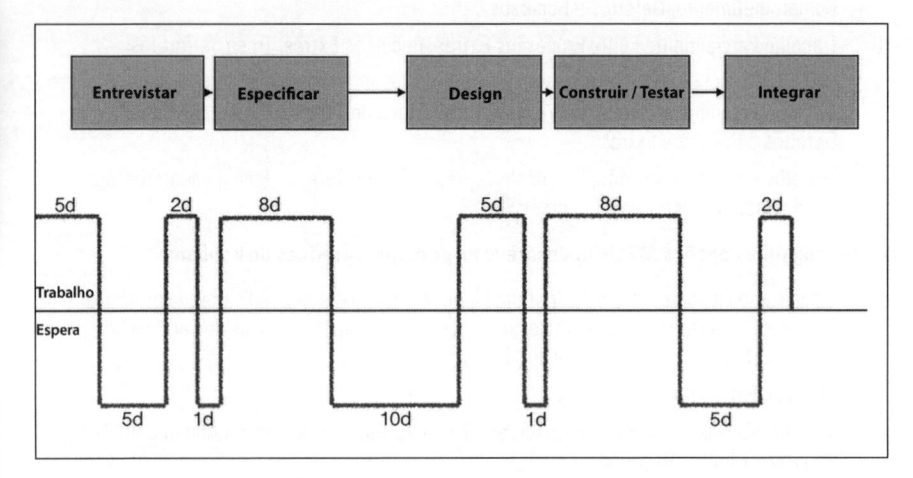

A. Prazo: 22 dias, Ciclo: 30 dias
B. Prazo: 30 dias, Ciclo: 22 dias
C. Prazo: 52 dias, Ciclo: 30 dias
D. Prazo: 70 dias, Ciclo: 42 dias

11. Depois que uma equipe estabelece os limites WIP e começa a gerenciar o fluxo, qual é o PRÓXIMO passo para a aplicação do Kanban no fluxo de trabalho?

A. Implementar ciclos de feedback
B. Comunicar abertamente as políticas do processo
C. Melhorar colaborativamente
D. Entregar o mais rápido possível

lean kanban

Perguntas do Exame

12. Mesmo trabalhando no mesmo local, os membros da sua equipe estão tendo dificuldades para executar as tarefas. A cada incremento, os profissionais continuam iniciando novos serviços, mas não estão concretizando seus objetivos. Agora, há vários recursos nas duas primeiras colunas do painel Kanban e muito poucos nas demais colunas. Qual dos tipos de desperdícios abaixo NÃO pode ser a causa do problema dessa equipe ao tentar realizar o serviço?

   A. Troca de Tarefas
   B. Defeitos
   C. Movimentação
   D. Trabalho Parcialmente Feito

13. Qual das seguintes opções NÃO é um princípio comum ao Lean e ao Scrum?

   A. Último momento viável
   B. Iterações e feedback
   C. Autodeterminação e motivação
   D. Eliminar o desperdício

14. O processo em que a etapa posterior extrai o trabalho a ser realizado da etapa anterior é conhecido como...

   A. Teoria das Filas
   B. Desperdício
   C. Sistema puxado
   D. Inventário

15. Qual das seguintes NÃO é um exemplo de aplicação da lógica das opções?

   A. Uma equipe tenta aplicar simultaneamente duas abordagens diferentes para desenvolver um recurso de alto risco que não sabe muito bem como produzir
   B. Uma equipe identifica objetivos que podem ser concretizados no início do projeto para validar sua abordagem de design
   C. Uma equipe estabelece um prazo apertado e uma lista de dependências para entregar um recurso em que os profissionais não acreditam totalmente
   D. Uma equipe promove uma troca de informações entre os profissionais para que os colaboradores possam atuar em todas as tarefas planejadas para uma etapa

respostas do exame

~~Perguntas~~ Respostas do Exame

1. Resposta: C

As equipes usam os mapas do fluxo de valor para determinar o desperdício no processo. Esses mapas podem fornecer informações úteis sobre o prazo de entrega e o tempo do ciclo, mas raramente dizem algo sobre as futuras demandas do produto.

2. Resposta: D

Esta questão descreve os estágios iniciais para uma equipe Kanban. A primeira etapa é visualizar o fluxo de trabalho e a segunda é limitar o WIP.

3. Resposta: A

O Lean é uma mentalidade e suas ferramentas do pensamento auxiliam a equipe a analisar seus problemas para identificar e eliminar o desperdício. O XP e o Scrum são metodologias e suas práticas viabilizam a entrega do software de acordo com os princípios do desenvolvimento ágil.

A resposta D parece muito boa, mas a resposta A é bem mais exata.

4. Resposta: C

As equipes Lean usam a Teoria das Filas para examinar a sequência de realização do trabalho no sistema. Em seguida, determinam o desperdício que está causando o tempo de espera e prejudicando o progresso do projeto e a remoção dos itens finalizados do quadro de objetivos do grupo.

5. Resposta: C

O custo do atraso é um dos critérios que orientam a definição da ordem de desenvolvimento dos recursos. Compreender o custo do atraso de um recurso corresponde a determinar o risco associado a cada item, bem como a demanda e as oportunidades perdidas quando se opta por trabalhar no recurso em questão.

6. Resposta: C

Os sete desperdícios Lean do desenvolvimento de software (Trabalho Parcialmente Feito, Processos Extras, Troca de Tarefas, Espera, Movimentação, Defeitos e Recursos Extras) têm origem nos sete desperdícios de fabricação do Sistema de Produção da Toyota (Transporte, Espera, Movimentação, Defeitos, Sobreprodução e Processamento Extra). As duas listas são úteis para a categorização dos tipos comuns de comportamento que prejudicam o ritmo da produção de objetos e recursos.

lean kanban

~~Perguntas~~ Respostas do Exame

7. Resposta: D

Somente a resposta D contém todas as principais práticas do Kanban.

8. Resposta: B

"Implementar Ciclos de Feedback" é uma prática básica do Kanban, mas não é um princípio Lean. Os princípios do Lean são: Eliminar o Desperdício, Ampliar o Aprendizado, Decidir o Mais Tarde Possível, Entregar o Mais Rápido Possível, Capacitar a Equipe, Incorporar a Integridade e Ver o Todo.

9. Resposta: A

Os painéis Kanban indicam a movimentação dos recursos ao longo do fluxo de trabalho. Quando as equipes implementam o Kanban, seu objetivo é compreender a dinâmica do seu processo e não acompanhar o andamento de um projeto específico. Esses painéis não servem para executar tarefas de controle, ao contrário dos quadros de tarefas.

É isto que as pessoas querem dizer quando se referem ao Kanban como um método voltado para a melhoria dos processos, não uma metodologia de gestão de projetos.

10. Resposta: C

O prazo de entrega é o tempo total em que o recurso percorre o sistema. Nesse caso, a soma de todos os números no Mapa do Fluxo de Valor corresponde a 52 dias. O tempo do ciclo é o valor total do tempo de trabalho: 30 dias, nesse caso.

11. Resposta: B

A ordem das práticas Kanban é a seguinte: visualizar o fluxo de trabalho, limitar o WIP, gerenciar o fluxo, comunicar abertamente as políticas do processo, implementar ciclos de feedback, melhorar colaborativamente, evoluir experimentalmente.

12. Resposta: C

De acordo com a questão, como a equipe trabalhava no mesmo local, é menos provável que o tempo de trânsito seja a causa do problema de entrega. Por outro lado, se o grupo inicia novos serviços constantemente sem concluir as tarefas em andamento, talvez o problema seja causado por troca de tarefas, trabalho parcialmente feito e defeitos.

Respostas Perguntas do Exame

13. Resposta: D

Os conceitos de decidir o mais tarde possível, liberar pequenas iterações para obter feedback frequente e auto-organização são comuns ao Scrum e ao Lean. Embora o Lean e o Scrum sejam compatíveis entre si, o Lean prioriza a eliminação de desperdícios, que não é um ponto de destaque no Scrum.

14. Resposta: C

Em um sistema puxado, a etapa posterior do processo extrai o trabalho da anterior. Essa prática preserva a uniformidade do volume de trabalho e gera o menor desperdício possível durante a execução do serviço, do início ao fim do processo.

15. Resposta: C

Ao estabelecer um prazo apertado e as dependências entre as tarefas, a equipe está se prendendo a uma abordagem e reduzindo as opções disponíveis para atingir seu objetivo.

> Acertou tudo? Se você não conseguiu lembrar de uma das respostas, reveja o capítulo e memorize essa informação.

7 Preparando-se para o exame PMI-ACP®

Teste seus conhecimentos

Como eu adoro dia de prova! Queria passar o verão inteiro indo para a escola.

Uau! Você acumulou muitas informações nos últimos seis capítulos! Falamos bastante sobre os valores e princípios do manifesto ágil e como eles orientam a mentalidade ágil, exploramos a forma como as equipes adotam o Scrum para gerenciar projetos, descobrimos uma engenharia de alto nível com o XP e vimos como as equipes podem melhorar seu desempenho utilizando o Lean/Kanban. Agora, vamos **lembrar** e exercitar alguns dos conceitos mais importantes abordados no livro. Observe que o **exame PMI-ACP® não se limita** à compreensão da lógica das ferramentas, técnicas e conceitos do desenvolvimento ágil. Para marcar uma pontuação muita alta no teste, você deve entender como as equipes **utilizam esses recursos em situações reais**. Portanto, vamos criar *uma nova perspectiva para abordar os conceitos ágeis* através de um **conjunto completo de exercícios, quebra-cabeças e perguntas práticas** (além de novas informações), desenvolvido especificamente para ajudá-lo a se preparar para o exame PMI-ACP®.

este é um novo capítulo

ajude sua carreira juntamente com seus projetos

A certificação PMI-ACP® é importante...

A credencial do Profissional Certificado em Métodos Ágeis (PMI-ACP)® é uma das certificações mais requisitadas nos outros países e sua importância cresce a cada dia. Veja você mesmo! Acesse seu site de busca favorito e pesquise empregos com a palavra-chave "ágil". Você vai observar que muitos anúncios dão preferência ou exigem uma certificação em métodos ágeis e que as empresas priorizam a contratação de candidatos com certificação PMI-ACP® devido à sua compatibilidade.

... mas você precisa dominar as habilidades necessárias

O exame PMI-ACP® aborda as situações encaradas pelas equipes no mundo real. As equipes ágeis usam diversas ferramentas, técnicas e práticas específicas, como histórias de usuários, mapas do fluxo de valor, irradiadores de informações, gráficos de burndown. Falamos sobre esses recursos ao longo deste livro. Mas decorar as funções dessas ferramentas não vai ajudá-lo a passar no exame PMI-ACP®, pois o teste exige que o candidato **compreenda as situações** que as equipes ágeis enfrentam.

O exame PMI-ACP® prioriza mais a forma como as equipes reagem diante de situações específicas do que as ferramentas, técnicas e práticas usadas pelas equipes ágeis. Mas você ainda precisa estudar essas ferramentas, técnicas e práticas.

Esta pergunta aborda uma situação. Tente achar a resposta.

---

63. Você é um profissional ágil e um membro da sua equipe pediu esclarecimentos sobre um dos itens adicionados à lista prioritária de recursos, histórias e outros produtos que o grupo deve criar em futuras iterações. Mas você não sabe a resposta. O que deve fazer a seguir?

- A. Transmitir a pergunta na próxima retrospectiva
- B. Orientar a equipe a se auto-organizar para encontrar a resposta
- C. Fazer uma reunião com os interessados cujos requisitos sejam relevantes para o item
- D. Atualizar o irradiador de informações correspondente

PODER DO CÉREBRO

O que você acha que significa essa questão quando faz uma pergunta sobre um "profissional ágil"? Ela menciona uma "lista prioritária". A que ela se refere?

O exame PMI-ACP® segue o padrão indicado no documento de especificação

O Instituto de Gerenciamento de Projetos vem atuando com MUITO empenho para desenvolver e promover o exame PMI-ACP®. Seus colaboradores se dedicam bastante para manter o material sempre correto e atualizado, zelando para que o exame tenha um nível apropriado de dificuldade. Para isso, criaram as **referências bibliográficas para o Exame PMI-ACP®**. As referências bibliográficas trazem informações sobre todos os tópicos abordados no exame e estabelecem que:

★ O exame se divide em sete **domínios** que representam os aspectos específicos dos projetos ágeis a serem abordados nas questões.

As perguntas do exame abordam tarefas específicas indicadas nas referências bibliográficas.

★ Cada domínio apresenta uma série de **tarefas** que representam ações distintas que as equipes ágeis executam com frequência ou respostas para situações específicas que esses grupos podem encontrar pela frente.

★ As referências bibliográficas indicam um conjunto de **ferramentas e técnicas** que podem aparecer nas perguntas do exame.

Você já conhece a maioria dessas ferramentas e técnicas dos primeiros seis capítulos.

→ *Mas **não se trata de uma lista completa**. O exame pode cobrar práticas ágeis que não estão na lista! Mas falamos sobre **essas práticas** neste livro.*

★ Há também uma lista de **conhecimentos e habilidades** que os profissionais de desenvolvimento ágil devem conhecer e aplicar em situações profissionais no mundo real.

O documento de especificação é uma ferramenta importante para o estudo

Ao compreender todos os domínios e tarefas indicadas no documento de especificação, você vai prestar o exame com muito mais segurança, especialmente se combinar essas informações com todo o conhecimento acumulado nos primeiros seis capítulos deste livro. Vamos ajudá-lo nessa missão, propondo uma série de exercícios, quebra-cabeças e perguntas práticas que abordam tanto o material contido no documento de especificação quanto as ideias, tópicos, ferramentas, técnicas, metodologias e práticas mencionadas nesta obra.

> O site do PMI, *http://www.pmi.org* (conteúdo em inglês) ou *http://brasil.pmi.org*, contém dois PDFs essenciais ao estudo para o exame PMI-ACP®. Esses PDFs também estão disponíveis no site da editora Alta Books. O Manual PMI-ACP® traz informações sobre a inscrição para o exame, requisitos específicos, forma de pagamento e valor da taxa de inscrição, conduta aplicável à manutenção da certificação e outras regras, políticas e procedimentos estabelecidos pelo PMI para orientar o exame. Baixe e leia o PDF.
>
> **Mas as informações mais importantes estão no Documento de Especificação do Exame PMI-ACP® (conteúdo em inglês) que indica os tópicos específicos que serão abordados no exame. Compreender o material do Documento de Especificação é importante para um bom desempenho no teste do PMI-ACP®.**
>
> **Para encontrar esses dois PDFs no site da editora Alta Books acesse www.altabooks.com.br — procure pelo nome do livro ou ISBN.**

Para encontrar o documento de especificação, você também pode acessar seu mecanismo de pesquisa favorito e pesquisar por "Documento de Especificação do Exame PMI-ACP".

"a" e "p" em pmi-acp®

"Você é um profissional ágil..."

O exame PMI-ACP® aborda situações reais encaradas pelas equipes ágeis. No teste, as perguntas questionam o que o membro de uma equipe ágil deve fazer diante de fatos específicos que acontecem no decorrer de um projeto. O objetivo é avaliar seus conhecimentos sobre as diferentes situações que podem ocorrer no projeto e sobre como as equipes ágeis reagem diante dessas situações. Uma abordagem comum no exame é questionar como um profissional ágil agiria em uma situação específica. Compreender perguntas como essa é essencial para passar no exame. Portanto, confira as dicas a seguir:

> **Faça isto!**
>
> Compreender o material indicado nos primeiros seis capítulos torna mais fácil descobrir o que está acontecendo em cada situação. Recomendamos que você retorne aos Capítulos 2–6 e releia as perguntas do exame antes de fazer os exercícios deste capítulo.

❶ Compreenda o comando da questão

Para isso, um bom ponto de partida é entender o tipo de pergunta. A questão do tipo "o que vem depois", na qual você deve responder o que acontece depois ou como lidar com uma situação? Ou é uma questão do tipo "qual NÃO é", na qual você precisa escolher uma opção incorreta? Leia o texto da questão com calma.

❷ Determine o que a equipe está fazendo

Entender o que a equipe está fazendo no momento é essencial para responder a pergunta. A equipe está fazendo uma retrospectiva? Está no meio de uma reunião diária? Está reestruturando o código, fazendo uma integração contínua ou escrevendo testes de unidade? Está planejando a próxima iteração ou fazendo uma demonstração do produto concluído para as partes interessadas? A resposta correta depende do que está acontecendo.

❸ Siga as pistas indicadas na pergunta para descobrir sua função

Muitas perguntas descrevem uma situação específica e perguntam qual seria sua reação. Mas a resposta correta varia com a sua função no projeto. Você pode estar atuando na função de Scrum Master, product owner, membro da equipe, parte interessada, gerente sênior ou qualquer outra. Então, quando vir uma pergunta sobre um profissional ágil, sempre procure indícios sobre a sua função.

> *Não se surpreenda se palavras como "Scrum Master" ou "Product Owner" aparecerem em letras minúsculas no exame. Às vezes, grafamos esses termos em minúsculas para você já ir se acostumando.*

❹ Se não houver outra indicação, a pergunta sempre trata de uma equipe Scrum

O exame PMI-ACP® não aborda exclusivamente nenhuma das metodologias ágeis. Algumas perguntas podem questionar sobre um determinado método ou metodologia, mas isso em geral não ocorre. Quando acontecer, imagine que está atuando em uma equipe Scrum. A pergunta pode não abordar especificamente o Scrum, mas aplicar as regras do Scrum *sempre sinaliza a resposta correta*.

preparando-se para o pmi-acp

> Essa questão é um exemplo do tipo de pergunta que atribui para você a função de um profissional ágil. Traz informações que identifica a função e o que a equipe está fazendo. Esses dados são essenciais para definir a resposta correta.

---

63. Você é um profissional ágil e um membro da sua equipe pediu esclarecimentos sobre um dos itens adicionados à lista prioritária de recursos, histórias e outros produtos que o grupo deve criar em futuras iterações. Mas você não sabe a resposta. O que deve fazer a seguir?

- A. Transmitir a pergunta na próxima retrospectiva
- B. Orientar a equipe a se auto-organizar para encontrar a resposta
- ▶ **C. Fazer uma reunião com os interessados cujos requisitos sejam relevantes para o item**
- D. Atualizar o irradiador de informações correspondente

Resposta: C

A pergunta questiona o que um product owner deve fazer quando um membro da equipe pede esclarecimentos sobre um item do backlog do produto, mencionando uma "lista prioritária de recursos, histórias e outros produtos que o grupo deve criar em futuras iterações". Essa é uma descrição do backlog do produto. A pista sobre sua função na equipe é que você adicionou itens ao backlog do produto, e o product owner é o único integrante da equipe responsável por atualizar o backlog. Um membro da equipe solicitou mais informações sobre um item do backlog, mas você não sabe a resposta. Então, o melhor a fazer é entrar em contato com o interessado que encaminhou os requisitos associados a esse item do backlog e tentar compreender exatamente as suas demandas para comunicar essa informação à equipe e ajudar os profissionais a entenderem a situação.

> Para responder esta pergunta, você deve estabelecer sua função como product owner e saber que, quando precisam de mais informações sobre um item do backlog, os product owners conversam diretamente com as partes interessadas.

Se a pergunta questionar o que um profissional ágil faria em uma determinada situação, identifique a função do profissional. Se a questão não abordar um método específico, imagine que a equipe adota o Scrum.

entenda o documento de especificação do exame

P: Por que o exame parte da premissa que a equipe adota o Scrum? Isso não indica uma preferência pelo Scrum?

R: O Scrum é, de longe, a abordagem mais popular ao desenvolvimento ágil e o modelo utilizado pela maioria das equipes ágeis, de acordo com pesquisas recentes. Por isso, damos tanto destaque a essa metodologia neste livro. No entanto, *o exame não presume necessariamente que a equipe adota o Scrum*. O teste avalia sua reação diante de situações específicas que podem ocorrer em qualquer equipe ágil. Mas supor que a equipe está utilizando o Scrum **facilita muito a definição da resposta correta para a pergunta**.

P: Preciso memorizar todas as ferramentas e técnicas indicadas neste livro?

não existem Perguntas Idiotas

R: Não necessariamente, mas uma boa familiaridade com esses recursos é um excelente ponto de partida. Os primeiros seis capítulos abordaram a maioria das ferramentas e técnicas que podem ser cobradas no exame. Por isso, recomendamos que você **resolva todos os exercícios e quebra-cabeças** dos primeiros seis capítulos antes de começar a se preparar para o exame.

Mas saiba que o exame PMI-ACP® prioriza as situações. Certamente, há questões que envolvem ferramentas, técnicas e práticas, mas esses itens quase sempre fazem parte da resolução de um problema, como ocorre na atuação real das equipes ágeis.

P: Você disse que a "*maioria*" das ferramentas e técnicas indicadas no documento de especificação foi abordada nos primeiros seis capítulos. Por que não todas?

R: Alguns itens listados na seção "ferramentas e técnicas" do Documento de Especificação do Exame PMI-ACP® são importantes e muito úteis, mas não são tão comuns no cotidiano profissional das equipes ágeis. Por isso, nos primeiros seis capítulos deste livro, priorizamos o ensino da aplicação prática do desenvolvimento ágil no que foi possível. Mas fique tranquilo, pois vamos preencher as lacunas deixadas pelos itens não abordados até o momento. Neste capítulo, veremos todas as ferramentas e técnicas indicadas no documento de especificação para que você não tenha surpresas na hora do exame.

Antes de se inscrever, confirme se você atende aos requisitos de elegibilidade descritos no Manual do Exame. Você precisa ter pelo menos 2.000 horas (ou 12 meses) de experiência em equipes de projetos nos últimos cinco anos. A<u>lém disso,</u> precisa de pelo menos 1.500 horas (ou 8 meses) de experiência em equipes que adotam uma metodologia ágil nos últimos três anos. F<u>inalmente,</u> precisa de pelo menos 21 horas de treinamento em práticas ágeis.

Faça isto!

Faça o download do Documento de Especificação do Exame PMI-ACP® agora mesmo. Este documento será uma ferramenta de estudo ao longo deste capítulo. Baixe o PDF revisado em dezembro de 2014 (o exame atual se baseia nessa versão).

Baixe também o Manual PMI-ACP®.

Para baixar o Manual e o Documento de Especificação em PDF, acesse o site http://www.brasil.pmi.org ou o site da editora Alta Books (www.altabooks.com.br — procure pelo nome do livro ou ISBN). Você também pode usar seu mecanismo de busca favorito. Pesquise "Documento de Especificação do Exame PMI-ACP 2014" ou "Manual PMI-ACP" para encontrar os PDFs.

Um relacionamento de longo prazo para o cérebro

Tire um tempo para pensar em tudo que aprendeu ao longo deste livro. Parece muita coisa, não é? Mas não se preocupe, isso é absolutamente normal. Todas essas informações estão flutuando pelo seu cérebro, que está tentando organizá-las.

Seu cérebro é uma máquina com uma capacidade incrível de organizar informações. Felizmente, quando inserimos um grande volume de dados novos como esse, há práticas que ajudam a "fixá-los". É isso que você fará neste capítulo. O objetivo do seu cérebro é categorizar essas novas informações, e o nosso é fixar no seu cérebro tudo o que você precisa saber para o exame.

Então, para que este guia de estudo seja o mais eficiente possível, **temos que trabalhar juntos**. Vamos abordar uma área específica do material do exame por vez. Mas ao contrário do que vimos até agora no livro, essas áreas não estão diretamente relacionadas com metodologias específicas. Sua meta é eliminar todas as distrações e focar apenas no tópico específico que estamos apresentando.

> Sim, sabemos como pode ser difícil executar um plano como este, especialmente quando já acumulamos muito material. Mas esta é uma forma muito eficiente de memorizar o conteúdo.

> Acho que entendi! Você vai dividir este capítulo em várias "partes" diferentes, mas parecidas umas com as outras. Cada parte dessas deve reforçar as diversas ideias apresentada ao longo do livro. Isso pode funcionar **melhor se eu fizer a minha parte** e focar em uma "parte" de cada vez.

Sim! Os psicólogos cognitivos chamam isso de *fragmentação*, uma forma muito eficaz de fixar informações na memória de longo prazo. Quando você precisa memorizar um conjunto de itens com associações muito fortes entre si, a fragmentação informa ao cérebro um tipo de "diretriz" para armazenar esse grupo. As associações mais fracas com os outros "pedaços" formam uma estrutura mais ampla, que serve para controlar esse grande volume de informações que se reforçam mutuamente.

> Felizmente, o conteúdo do exame PMI-ACP® já está perfeitamente dividido em fragmentos que podemos utilizar aqui. São os domínios de que falamos no início do capítulo.

Vamos começar!

domínio 1 exercícios

Domínio 1: Princípios e Mentalidade Ágil

Com suas próprias palavras

Escrever algo utilizando suas próprias palavras é uma das formas mais eficientes de memorizar um conjunto de conceitos e ideias. Há uma descrição de cada domínio na página 4 do *Documento de Especificação do Exame PMI-ACP®*. Na sua opinião, o que é o Domínio 1 ("Princípios e Mentalidade Ágil")? Escreva utilizando suas próprias palavras:

As tarefas do Domínio 1 estão listadas na página 5 do documento de especificação. Descreva cada tarefa nas linhas abaixo:

Tarefa 1

Tarefa 2

Tarefa 3

Tarefa 4

Tarefa 5

Tarefa 6

Tarefa 7

Tarefa 8

Tarefa 9

preparando-se para o pmi-acp

Quebra-cabeça da Piscina

Sua **missão** é preencher as lacunas do Manifesto Ágil com as palavras e frases que estão na piscina. Você **não** pode usar a mesma palavra ou frase mais de uma vez e não vai precisar de todas as palavras e frases. Não se preocupe com a ordem dos valores. Tente resolver o exercício sem conferir a resposta!

Estamos em busca de métodos melhores para desenvolver softwares e ajudamos outros a fazerem o mesmo.

Ao longo dessa procura, chegamos a esses _____:

algumas das lacunas devem ser preenchidas com várias palavras que estão na piscina.

_____ em vez de _____ e ___ .
_____ em vez de _____ _____
_____ em vez de _____ _____
_____ acima de _____ um __

Embora os itens à direita tenham ___, ___ mais os itens à _____.

Nota: Cada palavra/frase na piscina só pode ser usada uma vez! Mas observe que algumas palavras aparecem mais de uma vez na piscina.

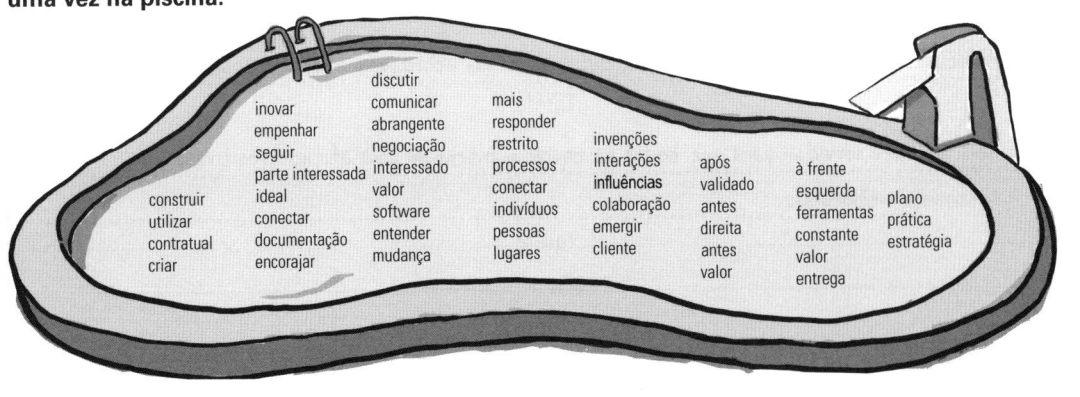

Piscina:
- discutir
- inovar
- empenhar
- seguir
- parte interessada
- construir
- utilizar
- contratual
- criar
- comunicar
- abrangente
- negociação
- interessado
- ideal
- conectar
- documentação
- encorajar
- mais
- responder
- restrito
- processos
- conectar
- software
- entender
- mudança
- invenções
- interações
- influências
- indivíduos
- colaboração
- pessoas
- emergir
- lugares
- cliente
- após
- validado
- antes
- direita
- antes
- valor
- à frente
- esquerda
- ferramentas
- constante
- valor
- entrega
- plano
- prática
- estratégia

você está aqui ▶ 315

domínio 1 soluções do exercício

Domínio 1: Perguntas do Exame

Com suas próprias palavras

SOLUÇÃO

Confira como interpretamos as tarefas utilizando nossas próprias palavras. Tudo bem se você escreveu do seu jeito!

Na sua opinião, o que é o Domínio 1 ("Princípios e Mentalidade Ágil")? Escreva utilizando suas próprias palavras:

Como aplicar os valores e princípios ágeis no projeto, equipe e organização.

As tarefas do Domínio 1 estão listadas na página 5 do documento de especificação. Descreva cada tarefa nas linhas abaixo:

Seja um defensor ativo das ideias ágeis em sua organização e diante dos clientes.

Tarefa 1

Ajude seus colegas a desenvolverem uma mentalidade ágil com suas próprias palavras e ações.

Tarefa 2

Eduque e influencie os profissionais da sua organização para que criem uma mentalidade mais ágil.

Tarefa 3

Use irradiadores de informação para mostrar seu progresso e transmitir confiança e transparência.

Tarefa 4

Verifique se todos estão à vontade para cometer erros sem se sentirem culpados ou ameaçados.

Tarefa 5

Sempre estude e faça experiências para encontrar novas e melhores formas de trabalhar.

Tarefa 6

Colabore com seus colegas para que o conhecimento não se limite a um só profissional.

Tarefa 7

Ajude sua equipe a se auto-organizar e determinar sua abordagem profissional sem problemas.

Tarefa 8

Seja um líder servidor para que todos na equipe mantenham uma atitude positiva e continuem melhorando.

Tarefa 9

preparando-se para o pmi-acp

Quebra-cabeça da Piscina – Solução

Sua **missão** é preencher as lacunas do Manifesto Ágil com as palavras e frases que estão na piscina. Você **não** pode usar a mesma palavra ou frase mais de uma vez e não vai precisar de todas as palavras e frases. Não se preocupe com a ordem dos valores. Tente resolver o exercício sem conferir a resposta!

Estamos em busca de métodos melhores para desenvolver softwares e ajudamos outros a fazerem o mesmo.

Ao longo dessa procura, chegamos a esses <u>valores</u>.

<u>Indivíduos</u> e <u>interações</u> em vez de <u>processos</u> e <u>ferramentas</u>.
<u>Software em funcionamento</u> em vez de <u>documentação abrangente</u>
<u>Colaboração com o cliente</u> em vez de <u>negociação contratual</u>
<u>Receptividade a mudanças</u> em vez de <u>seguir</u> um <u>plano</u>

Embora os itens à direita <u>tenham valor, priorizamos</u> mais os itens à <u>esquerda</u>.

Está tudo bem se você colocou os valores em uma ordem diferente. Todos são igualmente importantes.

Nota: Cada palavra/frase na piscina só pode ser usada uma vez!

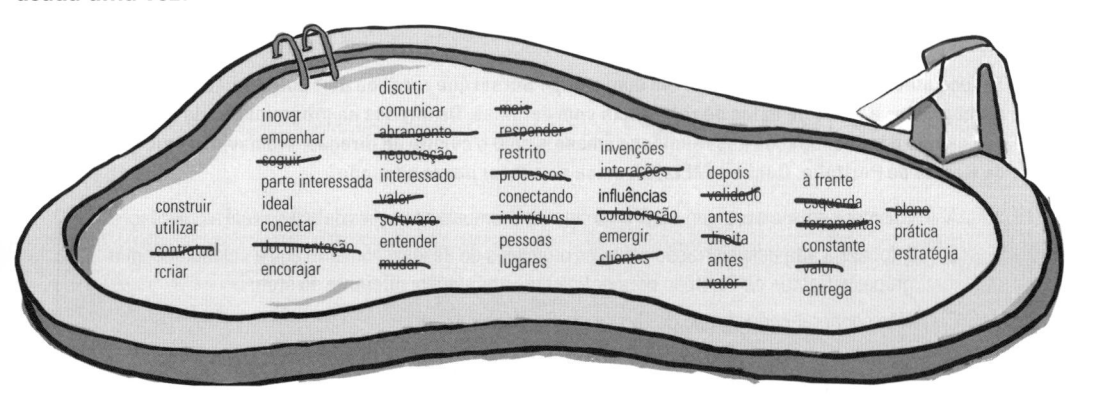

Palavras na piscina:
construir, utilizar, ~~contratual~~, recriar, inovar, empenhar, ~~seguir~~, parte interessada, ideal, conectar, ~~documentação~~, encorajar, discutir, comunicar, ~~abrangente~~, ~~negociação~~, interessado, ~~valor~~, ~~software~~, entender, ~~mudar~~, ~~mais~~, ~~responder~~, restrito, ~~processos~~, conectando, ~~indivíduos~~, pessoas, lugares, invenções, ~~interações~~, influências, ~~colaboração~~, emergir, ~~clientes~~, depois, ~~validado~~, antes, ~~direita~~, antes, ~~valor~~, à frente, ~~esquerda~~, ~~ferramentas~~, constante, entrega, ~~plano~~, prática, estratégia

domínio 1 perguntas do exame

Perguntas do Exame

1. As equipes ágeis valorizam as seguintes opções, exceto:

A. Colaboração com o cliente
B. Software em funcionamento
C. Receptividade a mudanças
D. Planejamento inicial preciso

2. Joanne atua como desenvolvedora em uma equipe que cria games e dedicou muito tempo ao desenvolvimento de um recurso essencial para seu próximo lançamento. Quando os usuários finais testaram o produto, ela descobriu que precisava fazer algumas mudanças importantes e corrigir alguns bugs. Os usuários gostaram do game e deram notas razoáveis durante o teste, mas Joanne sabe que as mudanças sugeridas podem aperfeiçoar o produto. Embora o jogo deva ser lançado daqui a duas semanas, ela acha que conseguirá concluir todos os itens solicitados no prazo. Qual é a MELHOR coisa a se fazer nessa situação?

A. Não fazer as mudanças e liberar os recursos na sua forma atual
B. Priorizar o trabalho, orientar a equipe a se auto-organizar para incluir o maior número possível de recursos prioritários no primeiro lançamento e, em seguida, liberar *patches* com as correções e mudanças após a disponibilização do produto
C. Executar uma análise da causa raiz para definir por que os requisitos não foram atendidos
D. Adiar o lançamento por alguns meses para que todos os recursos sejam concluídos

3. Ajay atua como profissional ágil em uma equipe de software que trabalha no mesmo local. Durante o Scrum Diário, a equipe geralmente analisa o estado atual do gráfico de burndown e o diagrama do fluxo cumulativo. Qual é a MELHOR coisa a ser fazer diante dessa situação?

A. Colocar um irradiador de informações no local de trabalho da equipe
B. Orientar a equipe a analisar os dados antes da reunião para evitar esse desperdício de tempo diário
C. Transferir a análise do gráfico de burndown e do CFD para a retrospectiva
D. Todas as opções acima

4. Qual das alternativas abaixo NÃO é prioridade para as equipes ágeis?

A. Liberações preliminares e frequentes
B. Simplicidade
C. Estimativas corretas
D. Auto-organização

5. Você atua como profissional ágil em uma equipe Scrum que recebeu uma solicitação para criar cronogramas e listas de datas de referência com detalhes. Os atrasos na programação da equipe são motivo de preocupação nas reuniões semanais com o comitê de direção, promovidas pelo grupo de Gestão de Portfólio. Qual é a MELHOR coisa a se fazer nessa situação?

A. Orientar a equipe a criar um plano e informar as eventuais alterações de acordo com as solicitações
B. Informar a alta administração sobre os princípios do desenvolvimento ágil e colaborar com o grupo de Gestão de Portfólio para definir uma abordagem diferente ao status
C. Não cooperar com o grupo de Gestão de Portfólio
D. Encaminhar o seu próprio relatório de status para o grupo de Gestão de Portfólio e não informar a equipe sobre isso

preparando-se para o pmi-acp

Perguntas do Exame

6. Você atua como Scrum Master em uma equipe de software formada por cinco profissionais que trabalham no mesmo local. Na última retrospectiva, um membro da equipe sugeriu que o grupo poderia estar sobrecarregado com o excesso de trabalho em andamento. Qual é a MELHOR coisa a se fazer nessa situação?

- A. Orientar a equipe a concluir o trabalho no decorrer da etapa
- B. Filtrar as solicitações dos clientes para que a equipe não fique sobrecarregada
- C. Aplicar limites WIP
- D. Todas as opções acima

7. Você atua como Scrum Master em uma equipe de software formada por cinco profissionais que trabalham no mesmo local. O grupo marcou uma reunião de planejamento da etapa para daqui a quatro dias. Qual é a MELHOR coisa a se fazer nessa situação?

- A. Nada, pois a equipe se auto-organiza e faz seu planejamento sem precisar da sua participação
- B. Verificar se cada item no backlog tem uma documentação completa para facilitar a formulação das estimativas
- C. Conversar com os usuários finais para definir a data de entrega dos itens no backlog e informar a equipe sobre a sequência de finalização de cada produto
- D. Colaborar com o product owner para aperfeiçoar o backlog a fim de deixá-lo preparado para a sessão de estimativa

8. Qual das seguintes opções NÃO é um princípio ágil?

- A. Satisfazer os clientes com entregas preliminares e frequentes
- B. Assumir menos serviços e superar as metas de entregas
- C. Foco na excelência técnica
- D. Trabalhar em um ritmo sustentável

9. Qual é o melhor indicador de sucesso em um projeto ágil?

- A. Relatórios de status que não apresentam problemas críticos
- B. Um plano bem desenvolvido
- C. Entrega de software em funcionamento aos clientes
- D. Equipes satisfeitas

10. Qual é fator determinante para que as equipes ágeis criem as melhores arquiteturas e designs?

- A. Protótipo
- B. Auto-organização
- C. Documentação
- D. Planejamento

domínio 1 respostas do exame

Perguntas do Exame — Respostas

1. Resposta: D

Embora as equipes ágeis valorizem a prática de planejar, priorizam a receptividade diante das mudanças nas condições atuais em vez de seguirem os planos traçados inicialmente. Planos precisos estabelecidos no início do projeto são menos flexíveis diante de eventuais mudanças.

2. Resposta: B

Se os usuários estiverem satisfeitos com o game no seu estado atual, adiar o lançamento será uma má escolha. Os recursos poderão ser incluídos em lançamentos futuros. Não faz sentido ignorar as mudanças solicitadas pelos usuários finais ou desperdiçar tempo tentando descobrir por que os requisitos não foram atendidos em vez de fazer as mudanças.

3. Resposta: A

O profissional ágil deve priorizar a introdução de irradiadores de informações para que as equipes tenham acesso a todos os dados do projeto e tomem decisões sobre seu modelo de trabalho de forma independente.

4. Resposta: C

As equipes ágeis priorizam as entregas frequentes de software, a auto-organização e a simplicidade no design e na abordagem. Esses são os princípios que orientam a mentalidade ágil, e obter estimativas corretas não está entre eles.

5. Resposta: B

Você não deve esperar que todos compreendam o desenvolvimento ágil de imediato. Se você atua em uma organização que ainda não adotou integralmente a metodologia ágil, a melhor postura em relação à sua equipe Scrum e à empresa é orientar seus colegas e conduzir os processos sob sua responsabilidade de acordo com os princípios e a mentalidade da sua equipe.

6. Resposta: C

É importante que o Scrum Master esteja disposto a aplicar novas práticas que possam melhorar o desempenho da equipe. Apenas orientar a equipe a concluir o trabalho não vai resolver o problema e receber as solicitações dos clientes, que deveriam encaminhá-las à equipe, pode dificultar a auto-organização do grupo e sua colaboração com os clientes.

preparando-se para o pmi-acp

Perguntas do Exame ~~Perguntas~~ Respostas

7. Resposta: D

Como líder servidor, você não é responsável por documentar todos os itens do backlog ou fixar datas para a equipe. Nessa situação, a melhor coisa a se fazer é colaborar com o product owner para aperfeiçoar o backlog a fim de deixá-lo pronto para a sessão de estimativas que será promovida pela equipe.

8. Resposta: B

Assumir menos serviços e superar a meta de entregas não é um princípio ágil. As equipes ágeis tentam assumir tarefas de acordo com sua capacidade, transmitir uma imagem precisa do projeto aos clientes e fazer entregas frequentes aos usuários.

9. Resposta: C

Para as equipes ágeis, o melhor indicador de sucesso é a entrega de software em funcionamento para os clientes.

10. Resposta: B

As equipes atuam melhor quando se auto-organizam. Desse modo, podem criar as melhores arquiteturas, projetos e produtos.

> Vi que há muitas formas de formular uma pergunta do tipo "qual é a melhor": "Qual é a melhor maneira", "Qual é a melhor opção", "Qual é a melhor coisa a se fazer nessa situação". Todos esses tipos pedem para você selecionar a melhor entre as quatro opções disponíveis.

adquira alguma prática

Domínio 2: Entrega Baseada em Valor

Com suas próprias palavras

Utilizando suas próprias palavras, descreva o Domínio 2 ("Entrega Baseada em Valor"):

....

As tarefas no Domínio 2 estão listadas nas páginas 6 e 7 do documento de especificação. Descreva cada tarefa:

....

Tarefa 1

....

Tarefa 2

....

Tarefa 3

....

Tarefa 4

....

Tarefa 5

....

Tarefa 6

....

Tarefa 7

....

Tarefa 8

....

Tarefa 9

....

Tarefa 10

⟶ Respostas na página 330

preparando-se para o pmi-acp

Tarefa 11
Tarefa 12
Tarefa 13
Tarefa 14

QUEM FAZ O QUÊ?

Vamos reforçar algumas ideias por trás da Entrega Baseada em Valor. Associe cada um dos itens à esquerda às descrições das suas funções ou ações no projeto ao lado.

Veja bem!

A palavra "limpeza" *(grooming)* pode aparecer **no teste no lugar de "refinamento do backlog do produto". Evitamos esse termo no livro porque, em algumas culturas, essa palavra tem uma conotação muito negativa. Mas fique atento!**

Trabalho Operacional — Corrigir bugs, defeitos e outros problemas no software

Manutenção — Atividades relacionadas ao funcionamento diário da organização

Dívida Técnica — Produto com recursos suficientes para atender a uma demanda específica e básica

Limpeza do Backlog — Atividades relacionadas ao hardware, redes, equipamentos físicos e instalações

Trabalho de Infraestrutura — Trabalho necessário para que o código fique mais sustentável no longo prazo

Produto Minimamente Viável (MVP) — Adicionar, remover e atribuir uma nova prioridade aos itens na lista de recursos a serem desenvolvidos

➤ Respostas na página 331

você está aqui ▶ 323

domínio 2 exercícios

As ferramentas e técnicas abordadas neste livro podem aparecer no exame, mas as perguntas talvez não utilizem o mesmo termo para identificá-las. Em vez disso, a pergunta ou resposta pode descrever uma ferramenta ou técnica com outras palavras. Portanto, neste exercício, vamos descrever uma ferramenta ou técnica. Sua missão é escolher o termo correto na parte de baixo da página e escrevê-lo ao lado da descrição.

Colocar os itens do backlog em ordem com base nas demandas mais urgentes da parte interessada ....

Disponibilizar o produto aos clientes para identificar eventuais problemas operacionais ....

O menor fragmento possível da funcionalidade que tem coerência e pode ser entregue ....

Ferramenta que possibilita a visualização do andamento de cada item de trabalho ao longo de uma iteração ....

Atualiza as pastas de trabalho de todos os profissionais da equipe com base no repositório do código-fonte ....

Produto concluído de menor tamanho possível, mas que ainda atende às demandas das partes interessadas ....

Condição estabelecida que, quando atendida, indica a conclusão do recurso ....

Atividades que possibilitam a confirmação do funcionamento de uma abordagem específica ....

Verificar constantemente se os requisitos estão corretos e se os produtos atendem a eles ....

Ah, não! Alguém derramou por acidente um frasco de tinta nas respostas. Você consegue resolver o exercício sem ver todas as palavras?

priorização do valor do cliente
produto minimamente viável (MVP)
recurso minimamente comercializável (MMF)
definição
teste exploratório
verificação e validação frequentes
teste de usabilidade
integração contínua
quadro

→ Respostas na página 329

As equipes ágeis priorizam os requisitos com base no valor para o cliente

O primeiro princípio do Manifesto Ágil é muito eficaz ao descrever a atitude das equipes ágeis em relação aos clientes e partes interessadas:

> Nossa maior prioridade é entregar software de qualidade de forma preliminar e contínua a fim de satisfazer os clientes.

Por isso, as equipes ágeis e, especialmente, as que adotam o Scrum priorizam tanto o backlog do produto e a forma como seus itens são classificados. Isso também explica porque o exame PMI-ACP® pode abranger ferramentas e técnicas de **priorização do valor para o cliente**, como:

Método MoSCoW

É uma técnica simples em que os requisitos ou os itens do backlog são divididos em "Must have", "Should have", "Could have" e "Won't have" — a palavra MoSCoW é formada pela primeira letra de cada opção, o que facilita a memorização.

Priorização/classificação relativa

Quando as equipes utilizam a priorização ou classificação relativa, atribuem um valor numérico a cada item de trabalho ou requisito para representar seu valor ao cliente e classificam esses elementos com base nesse valor.

Análise Kano

O modelo Kano foi desenvolvido na década de 1980 por Noriaki Kano, professor japonês que estuda qualidade e gestão de engenharia. Seu modelo de satisfação do cliente serve para determinar como as inovações que antes traziam satisfação para os clientes acabam se tornando demandas básicas ao longo do tempo e podem até mesmo desapontá-los se estiverem ausentes no produto.

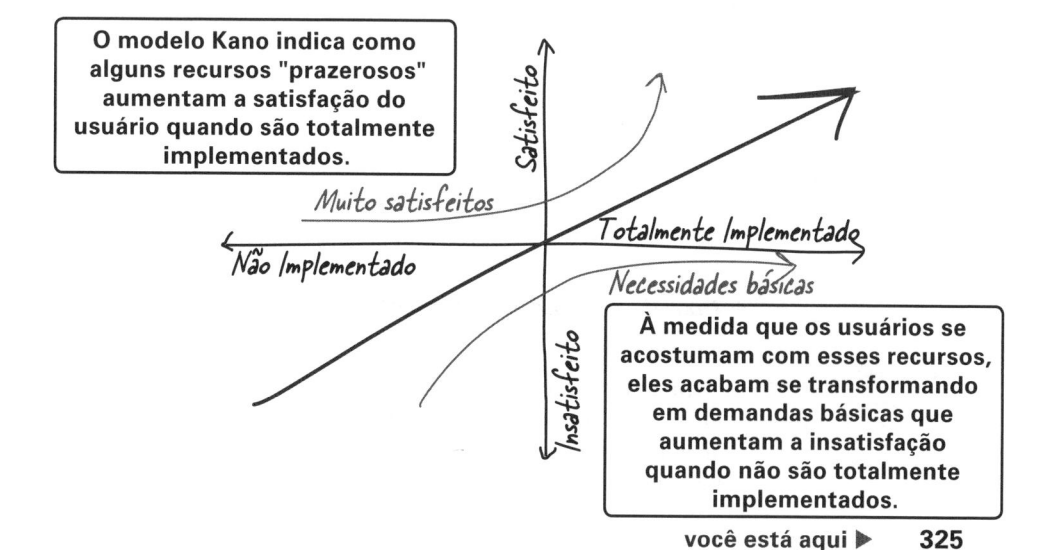

> O modelo Kano indica como alguns recursos "prazerosos" aumentam a satisfação do usuário quando são totalmente implementados.

> À medida que os usuários se acostumam com esses recursos, eles acabam se transformando em demandas básicas que aumentam a insatisfação quando não são totalmente implementados.

algumas ferramentas e técnicas que você deve ver no exame

Os cálculos de valor possibilitam a definição dos projetos a serem desenvolvidos

No exame PMI-ACP®, alguns tipos de cálculos aparecerão como definições. Você não precisa efetuá-los, mas deve saber o significado de cada termo. Com esses números, a equipe pode definir os projetos que têm mais valor. Ao decidir entre dois projetos, isso pode ajudá-lo a determinar qual deles é o melhor.

Retorno do Investimento (ROI)

Este número corresponde ao dinheiro que você espera ganhar com o projeto que está desenvolvendo. A Rancho Hand Games espera vender um milhão de unidades do *CGW5* no primeiro mês de lançamento. Evidentemente, a demora no desenvolvimento aumenta o custo necessário para obter esse retorno.

Este número é apenas o valor bruto total que a empresa espera lucrar com seu investimento.

Valor Líquido Atual (NPV)

Este é o valor real do projeto em um determinado momento depois de deduzidos todos os custos associados a ele. Inclui o tempo necessário para criar o produto, os gastos com pessoal e os custos de materiais. Os profissionais calculam esse número para confirmar se vale a pena realizar um determinado projeto.

O dinheiro a ser recebido daqui a três anos não vale tanto quanto o dinheiro recebido hoje. O NPV parte do "valor temporal" do dinheiro para possibilitar a escolha do projeto com o melhor valor em dinheiro no momento atual.

> No mundo real, as equipes ágeis fazem cálculos de valor apenas quando exigidos pela empresa. É muito mais comum que os profissionais utilizem as técnicas do tamanho relativo que vimos no Capítulo 4, como pontos da história ou tamanho da camisa. Às vezes, aplicam a técnica da estimativa de afinidade para determinar suas estimativas. Nessa prática, os colaboradores traçam grupos em um quadro branco (como tamanhos de camiseta [XP, P, M, G, XG] ou pontos da história na sequência Fibonacci) e inserem, um por vez, os itens a serem estimados nas respectivas categorias.

Gestão do Valor Agregado (EVM) para o Desenvolvimento Ágil

Se você estudou para o exame PMP®, deve ter lido sobre os cálculos do valor agregado. Esse método determina o desempenho do projeto ao atribuir um custo real em dinheiro ou horas para o valor que o produto está entregando. Em seguida, calcula-se a proporção desse valor efetivamente entregue até o momento. Os projetos ágeis também podem aplicar essa prática.

Taxa de retorno interna (IRR)

É o valor em dinheiro que o projeto retornará à empresa financiadora do trabalho. Trata-se do lucro que o projeto dará à empresa, que geralmente aparece como uma porcentagem dos recursos investidos na sua realização.

Os melhores projetos oferecem as maiores taxas de retorno.

preparando-se para o pmi-acp

> Calma aí! Por que você não abordou essas ferramentas e técnicas nos primeiros seis capítulos?

Os capítulos deviam ser coerentes para viabilizar sua memorização.

A maioria das ferramentas, técnicas e práticas que abordamos apenas neste capítulo pode aparecer no exame PMI-ACP® por serem técnicas tradicionais de gestão de projetos. São relevantes para o exame porque também são utilizadas por algumas equipes ágeis, mas não são essenciais para o Scrum, o XP ou o Lean/Kanban. Incluí-las teria sido uma distração... e as **distrações reduzem a coerência de um tópico** de estudo e impedem a informação de se fixar no cérebro de forma eficaz. (Essa é uma aplicação prática da fragmentação de que falamos no início deste capítulo!)

↑

O exame PMI-ACP® prioriza muito mais a compreensão de situações específicas do que certas ferramentas e técnicas. Como as ferramentas abordadas neste capítulo não são muito comuns para as equipes ágeis, é mais provável que apareçam no exame como respostas incorretas do que no comando da questão.

você está aqui ▶   327

teste seu conhecimento

QUEM FAZ O QUÊ?

Rick, o gerente de produtos do Rancho Hand Games que vimos nos Capítulos 3 e 4, está utilizando cálculos de valor. Associe cada cenário com os respectivos números dos custos utilizados por Rick.

1. Assim que ficou pronta, o Rancho Hand Games lançou a demonstração por US$1 como uma amostra que podia rodar nos principais consoles do mercado. A empresa está ganhando cerca de US$1.000 por semana enquanto desenvolve o o jogo.

A. Retorno do Investimento

2. Alex, o product owner, estava com dificuldades para definir quais recursos deveriam ser incluídos no backlog do produto até que Rick sugeriu o MoSCoW para que ele selecionasse os itens mais importantes.

B. Taxa de retorno interna

3. Embora a equipe esteja desenvolvendo o game utilizando um hardware de ponta, os profissionais sabem que novas gerações de consoles serão lançadas nos próximos três anos. Por isso, todos os jogos desenvolvidos para o hardware atual serão vendidos por cerca da metade do preço atual depois da atualização.

C. Valor atual líquido

4. Para determinar o valor atual do projeto, Rick somou o valor de todos os materiais e licenças utilizados pela equipe e deduziu os gastos com pessoal e a depreciação esperada. O resultado indicou o valor do projeto como um todo no momento. Em seguida, ele subtraiu esse valor da previsão de vendas do game.

D. Priorização/classificação relativa

5. Alex dividiu em categorias os potenciais compradores do CGW5 e usou a análise Kano para determinar o nível de satisfação de cada um deles com relação a diferentes recursos.

6. Antes de a equipe decidir fazer a demonstração original, o grupo comparou o custo total do projeto com o lucro previsto para depois do lançamento.

→ Respostas na página 331

preparando-se para o pmi-acp

SOLUÇÃO

As ferramentas e técnicas abordadas neste livro podem aparecer no exame, mas as perguntas talvez não utilizem o mesmo termo para identificá-las. Em vez disso, a pergunta ou resposta pode descrever uma ferramenta ou técnica com outras palavras. Portanto, neste exercício, vamos descrever uma ferramenta ou técnica. Sua missão é escolher o termo correto mais abaixo na página e escrevê-lo ao lado da descrição.

Descrição	Resposta
Colocar os itens do backlog em ordem com base nas demandas mais urgentes da parte interessada	priorização do valor ao cliente
Disponibilizar o produto aos clientes para identificar eventuais problemas operacionais	teste de usabilidade
O menor fragmento possível da funcionalidade que tem coerência e pode ser entregue	recurso minimamente comercializável (MMF)
Ferramenta que possibilita a visualização do andamento de cada item de trabalho ao longo de uma iteração	quadro de tarefas
Atualiza as pastas de trabalho de todos os profissionais da equipe com base no repositório do código-fonte	integração contínua
Produto concluído de menor tamanho possível, mas que ainda atende às demandas das partes interessadas	produto minimamente viável (MVP)
Condição estabelecida que, quando atendida, indica a conclusão do recurso	definição de concluído
Atividades que possibilitam a confirmação do funcionamento de uma abordagem específica	teste exploratório
Verificar constantemente se os requisitos estão corretos e se os produtos atendem a eles	verificação e validação frequentes

Ah, não! Alguém derramou por acidente um frasco de tinta nas respostas. Você consegue resolver o exercício sem ver todas as palavras?

priorização do valor do cliente
produto minimamente viável (MVP)
recurso minimamente comercializável (MMF)
definiç...
teste exploratório
verificação e validação frequentes
teste de usabilidade
...gração contínua
quadro

você está aqui ▶   329

domínio 2 soluções dos exercícios

Domínio 2: Entrega Baseada em Valor

Com suas próprias palavras

SOLUÇÃO

Confira como interpretamos as tarefas utilizando nossas próprias palavras. Tudo bem se você escreveu do seu jeito!

Usar o desenvolvimento iterativo e incremental para entregar o maior valor possível às partes interessadas

As tarefas no Domínio 2 estão listadas nas páginas 6 e 7 do documento de especificação. Descreva cada tarefa:

Divida o trabalho em unidades mínimas e desenvolva os itens de maior valor

Tarefa 1

Defina o status de "Concluído" para cada item de trabalho no último momento viável

Tarefa 2

Utilize uma metodologia com práticas e valores compatíveis com a cultura da equipe e da organização

Tarefa 3

Divida seu produto em MMFs e MVPs, e entregue primeiro os itens de maior valor

Tarefa 4

Determine a duração das suas iterações para receber feedbacks frequentes das partes interessadas

Tarefa 5

Analise os resultados de cada iteração junto com as partes interessadas para confirmar o valor da entrega

Tarefa 6

Verifique se as partes interessadas estão ajudando você a priorizar o trabalho e entregar valor com mais rapidez

Tarefa 7

Desenvolva um software sustentável e ajuste constantemente a dívida técnica para reduzir os custos em longo prazo

Tarefa 8

Os fatores operacionais e de infraestrutura podem influenciar seu projeto e, portanto, devem ser levados em conta

Tarefa 9

Faça reuniões frequentes com as partes interessadas e corrija seu modelo de trabalho e o plano

Tarefa 10

Tire um tempo para identificar os riscos do projeto e adicione itens para reduzir o risco associado ao backlog	
	Tarefa 11
Como as demandas das partes interessadas e o ambiente mudam o tempo todo, continue refinando o backlog	
	Tarefa 12
Oriente a equipe a compreender requisitos não funcionais como demandas operacionais e de segurança	
	Tarefa 13
Inspecione e teste continuamente todos os seus artefatos (inclusive o plano) e use os resultados para se adaptar	
	Tarefa 14

QUEM FAZ O QUÊ? SOLUÇÃO

Vamos reforçar algumas ideias por trás da Entrega Baseada em Valor. Associe cada um dos itens à esquerda às descrições das suas funções ou ações no projeto ao lado.

Trabalho Operacional	Corrigir bugs, defeitos e outros problemas no software
Manutenção	Atividades relacionadas ao funcionamento diário da organização
Dívida Técnica	Produto com recursos suficientes para atender uma demanda específica e básica
Limpeza do Backlog	Atividades relacionadas ao hardware, redes, equipamentos físicos e instalações
Trabalho de Infraestrutura	Trabalho necessário para que o código fique mais sustentável no longo prazo
Produto Minimamente Viável (MVP)	Adicionar, remover e atribuir uma nova prioridade aos itens na lista de recursos a serem desenvolvidos

QUEM FAZ O QUÊ? *Solução: 1–B, 2–D, 3–C, 4–A, 5–D, 6–A*

domínio 2 perguntas do exame

Perguntas do Exame

1. Para uma equipe ágil, o atributo mais importante de um produto é...

    A. Excelência técnica

    B. Qualidade

    C. Frequência da entrega

    D. O valor gerado para o cliente

2. Qual das seguintes opções MELHOR descreve o objetivo do lançamento ágil de um produto?

    A. Liberar o menor incremento que gere valor para o cliente no menor tempo possível

    B. Liberar o maior incremento produzido por uma equipe em um determinado período

    C. Incluir o maior número possível de solicitações de clientes

    D. Encontrar o menor mercado possível para um produto

3. Em qual das etapas do Scrum a equipe recebe o feedback dos clientes sobre o software um funcionamento?

    A. Planejamento

    B. Refinamento do backlog

    C. Retrospectiva da etapa

    D. Revisão da etapa

4. Algumas equipes ágeis utilizam uma prática chamada _____ para priorizar colaborativamente o trabalho com base no valor gerado para um cliente.

    A. Votação com a técnica dos "cinco dedos"

    B. Planning poker

    C. Refinamento do backlog

    D. Sessões de design em conjunto

5. Você e sua equipe estão promovendo a reunião de refinamento do backlog. No decorrer da discussão, alguns dos seus colegas confirmam que há diversas abordagens técnicas para lidar com um dos recursos no backlog. A equipe está preocupada com a possibilidade de ocorrerem sérios problemas de desempenho se a abordagem correta não for adotada. Qual é a MELHOR coisa que a equipe pode fazer diante dessa situação?

    A. Pesquisar e documentar a abordagem correta antes de começar a aplicá-la

    B. Transferir o recurso de alto risco para o final do backlog para que a equipe tenha mais tempo para definir uma solução

    C. Transferir o recurso de alto risco para o início do backlog para que a equipe priorize esse item logo no início do processo

    D. Documentar o risco em um registro de riscos e informá-lo para a alta administração

preparando-se para o pmi-acp

Perguntas do Exame

6. Paul atua como desenvolvedor em uma equipe de desenvolvimento ágil. Durante uma sessão de planejamento, o Product Owner comunica que os clientes solicitaram melhorias no desempenho para o próximo lançamento. Os problemas de desempenho causaram alguns cancelamentos e a situação está rapidamente se tornando uma prioridade para muitos clientes. O que a equipe deve fazer em seguida?

    A. Transferir essa melhoria de desempenho para o topo do backlog da etapa para que a equipe priorize esse item

    B. Criar um personagem para o usuário que solicitou o recurso

    C. Adicionar essa solicitação de recurso ao backlog do produto para analisá-la posteriormente

    D. Criar um documento de requisitos não funcional e incluir nele os requisitos de desempenho

7. No XP, os desenvolvedores utilizam a prática de _____ para revisar as mudanças no código o mais cedo possível.

    A. Trabalhar no mesmo local

    B. Programação em pares

    C. Ver o todo

    D. Testes de regressão

8. Você atua como profissional ágil em uma equipe que adota o Scrum. No meio de uma etapa, você descobre que o principal recurso em desenvolvimento não é mais útil para os clientes. Qual é a MELHOR coisa a se fazer nesse caso?

    A. Finalizar a etapa e analisar as novas prioridades na próxima sessão de refinamento do backlog

    B. Priorizar novamente a etapa do backlog e orientar a equipe a desenvolver o segundo item de maior prioridade o mais rápido possível

    C. Tentar compreender a causa da mudança para evitar novas ocorrências semelhantes

    D. A e C

9. Sua equipe está se preparando para iniciar uma nova etapa. O Product Owner consulta o documento de requisitos de um recurso de grande escala e começa a dividi-lo em histórias do usuário que podem ser realizadas em pequenos incrementos. Como se chama essa prática?

    A. Estrutura dividida de trabalho

    B. Grandes requisitos no início

    C. Refinamento de requisitos no momento certo

    D. Abordagem em cascata

10. Qual é a ferramenta que direciona o foco das equipes ágeis para a criação de pequenos incrementos que atendem a uma demanda dos usuários?

    A. Análise Kano

    B. Histórias do usuário

    C. Assuntos breves

    D. Design emergente

domínio 2 respostas do exame

Perguntas Respostas do Exame

1. Resposta: D

A motivação para o desenvolvimento de um produto é o valor gerado para o cliente. O valor é o fator que torna o produto viável e orienta todas as decisões tomadas por uma equipe ágil durante o desenvolvimento.

2. Resposta: A

As equipes ágeis tentam dividir o produto em incrementos que gerem valor para o cliente e possam ser lançados no menor tempo possível. Esses incrementos, às vezes, são chamados de recursos minimamente comercializáveis (ou MMFs).

3. Resposta: D

Na etapa da revisão, a equipe demonstra o software em funcionamento para o cliente e recebe feedback.

4. Resposta: C

O refinamento do backlog (também chamado de revisão do backlog do produto ou PBR) é uma oportunidade para que o Product Owner priorize o trabalho com a colaboração da equipe.

5. Resposta: C

Desenvolver primeiro o item de maior risco é a melhor forma de abordar o problema. Dessa forma, se a solução não for encontrada, o projeto falhará rapidamente e você terá as informações coletadas pela equipe a cargo do recurso e poderá definir suas próximas ações.

6. Resposta: A

Os requisitos não funcionais, como os problemas de desempenho e qualidade, devem ser priorizados na mesma ocasião em que os recursos no backlog da equipe.

7. Resposta: B

A programação em pares é uma prática essencial do XP que permite aos desenvolvedores identificarem defeitos antes que eles sejam incorporados de forma mais permanente como dívida técnica na base de código.

~~Perguntas~~ Respostas do Exame

8. Resposta: B

Não faz sentido concluir a etapa se o trabalho realizado pela equipe não for útil. A melhor coisa a fazer é informar imediatamente à equipe sobre a alteração nas prioridades para que o grupo possa determinar a melhor forma de lidar com a situação. Quanto antes os profissionais começarem a trabalhar no segundo recurso de maior prioridade, melhor.

9. Resposta: C

A prática de decompor o trabalho em histórias antes de planejar um incremento é chamada de refinamento de requisitos no momento certo. Ao dividir o serviço antes de iniciar o projeto, você pode analisar todas as alterações que eventualmente tenham ocorrido nos requisitos antes de começar o desenvolvimento.

10. Resposta: B

As equipes usam as histórias do usuário para priorizar a criação de partes de software, de tamanho reduzido e grande valor, que atendam a demandas específicas dos usuários.

As análises Kano e outras ferramentas geralmente aparecem no exame como opções incorretas.

domínios 3 e 4 com suas próprias palavras

Domínio 3: Envolvimento das Partes Interessadas

Com suas próprias palavras

Utilizando suas próprias palavras, descreva o Domínio 3 ("Envolvimento das partes interessadas"):

....

As tarefas no Domínio 3 estão listadas na página 8 do documento de especificação. Descreva cada tarefa:

Tarefa 1
Tarefa 2
Tarefa 3
Tarefa 4
Tarefa 5
Tarefa 6
Tarefa 7
Tarefa 8
Tarefa 9

preparando-se para o pmi-acp

Domínio 4: Desempenho da Equipe

Com suas próprias palavras

Utilizando suas próprias palavras, descreva o Domínio 4 ("Desempenho da Equipe"):

....

As tarefas no Domínio 4 estão listadas na página 9 do documento de especificação. Descreva cada tarefa:

....

Tarefa 1

....

Tarefa 2

....

Tarefa 3

....

Tarefa 4

....

Tarefa 5

....

Tarefa 6

....

Tarefa 7

....

Tarefa 8

....

Tarefa 9

domínios 3 e 4 soluções com suas próprias palavras

Domínio 3: Envolvimento das Partes Interessadas

Com suas próprias palavras
SOLUÇÃO

Confira como interpretamos as tarefas utilizando nossas próprias palavras. Tudo bem se você escreveu do seu jeito!

Utilizando suas próprias palavras, descreva o Domínio 3 ("Envolvimento das Partes Interessadas"):

Adquirir a confiança das partes interessadas no seu projeto e colaborar com elas

As tarefas no Domínio 3 estão listadas na página 8 do documento de especificação. Descreva cada tarefa:

A equipe identifica as partes interessadas e promove reuniões frequentes com elas para analisar o projeto

Tarefa 1

Compartilhe todas as informações do projeto desde o início e ao longo do serviço para incentivar a participação das partes interessadas

Tarefa 2

Ajude os principais interessados a estabelecerem uma prática de trabalho colaborativa entre si

Tarefa 3

Acompanhe as mudanças na sua organização para identificar novas partes interessadas

Tarefa 4

Ajude todos a tomarem decisões melhores e mais rápidas com base na colaboração e na resolução de conflitos

Tarefa 5

Conquiste a confiança das partes interessadas ao colaborar com elas para estabelecer metas de alto nível a cada incremento

Tarefa 6

Oriente todos a determinarem uma só definição de "concluído" e as concessões que não são aceitáveis

Tarefa 7

Aumente a transparência do seu projeto comunicando claramente os status, progressos, obstáculos e problemas do trabalho

Tarefa 8

Forneça previsões para viabilizar o planejamento das partes interessadas e as oriente a compreender o nível de precisão das suas previsões

Tarefa 9

preparando-se para o pmi-acp

Domínio 4: Desempenho da Equipe

Com suas próprias palavras
SOLUÇÃO

Utilizando suas próprias palavras, descreva o Domínio 4 ("Desempenho da Equipe"):

Oriente a equipe a colaborar, estabelecer uma relação de confiança entre os profissionais e criar um ambiente de trabalho energizado

As tarefas no Domínio 4 estão listadas na página 9 do documento de especificação. Descreva cada tarefa:

A equipe deve estabelecer em conjunto regras básicas que promovam a coesão entre os profissionais

Tarefa 1

A prioridade da equipe é desenvolver as habilidades técnicas e interpessoais necessárias para o projeto

Tarefa 2

Os membros da equipe almejam ser "especialistas gerais" para contribuir em todos os aspectos do projeto

Tarefa 3

A equipe se sente à vontade para se auto-organizar e tomar decisões importantes para projeto

Tarefa 4

Os membros da equipe definem formas de se manter motivados e evitam desmotivar uns aos outros

Tarefa 5

Se possível, a equipe deve trabalhar no mesmo local e usar ferramentas de colaboração

Tarefa 6

As distrações devem ser reduzidas ao mínimo possível para que a equipe atinja o "fluxo"

Tarefa 7

Todos "sacam" a meta do projeto e sabem como cada profissional contribui para concretizar esse objetivo

Tarefa 8

Determine a velocidade do projeto para definir a capacidade de trabalho da equipe em cada iteração

Tarefa 9

Perguntas do Exame

1. As equipes Scrum demonstram o software em funcionamento no final de cada etapa em um evento chamado _____.

- A. Demonstração da etapa
- B. Retrospectiva da etapa
- C. Revisão da etapa
- D. Demonstração do produto

2. Você atua como profissional ágil em uma equipe Scrum recém-criada. Durante a preparação da primeira etapa, você se reúne com algumas partes interessadas para definir os objetivos do produto a ser criado. Nessa reunião, o grupo cria uma lista de recursos categorizados como "Must have", "Could have", "Should have" e "Won't have".

Qual foi o método de priorização utilizado nesse caso?

- A. Priorização relativa
- B. Classificação da pilha
- C. Análise Kano
- D. MoSCoW

3. Quais são as três perguntas que cada membro da equipe deve responder no Scrum Diário?

- A. O que me comprometi a fazer hoje? Com o que vou me comprometer para fazer amanhã? Quais erros cometi?
- B. Em que estou trabalhando hoje? No que vou trabalhar amanhã? Quais problemas encontrei?
- C. O que fiz hoje para concretizar o objetivo da etapa? O que vou fazer amanhã para concretizar o objetivo da etapa? Quais obstáculos a equipe tem que encarar no momento?
- D. Nenhuma das opções acima

4. Em uma equipe Scrum, quem toma decisões em nome das partes interessadas?

- A. Scrum Master
- B. Product owner
- C. Profissional Ágil
- D. Membro da equipe

5. Julie atua em uma equipe que adotou o Kanban para melhorar seu processo. Todos os dias os profissionais colocam fichas em um quadro para indicar o número de recursos em cada etapa do processo. Em seguida, somam o número de recursos em cada coluna e criam um gráfico de área que representa os valores totais ao longo do tempo. Qual ferramenta estão utilizando?

- A. Diagrama de fluxo cumulativo
- B. Quadro de tarefas
- C. Gráfico de burndown
- D. Gráfico de burnup

preparando-se para o pmi-acp

Perguntas do Exame

6. As equipes ágeis priorizam os _____ comerciais e _____ da etapa. Sabem que os planos podem mudar e são receptivas a essas mudanças no momento em que elas ocorrem. Ao focarem no que o grupo precisa alcançar, as equipes consideram todas as opções disponíveis.

- A. Liderança, prazos
- B. Objetivos, metas
- C. Previsões, planos
- D. Demandas, retrospectivas

7. Qual das seguintes opções NÃO é uma ferramenta que atribui transparência à relação entre partes interessadas e a equipe ágil?

- A. Irradiadores de informações
- B. Demonstração dos recursos
- C. Quadros de tarefas
- D. Valor atual líquido

8. Uma equipe ágil fez a atualização diária no gráfico de burndown colocado na parede do local de trabalho. A que conclusão as partes interessadas podem chegar ao analisarem o gráfico?

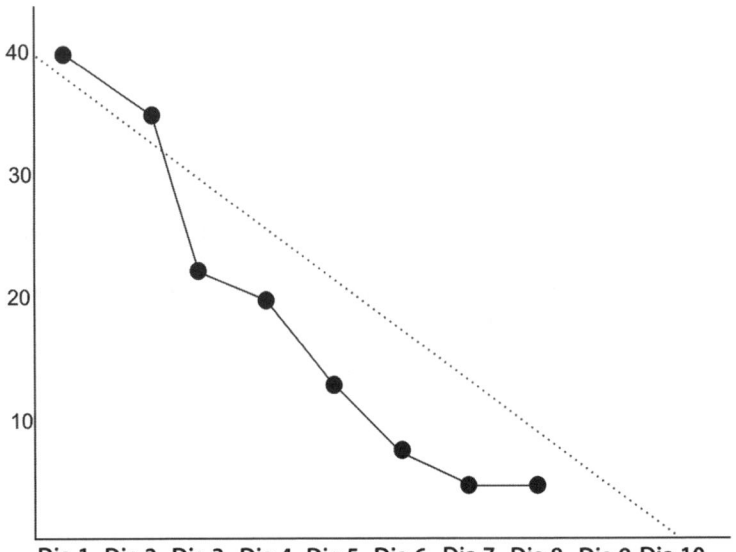

- A. O projeto está atrasado
- B. A equipe vai atender a meta da etapa
- C. A equipe teve problemas no dia 3
- D. Apenas os gerentes de projeto precisam das informações contidas nesse gráfico

você está aqui ▶

Perguntas do Exame

1. Você atua como profissional ágil em uma equipe Scrum recém-criada. Na primeira sessão de planejamento, o grupo resolve criar uma série de políticas para orientar sua atuação no próximo projeto. Essas políticas incluem o seguinte texto: "O Scrum Diário tem duração predeterminada de 15 minutos e começará no mesmo horário todos os dias. Os profissionais não marcarão um recurso como completo até que ele atenda a definição de 'concluído' estabelecida pela equipe. O grupo usará padrões de codificação predefinidos e fará o check-in no código durante as compilações noturnas."

Qual é a MELHOR maneira de descrever essa lista de políticas?

    A. Definição de pronto
    B. Diretrizes administrativas
    C. Estatuto da equipe
    D. Práticas de trabalho

2. Você atua como profissional ágil em uma equipe que está desenvolvendo um software para uma empresa de publicidade. Na metade do primeiro incremento, você percebe que muitos recursos estão marcados como "Em Andamento" no quadro de tarefas, mas há muito poucos na coluna "Concluído". Ao analisar a situação com mais atenção, você conclui que os desenvolvedores estão iniciando novos recursos sempre que esperam a revisão ou teste do código. Qual é a MELHOR coisa a se fazer nessa situação?

    A. Orientar a equipe a dar uma mão na revisão e no teste do código e concluir as tarefas atuais antes de iniciar novos itens
    B. Concluir que o trabalho estará pronto ao final da etapa porque a equipe avançou em vários recursos
    C. Integrar mais testadores à equipe para lidar com o excesso de recursos
    D. Informar às partes interessadas que a equipe não terá nenhum recurso em funcionamento para demonstrar no final da etapa

3. Kim integra uma equipe ágil. O grupo é formado por quatro profissionais e está no quarto dia de uma etapa de duas semanas. Kim acabou de concluir a "História 1", o item de maior prioridade entre as cinco histórias do backlog da etapa. Esta imagem mostra o estado atual do painel de tarefas da equipe. O que Kim deve fazer agora?

A Fazer	Em Andamento	Concluído
História 4	História 2	
História 5	História 3	História 1

    A. Transferir a história 4 ou a história 5 para a coluna "Em Andamento" e começar a trabalhar no item selecionado
    B. Definir uma forma de contribuir com o serviço da história 2 ou da história 3, se possível
    C. Incluir um recurso do backlog do produto na coluna "Em Andamento" e começar a trabalhar nele
    D. Esperar o Scrum Master atribuir uma nova história

preparando-se para o pmi-acp

Perguntas do Exame

4. Uma empresa de software está em processo de reformulação, substituindo as práticas tradicionais de desenvolvimento de software pelas metodologias ágeis. Qual das seguintes opções NÃO é um fator a ser considerado ao se definir o formato das equipes ágeis?

- A. As equipes devem trabalhar no mesmo local sempre que possível
- B. As equipes devem ser pequenas
- C. As equipes devem ter um processo documentado de controle de alterações para lidar com mudanças recentes
- D. Todas as opções acima

5. Você atua como profissional ágil em uma equipe com cinco profissionais. Atualmente, o grupo está no sexto dia de uma etapa de duas semanas. Um interessado externo liga para um membro da equipe e solicita uma mudança urgente. Qual é a MELHOR coisa a fazer para o membro da equipe em questão?

- A. Interromper suas tarefas atuais e implementar a mudança solicitada pela parte interessada
- B. Orientar a parte interessada a colaborar com o product owner para priorizar a mudança
- C. Orientar a parte interessada a esperar pela próxima sessão de planejamento da etapa para sugerir sua mudança
- D. Orientar a parte interessada a priorizar a mudança no backlog do produto

6. Você atua como profissional ágil em uma equipe que desenvolve softwares financeiros. Durante uma sessão de planejamento da etapa, um testador e um desenvolvedor têm uma discussão sobre o tamanho de uma história. O desenvolvedor diz que a história é uma pequena mudança no código e, portanto, deve ser implementada imediatamente. Já o testador afirma que a história pode afetar muitas áreas cruciais do software e muitos testes terão que ser executados para viabilizar o funcionamento do item. O que você deve fazer nessa situação?

- A. Apoiar o testador e recomendar que a equipe aloque mais tempo para o recurso
- B. Apoiar o desenvolvedor e cortar os testes para antecipar a entrega do recurso
- C. Sugerir que a equipe use o planning poker para discutir suas premissas e definir em grupo uma abordagem e um tamanho para o recurso
- D. Orientar o product owner a priorizar os testes com base na importância da funcionalidade para os usuários finais

7. Você atua como profissional ágil em uma equipe de desenvolvimento. Um dos seus colegas terá que trabalhar em dois projetos ao mesmo tempo. O gerente funcional informou à equipe que esse profissional dedicaria 50% do seu tempo para a equipe ágil e 50% para uma equipe de suporte funcional. Qual é a MELHOR coisa a fazer nessa situação?

- A. Orientar seu colega a não se comprometer demais com as histórias no planejamento da etapa
- B. Informar ao gerente funcional que as equipes ágeis exigem que seus membros priorizem suas tarefas e que, portanto, o profissional não deve se dedicar a duas equipes ao mesmo tempo
- C. Evitar o comprometimento excessivo da equipe como resultado de os recursos não estarem totalmente alocados
- D. Verificar se o profissional está dedicando apenas quatro horas por dia para a outra equipe

> Apresentamos as perguntas para os domínios 3 e 4 de forma contínua. Tente responder todas em sequência e, depois, consulte as respostas. Pense nisso como parte da sua preparação para o exame final no Capítulo 9.

domínio 3 respostas do exame

Perguntas do Exame — Respostas

1. Resposta: C

A revisão da etapa é a principal oportunidade para que a equipe demonstre o software em funcionamento no final de cada etapa. Todas as partes interessadas no projeto participam da demonstração e fornecem feedback sobre o software. Esse feedback serve para o grupo reformular o backlog do produto e planejar as próximas etapas.

2. Resposta: D

As partes interessadas usam o método MoSCoW para realizar a priorização. Com essa prática, a equipe pode compreender melhor a perspectiva comercial associada aos recursos do backlog.

3. Resposta: C

As perguntas do Scrum Diário abordam as ações atuais da equipe no sentido de atingir a meta da etapa. Se os profissionais apenas comunicarem à equipe suas tarefas atuais, podem acabar focando demais na sua própria perspectiva, ignorando o objetivo do trabalho.

4. Resposta: B

Em uma equipe Scrum, o Product Owner atua como um representante das partes interessadas. Ele comunica as prioridades comerciais e toma as decisões necessárias para que a equipe cumpra todos os objetivos da etapa.

5. Resposta: A

A questão descreve o processo de criação de um diagrama de fluxo cumulativo (CFD). A equipe também está usando um painel Kanban para definir os números que serão mapeados no CFD, mas o "painel Kanban" não está entre as opções da questão.

6. Resposta: B

As equipes ágeis priorizam os objetivos comerciais e as metas da etapa. Elas tentam definir a rota exata para concretizar esses objetivos no último momento possível.

Respostas Perguntas do Exame

7. Resposta: D

Com base no Valor Atual Líquido (NPV), a equipe pode decidir se deve ou não desenvolver um determinado projeto, mas essa não é a ferramenta adequada para informar as partes interessadas sobre o que está acontecendo no projeto.

8. Resposta: B

O gráfico de burndown é uma maneira eficiente de manter a equipe e as partes interessadas por dentro do progresso diário até a concretização do objetivo. Esse gráfico de burndown indica que a equipe provavelmente irá finalizar o trabalho até o final da etapa, pois a linha que representa a quantidade de trabalho restante está abaixo da linha de referência.

domínio 4 respostas do exame

Respostas Perguntas do Exame

1. Resposta: D

As equipes ágeis definem suas práticas de trabalho quando começam a trabalhar em conjunto. Dessa forma, todos os membros da equipe ficam sabendo o que esperar quando atuam no grupo.

2. Resposta: A

As equipes trabalham com mais eficiência quando dão prioridade a finalizar totalmente as tarefas atuais (até estarem "***Concluídas***") antes de iniciar as próximas. Por isso, as equipes ágeis valorizam os "especialistas gerais" que atuam com toda dedicação para impulsionar o serviço ao longo das etapas de desenvolvimento. Ao priorizar a colaboração e o andamento do trabalho, a equipe aumenta sua produtividade e a qualidade dos seus produtos. Nesse caso, todos na equipe dispõem das habilidades necessárias para realizar a revisão e o teste do código.

3. Resposta: B

Como a equipe desenvolve as histórias por ordem de prioridade, sabemos que as histórias 2 e 3 da coluna "Em Andamento" têm mais valor do que as histórias 4 e 5 da coluna "A Fazer". As equipes devem dar prioridade à conclusão dos itens de maior prioridade antes de iniciar novos serviços. Se for possível, Kim deve ajudar seus colegas a finalizarem mais rápido a história 2 ou 3 em vez de iniciar outra história. Como as equipes ágeis são auto-organizadas, ela não precisa esperar que o Scrum Master indique a próxima história na qual deve atuar.

4. Resposta: C

As equipes devem ser pequenas e atuar no mesmo local para que os profissionais colaborem com mais facilidade e definam novas e melhores formas de trabalhar. As equipes ágeis também valorizam a receptividade a mudanças, especialmente alterações de prioridade, que demandem a maior urgência possível. No entanto, geralmente não priorizam a criação de processos de controle de alterações bem documentados, pois costumam se dedicar a diminuir a frequência das mudanças nos projetos.

5. Resposta: B

O product owner é responsável pelo backlog e pela ordem de prioridade do trabalho da equipe. Se um interessado externo precisar de uma mudança, o membro da equipe deverá orientá-lo a colaborar com o product owner para definir onde a mudança deve se encaixar no backlog.

Respostas
Perguntas do Exame

6. Resposta: C

O planning poker serve para situações como essa, pois ajuda as equipes a definirem uma abordagem e a quantidade de trabalho necessária para concluir um item. Nesse caso, o testador deve explicar por que essa mudança no código causa um aumento no número de testes. Da mesma forma, o desenvolvedor e o testador poderiam, juntos, sugerir abordagens para lidar com o problema.

Nessa situação, há muitas abordagens à disposição da equipe. Os desenvolvedores podem escrever testes de unidade automatizados (atuando como especialistas gerais e assumindo algumas tarefas do controle de qualidade). Também podem aplicar a programação em pares e testes de unidade se a área em questão for crítica para o produto. Os testadores podem escrever os testes durante o desenvolvimento e participar das revisões de código para determinar o que esperar quando o recurso for entregue. Essas ideias podem surgir durante uma sessão do planning poker. Depois de optarem por uma abordagem, os profissionais poderão definir o tamanho relativo da história e projetar o processo com maior precisão até a entrega do produto.

7. Resposta: B

As equipes ágeis exigem 100% do foco e do tempo dos profissionais, pois sabem que, quando isso não ocorre, surgem problemas significativos. Quando um colaborador tem que se dedicar a várias equipes, ocorrem muitas trocas de tarefas e, portanto, muito desperdício. Como um profissional ágil, você deve tentar convencer o gerente funcional a alocar 100% do tempo do profissional para a equipe ágil.

domínio 5 exercícios

Domínio 5: Planejamento Adaptável

Com suas próprias palavras

Utilizando suas próprias palavras, descreva o Domínio 5 ("Planejamento Adaptável"):

....

As tarefas no Domínio 5 estão listadas na página 10 do documento de especificação. Descreva cada tarefa:

....

Tarefa 1

....

Tarefa 2

....

Tarefa 3

....

Tarefa 4

....

Tarefa 5

....

Tarefa 6

....

Tarefa 7

....

Tarefa 8

....

Tarefa 9

....

Tarefa 10

⟶ Respostas na página 372

Adapte seu estilo de liderança de acordo com a evolução da equipe

O exame PMI-ACP® poderá trazer algumas perguntas sobre **liderança adaptativa**, um conceito útil para que os líderes melhorem seu desempenho na liderança. A introdução da liderança adaptativa em uma equipe inicia as **etapas de formação da equipe**.

Formação: os profissionais ainda estão definindo suas funções no grupo e tendem a atuar de forma independente, mas estão tentando se adaptar.

Confronto: à medida que a equipe obtém mais informações sobre o projeto, os membros formam suas opiniões sobre como o trabalho deve ser feito. No início, podem ocorrer bate-bocas entre profissionais que não concordam sobre a abordagem aplicada ao projeto.

Normatização: conforme os profissionais vão se habituando uns aos outros, ajustam seus hábitos de trabalho e passam a cooperar com a equipe inteira. Nesse ponto, os colaboradores começam a confiar uns nos outros.

Atuação: quando todos compreendem o problema e suas capacidades, começam a atuar de forma coesa e eficiente. A partir daí, a equipe trabalha como uma máquina bem azeitada.

Dissolução: quando o trabalho está próximo da conclusão, a equipe começa a lidar com o fato de que o projeto será encerrado em breve. (Às vezes, essa fase é chamada de "luto" pelas equipes.)

As equipes passam por estas etapas durante os projetos

> Em 1965, o pesquisador Bruce Tuckman apresentou essas cinco etapas como um modelo para a tomada de decisões em equipes. Embora esta seja a progressão normal, a equipe pode ficar presa em um desses estágios.

Liderança situacional

É comum ter dificuldades para criar vínculos com a equipe inicialmente, mas um bom líder pode usar suas habilidades de liderança adaptativa para ajudar o grupo a avançar rapidamente pelas etapas. Paul Hershey e Kenneth Blanchard apresentaram a **teoria da liderança situacional** na década de 70 para orientar a atuação dos líderes. Essa teoria propõe quatro estilos diferentes de liderança. A liderança adaptativa consiste em *combinar os diferentes estilos de liderança com as* etapas de formação da equipe:

★ **Direção:** inicialmente, a equipe precisa de bastante direção para se habituar às suas tarefas específicas, mas ainda não exige muito apoio emocional. Esse estilo está associado à etapa de **formação**.

★ **Treinamento:** um bom treinador sabe como dar direção, mas também oferece o apoio emocional de que a equipe precisa para superar os bate-bocas e desentendimentos. Esse estilo está associado à etapa de **confronto**.

★ **Suporte:** à medida que todos se ambientam e passam a conhecer melhor o desempenho de cada um, o líder não precisa dar tanta direção quanto antes, mas ainda deve oferecer muito suporte. Esse estilo está associado à etapa de **normatização**.

★ **Delegação:** a partir desse ponto, a equipe atua sem problemas e o líder não precisa dar muita direção ou apoio. Seu trabalho consiste apenas em lidar com situações específicas e eventuais. Esse estilo está associado à etapa de **atuação**.

exercícios de liderança adaptativa

Exercício

Como o exame PMI-ACP® prioriza situações específicas, podemos utilizar casos para explorar o conceito de liderança adaptativa. Cada um dos cenários a seguir demonstra uma das etapas do desenvolvimento da equipe. Escreva a etapa descrita por cada cenário. Em seguida, identifique o estilo de liderança correspondente e indique "Alto" ou "Baixo" para o nível de direção e apoio oferecido pelo estilo de liderança em questão.

1. Joe e Tom são programadores no projeto Global Contracting. Eles não concordam com a arquitetura geral do software que estão criando e discutem com frequência sobre ele. Joe pensa que o design de Tom tem uma visão míope e não pode ser reutilizado. Tom pensa que o design de Joe é muito complicado e provavelmente não funciona. Eles estão em um ponto agora onde mal falam um com o outro.

   Etapa do desenvolvimento: _____

   Estilo de liderança: _____ Nível da direção: _____ Nível do suporte: _____

2. Joan e Bob são excelentes em lidar com as constantes mudanças de escopo no projeto Business Intelligence. Sempre que as partes interessadas solicitam mudanças, eles as guiam no processo de controle de mudanças e asseguram que a equipe não seja incomodada, a menos que seja absolutamente necessário. Isso deixa Darrel e Roger focarem a construção do produto principal. Todo mundo se concentra em sua área e faz um ótimo trabalho. Parece que está tudo certo para o grupo.

   Etapa do desenvolvimento: _____

   Estilo de liderança: _____ Nível da direção: _____ Nível do suporte: _____

3. Derek acabou de entrar na equipe e é muito reservado. O pessoal da equipe não tem certeza do que fazer com ele. Todo mundo é gentil, mas parece que algumas pessoas se sentem um pouco ameaçadas por ele.

   Etapa do desenvolvimento: _____

   Estilo de liderança: _____ Nível da direção: _____ Nível do suporte: _____

4. Danny percebeu que Janet é muito boa no desenvolvimento de serviços web. Ele está começando a pensar em lhe dar todo o trabalho de desenvolvimento do serviço web e dar a Doug todo o trabalho de software do cliente. Doug parece estar feliz com isso também; ele parece gostar muito de criar aplicativos do Windows.

   Etapa do desenvolvimento: _____

   Estilo de liderança: _____ Nível da direção: _____ Nível do suporte: _____

➡ Respostas na página 354

Mais ferramentas e técnicas

Existem outras ferramentas e técnicas que podem aparecer no exame PMI-ACP®. Mas, felizmente, são muito simples e complementam facilmente as informações que você já sabe.

Backlog ajustado por risco, pré-mortem e gráficos de burndown de risco

As equipes incluem itens de risco e realizam sua priorização no backlog ajustado por risco da seguinte forma:

- Quando a equipe identifica um risco, adiciona esse item ao backlog. Os itens de risco são priorizados por valor e esforço, como os outros itens do backlog.
- Para identificar os riscos, as equipes podem realizar uma análise **pré-mortem**, na qual imaginam que o projeto falhou catastroficamente e discutem sobre os motivos que causaram a falha.
- Quando a equipe planeja uma iteração, inclui os itens de risco e os demais itens no backlog da iteração.
- O grupo faz uma estimativa para cada backlog de risco usando as mesmas técnicas de estimativa utilizadas nas estimativas feitas para os demais itens do backlog do produto.
- Ao promover o refinamento do backlog (também chamado de "limpeza" ou "PBR"), a equipe atualiza, revisa, estima e prioriza novamente os itens de risco do backlog e os demais itens.
- No exame, os riscos podem ser designados como **ameaças e problemas em potencial**.
- Quando o backlog ajustado por risco da equipe inclui estimativas para o tamanho relativo dos itens de risco, o grupo pode utilizar essas estimativas para criar um **gráfico de burndown de risco** para cada iteração (por exemplo, uma equipe Scrum pode criar um gráfico de burndown de risco que indica a soma dos pontos da história de todos os itens de risco que ficaram no backlog da etapa).

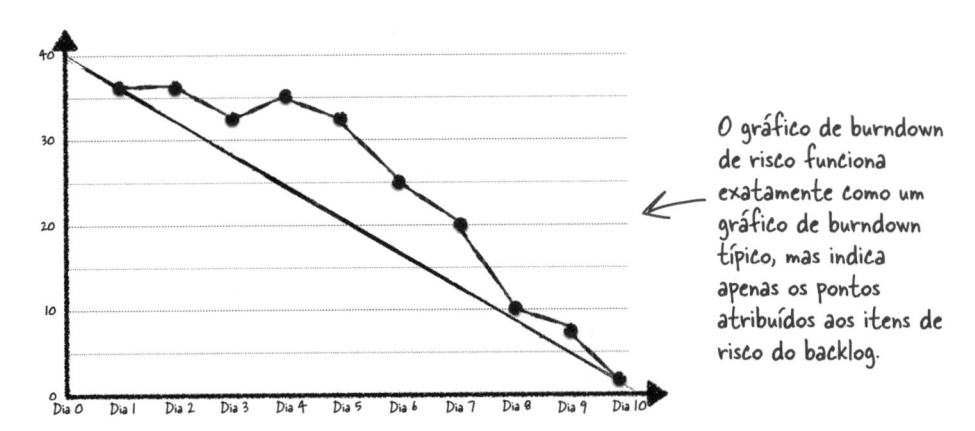

O gráfico de burndown de risco funciona exatamente como um gráfico de burndown típico, mas indica apenas os pontos atribuídos aos itens de risco do backlog.

mais algumas ferramentas e técnicas que podem estar no exame

Mais ferramentas e técnicas

Existem outras ferramentas e técnicas que podem aparecer no exame PMI-ACP®. Mas, felizmente, são muito simples e complementam facilmente as informações que você já sabe.

> Os detalhes do funcionamento da maioria desses jogos provavelmente não serão cobrados no teste, mas os nomes deles podem aparecer (provavelmente em uma opção incorreta).

Jogos colaborativos

Às vezes, as equipes promovem jogos colaborativos para trabalhar em conjunto, fazer debates, chegar a um consenso e tomar decisões em grupo. Existem diversos jogos colaborativos. Alguns que podem aparecer no exame são:

★ **Planning poker** é o jogo de estimativas que vimos no Capítulo 4.

★ **Estimativa de afinidade** (abordada na página 326) é também um tipo de jogo colaborativo.

★ **Mapas da mente** são um jogo de geração de ideias no qual quatro ou cinco pessoas escrevem um item em um círculo no meio de um quadro em branco e desenham ramificações que representam ideias relacionadas ao item em questão.

★ **Votação com a técnica dos "cinco dedos"** é semelhante ao jogo "pedra, papel, tesoura" e serve para que as equipes avaliem a opinião do grupo sobre um determinado tópico, para o qual cada profissional mostra um número de dedos para indicar o quanto gosta ou odeia a ideia em questão.

★ **Votação por pontos** é um jogo de tomada de decisão no qual algumas opções são avaliadas ao serem escritas em uma grande folha de papel na qual os colaboradores colam adesivos com pontos; as opções com maior número de pontos serão escolhidas pelo grupo.

★ **Votação de 100 pontos** é semelhante ao voto por pontos, mas os membros da equipe devem distribuir 100 pontos entre as opções.

TSPP — Traga Suas Próprias Perguntas

Quer se dar bem na prova? Escreva suas próprias perguntas! Você pode se basear nos modelos da "Clínica de Perguntas" dos Capítulos 2 a 6. Faça uma tentativa:

* Escreva uma pergunta do tipo "qual é a MELHOR" sobre o Scrum Diário
* Escreva uma pergunta do tipo "o que vem depois" sobre o mapeamento do fluxo de valor
* Escreva uma pergunta do tipo "pegadinha" sobre o planejamento adaptativo
* Escreva uma pergunta do tipo "qual NÃO é" sobre reestruturação
* Escreva uma pergunta do tipo "opção menos ruim" sobre o valor Scrum da abertura

preparando-se para o pmi-acp

As ferramentas e técnicas abordadas neste livro podem aparecer no exame, mas as perguntas talvez não utilizem o mesmo termo para identificá-las. Em vez disso, a pergunta ou resposta pode descrever uma ferramenta ou técnica com outras palavras. Portanto, neste exercício, vamos descrever uma ferramenta ou técnica. Sua missão é escolher o termo correto na parte de baixo da página e escrevê-lo ao lado da descrição.

Jogo em que os membros da equipe usam fichas para definir estimativas ....

Descrição mínima de um recurso que indica quem precisa dele e por quê ....

Começar com uma versão inicial de um artefato e atualizá-la de acordo com as informações obtidas ....

Exercício mental no qual você imagina que o processo falhou e define a causa da falha ....

Experimento que avalia o impacto de um determinado problema, questão ou ameaça em potencial ....

Revisar, estimar e priorizar novamente a lista de recursos e itens de trabalho planejados ....

Lista de recursos e itens de trabalho planejados que também inclui problemas, questões e ameaças ....

Estimativa de trabalho que se baseia na inexistência de interrupções, distrações e problemas ....

Gráfico que indica a estimativa total para o impacto diário de problemas, questões e ameaças ....

Ah, não! Alguém derramou por acidente um frasco de tinta nas respostas. Você consegue resolver o exercício sem ver todas as palavras?

refinamento ███████ do produto
███████ momento ideal
███████ tória do usuário
plann███████
gráfico de burndown de risco
pre-mortem
backl███ ajustado por risco
███████ cia baseada em risco
elabora███ gressiva

Respostas na página 355

domínio 5 soluções dos exercícios

Exercício Solução

Como o exame PMI-ACP® prioriza situações específicas, podemos utilizar casos para explorar o conceito de liderança adaptativa. Cada um dos cenários a seguir demonstra uma das etapas do desenvolvimento da equipe. Escreva a etapa descrita por cada cenário. Em seguida, identifique o estilo de liderança correspondente e indique "Alto" ou "Baixo" para o nível de direção e apoio oferecido pelo estilo de liderança em questão.

1. Joe e Tom são programadores no projeto Global Contracting. Eles não concordam com a arquitetura geral do software que estão criando e discutem com frequência sobre ele. Joe pensa que o design de Tom tem uma visão míope e não pode ser reutilizado. Tom pensa que o design de Joe é muito complicado e provavelmente não funciona. Eles estão em um ponto agora onde mal falam um com o outro.

   Etapa do desenvolvimento: __Confronto__

   Estilo de liderança: __Treinamento__ Nível da direção: __Alto__ Nível do suporte: __Alto__

2. Joan e Bob são excelentes em lidar com as constantes mudanças de escopo no projeto Business Intelligence. Sempre que as partes interessadas solicitam mudanças, eles as guiam no processo de controle de mudanças e asseguram que a equipe não seja incomodada, a menos que seja absolutamente necessário. Isso deixa Darrel e Roger focarem a construção do produto principal. Todo mundo se concentra em sua área e faz um ótimo trabalho. Parece que está tudo certo para o grupo.

   Etapa do desenvolvimento: __Atuação__

   Estilo de liderança: __Atribuição__ Nível da direção: __Baixo__ Nível do suporte: __Baixo__

3. Derek acabou de entrar na equipe e é muito reservado. O pessoal da equipe não tem certeza do que fazer com ele. Todo mundo é gentil, mas parece que algumas pessoas se sentem um pouco ameaçadas por ele.

   Etapa do desenvolvimento: __Formação__

   Estilo de liderança: __Direção__ Nível da direção: __Alto__ Nível do suporte: __Baixo__

4. Danny percebeu que Janet é muito boa no desenvolvimento de serviços web. Ele está começando a pensar em lhe dar todo o trabalho de desenvolvimento do serviço web e dar a Doug todo o trabalho de software do cliente. Doug parece estar feliz com isso também; ele parece gostar muito de criar aplicativos do Windows.

   Etapa do desenvolvimento: __Normatização__

   Estilo de liderança: __Suporte__ Nível da direção: __Baixo__ Nível do suporte: __Alto__

preparando-se para o pmi-acp

SOLUÇÃO

As ferramentas e técnicas abordadas neste livro podem aparecer no exame, mas as perguntas talvez não utilizem o mesmo termo para identificá-las. Em vez disso, a pergunta ou resposta pode descrever uma ferramenta ou técnica com outras palavras. Portanto, neste exercício, vamos descrever uma ferramenta ou técnica. Sua missão é escolher o termo correto na parte de baixo da página e escrevê-lo ao lado da descrição.

Descrição	Termo
Jogo em que os membros da equipe usam fichas para definir estimativas	planning poker
Descrição mínima de um recurso que indica quem precisa dele e por quê	história do usuário
Começar com uma versão inicial de um artefato e atualizá-la de acordo com as informações obtidas	elaboração progressiva
Exercício mental no qual você imagina que o processo falhou e define a causa da falha	pré-mortem
Experimento que avalia o impacto de um determinado problema, questão ou ameaça em potencial	referência baseada em risco
Revisar, estimar e priorizar novamente a lista de recursos e itens de trabalho planejados	refinamento do backlog do produto
Lista de recursos e itens de trabalho planejados que também inclui problemas, questões e ameaças	backlog ajustado por risco
Estimativa de trabalho que se baseia na inexistência de interrupções, distrações e problemas	momento ideal
Gráfico que indica a estimativa total para o impacto diário de problemas, questões e ameaças	gráfico de burndown de risco

Ah, não! Alguém derramou por acidente um frasco de tinta nas respostas. Você consegue resolver o exercício sem ver todas as palavras?

refinamento do backlog do produto
momento ideal
história do usuário
planning poker
gráfico de burndown de risco
pre-mortem
backlog ajustado por risco
referência baseada em risco
elaboração progressiva

Perguntas do Exame

1. Uma equipe ágil finalizou a sessão de planejamento da etapa 5 de um projeto. O grupo usou o planning poker para definir os seguintes valores para os pontos da história do backlog de classificação em pilha:

Backlog do Produto

História 1: 8 pontos
História 2: 5 pontos
História 3: 3 pontos
História 4: 5 pontos
História 5: 13 pontos
História 6: 5 pontos
História 7: 2 pontos
História 8: 3 pontos

Histórico da Velocidade (Etapa 1: 14, Etapa 2: 16, Etapa 3: 19, Etapa 4: 21)

Com base no histograma de velocidade da equipe indicado acima, qual é a última história que a ser entregue nesta etapa?

- A. História 3
- B. História 5
- C. História 6
- D. História 4

2. Uma equipe ágil está no quarto dia de uma etapa de duas semanas. Nessa ocasião, uma das partes interessadas solicita o status da etapa atual e a equipe mostra o gráfico de burndown. O que é possível concluir a partir das informações no gráfico?

- A. A equipe está atrasada
- B. Mais itens foram adicionados ao escopo
- C. A equipe está adiantada em relação ao cronograma
- D. Não há dados suficientes para a definição do status

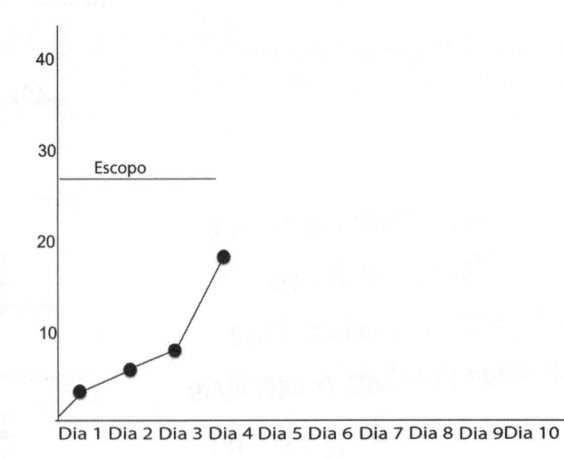

preparando-se para o pmi-acp

Perguntas do Exame

3. Você atua como profissional ágil em uma equipe que desenvolve aplicativos móveis. Um dos seus companheiros identificou um problema durante a última retrospectiva: a velocidade da equipe estava diminuindo a cada etapa de duas semanas. Em seguida, você constatou que as histórias do usuário em geral eram grande demais para serem concluídas em uma etapa e muitas vezes se estendiam pelas próximas três ou quatro etapas até serem finalizadas. O que você deve fazer nessa situação?

A. Colaborar com o product owner para definir um objetivo da etapa que possa ser realizado na próxima etapa e, em seguida, dividir as histórias dessa etapa para viabilizar sua entrega no prazo de duas semanas

B. Continuar a desenvolver as histórias ao longo das etapas, mas já prevendo que todas só serão finalizadas a tempo do próximo grande lançamento do produto

C. Atuar junto à equipe para acelerar as entregas das maiores histórias

D. Não se comprometer mais com as metas das etapas e priorizar os objetivos do lançamento

4. Sarah atua como Scrum Master em uma equipe que desenvolve games. Ela notou que sua equipe costuma se comprometer com um volume de trabalho maior do que pode realizar em uma etapa. Quando ela apontou esse fato na retrospectiva da equipe, descobriu que seus colegas muitas vezes tinham que deixar as tarefas de desenvolvimento de lado para lidar com solicitações de manutenção do software de produção, interrompendo o fluxo de trabalho. O que ela deve fazer nessa situação?

A. Criar itens de backlog para os requisitos de manutenção, fazer as respectivas estimativas e incluir esses itens no planejamento da etapa para que a equipe adicione esses pedidos aos compromissos da etapa

B. Atuar junto à equipe para criar um buffer para regular os compromissos assumidos pela equipe e evitar que o grupo se comprometa com um volume de trabalho grande demais e não consiga lidar com as eventuais solicitações de manutenção

C. Informar ao grupo de suporte que a equipe de desenvolvimento não irá mais lidar com as solicitações de manutenção

D. Nenhuma das opções acima

5. As equipes ágeis muitas vezes criam tarefas especiais para que os profissionais investiguem abordagens voltadas para a resolução de problemas de design de alto risco. Como são chamadas essas tarefas especiais?

A. Trabalho exploratório

B. Registros

C. Folga

D. Referências baseadas em risco

6. As equipes geralmente priorizaram riscos, problemas e ameaças em vez de outros trabalhos porque resolver esses itens determina o sucesso ou o fracasso do projeto inteiro. Como é chamada a prática de priorizar esses itens?

A. Classificação de risco

B. Refinamento do backlog

C. Backlog ajustado por risco

D. Nenhuma das opções acima

domínio 5 respostas do exame

Respostas Perguntas do Exame

1. Resposta: D

Como as histórias estão em ordem de prioridade, a equipe deve tentar entregar as histórias 1 - 4. A soma total do esforço necessário para concluir essas quatro histórias corresponde a 21 pontos da história, valor entregue pela equipe na última etapa.

2. Resposta: C

De acordo com o gráfico, a equipe se comprometeu a entregar cerca de 28 pontos nessa etapa e, no quarto dia, já havia concluído 20 pontos. Muito provavelmente, o grupo está adiantado em relação ao cronograma.

3. Resposta: A

O dimensionamento das histórias no backlog da etapa deve visar sua conclusão no prazo de uma etapa, que, de acordo com o comando da questão, dura duas semanas. O product owner deve orientar a equipe a entregar o máximo de valor possível no final de cada incremento. Se a equipe priorizar os grandes lançamentos, abrirá mão da validação preliminar associada à liberação frequente de pequenos incrementos.

4. Resposta: A

A equipe não pode planejar o trabalho sem incluir todos os itens no backlog. Mesmo que o item de trabalho seja proveniente de um interessado atípico (nesse caso, a equipe de suporte), a equipe não deve ignorá-lo. Se o serviço gerar valor para a organização, deverá ser priorizado, estimado e planejado pelo product owner na mesma ocasião em que os demais recursos, durante o refinamento do backlog e o planejamento da etapa.

5. Resposta: D

Com as referências baseadas em risco, as equipes ágeis podem definir a duração do trabalho relativo à pesquisa de funcionalidades de alto risco a fim de "falhar rapidamente" se não houver solução para o problema em questão.

6. Resposta: C

O backlog ajustado por risco inclui recursos planejados e itens de trabalho, mas também problemas, questões e ameaças. Em outras palavras, esse backlog contém itens de risco que podem ser priorizados com base no risco e no valor. Com essa prática, a equipe pode compreender melhor seus riscos de antemão e evitar futuros problemas (e até mesmo falhas críticas!) no projeto.

preparando-se para o pmi-acp

> As equipes ágeis tentam concluir primeiro o trabalho mais importante e **falhar rápido, se for para falhar**. Quando identificam riscos, as equipes chegam até a descartar um projeto inteiro. Mas é melhor falhar após uma ou duas etapas do que descobrir que a equipe enveredou pelo caminho errado depois de investir meses de trabalho!

PODER DO CÉREBRO

Como trabalhar primeiro nos itens de maior prioridade enquanto você está corrigindo falhas no projeto?

você está aqui ▶

domínios 6 e 7 com suas próprias palavras

Domínio 6: Detecção e Resolução de Problemas

Com suas próprias palavras

Utilizando suas próprias palavras, descreva o Domínio 6 ("Detecção e Resolução de Problemas"):

....

As tarefas no Domínio 6 estão listadas na página 11 do documento de especificação. Descreva cada tarefa:

....
Tarefa 1

....
Tarefa 2

....
Tarefa 3

....
Tarefa 4

....
Tarefa 5

➡ Respostas na página 373

TSPP — Traga Suas Próprias Perguntas

Escrever suas próprias perguntas é uma ótima forma de memorizar informações. Quando você conhece as diferentes estratégias das questões, fica bem mais tranquilo durante o exame.

* Escreva uma pergunta do tipo "qual é a MELHOR" sobre integração contínua
* Escreva uma pergunta do tipo "o que vem depois" sobre a limitação do trabalho em andamento
* Escreva uma pergunta do tipo "pegadinha" sobre a reunião de planejamento da etapa
* Escreva uma pergunta do tipo "qual NÃO é" sobre o estilo do líder servidor
* Escreva uma pergunta do tipo "a opção menos ruim" sobre irradiadores de informações

preparando-se para o pmi-acp

Domínio 7: Melhoria Contínua

> Com suas próprias palavras

Utilizando suas próprias palavras, descreva o Domínio 7 ("Melhoria Contínua"):

....

As tarefas no Domínio 7 estão listadas na página 12 do documento de especificação. Descreva cada tarefa:

....

Tarefa 1

....

Tarefa 2

....

Tarefa 3

....

Tarefa 4

....

Tarefa 5

....

Tarefa 6

➡ Respostas na página 374

TSPP — Traga Suas Próprias Perguntas

* Escreva uma pergunta do tipo "qual é a MELHOR" sobre comunicação osmótica
* Escreva uma pergunta do tipo "o que vem depois" sobre como o Product Owner aprova uma etapa
* Escreva uma pergunta do tipo "pegadinha" sobre a demonstração do software em funcionamento durante a revisão da etapa
* Escreva uma pergunta do tipo "qual NÃO é" sobre gráficos de burndown de risco
* Escreva uma pergunta do tipo "opção menos ruim" sobre o valor XP da simplicidade

você está aqui ▶

domínio 6 perguntas do exame

Perguntas do Exame

> Apresentamos as perguntas para os domínios 6 e 7 de forma contínua. Tente responder todas em sequência e, depois, consulte as respostas. Pense nisso como parte da sua preparação para o exame final no Capítulo 9.

1. As equipes ágeis geralmente mantêm uma lista ordenada de itens de trabalho e, no topo dessa lista, colocam os itens de maior risco para desenvolvê-los primeiro. Qual é o termo que MELHOR designa essa prática?

    A. Ordem de classificação
    B. Plano de mitigação
    C. Backlog ajustado por risco
    D. Priorização ponderada do menor trabalho

2. Você atua como profissional ágil em uma equipe de software que está fazendo uma reunião para planejar a próxima etapa. Durante o processo de estimativa de um dos itens de trabalho, dois membros da equipe sugerem duas abordagens técnicas para o problema. As duas soluções parecem plausíveis para o resto da equipe. O grupo precisa definir rapidamente uma resposta, pois esse item de trabalho é uma funcionalidade essencial para as próximas etapas.

    Qual é a MELHOR solução para o problema?

    A. Orientar a equipe a resolver o problema antes de iniciar outro trabalho
    B. Criar uma referência arquitetônica para cada solução ao longo da etapa para determinar qual delas funciona melhor
    C. Preservar as opções disponíveis ao não iniciar o trabalho até um ponto avançado no projeto
    D. Documentar a divergência como um risco e definir uma solução mais adiante no projeto

3. Você atua como profissional ágil em uma equipe de software. O grupo já trabalha com a formação atual há três etapas, mas recentemente os profissionais estão tendo problemas de relacionamento. Certos colaboradores acham que alguns colegas não têm experiência técnica suficiente para fazer mudanças nas seções básicas da base de código em desenvolvimento. Isso resulta em muitos desentendimentos no Scrum Diário e nas reuniões de planejamento da etapa. Qual das opções a seguir MELHOR descreve o momento da equipe e a técnica de gestão que deve ser usada para lidar com essa situação?

    A. Etapa da formação, Técnica de gestão da direção
    B. Etapa do confronto, Técnica de gestão do treinamento
    C. Etapa da normatização, Técnica de gestão do suporte
    D. Etapa da atuação, Técnica de gestão de atribuição

4. Quando uma equipe Scrum se reúne para examinar o plano em andamento e fazer ajustes para atingir seus objetivos, essa prática é chamada de _____.

    A. Reunião de inspeção do plano
    B. Portão de aprovação do planejamento
    C. Scrum Diário
    D. Relatório de status

Perguntas do Exame

5. Sempre que um programador envia código ao repositório, esse código passa por testes automáticos e é compilado. Qual das seguintes opções MELHOR descreve essa prática?

A. Revisão do código

B. Divisão da compilação

C. Utilização de um servidor de compilação

D. Implantação contínua

6. Você atua como profissional ágil em uma equipe de software que já trabalha há dois anos com a formação atual. O grupo está bem entrosado. Sempre que ocorre um problema, todos geralmente sabem para quem ligar ou o que fazer. Os profissionais têm interesses diferentes e focam tipos diversos de problemas, mas em regra não têm dificuldades para atuar de forma coesa na concretização dos objetivos da etapa. Qual das opções a seguir MELHOR descreve o momento da equipe e a técnica de gestão que deve ser usada para lidar com essa situação?

A. Etapa da formação, Técnica de gestão da direção

B. Etapa do confronto, Técnica de gestão do treinamento

C. Etapa da normatização, Técnica de gestão do suporte

D. Etapa da atuação, Técnica de gestão da atribuição

7. Você atua como profissional ágil em uma equipe de software que está em sua primeira etapa de desenvolvimento com a formação atual. Os profissionais ainda não se conhecem muito bem. Todos têm suas próprias habilidades e objetivos e até agora não encontraram uma forma eficiente de conversar sobre o projeto. Qual das opções a seguir MELHOR descreve o momento da equipe e a técnica de gestão que deve ser usada para lidar com essa situação?

A. Etapa da formação, Técnica de gestão da direção

B. Etapa do confronto, Técnica de gestão do treinamento

C. Etapa da normatização, Técnica de gestão do suporte

D. Etapa da atuação, Técnica de gestão da atribuição

8. No início do processo, uma equipe identifica uma lista de possíveis ameaças ao projeto. Em seguida, imprime esses riscos em letras grandes em uma folha que coloca em um quadro branco localizado na parte central do escritório, visível a todos os profissionais. A equipe se reúne periodicamente para discutir e analisar os riscos identificados. Qual é a prática que a equipe está utilizando?

A. Revisão semanal de risco

B. Reunião do comitê de direção

C. Portal de aprovação de risco

D. Irradiador de informações

Perguntas do Exame

1. Os membros das equipes ágeis estão sempre aprendendo novas habilidades para ajudar o grupo a concluir o trabalho. Em vez de adotarem um foco limitado e intensivo, esses profissionais são _____ que realizam diversas tarefas na equipe.

- A. Especialistas gerais
- B. Colaboradores superficiais
- C. Líderes experientes de desenvolvimento
- D. Desenvolvedores altamente especializados

2. O principal artefato da retrospectiva da etapa é _____.

- A. A lista de realizações
- B. O conjunto de ações de melhoria
- C. O horário dedicado à reunião
- D. A lista de desafios

3. Você atua como profissional ágil em uma equipe de software. No final de cada etapa, o grupo demonstra para o product owner as mudanças realizadas e recebe feedback. Qual é a MELHOR forma de descrever esta prática?

- A. Scrum Diário
- B. Demonstração do produto
- C. Aprovação do product owner
- D. Revisão da etapa

4. Você atua como profissional ágil em uma equipe que cria games para plataformas móveis. Quando um colega apresenta um novo design técnico para um dos recursos do backlog do produto, alguns profissionais ficam em dúvida. Porém, todos concordam que, se funcionar, trará uma melhora significativa para o desempenho do game e será muito mais fácil de manter do que o design atual. Qual é a MELHOR coisa a fazer nessa situação?

- A. Informar ao profissional em questão que a equipe irá manter o design atual, pois sabe que funcionará
- B. Orientar o profissional a escrever o documento do design e demonstrá-lo para obter a aprovação das partes interessadas
- C. Sugerir que o profissional crie uma referência para verificar se a solução funciona
- D. Orientar a equipe a interromper o serviço no design atual por ele ser mais lento do que o apresentado pelo colega

preparando-se para o pmi-acp

Perguntas do Exame

5. Você atua em uma equipe de desenvolvimento de software e, durante uma retrospectiva, um colega afirmou que a maior parte das últimas três etapas foi dedicada à base de código que apenas metade do grupo conhece. Por isso, os profissionais que já dominavam a base de código realizaram grande parte do serviço essencial nessas etapas, enquanto a equipe teve que adicionar itens de menor valor à etapa do backlog para manter os demais colaboradores ocupados. Outro colega reiterou essa avaliação e acrescentou que ocorreram sérios erros devido ao desconhecimento do código pelos profissionais. Qual é a **MELHOR** forma de melhorar essa situação?

  A. Dividir o trabalho em partes menores para que a equipe tenha a sensação de estar concluindo mais itens

  B. Adotar a programação em pares em todo o trabalho realizado pela equipe para que os profissionais passem a conhecer o código e se auxiliar mutuamente na identificação de erros nos estágios iniciais do processo

  C. Planejar o trabalho para manter todos ocupados

  D. Limitar a quantidade de trabalho em andamento para que os membros da equipe não fiquem sobrecarregados

6. Qual das seguintes opções **NÃO** é uma ferramenta usada nas retrospectivas para obter o consenso da equipe sobre as melhorias propostas?

  A. Votação com pontos

  B. MoSCoW

  C. Votação com a técnica dos "cinco dedos"

  D. Diagramas de Ishikawa

7. Uma equipe ágil acabou de concluir uma etapa de duas semanas. Quando uma das partes interessadas solicita o status dos riscos identificados no planejamento, a equipe mostra o gráfico de burndown de risco abaixo. O que a parte interessada pode concluir a partir das informações do gráfico?

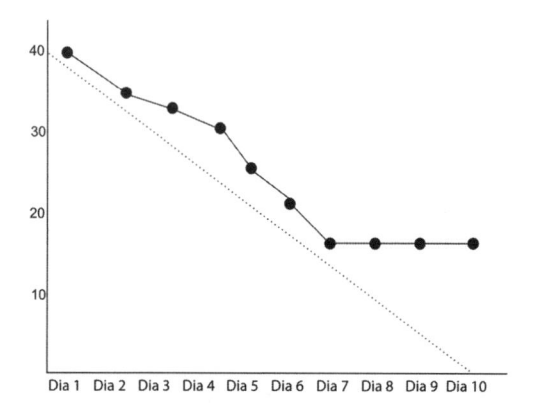

  A. A equipe não resolveu todos os riscos identificados no planejamento

  B. Mais itens foram adicionados ao escopo

  C. A equipe está adiantada em relação ao cronograma

  D. Não há dados suficientes para definir o status dos riscos

domínio 6 respostas do exame

~~Perguntas~~ Respostas do Exame

1. Resposta: C

As equipes ágeis mantêm um backlog ajustado por risco para priorizarem o desenvolvimento dos itens de maior risco o mais cedo possível. Às vezes, um item de alto risco não resolvido pode causar uma falha crítica no projeto inteiro. Por isso, as equipes ágeis estão sempre tentando falhar o mais rápido possível e, portanto, lidam com esses itens primeiro.

2. Resposta: B

Quando a equipe dispõe de duas soluções igualmente viáveis e não consegue optar por uma delas, é comum implementar ambas ao mesmo tempo. Criar uma referência arquitetônica para que a equipe explore essas duas opções provavelmente trará as informações necessárias para que o grupo tome uma decisão na próxima sessão de planejamento da etapa.

3. Resposta: B

A equipe atua com a mesma formação há pouco tempo e os profissionais estão discutindo nos Scrums Diários e nas reuniões de planejamento. Parece que estão na fase do desenvolvimento conhecida como Confronto. O profissional ágil deve assumir o papel de treinador para ajudá-los a superar seus desentendimentos.

4. Resposta: C

As equipes Scrum usam o Scrum Diário para acompanhar o plano e fazer os devidos ajustes visando concretizar os objetivos da etapa. Se alguns membros estiverem com dificuldades no trabalho, os demais profissionais devem ajudá-los a eliminar os obstáculos e concluir os itens planejados.

5. Resposta: C

Neste exemplo, a equipe está usando um servidor de compilação. Sempre que um profissional envia seu código, esse código passa pelos testes de unidade e todo o repositório é compilado. Dessa forma, toda a equipe é informada prontamente quando ocorre uma mudança radical no código. Se os testes falharem e o código não for compilado, a equipe será informada de que o problema está na última mudança a ser enviada. Em seguida, o programador responsável pela mudança em questão poderá corrigi-la antes que surjam outros problemas.

Você achou que a resposta era "Integração contínua"? Usar um servidor de compilação não é o mesmo que realizar uma integração contínua. Nessa prática, os membros da equipe integram continuamente o código nas suas pastas de trabalho com o do sistema de controle da versão a fim de identificar problemas no início do processo.

preparando-se para o pmi-acp

~~Perguntas~~ Respostas do Exame

6. Resposta: D

A equipe está trabalhando bem. Todos sabem que seus colegas são competentes e o grupo estabeleceu um modelo de trabalho que se beneficia dos pontos fortes de cada profissional. Nesse caso, é mais eficiente delegar as responsabilidades e abrir espaço para que a equipe continue com suas práticas profissionais.

7. Resposta: A

A equipe está em processo de formação. Os profissionais esperam que você tome a maioria das decisões até se habituarem aos colegas. Logo, o estilo de gestão da direção é o mais apropriado a esse caso.

8. Resposta: D

Um quadro branco colocado em um local em que todos os profissionais possam visualizar e analisar os riscos indicados nele é um exemplo de irradiador de informações. Trata-se de uma boa forma de comunicar os riscos identificados pela equipe para que todos os colaboradores fiquem cientes e peçam auxílio se causarem problemas.

domínio 7 respostas do exame

Respostas Perguntas do Exame

1. Resposta: A

As equipes ágeis valorizam os especialistas gerais pela sua capacidade de empregar diversas habilidades sempre que necessário e gerar valor de diversas formas ao longo do processo até a entrega do produto.

2. Resposta: B

Uma retrospectiva deve ter como objetivo a definição de ações específicas através das quais a equipe pode tornar o seu processo, sistema ou método mais útil, simples e colaborativo.

3. Resposta: D

Esta questão descreve a revisão da etapa, que ocorre no final de cada etapa Scrum. Nessa ocasião, o product owner oferece seu importante feedback sobre o produto concluído na etapa. Às vezes, esse feedback é incluído no backlog do produto e incorporado nas etapas futuras em ordem de prioridade relativa.

4. Resposta: C

O membro da equipe deve criar uma solução de referência para verificar se a sua ideia funciona. Todos na equipe devem ficar à vontade para cometer erros. Se a gestão das expectativas for muito estrita e não abrir espaço para que os colaboradores definam seu modelo de trabalho durante o processo, os profissionais não conseguirão inovar nem considerar todas as opções disponíveis.

5. Resposta: B

Quando as equipes são muito especializadas, a programação em pares pode ser uma boa prática para eliminar obstáculos e ajudar os profissionais a conhecerem o código. Reunir um colaborador que domina pouco o código com outro que conhece muito bem esse mesmo código pode desencadear grandes discussões entre eles. Essa é uma forma muito eficiente de aumentar a produtividade de profissionais que ainda não compreendem muito bem a base de código. A programação em pares também facilita a identificação de erros nos estágios iniciais do processo e a entrega de produtos de maior qualidade, pois as duplas revisam constantemente o código durante a escrita.

Respostas Perguntas do Exame

6. Resposta: B

A MoSCoW é uma ferramenta de priorização. As outras opções são usadas nas retrospectivas.

7. Resposta: A

O número de pontos da história identificados pela equipe na redução de risco foi maior do que os concluídos na etapa. Nos últimos quatro dias da etapa, o grupo não avançou em nenhum item de risco. Pelo contrário, a etapa foi finalizada com cerca de 15 pontos atribuídos à mitigação de risco marcados como pendentes. Portanto, ainda há riscos planejados que não foram resolvidos.

pmi-acp® palavras cruzadas

Cruzadas do Exame

Prepare-se para um último teste de seu conhecimento antes de fazer o exame prático final! Quantas dessas palavras cruzadas você consegue resolver sem olhar as respostas?

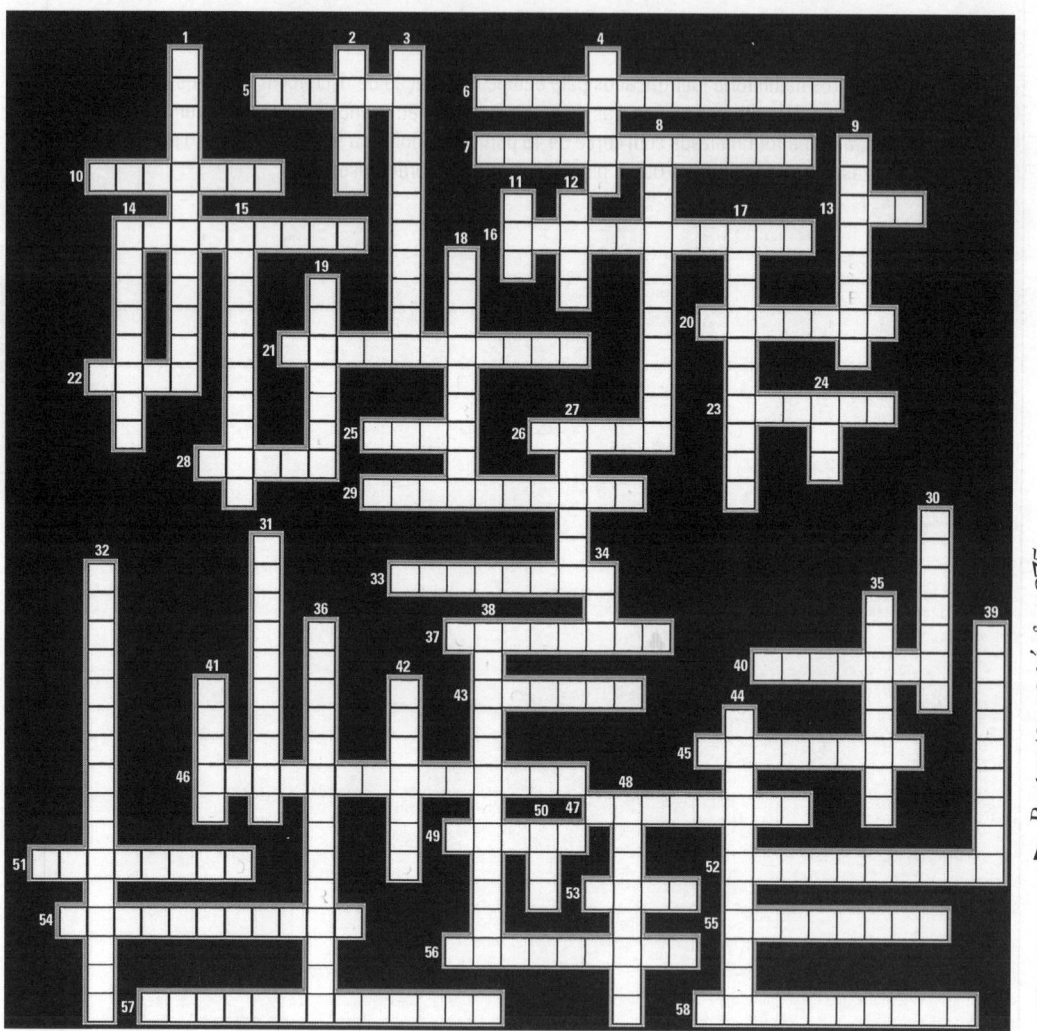

Respostas na página 375

Horizontal

5. Os _____ da história são uma técnica de tamanho relativo

6. Reunião promovida no final da etapa para que a equipe converse sobre o processo e defina pontos a melhorar

7. A equipe define o trabalho que será realizado na etapa durante a reunião de _____

10. Valor do Scrum e do XP que incentiva os membros da equipe a defenderem o projeto

13. Menor quantidade possível de funcionalidades que pode ser entregue

14. Na estimativa de _____, os membros da equipe criam grupos e atribuem cada item a um grupo por vez

16. Tipo de elaboração em que um item é atualizado de forma incremental de acordo com as informações obtidas

370   *Capítulo 7*

20. O backlog do _____ é o artefato Scrum que contém a única fonte de todas as mudanças e recursos

21. Prática do XP e tipo de design com o qual a equipe demonstra sua receptividade a mudanças

22. As equipes Scrum são _____-organizadas

23. O tempo médio que uma parte interessada passa esperando pela conclusão de um item de trabalho é o período de _____

25. O _____ da história indica os lançamentos planejados

26. As equipes ágeis priorizam a receptividade à mudança em vez de seguir um _____

28. As votações com pontos e com a técnica dos "cinco dedos" são exemplos de _____ de colaboração.

29. Tipo de solução também conhecida como "trabalho exploratório"

33. Apenas o Product Owner tem autoridade para _____ uma etapa, mas essa ação pode diminuir a confiança das partes interessadas em relação à equipe

37. Tipo de comunicação na qual você absorve as informações que circulam no espaço de trabalho da equipe

40. Reunião promovida no final de uma etapa na qual o trabalho é demonstrado às partes interessadas

43. Técnica simples de priorização de requisitos em que você classifica cada item como "Must have", "Should have", "Could have" ou "Won't have".

45. Breve descrição da funcionalidade sob a perspectiva do usuário

46. Característica do Scrum Master na liderança

47. Tipo de programação na qual dois profissionais trabalham no mesmo computador

49. Atuar em um _____ sustentável corresponde a trabalhar 40 horas por semana para não desgastar a equipe

51. Para melhorar a produtividade do processo, é preciso limitar o _____ em andamento.

52. Tipo de liderança no qual você ajusta seu estilo para combinar com a etapa de formação da equipe

53. Tipo de análise que indica como os recursos passam de novidades a requisitos básicos

54. As equipes ágeis priorizam os indivíduos e as interações em vez de processos e _____

55. Transparência, inspeção e adaptação são os três pilares do controle do processo _____

56. Estilo de liderança que corresponde à etapa de Atuação da equipe de desenvolvimento

57. Estimativa de trabalho que se baseia na inexistência de interrupções, distrações e problemas

58. Descrição de um usuário fictício

Vertical

1. Etapa do desenvolvimento que exige o estilo de liderança baseado em Suporte

2. O backlog da _____ é um artefato Scrum que contém os itens a serem concluídos na iteração atual

3. Tipo de teste que verifica se você está fazendo escolhas de design eficientes

4. O planning _____ é um jogo que ajuda a equipe a fazer estimativas

8. Tipo de ciclo em que você determina se pode melhorar a eficiência e a qualidade

9. Técnica de atribuição de tamanho relativo em que você classifica cada item como XP, P, M, G ou XG

11. Valor real do projeto em um determinado momento, deduzidos todos os respectivos custos

12. Valor Scrum para o qual é mais eficaz trabalhar em um item por vez

14. Valor Scrum que orienta os membros da equipe a comunicarem abertamente seu trabalho ao grupo

15. O _____ de informações é colocado em um local visível no espaço de trabalho

17. Artefato Scrum que contém todos os itens concluídos durante a etapa

18. Ferramenta de baixa resolução para desenhar uma interface de usuário

19. Categoria que inclui o Product Owner, o Scrum Master e os membros da equipe

24. Custo real em dinheiro ou horas atribuído ao valor que o produto está entregando

27. Os métodos de feedback do produto reduzem a _____ da avaliação ou diferença entre o produto solicitado e o item criado pela equipe

30. Pode conter recursos, itens de trabalho a serem criados e riscos

31. Média do número de pontos da história que a equipe realiza por iteração

32. As equipes ágeis priorizam o software _____ em vez da documentação abrangente

34. Valor que o projeto retornará à empresa financiadora

35. Valor do XP e do Scrum que incentiva o bom tratamento entre os membros da equipe

36. Modificação da estrutura do código que não altera seu comportamento

38. Valor do XP que orienta a criação de um código pouco acoplado ou desacoplado

39. Etapa de desenvolvimento que exige o estilo de liderança de Treinamento

41. O tempo médio de um item de trabalho no processo é o tempo do _____

42. Estilo de liderança que corresponde à etapa de Formação da equipe de desenvolvimento

44. Frequência com que a equipe se reúne para acompanhar o serviço e responder perguntas sobre o progresso, os itens planejados e os obstáculos do projeto

48. Causam aversão em muitos profissionais, mas as equipes XP mais eficientes são receptivas a elas

50. Menor produto possível que atende às demandas dos usuários e partes interessadas e a equipe pode entregar

domínio 5 e 6 solução com suas próprias palavras

Domínio 5: Planejamento Adaptativo

Com suas próprias palavras

SOLUÇÃO

Confira como interpretamos as tarefas utilizando nossas próprias palavras. Tudo bem se você escreveu do seu jeito!

Utilizando suas próprias palavras, descreva o Domínio 5 ("Planejamento Adaptativo"):

Desenvolva seu plano de projeto à medida que reunir mais informações sobre ele, suas partes interessadas e obstáculos

As tarefas no Domínio 5 estão listadas na página 10 do documento de especificação. Descreva cada tarefa:

Itere todos os níveis do projeto (reuniões diárias, etapas, ciclos trimestrais etc.)
Tarefa 1

Seja completamente transparente com as partes interessadas sobre o planejamento do projeto
Tarefa 2

Comece com compromissos abrangentes e se comprometa com itens mais específicos no decorrer do projeto
Tarefa 3

Faça retrospectivas e analise as entregas para mudar a forma e a frequência do planejamento
Tarefa 4

Adote um ciclo de inspeção e adaptação para controlar o escopo, a prioridade, o orçamento e as mudanças no cronograma
Tarefa 5

Colabore para definir o tamanho ideal dos itens de trabalho antes de analisar a velocidade
Tarefa 6

Não se esqueça das atividades de manutenção e operação, que podem influenciar o plano do projeto
Tarefa 7

Faça estimativas iniciais que considerem as diversas incógnitas do momento
Tarefa 8

Continue refinando as estimativas à medida que determina o esforço necessário para concluir o projeto
Tarefa 9

Continue atualizando seu plano à medida que define com mais precisão a velocidade e a capacidade da equipe
Tarefa 10

preparando-se para o pmi-acp

Domínio 6: Detecção e Resolução de Problemas

Com suas próprias palavras

SOLUÇÃO

Confira como interpretamos as tarefas utilizando nossas próprias palavras. Tudo bem se você escreveu do seu jeito!

Utilizando suas próprias palavras, descreva o Domínio 6 ("Detecção e Resolução de Problemas"):

Fique atento a problemas, faça as correções necessárias e, em seguida, melhore seu modelo de trabalho para evitar novas ocorrências

As tarefas no Domínio 6 estão listadas na página 11 do documento de especificação. Descreva cada tarefa:

Dê liberdade a todos na equipe para experimentar e cometer erros

Tarefa 1

Monitore constantemente os riscos do projeto e verifique se todos na equipe estão atentos a eles

Tarefa 2

Se ocorrerem problemas, faça as devidas correções ou, se não puderem ser corrigidos, ajuste as expectativas

Tarefa 3

Comunique de forma totalmente transparente os riscos, problemas, questões e ameaças ao projeto

Tarefa 4

Verifique se os riscos e problemas foram efetivamente corrigidos ao adicioná-los nos backlogs do produto e da iteração

Tarefa 5

domínio 7 solução com suas próprias palavras

Domínio 7: Melhoria contínua

Com suas próprias palavras

SOLUÇÃO

Confira como interpretamos as tarefas utilizando nossas próprias palavras. Tudo bem se você escreveu do seu jeito!

A equipe atua em conjunto para aperfeiçoar continuamente seu modelo de trabalho

As tarefas no Domínio 7 estão listadas na página 12 do documento de especificação. Descreva cada tarefa:

Analise constantemente as práticas, valores e objetivos e use essas informações para adaptar o processo

Tarefa 1

Faça retrospectivas com frequência e implemente melhorias para resolver os problemas identificados

Tarefa 2

Demonstre o software em funcionamento no final de cada iteração e preste atenção ao feedback recebido

Tarefa 3

Como os especialistas gerais são muito importantes, ofereça oportunidades para que todos possam desenvolver suas habilidades

Tarefa 4

Use a análise do fluxo de valor para identificar o desperdício e atue individualmente e em equipe para eliminá-lo

Tarefa 5

Compartilhe as informações obtidas pela implementação das melhorias com a organização como um todo

Tarefa 6

preparando-se para o pmi-acp

Cruzadas do Exame – Solução

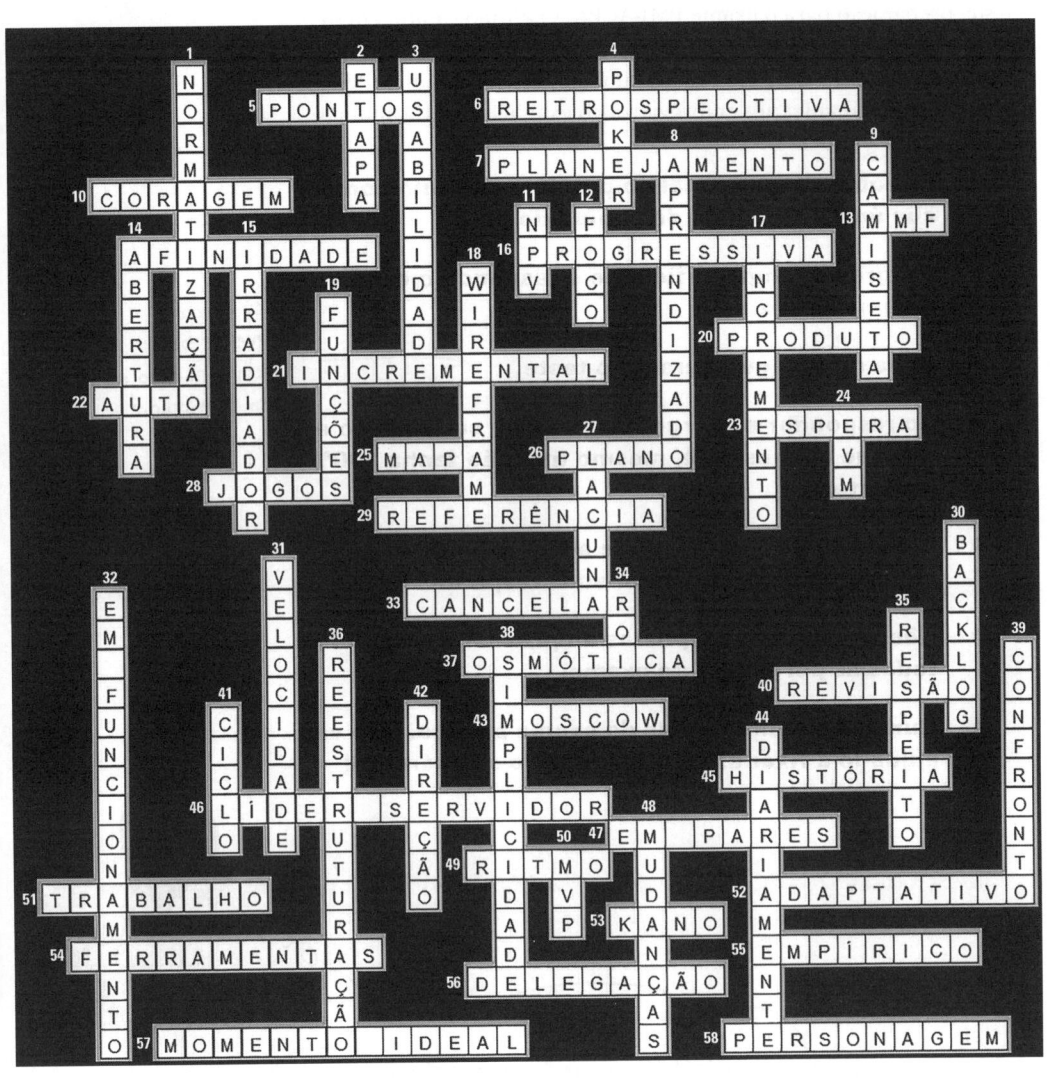

objetivo da página cabeçalho

Você está pronto para o exame final?

Parabéns! Pare um pouco e pense no quanto você aprendeu sobre o desenvolvimento ágil. Agora é hora de testar seus conhecimentos e sua preparação para o exame PMI-ACP®. O último capítulo deste livro traz um exame PMI-ACP® simulado. Elaborado com base no conteúdo do teste real, suas 120 perguntas apresentam um estilo e conteúdo semelhantes aos empregados no exame. Confira algumas dicas para se dar bem no teste:

- ★ **Marque o exame final do próximo capítulo como a sua única atividade de estudo do dia.**

- ★ **Programe tempo suficiente e responda o exame de uma só vez.**

- ★ **Beba muita água durante o teste.** ←

    Seu cérebro aprende bem melhor quando está bem hidratado!

- ★ **Ao responder as perguntas, analise cada opção e marque apenas uma, mesmo que não tenha 100% de certeza.**

- ★ **A cada 10 perguntas, volte e leia as questões anteriores para confirmar suas respostas.**

- ★ **Não consulte as respostas da prova até responder todas as perguntas do exame.**

- ★ **Durma bastante depois do exame prático. Isso vai ajudá-lo a fixar as informações no seu cérebro!**

Os psicólogos cognitivos apontam que o sono tem uma função muito importante, pois ajuda o cérebro a organizar e consolidar as informações na memória de longo prazo.

Boa Sorte!

8 Responsabilidade profissional

Fazendo boas escolhas

> Agora que conheço o Código de Ética e Conduta Profissional do PMI, sou um profissional ágil melhor E um marido melhor.

> Verdade? Quer dizer que você vai começar a colocar o lixo pra fora?

Não basta apenas saber como fazer o seu trabalho. É preciso fazer boas escolhas para ser um bom profissional.
Os profissionais que têm a credencial PMI-ACP devem observar o **Código de Ética e Conduta Profissional do Instituto de Gerenciamento de Projetos**. O Código orienta **decisões éticas** em situações que não estão previstas nas obras de referência dessa área de conhecimento. Algumas perguntas sobre este tema podem aparecer no exame PMI-ACP, mas a maior parte do tópico é **muito intuitiva** e, com uma breve revisão, você se sairá bem.

conheça o código de ética e conduta profissional

Fazendo a coisa certa

No exame, algumas perguntas apresentam situações típicas da gestão dos projetos e questionam o que fazer no caso descrito. Geralmente, há uma resposta clara para essas perguntas: *a opção mais coerente com seus princípios*. Os comandos das questões dificultam as decisões recompensando as escolhas erradas (associando dinheiro a improvisos no projeto, por exemplo) ou atenuando a gravidade de uma infração (como copiar de uma revista um artigo protegido por direitos autorais). Se você seguir os princípios do Código de Conduta Profissional do PMI em todos os casos, **sempre** chegará às respostas certas.

As ideias principais

1. Em regra, o código de ética orienta decisões aplicáveis a alguns tipos de problemas.
2. Observe a legislação aplicável e as políticas da empresa.
3. Trate todos de forma justa e respeitosa.
4. Respeite o meio ambiente e a comunidade em que você atua.
5. Contribua com a comunidade escrevendo, falando e compartilhando sua experiência com outros profissionais ágeis.
6. Continue estudando e melhorando seu desempenho profissional.
7. Respeite as culturas dos outros profissionais.
8. Respeite as leis de direitos autorais.
9. Sempre seja honesto com todos no projeto.
10. Caso tenha conhecimento de alguma infração contra o PMI-ACP ou outra credencial PMI, informe ao PMI.

> Então, se tiver conhecimento de fraudes e colas no exame PMI-ACP, falsificação de certificações ou outro tipo de violação do processo da certificação PMI-ACP, você DEVE informar ao PMI.

O documento de especificação do exame PMI-ACP contém tópicos de ética e conduta profissional, pois a ética deve integrar o conhecimento e as habilidades dos profissionais ágeis. Em outras palavras, podem aparecer algumas perguntas sobre ética e conduta profissional no exame.

responsabilidade profissional

> É sério? Isso cai mesmo na prova? Já sei como fazer meu trabalho, preciso mesmo de uma lição de moral?

Obter a certificação PMI-ACP® comprova que você sabe como fazer seu trabalho com integridade.

O modo como você lida com essas situações pode não parecer importante, mas considere isso pela perspectiva da empresa. Com base no Código de Ética e Conduta Profissional do PMI, as empresas sabem que, quando contratam um profissional certificado em métodos ágeis pelo PMI-ACP®, estão empregando alguém que vai cumprir as políticas da empresa e proceder com honestidade e em conformidade com as normas aplicáveis. O profissional irá colaborar ao proteger a empresa de demandas judiciais e atender às expectativas de produtividade, um ponto muito importante.

Então, não se surpreenda se a prova cobrar algumas questões sobre ética e responsabilidade profissional.

Fique atento a perguntas do tipo "pegadinha" que abordem tópicos de ética e responsabilidade social. Essas questões podem descrever uma situação que parece um problema típico da gestão de projetos, mas exige a aplicação de um dos princípios do Código de Ética e Conduta Profissional do PMI.

PODER DO CÉREBRO

Pense em algumas situações e projetos que envolvam decisões baseadas nesses princípios.

você está aqui ▶

nunca aceite suborno

O dinheiro é a melhor opção?

Você nunca deve aceitar subornos, mesmo que sua empresa e o cliente possam se beneficiar disso de alguma forma. Mas observe que os subornos nem sempre são em dinheiro. Podem ser viagens gratuitas e ingressos para eventos esportivos, por exemplo. Quando receber uma oferta com o objetivo de influenciar sua opinião ou a forma como trabalha, você deve recusar e informar a empresa.

Em alguns países, talvez seja "normal" pagar subornos, mas isso não é correto mesmo que seja um costume ou ação culturalmente aceita.

Kate, foi muito bom trabalhar com você. Queremos oferecer US$1.000 como prova do nosso reconhecimento.

Perfeito. Já estava pensando em fazer algumas compras há um tempo. Que tal aquelas férias? Acapulco, me aguarde!

Eu nunca aceitaria um presente como esse. Fazer um bom trabalho já é uma recompensa!

A postura correta.

O caminho mais fácil.

Desculpe, não posso aceitar esse presente, mas aprecio o gesto.

responsabilidade profissional

Voar na classe executiva?

Você deve observar todas as políticas da empresa. Mesmo quando não houver sanções ou controle de infrações você deve cumprir essas normas. E isso vale em dobro para as leis. Você nunca deve violar disposições legais, mesmo que isso "pareça" bom para você ou seu projeto.

> Sobrou um dinheiro no orçamento e você está fazendo um ótimo trabalho. Sei que a política de viagens estabelece a classe econômica como regra, mas podemos dar um jeitinho. Quer ir de classe executiva dessa vez?

Se você tiver conhecimento de alguma infração legal na sua empresa, informe as autoridades.

> Sabia que essas cadeiras se transformam em camas? Isso é muito legal. Eu trabalhei tanto. Acho que mereço!

> Todos devem seguir as regras. A política de viagens diz que a regra é a classe econômica. Sem exceções!

> Ben, você é muito gentil, mas prefiro ir de classe econômica mesmo.

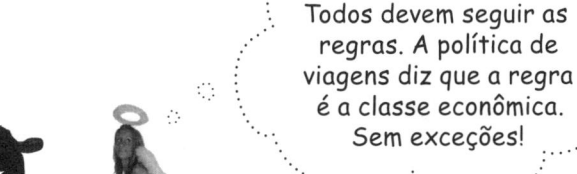

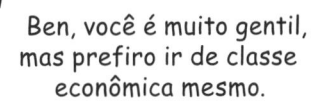

você está aqui ▶

respeite a propriedade intelectual

Novo software

Para não violar direitos autorais, nunca utilize nada sem permissão. Livros, artigos, música, software... Você sempre deve solicitar autorização para usar esses itens. Por exemplo, para incluir uma música protegida por direitos autorais em uma apresentação da empresa, entre em contato com o titular dos direitos e peça permissão.

> Kate, consegui uma cópia daquele software de agendamento que você queria. Posso emprestar minha cópia para você instalar.

> Claro! Com esse programa, meu trabalho vai ficar 100 vezes mais rápido. É grátis? Hoje é meu dia de sorte.

> Esse software foi criado por uma empresa que merece ser paga pelo seu trabalho. É errado não comprar uma cópia licenciada.

> Obrigado por essa informação. Vou comprar a minha cópia.

responsabilidade profissional

Atalhos

No exame, talvez apareçam uma ou duas perguntas que questionem se é realmente necessário seguir todos os processos. Em outras situações, seu chefe pode pedir que você esconda certos fatos do projeto das partes interessadas ou financiadores. Mas você é responsável por verificar se seus projetos estão sendo executados corretamente e nunca omitir informações das pessoas envolvidas nele.

> Não temos tempo para toda essa documentação. Vamos cortar alguns desses planos para concluir o projeto dentro do prazo.

> Tudo bem, vou trabalhar menos! Sejamos realistas, não tenho todo o tempo do mundo para escrever planos!

> Eu nunca executaria um projeto sem seguir TODOS os 47 processos descritos no Guia do PMBOK.

> Sei que não temos muito tempo, mas pegar esse atalho pode custar muito caro no final do projeto.

você está aqui ▶ 383

respeite o meio ambiente

Um bom preço ou um rio limpo?

A responsabilidade pelo bem-estar da comunidade é muito mais importante do que o sucesso do projeto. Porém, isso exige mais do que consciência ambiental. Você também deve respeitar as culturas dos membros e a comunidade em que o projeto é desenvolvido.

Mesmo que os idiomas, costumes, feriados e políticas de férias variem entre os países, você precisa tratar as pessoas da forma como elas estão acostumadas a serem tratadas.

Acabamos de descobrir que um dos nossos fornecedores está poluindo o rio com substâncias tóxicas. A empresa sempre ofereceu bons preços e nosso orçamento vai estourar se trocarmos de fornecedor agora. Isso me dá dor de cabeça. O que devemos fazer?

Não podemos prejudicar o projeto inteiro por causa de um monte de peixes estúpidos.

A Terra é nossa casa e tem muito mais importância do que este projeto. Temos que fazer o que é certo...

Ben, eu sei que isso talvez cause problemas, mas temos que encontrar outro fornecedor.

responsabilidade profissional

Não somos todos anjinhos

Sabemos que, nos projetos, às vezes é necessário fazer escolhas em condições incertas. Lembre-se de que as perguntas do exame têm como objetivo testar seus conhecimentos sobre o Código de Conduta Profissional do PMI e sua aplicação prática. Na vida real, há uma infinidade de circunstâncias que dificultam as decisões em comparação com as situações indicadas neste livro. Mas, se você seguir as orientações do código, poderá avaliar os cenários de modo eficiente.

É sério! O documento é pequeno e está no conteúdo do exame.

Leia o Código de Ética e Conduta Profissional do PMI antes de fazer o exame. Pesquise "Código de Ética e Conduta Profissional do PMI" usando o recurso de pesquisa no site do PMI ou seu mecanismo de pesquisa favorito.

> Talvez eu não seja a mais popular, mas se você pensar como eu, vai se dar bem na ética cobrada no exame.

Perguntas do Exame

1. No fim de semana, você leu um excelente artigo com dicas que podem melhorar o desempenho da sua equipe. O que você deve fazer nessa situação?

   A. Copiar o artigo e distribuí-lo para os membros da equipe
   B. Copiar trechos do artigo e enviar por e-mail para a equipe
   C. Dizer a todos que as ideias do artigo são suas.
   D. Comprar uma cópia da revista para todos

2. Você descobriu que um fornecedor da equipe adota práticas discriminatórias contra mulheres. A empresa está sediada em outro país, onde essa postura é normal. O que você deve fazer?

   A. Respeitar a cultura do fornecedor e permitir que a discriminação continue
   B. Parar de trabalhar com o fornecedor e encontrar um novo
   C. Enviar uma solicitação escrita exigindo que o fornecedor pare de discriminar mulheres
   D. Fazer uma reunião com seu chefe e explicar a situação

3. Durante o desenvolvimento de um projeto, o cliente passa a exigir almoços semanais com você para continuar contratando o serviço. Qual é a melhor coisa a fazer?

   A. Almoçar com o cliente e cobrar os custos da empresa
   B. Recusar-se a levar o cliente para almoçar por essa prática ser um suborno
   C. Levar o cliente para almoçar e informar o seu gerente
   D. Informar o incidente ao PMI

4. Você está atuando em um dos primeiros projetos financeiros da sua empresa e vem aprendendo bastante sobre gestão de projetos desde que começou. Sua empresa pretende abordar outras instituições financeiras para realizar novos projetos no próximo ano. Qual é a melhor coisa a fazer?

   A. Colaborar com a empresa para organizar algumas sessões de treinamento e transmitir aos demais profissionais o que você aprendeu com o projeto
   B. Reter as informações que você aprendeu para aumentar seu valor para a empresa no próximo ano
   C. Focar no estudo de contratos financeiros
   D. Priorizar seu trabalho no projeto sem se preocupar em ajudar outros profissionais a aprenderem com sua experiência

5. Você descobriu que é mais barato contratar um revendedor sediado em um país que não possui regras claras de proteção ambiental. O que você deve fazer?

   A. Continuar pagando mais caro por uma solução ambientalmente segura
   B. Aproveitar o preço baixo
   C. Encaminhar a decisão para o seu chefe
   D. Exigir que seu fornecedor atual abaixe o preço

responsabilidade profissional

Perguntas do Exame

6. Você ouviu por acaso um integrante da sua equipe fazendo um comentário racista. Como ele é um profissional importante para o grupo, você está apreensivo com a possibilidade de a sua demissão causar problemas no projeto. O que você deve fazer?

- A. Fingir que não ouviu o comentário para evitar problemas
- B. Informar o comentário ao seu chefe
- C. Citar o comentário na próxima reunião da equipe
- D. Ter uma conversa particular com o profissional e explicar que comentários racistas são inaceitáveis

7. Você fez uma apresentação na seção local do PMI. Essa prática é um exemplo de...

- A. PDU
- B. Contribuição para o Conjunto de Conhecimentos do Gerenciamento de Projetos
- C. Filantropia
- D. Voluntariado

8. Você está prestes a fazer uma reunião com licitantes quando um potencial fornecedor oferece ingressos excelentes para um jogo do seu time. O que você deve fazer?

- A. Ir para o jogo com o fornecedor, mas não falar sobre o contrato
- B. Ir para o jogo com o revendedor e discutir o contrato
- C. Ir para o jogo, mas não deixar o fornecedor comprar nada para você, porque isso seria suborno
- D. Recusar os ingressos de forma bem-educada

9. Sua empresa está recebendo propostas de firmas de consultoria e seu irmão pretende participar da seleção. Qual é a MELHOR coisa a fazer?

- A. Transmitir informações privilegiadas ao seu irmão para aumentar suas chances de conseguir o projeto
- B. Divulgar publicamente seu parentesco e se afastar do processo de seleção
- C. Recomendar o seu irmão, mas não divulgar seu parentesco
- D. Não contar a ninguém sobre seu parentesco e não beneficiar seu irmão de nenhuma forma durante a avaliação das propostas

você está aqui ▶

~~Perguntas~~ Respostas do Exame

1. Resposta: D

Você nunca deve copiar materiais protegidos por direitos autorais. Sempre respeite a propriedade intelectual das outras pessoas!

2. Resposta: B

Nunca é correto discriminar mulheres, minorias ou quem quer que seja. Você deve evitar fazer negócios com entidades e pessoas que adotam essas práticas.

3. Resposta: B

O cliente está exigindo um suborno. Como pagar subornos é antiético, você não deve fazê-lo. Se a continuação do projeto exigir subornos, você não deve fazer negócios com essa pessoa.

4. Resposta: A

Você deve sempre contribuir com o aprendizado dos outros profissionais, abordando especialmente tópicos que possam melhorar seu desempenho nos projetos.

5. Resposta: A

Você nunca deve contratar um fornecedor que polua o meio ambiente. Mesmo que seja mais caro utilizar máquinas que não prejudicam o meio ambiente, essa é a atitude correta.

6. Resposta: D

Você deve sempre orientar sua equipe a respeitar as outras pessoas.

7. Resposta: B

Sempre que você compartilha seus conhecimentos com outros profissionais, está contribuindo para o Conjunto de Conhecimentos do Gerenciamento de Projetos. Você sempre deve fazer isso quando tem uma certificação PMI!

responsabilidade profissional

Per~~guntas~~ Respostas do Exame

8. Resposta: D

Você deve recusar os ingressos mesmo que o jogo seja imperdível. Os ingressos são um suborno e você não deve fazer nada que possa influenciar a decisão que irá definir o futuro contratante.

9. Resposta: B

Você deve divulgar seu parentesco. É importante ser sincero e honesto sobre os eventuais conflitos de interesses que surjam em seus projetos.

> Mesmo que o exame PMI-ACP não cobre muitas questões sobre esse tema, esse ainda é um ótimo tópico de estudo para qualquer profissional.

esta página foi intencionalmente deixada em branco

9 A prática leva à perfeição

Exame Prático PMI-ACP

Eu sei que deveríamos estar estudando, mas não consigo parar de pensar naquele bolinho.

Você nunca imaginou que chegaria tão longe!

Foi uma longa jornada até aqui, mas agora você está pronto para revisar seus conhecimentos e se preparar para o exame. Você acumulou muitas informações sobre o desenvolvimento ágil e chegou a hora de testar suas habilidades. Para isso, o exame prático a seguir traz 120 perguntas do PMI-ACP®, elaboradas **com base no conteúdo do exame PMI-ACP® utilizado pelos especialistas do PMI**. Portanto, o teste se parece *com a prova que você irá fazer*. Prepare-se para exercitar seu cérebro. Respire fundo e vamos começar.

perguntas do exame

1. Um interessado associado a uma equipe Scrum identifica um novo requisito e solicita sua criação a um membro. O profissional cria um protótipo para o interessado em questão, que pode utilizá-lo imediatamente. O product owner toma conhecimento da situação e exige que o colaborador encaminhe a ele as futuras decisões, mas o profissional acredita que essa é a forma mais eficiente de trabalhar. O product owner e o membro da equipe se reúnem com o scrum master para resolver o conflito. O que o scrum master deve fazer?

   A. Ajudar o product owner a compreender como o membro da equipe está melhorando a comunicação com as partes interessadas

   B. Apoiar o product owner

   C. Ajudar o membro da equipe a seguir as regras do Scrum ao explicar como se usam as histórias dos usuários

   D. Ajudar o product owner e o membro da equipe a colaborarem para definir um meio-termo

2. Quando a equipe faz uma demonstração do trabalho realizado durante uma iteração, uma das partes interessadas reclama que o software é difícil de utilizar. Qual técnica a equipe pode empregar para evitar isso no futuro?

   A. Desenvolver requisitos da interface de usuário voltados para a usabilidade

   B. Definir padrões de usabilidade organizacional

   C. Observar as partes interessadas interagirem com uma versão preliminar da interface do usuário

   D. Criar um modelo em baixa resolução e analisá-lo com as partes interessadas

3. O principal interessado de um projeto Scrum envia um e-mail ao product owner para notificá-lo de que uma das principais entregas deverá ser antecipada em pelo menos dois meses em relação ao planejado. Os membros se reúnem e definem uma abordagem para atingir esse objetivo, o que irá atrasar vários recursos de outros produtos. O product owner adverte a equipe que a parte interessada não aceitará esses atrasos. Como a equipe deve proceder?

   A. Iniciar o procedimento de controle de alterações

   B. Solicitar que o product owner converse com a parte interessada para definir concessões aceitáveis

   C. Iniciar o trabalho exploratório com uma solução de referência

   D. Começar a trabalhar na abordagem definida pela equipe

4. Você está revisando o painel kanban da equipe e constata que muitos itens de trabalho estão se acumulando em uma etapa específica do processo. Qual é a melhor forma de lidar com a situação?

   A. Colaborar com a equipe para remover os itens de trabalho dessa etapa do processo

   B. Aplicar a lei de Little para calcular o inventário médio de longo prazo

   C. Aumentar a taxa de chegada dos itens de trabalho no processo

   D. Colaborar com as partes interessadas para estabelecer um limite WIP para essa coluna

5. Um testador de uma equipe Scrum manifestou interesse em assumir algumas tarefas de programação, mas um dos desenvolvedores acha que isso pode causar problemas de qualidade. Como a equipe deve proceder?

A. O scrum master deve procurar oportunidades para oferecer qualificação em desenvolvimento para o testador

B. O desenvolvedor deve atuar em tempo integral como mentor do testador

C. O scrum master deve convocar uma reunião para que a equipe defina se o testador pode atuar no desenvolvimento

D. O testador deve começar a assumir as tarefas de desenvolvimento disponíveis durante a etapa

6. Um novo membro de uma equipe ágil não concorda com as regras básicas estabelecidas pelos membros que já trabalham no grupo há algum tempo. Como a equipe deve proceder?

A. Explicar as justificativas das regras e incentivar o novo membro da equipe a segui-la

B. Eliminar as regras atuais e formular novas regras em conjunto

C. Pedir ao scrum master para explicar as regras do scrum ao novo membro da equipe

D. Informar o novo membro da equipe sobre o princípio do Manifesto Ágil que fundamenta a regra

7. Você é líder de uma equipe ágil. Qual das seguintes ações não é uma ação que você deve tomar?

A. Proceder de forma exemplar para que os outros membros da equipe reproduzam seu comportamento

B. Garantir que todos na equipe compreendam o objetivo do projeto

C. Tomar decisões importantes sobre o modo como a equipe deve projetar o software

D. Evitar que problemas externos tomem muito tempo da equipe

8. Você está em uma reunião de planejamento da etapa e dois colegas de equipe começam a discutir sobre uma das histórias. Eles não conseguem definir se devem reutilizar um aspecto existente da interface do usuário ou criar novos elementos. Qual é a melhor forma de a equipe resolver o problema?

A. O product owner deve resolver o problema determinando como a equipe lidará com o problema

B. A equipe deve adicionar registros ao plano para explicar a incerteza

C. O Scrum Master deve resolver o problema determinando como a equipe lidará com o problema

D. A equipe deve utilizar a negociação para definir os critérios de aceitação específicos do recurso

perguntas do exame

9. Você é um profissional ágil e trabalha diretamente com várias partes interessadas da empresa. Uma delas solicitou um requisito cuja implementação está sendo difícil. Vários membros convocaram uma reunião para propor uma alternativa muito mais barata. Como você deve lidar com essa situação?

    A.   Empregar o estilo do líder servidor para mobilizar a equipe

    B.   Convidar a parte interessada para a próxima reunião diária

    C.   Explicar a alternativa da equipe para a parte interessada

    D.   Explicar as expectativas e demandas da parte interessada para a equipe e colaborar para definir uma solução

10. Uma equipe ágil está na segunda iteração. Os desentendimentos entre alguns membros estão começando a se transformar em brigas e um colega recentemente acusou outro de se esquivar da responsabilidade. O que melhor descreve essa equipe?

    A.   A equipe está na fase de confronto e precisa ser orientada

    B.   A equipe está na fase de normatização e precisa ser apoiada

    C.   A equipe está na fase de normatização e precisa de treinamento

    D.   A equipe está na fase de confronto e precisa de treinamento

11. Uma equipe Scrum afirma ser auto-organizada. O que isso significa?

    A.   A equipe planeja cada etapa em conjunto e toma decisões sobre as atribuições de tarefas individuais no último momento viável

    B.   A equipe entrega um software em funcionamento no final de cada etapa e faz ajustes no plano da próxima etapa para maximizar o valor a ser entregue às partes interessadas

    C.   A equipe não precisa de um gerente, mas de um scrum master que atue como líder servidor

    D.   A equipe planeja cada etapa isoladamente e não assume nenhum prazo que se estenda além da duração da etapa

12. Um profissional ágil está trabalhando com um fornecedor para implementar um recurso importante do produto. O profissional está preocupado com o fato de o fornecedor estar desenvolvendo recursos de baixa prioridade nas iterações iniciais e negligenciando recursos de maior prioridade. Qual é a melhor maneira de lidar com essa situação?

    A.   O profissional deve comunicar o problema na próxima reunião diária

    B.   O profissional deve comunicar o problema na próxima reunião de planejamento da iteração

    C.   O profissional e o revendedor devem colaborar para otimizar o valor das entregas

    D.   O profissional deve transferir os itens de alta prioridade para o backlog

13. Você atua como profissional ágil em uma equipe de uma empresa que presta serviços de software. Um dos seus clientes está tendo problemas no planejamento das iterações. Sua equipe encontrou um problema semelhante e utilizou uma técnica específica para resolvê-lo. Que ação você deve tomar?

    A.   Explicar a prática aos representantes do cliente
    B.   Criar um documento para descrever a melhoria
    C.   Participar das reuniões diárias promovidas pelo cliente
    D.   Não fazer nada a fim de respeitar os limites organizacionais

14. O scrum master de outra equipe está pedindo orientações sobre como lidar com um usuário que muda de ideia o tempo inteiro sobre o que a equipe deve criar. Você deve:

    A.   Informar o scrum master sobre os padrões da empresa aplicáveis à criação de planos de projeto e implementação de processos de controle de mudanças
    B.   Indicar como seus usuários mudaram de ideia no passado e como você colaborou com a equipe para fazer ajustes durante as etapas e no planejamento das etapas
    C.   Sugerir que você deve coordenar as reuniões diárias e retrospectivas da outra equipe
    D.   Explicar que as equipes ágeis valorizam a receptividade a mudanças e que o scrum master deve ajudar a equipe a entender esse princípio

15. Qual das seguintes opções não promove a criação de um ambiente eficiente para a equipe?

    A.   Prestar atenção às retrospectivas e contribuir sempre que possível
    B.   Deixar os profissionais à vontade para cometer erros
    C.   Incentivar debates construtivos quando houver divergências entre os membros da equipe
    D.   Observar estritamente todas as regras básicas da empresa aplicáveis à execução de projetos

16. Você atua como profissional ágil em uma equipe que adota o Kanban para melhorar seu processo. Quais métricas você deve usar para determinar a eficiência do esforço e visualizar os dados?

    A.   Utilizar um histograma de recursos para visualizar a alocação de recursos ao longo do projeto
    B.   Utilizar um gráfico de burndown para visualizar a velocidade e os pontos concluídos por dia
    C.   Utilizar um mapa do fluxo de valor para visualizar o tempo de trabalho e o tempo de espera
    D.   Utilizar um diagrama de fluxo cumulativo para visualizar o prazo de entrega da taxa de chegada e o trabalho em andamento

perguntas do exame

17. Sua equipe pode optar entre duas soluções viáveis para um problema técnico. Uma solução envolve criptografia, mas roda mais devagar. Já a outra não envolve criptografia e pode ser executada mais rapidamente. Qual é a melhor maneira de escolher entre as duas soluções?

A. Priorizar a solução mais rápida

B. Utilizar uma solução de referência para determinar qual abordagem funcionará

C. Priorizar a solução mais segura

D. Obter os requisitos relevantes não funcionais das partes interessadas

18. Você atua como profissional ágil na função de scrum master. Sua equipe está fazendo uma retrospectiva. Qual é a sua responsabilidade nesse evento?

A. Observar a equipe identificar melhorias, criar um plano para implementá-las e ajudar os profissionais a compreenderem suas funções na reunião

B. Ficar à disposição da equipe do projeto para tirar dúvidas sobre as regras do Scrum

C. Participar da identificação de melhorias, criar um plano para implementá-las e ajudar os profissionais a compreenderem suas funções na reunião

D. Ajudar a equipe a entender as demandas das partes interessadas e apresentar seu ponto de vista

19. Você é um scrum master. Um membro da equipe está incomodado com o excesso de reuniões e pede para faltar uma vez por semana a uma das reuniões diárias. O que você deve fazer?

A. Explicar que as regras do Scrum exigem que todos participem da reunião

B. Ajudar o membro da equipe a entender como a reunião diária serve para que todos possam identificar e corrigir problemas no início do processo

C. Cooperar com o gerente da equipe porque participar da reunião diária é uma exigência profissional

D. Trabalhar com a equipe para estabelecer regras básicas que garantam a participação de todos na reunião diária

20. Sua equipe ágil está trabalhando com um fornecedor para criar alguns componentes do produto, inclusive um componente que será utilizado na próxima etapa. Depois de fazer uma reunião para discutir as metas e objetivos do projeto, o representante do fornecedor envia um documento com o escopo e os objetivos, indicando que a empresa adota o modelo de processos em cascata para comunicar a visão de alto nível e os objetivos secundários. Qual é a melhor forma de lidar com essa situação?

A. Solicitar que a equipe do fornecedor crie histórias de usuários para expressar os requisitos

B. Defender os princípios ágeis e explicar que sua equipe prioriza o software em funcionamento em vez de uma documentação abrangente

C. Ler cuidadosamente o documento com o escopo e os objetivos e pedir esclarecimentos ao representante diante de eventuais divergências em relação à forma como a equipe compreende o projeto

D. Convidar o representante do fornecedor para as reuniões de revisão da etapa

exame prático PMI-ACP

21. Você atua como profissional ágil em uma equipe Scrum que desenvolve softwares de análise financeira. O grupo está muito interessado em experimentar uma nova tecnologia, mas o product owner aponta que podem ocorrer atrasos em razão do tempo extra necessário para implementá-la. Como a equipe deve proceder?

- A. Pedir para o scrum master negociar um acordo entre a equipe e o product owner para o uso da nova tecnologia
- B. Pedir para o product owner explicar a nova tecnologia aos principais interessados
- C. Ignorar a nova tecnologia e manter a tecnologia atual para que a equipe não perca tempo
- D. Orientar os membros da equipe a colaborarem com o product owner para definir formas de alinhar seus objetivos de tecnologia com os objetivos do projeto

22. Você atua como profissional ágil em uma equipe XP. Um colega descobriu um grave problema na arquitetura de um software que o grupo vem desenvolvendo. Essa falha vai exigir uma reformulação significativa de vários componentes importantes. O que a equipe deve fazer em seguida?

- A. Reestruturar o código e praticar a integração contínua
- B. Adotar a programação em pares para que todos compreendam o escopo do problema
- C. Utilizar o design incremental e tomar as decisões de design no último momento viável
- D. Colaborar com as partes interessadas para que elas compreendam o respectivo impacto no projeto

23. A duração predeterminada da iteração expirou. Qual é a próxima ação a ser tomada pela equipe?

- A. Fazer a demonstração de todos os recursos finalizados e parcialmente concluídos para as partes interessadas
- B. Promover uma retrospectiva para melhorar a eficiência da equipe, do projeto e da organização
- C. Começar a planejar a próxima iteração
- D. Fazer a demonstração de todos os recursos efetivamente finalizados para as partes interessadas

24. Você atua como product owner em uma equipe Scrum que está criando um software para uma equipe de analistas de serviços financeiros. Nas duas últimas revisões da etapa, o gerente da equipe de analistas ficou irritado porque a equipe não criou todos os recursos que ele esperava. Qual é a resposta mais apropriada nessa situação?

- A. Fazer uma reunião na próxima etapa para conversar com o gerente sobre os critérios de aceitação de cada história e atualizar o backlog da etapa com base nessa conversa
- B. Enviar um e-mail diário com a versão mais recente do backlog da etapa para cada interessado
- C. Convidar o gerente para a próxima reunião diária
- D. Convidar o gerente para a próxima reunião de planejamento da etapa

perguntas do exame

25. Você ouve por acaso dois gerentes seniores discutindo sobre um problema com equipes de software que atrasam a entrega e que muitas vezes não geram um valor expressivo. Qual é a melhor forma de lidar com essa situação?

    A. Aproveitar a oportunidade para divulgar o Scrum e reiterar que mais equipes devem adotar essa metodologia

    B. Sugerir que você deve conversar com outras equipes sobre as histórias de sucesso da sua equipe com o desenvolvimento ágil

    C. Colaborar com o product owner para determinar a melhor forma de se beneficiar da situação

    D. Explicar que as equipes ágeis seguem sempre os valores e princípios do desenvolvimento ágil

26. Qual é a forma mais eficiente de comunicar o progresso de projeto no espaço de trabalho da equipe?

    A. Usar recursos visuais para indicar o progresso do projeto e o desempenho da equipe

    B. Organizar as mesas para que todos fiquem voltados um para o outro

    C. Fazer uma retrospectiva

    D. Comunicar o progresso na reunião diária

27. Você atua como profissional ágil e é responsável pelo trabalho exploratório incluído pela equipe no plano da iteração atual. O objetivo desse serviço é encontrar problemas, questões e ameaças. O resultado do trabalho exploratório deve ser apresentado para a equipe. Qual das seguintes opções não é um motivo válido para a identificação de um problema específico?

    A. Atrasa o progresso

    B. Pode impedir a criação de valor pela equipe

    C. Não é o resultado que você esperava

    D. É um problema ou impedimento

28. Uma equipe de software, que atua em uma empresa adepta de um modelo estrito de processos em cascata, está tendo problemas de engenharia e criando recursos que não atendem adequadamente às demandas dos usuários. Como a equipe pode abordar essa situação?

    A. Atribuir as funções de product owner e scrum master a dois membros da equipe e gerenciar o trabalho utilizando etapas

    B. Utilizar ciclos trimestrais e semanais, reestruturação, desenvolvimento orientado a testes, programação em pares e design incremental

    C. Adotar o Kaizen e praticar a melhoria contínua

    D. Criar um espaço de trabalho com áreas privativas e comuns, comunicação osmótica e irradiadores de informações

exame prático PMI-ACP

29. Uma parte interessada marca uma reunião no meio da etapa e comunica que um dos itens do backlog não é mais necessário devido a uma mudança nas prioridades da empresa. Qual é a melhor forma de a equipe lidar com essa situação?

   A. O product owner e a parte interessada devem comunicar a mudança para a equipe na revisão da etapa

   B. O product owner deve colaborar com a equipe para remover o item do backlog da etapa para que o grupo entregue outro software em funcionamento que esteja concluído no final da etapa

   C. O product owner deve remover o item do backlog da etapa e adiar a data de término para viabilizar a alteração do plano

   D. O product owner deve cancelar a etapa para que a equipe inicie o planejamento da próxima

30. Você atua como profissional ágil em uma equipe que adota uma combinação de Scrum/XP. Dois membros discordam sobre a quantidade de esforço necessária para implementar uma determinada história na etapa atual. Qual das seguintes opções não é uma ação eficiente nessa situação?

   A. Usar o Delphi de banda larga para estimar a história

   B. Pedir ao product owner para decidir se a estimativa mais longa é aceitável para as partes interessadas

   C. Ter uma discussão informal com o grupo sobre os fatores que determinam as diferenças entre as estimativas

   D. Marcar uma reunião com a equipe para definir a estimativa com a técnica do planning poker

31. Sua empresa implementa um requisito para exigir que as equipes criem uma documentação muito detalhada durante o ciclo do desenvolvimento de software. Qual é a postura mais adequada para o grupo?

   A. Utilizar técnicas de negociação para que a organização fique mais alinhada ao desenvolvimento ágil

   B. Não produzir a documentação em questão porque as equipes ágeis não priorizam a documentação abrangente

   C. Desenvolver um processo adequado para que a equipe possa entregar uma documentação muito detalhada e gerar valor para o cliente

   D. Verificar se a equipe está entregando um software em funcionamento e produzindo a documentação mínima necessária para criá-lo

32. Você é um profissional ágil. Vários membros da equipe estão reclamando que o projeto não está avançando tão bem quanto o esperado. Qual é a melhor ação a ser tomada nessa situação?

   A. Colocar um gráfico de burndown em um local de grande visibilidade no espaço de trabalho da equipe

   B. Consultar o plano de comunicações e distribuir informações sobre o desempenho do projeto

   C. Discutir o status do projeto na próxima reunião diária

   D. Distribuir relatórios de status com gráficos de burndown

perguntas do exame

33. Durante uma retrospectiva, uma equipe Scrum constata que houve uma redução acentuada na sua velocidade durante as férias de dois profissionais, embora esses períodos tenham sido planejados com muita antecedência. Como essa situação irá afetar o plano de lançamento?

A. A equipe deve reduzir o tamanho ou número das entregas previstas no plano de lançamento

B. O plano de lançamento não será afetado

C. A equipe pode aumentar o tamanho ou número das entregas previstas no plano de lançamento

D. A equipe deve alterar a frequência dos lançamentos prevista no plano

34. A equipe está planejando a próxima iteração. O grupo acabou de analisar a lista geral dos recursos a serem entregues no final. O que a equipe deve fazer em seguida?

A. Orientar cada profissional a responder perguntas sobre o trabalho concluído, serviços futuros e obstáculos identificados

B. Definir um plano de lançamento com o nível correto de detalhamento

C. Extrair requisitos individuais para serem priorizados no próximo incremento

D. Estabelecer comunicação com as respectivas partes interessadas

35. Um membro da equipe está trabalhando em um item importante, mas, na retrospectiva, ele informa que o produto é menos complexo do que o esperado. Qual das seguintes opções não é verdadeira?

A. O plano de lançamento deve ser ajustado de acordo com as mudanças nas expectativas para o produto

B. A equipe deve esperar que o desenvolvimento do item avance mais na próxima iteração

C. A velocidade deve aumentar na próxima iteração

D. O esforço necessário para criar o produto deve ser menor do que o previsto originalmente

36. Você atua em uma equipe que adota o Kanban. Qual das seguintes opções é muito utilizada como o principal indicador do progresso do projeto em incrementos específicos?

A. Mapa do fluxo de valor

B. Quadro de tarefas

C. Painel Kanban

D. Diagrama de fluxo cumulativo

37. Um profissional recém-integrado à equipe sugere uma nova forma de estimar as histórias do usuário. O que você deve fazer nessa situação?

A. Testar a nova técnica assim que possível

B. Orientar o profissional explicando como a equipe costuma estimar as histórias do usuário

C. Utilizar o Kaizen para melhorar o processo

D. Incentivar o profissional a ser receptivo a mudanças em vez de seguir um plano baseado em estimativas

38. Sua equipe Scrum acabou de inspecionar o plano do projeto. Um membro da equipe apontou um possível problema que pode exigir uma alteração no trabalho planejado. Qual é o próximo passo?

A. A equipe deve promover a retrospectiva da etapa e discutir sobre o respectivo impacto no produto e nos backlogs da etapa

B. O product owner deve comunicar à parte interessada que a equipe identificou um problema importante

C. Os membros mais experientes da equipe devem se reunir para determinar quais mudanças precisam ser feitas no backlog da etapa

D. O scrum master deve fazer uma solicitação de alteração para modificar o plano enquanto a equipe continua realizando o trabalho planejado para concretizar seus objetivos

39. Sua equipe realizou uma sessão de brainstorming para identificar riscos, questões e outros possíveis problemas e ameaças ao projeto. Qual das seguintes opções não é a ação mais adequada nessa situação?

A. Atribuir uma prioridade relativa a cada questão, risco e problema

B. Alocar profissionais para cada problema e risco e acompanhar o status dessas ações

C. Utilizar a análise Kano para priorizar os requisitos do projeto

D. Incentivar a implementação de ações para resolver as questões específicas identificadas

40. Seu projeto muda com frequência e você está preocupado com o fato de não estar gerando valor da forma mais eficiente possível. Como verificar se a equipe está gerando valor e aumentando o valor gerado ao longo do projeto?

A. Utilizando irradiadores de informações

B. Fazendo reuniões com os executivos após cada incremento

C. Fazendo reuniões com os executivos todos os dias

D. Promovendo sessões de brainstorming com a equipe a fim de definir ideias para melhorias

41. Uma integrante da equipe resolve se desligar da empresa de um dia para o outro. Ela era a única profissional do grupo com experiência na resolução de problemas técnicos importantes. Sem ela, a equipe não tem como cumprir os compromissos assumidos para com as partes interessadas. Como você deve proceder nessa situação?

A. A equipe deve continuar trabalhando no projeto como de costume e deixar para alertar as partes interessadas só no último momento viável

B. Os membros da equipe devem colaborar mutuamente para superar o obstáculo

C. O product owner deve trabalhar com as partes interessadas para redefinir suas expectativas diante da impossibilidade de resolver o problema

D. O scrum master deve orientar as partes interessadas sobre as regras do Scrum

perguntas do exame

42. Sua equipe constata que a velocidade caiu 20% três iterações atrás e vem se mantendo nesse nível baixo desde então. Como isso pode afetar o plano de lançamento?

A. A equipe deve reduzir o tamanho ou o número das entregas previstas no plano de lançamento

B. O plano de lançamento não será afetado

C. A equipe deve aumentar o tamanho ou o número das entregas previstas no plano de lançamento

D. A equipe deve alterar a frequência dos lançamentos indicada no plano

43. Duas das partes interessadas discordam sobre alguns requisitos importantes do produto. Como o product owner deve lidar com essa situação?

A. Marcar uma reunião com as partes interessadas para definir uma prática de trabalho

B. Empregar o estilo do líder servidor para incentivar a colaboração

C. Orientar dois membros da equipe a executarem soluções de referência separadas para cada requisito

D. Selecionar o requisito das partes interessadas que gere o maior valor no menor tempo possível

44. Segundo um product owner, uma importante parte interessada destacou que a implementação de um determinado requisito de negócios pela equipe pode não ter observado alguns fatores externos. Vários membros admitem que esse é um problema em potencial, mas extremamente improvável. Como os profissionais devem lidar com essa situação?

A. Contemporizar com o product owner indicando que o risco é muito baixo e, portanto, nenhuma ação precisa ser tomada

B. Incluindo a questão no irradiador de informações que indica o status e os responsáveis por lidar com as ameaças e problemas

C. Colaborando para resolver o problema e isentar o product owner de qualquer responsabilidade

D. Calculando o valor presente líquido do problema para priorizar novamente o registro de riscos

45. Você atua como profissional ágil em uma equipe que adota iterações de 30 dias. Uma parte interessada solicita uma previsão para os próximos seis meses. O que você deve fazer?

A. Utilizar um mapa da história para criar um plano de lançamento para os próximos seis meses com base no backlog do produto atual

B. Explicar que a equipe adota iterações com duração predeterminada de 30 dias e não pode fazer previsões com tanta antecedência

C. Criar um gráfico de Gantt bastante detalhado para a próxima etapa e estabelecer marcos para as seguintes

D. Convocar uma reunião para conversar cara a cara e colaborar para definir uma estratégia

46. Você é um profissional ágil responsável por manter uma lista prioritária de requisitos para a equipe. Você recebe um memorando da empresa informando que sua divisão foi reestruturada e que agora existem novos gerentes seniores. Um desses gerentes será diretamente afetado por um dos requisitos do projeto. O que você deve fazer?

    A. Trabalhar com o gerente sênior
    B. Comunicar a questão na próxima reunião diária
    C. Atualizar o backlog do produto de acordo com as novas prioridades
    D. Incluir o gerente sênior no registro das partes interessadas

47. A equipe está utilizando histórias escritas em fichas durante a reunião de planejamento da etapa. O grupo discute sobre os critérios de aceitação da história e escreve esses dados no verso da ficha. Cada história do incremento passa por esse processo. Qual das seguintes opções descreve essa atividade?

    A. Colaborar para entregar o maior valor possível
    B. Refinar os requisitos com base no valor relativo
    C. Obter consenso em torno da definição de concluído
    D. Refinar o backlog

48. Um gerente sênior está formando um comitê para definir uma metodologia aplicável à empresa como um todo. Você recebe uma solicitação para falar com o comitê. O que você deve fazer?

    A. Colocar um irradiador de informações no andar em que o comitê atua
    B. Explicar como os projetos Scrum já aumentaram a eficácia e a eficiência da organização
    C. Explicar por que as metodologias em cascata são ruins e as metodologias ágeis são boas
    D. Recomendar a adoção do Scrum pela organização porque essa é a melhor prática do setor

49. Uma profissional ágil está participando de um scrum diário. Ela deve atualizar o status das tarefas atribuídas pelo scrum master. Qual opção melhor descreve essa situação?

    A. A equipe não é auto-organizada
    B. A equipe é auto-organizada
    C. A profissional ágil está despontando como líder da equipe
    D. O scrum master está empregando o estilo do líder servidor

50. Ao executarem uma revisão nos produtos, vários membros da equipe identificaram um problema na qualidade do software que pode aumentar o custo total do projeto. Qual é a melhor forma de definir as próximas ações da equipe?

    A. Reestruturar o código

    B. Fazer uma retrospectiva

    C. Utilizar um diagrama de Ishikawa

    D. Limitar o trabalho em andamento

51. Uma equipe Scrum está planejando sua quarta etapa. Os profissionais que discordavam nas etapas anteriores estão começando a concordar e os confrontos passados deram lugar a um novo espírito de cooperação. Qual das seguintes opções melhor descreve essa equipe?

    A. A equipe está na fase de normatização e precisa de treinamento

    B. A equipe está na fase de confronto e precisa de direção

    C. A equipe está na fase de confronto e precisa de treinamento

    D. A equipe está na fase de normatização e precisa de suporte

52. Um gerente do escritório está colaborando com uma equipe ágil para otimizar o espaço de trabalho do grupo. Qual é a abordagem mais eficiente nessa situação?

    A. Adotar um modelo de escritório aberto para eliminar mesas individuais e promover um ambiente compartilhado

    B. Atribuir salas privativas para profissionais ou duplas próximas à sala de reunião da equipe

    C. Adotar um modelo de escritório aberto para eliminar estruturas com divisórias e colocar os membros da equipe voltados uns para os outros

    D. Atribuir salas semiprivativas para profissionais ou duplas com abertura para o espaço de reunião da equipe

53. Qual é a forma mais eficiente de priorizar o trabalho a ser feito por uma equipe ágil durante o incremento?

    A. A equipe deve definir as histórias de maior valor e classificá-las como prioridade máxima no backlog do produto

    B. O product owner deve determinar a prioridade relativa na revisão da etapa

    C. A equipe deve selecionar os recursos com o NPV mais alto

    D. O representante comercial deve colaborar com as partes interessadas para otimizar o valor

54. Você atua como profissional ágil em uma equipe que acabou de concluir uma iteração. O grupo demonstrou o software em funcionamento para as partes interessadas. Um interessado ficou frustrado porque um dos recursos que tinha solicitado foi transferido para a próxima etapa. Qual das ações a seguir pode evitar essa situação no futuro?

    A. Enviar relatórios diários de status para todas as partes interessadas

    B. Analisar as linhas de comunicação e atualizar o plano de gerenciamento da comunicação

    C. Informar as partes interessadas sobre eventuais mudanças nas entregas e concessões realizadas pela equipe

    D. Exigir a participação das partes interessadas em todas as reuniões diárias

55. Uma gerente sênior anunciou que vai participar de uma sessão de planejamento da etapa. É comum que a equipe Scrum tenha discussões intensas para definir os itens que devem ser incluídos na etapa, o que geralmente causa desentendimentos e, às vezes, brigas. O product owner está apreensivo porque, embora as divergências normalmente sejam construtivas, podem eventualmente levar o gerente a perder a confiança na capacidade da equipe de cumprir seus compromissos. Como agir nessa situação?

   A. A gerente sênior deve ser orientada a não participar da sessão da etapa de planejamento
   B. Os membros da equipe devem ser orientados a manifestar suas opiniões abertamente, mesmo que isso resulte em discussões
   C. A equipe deve programar uma segunda sessão da etapa de planejamento sem a participação da gerente sênior
   D. O product owner deve orientar a equipe a demonstrar uma boa conduta diante da gerente sênior

56. Um profissional ágil precisa receber feedback para determinar se é necessário fazer algum ajuste no trabalho em andamento ou no trabalho planejado para as futuras iterações. Qual é a melhor forma de fazer isso?

   A. Priorizar o backlog com base no valor e no risco do item de trabalho
   B. Fazer reuniões diárias para receber feedback da equipe
   C. Receber feedback das partes interessadas no final de cada iteração
   D. Utilizar um painel Kanban para visualizar o fluxo de trabalho

57. Uma das partes interessadas indica a existência de um risco potencialmente grave na etapa atual do seu projeto. Qual é a abordagem mais apropriada nessa situação?

   A. Estender o prazo predeterminado
   B. Estimar novamente o backlog do projeto
   C. Incluir menos histórias na etapa
   D. Convidar as partes interessadas para participar da reunião diária

58. Você atua como scrum master em uma equipe formada por 14 profissionais. Você percebe que a equipe está tendo dificuldades para se concentrar durante o scrum diário. O que o grupo deve fazer?

   A. Estabelecer uma norma para exigir que todos prestem atenção durante o scrum diário
   B. Promover duas reuniões diárias com 7 profissionais
   C. Substituir o scrum diário por uma reunião virtual em uma plataforma de mídia social que permita comentários
   D. Alocar os membros em duas equipes menores

perguntas do exame

59. Você foi informado que um novo interessado está em uma região cujo fuso horário tem uma variação de oito horas em relação ao da equipe que está desenvolvendo o projeto. Qual é a melhor forma de a equipe Scrum interagir com essa parte interessada?

A. Utilizar ferramentas de videoconferência digital e se adaptar ao fuso horário do interessado

B. Optar prioritariamente pela comunicação por e-mail para que os profissionais atuem nos respectivos fusos horários

C. Solicitar uma teleconferência em um horário conveniente para todos os participantes

D. Convidar a parte interessada para dividir o espaço de trabalho com a equipe durante várias semanas

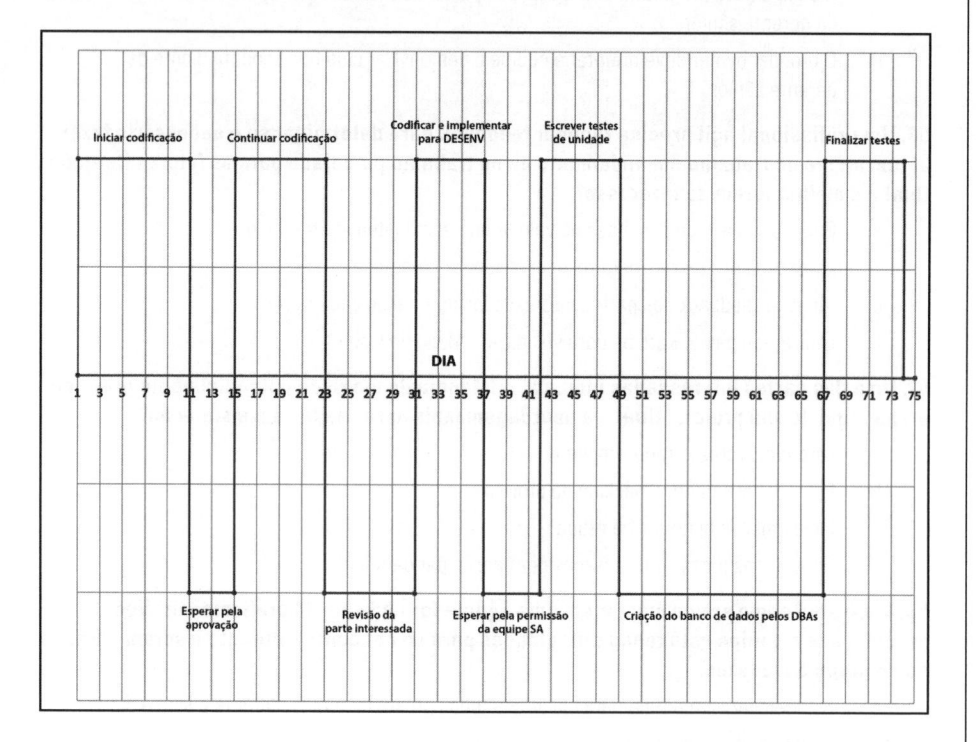

60. Como um profissional ágil alocado em uma equipe Scrum deve interpretar o gráfico?

A. A equipe terminou a codificação utilizando apenas 50% do tempo previsto para o projeto, o que é uma oportunidade para eliminar o desperdício

B. Como a equipe passou 38 dias trabalhando e 35 dias esperando, há muitas oportunidades para eliminar o desperdício

C. O projeto foi concluído em 74 dias sem muitas oportunidades para eliminar o desperdício

D. O projeto está atrasado

61. Um membro da equipe pede para o scrum master indicar a melhor forma de prever o volume de trabalho que a equipe poderá realizar na próxima etapa. O que o scrum master deve recomendar?

    A.   Utilizar o planning poker para estimar o tempo real em horas para cada história da etapa

    B.   Atribuir tamanhos numéricos relativos às histórias das etapas anteriores e usar esses dados para estimar a velocidade média

    C.   Promover uma sessão de estimativa de banda larga Delphi para gerar dados que serão exibidos em um gráfico de Gantt detalhado

    D.   Utilizar um mapa de histórias para propor um plano de lançamento para as próximas fases do projeto

62. Você atua como scrum master em uma equipe ágil. Dois profissionais discordam sobre uma importante questão do projeto. Sabendo que todas as ações a seguir podem resolver a divergência de modo eficiente, qual é o melhor caminho a seguir?

    A.   Colaborar com o product owner para encontrar uma solução para o problema e apresentá-la aos membros da equipe

    B.   Orientar os membros da equipe a sugerirem soluções, mesmo que isso resulte em discussões intensas

    C.   Intervir para ajudar os membros da equipe a encontrarem um denominador comum

    D.   Estabelecer regras para evitar que as divergências se transformem em discussões

63. Você é um membro de uma equipe Scrum e identifica um problema importante que afeta diretamente uma das partes interessadas. A equipe precisa do feedback desse interessado o mais rápido possível para evitar atrasos. O product owner se reúne com a parte interessada uma vez por semana, mas devido a um conflito de horários, a reunião desta semana foi adiada. O que você deve fazer nessa situação?

    A.   Marcar uma reunião com o product owner

    B.   Conversar pessoalmente com a parte interessada o mais rápido possível

    C.   Enviar um e-mail para a parte interessada indicando detalhes do problema

    D.   Convidar a parte interessada para participar da próxima reunião diária

64. A equipe atribui o status de baixa prioridade a um determinado item de trabalho, cuja implementação pode causar graves problemas no produto final se não for eficaz. Como o grupo deve lidar com essa situação?

    A.   Colocando um indicador visual eficiente no espaço de trabalho da equipe para informar os profissionais sobre o problema

    B.   Utilizando a taxa de retorno interno para avaliar o item de trabalho

    C.   Reestruturando o software para remover o problema

    D.   Atribuindo uma maior prioridade para o item de trabalho no backlog do produto

perguntas do exame

65. Qual das seguintes opções não é uma vantagem de incentivar os membros da equipe a se tornarem especialistas gerais?

A. Reduzir o tamanho da equipe
B. Criar uma equipe multifuncional de alto desempenho
C. Melhorar as habilidades de planejamento da equipe
D. Eliminar os gargalos do projeto

66. Você atua como profissional ágil em um projeto que já vem se desenrolando há várias iterações. A previsão do esforço necessário para concluir muitos dos principais produtos mudou nas últimas três iterações e continua passando por novos ajustes. Como você deve lidar com essa situação?

A. Adicionando pontos da história aos itens de trabalho no backlog para indicar o aumento da complexidade
B. Incluindo buffers para determinar a incerteza do projeto
C. Promovendo atividades de planejamento no início de cada iteração para refinar as estimativas feitas para o escopo e o cronograma
D. Aumentando a frequência das retrospectivas para reunir mais informações

67. Os usuários identificaram diversos bugs no produto e o product owner definiu essas falhas como críticas, indicando que devem ser corrigidas o mais rápido possível. Como a equipe deve agir nessa situação?

A. Criar uma solicitação de alteração e atribuir as correções dos bugs à equipe de manutenção
B. Interromper imediatamente as tarefas em andamento e corrigir os erros
C. Incluir itens de correção de bugs no backlog e programá-los para a próxima iteração
D. Adicionar buffers à próxima iteração para determinar o trabalho de manutenção

68. Um gerente sênior solicita à equipe um cronograma do projeto que indique a alocação do tempo de cada profissional. Para isso, o grupo desenvolve uma programação bastante detalhada que informa como cada membro usará suas horas nos próximos seis meses. O que o scrum master deve fazer nessa situação?

A. Empregar o estilo do líder servidor e reconhecer o bom desempenho dos membros da equipe
B. Pedir à equipe que crie um cronograma menos detalhado
C. Colocar o cronograma em um lugar bem visível no espaço de trabalho da equipe
D. Enviar o cronograma diretamente para o gerente sênior

69. Um profissional reclama ao scrum master que o gerente da equipe costuma convocar várias reuniões por semana para comunicar atualizações irrelevantes para o projeto. Ele está frustrado porque essas interrupções reduzem a velocidade do trabalho. O que o scrum master deve fazer?

   A. Permitir que o membro da equipe falte às reuniões para focar no seu trabalho
   B. Comunicar o problema ao product owner
   C. Preparar um relatório sobre o impacto das reuniões sobre o desempenho da equipe
   D. Colaborar com o gerente para definir alternativas que não interrompam o trabalho da equipe

70. Um membro de uma equipe Scrum costuma chegar sempre no final da reunião diária. Como a equipe deve lidar com essa situação?

   A. Pedir ao scrum master para conversar pessoalmente com o membro da equipe sobre o problema
   B. Pedir ao product owner para comunicar o problema às partes interessadas
   C. Promover uma reunião para definir regras que estabeleçam punições para atrasos
   D. Comunicar o problema na próxima retrospectiva e criar um plano de melhoria

71. Um profissional ágil está iniciando um novo projeto. A equipe promove sua primeira reunião de planejamento. O que o profissional deve esperar dessa reunião?

   A. Um plano de projeto detalhado que indica como a equipe criará o software em funcionamento
   B. Uma compreensão compartilhada das entregas definidas por unidades de trabalho que podem ser produzidas pela equipe de forma incremental
   C. Irradiadores de informações que indicam o progresso do projeto colocados em um local de grande visibilidade no espaço de trabalho da equipe
   D. Um plano de projeto informal que prevê práticas de trabalho e reuniões pessoais

72. Qual das seguintes opções melhor descreve o nível de comprometimento assumido pelas equipes ágeis?

   A. As equipes ágeis se comprometem no início do projeto a entregar todos os produtos
   B. As equipes ágeis se comprometem a entregar os produtos previstos para a iteração atual, mas não precisam assumir compromissos de longo prazo
   C. As equipes ágeis se comprometem no início do projeto a entregar apenas o produto minimamente viável
   D. As equipes ágeis se comprometem no início do projeto a entregar produtos abrangentes e assumem compromissos mais específicos ao longo do processo

perguntas do exame

73. Um membro da equipe informa na reunião diária que identificou um grave problema técnico que irá atrasar a história que está desenvolvendo. O product owner decide remover a história da etapa. Essa história foi solicitada por um gerente sênior, a principal parte interessada do projeto. Que ação deve ser tomada nessa situação?

    A. Atualizar os irradiadores de informações

    B. Estimar novamente os itens do backlog

    C. Compartilhar essa informação com as principais partes interessadas

    D. Comunicar o problema na retrospectiva

74. Você é o scrum master de uma equipe que atua no setor de serviços financeiros. Seu diretor de projetos envia um e-mail para a organização inteira comunicando uma alteração na conformidade regulatória que exigirá ajustes no modo como você gerencia os requisitos. O diretor apresentou diversos métodos alternativos para viabilizar o gerenciamento dos requisitos em conformidade com essa alteração, mas nenhum deles corresponde ao modo como sua equipe gerencia os requisitos atualmente. O que você deve fazer?

    A. Evitar alterações contrárias às regras do Scrum

    B. Incentivar a mudança organizacional orientando o diretor de projetos sobre o Scrum

    C. Analisar as novas técnicas na próxima reunião de planejamento da etapa

    D. Adotar o Kaizen e praticar a melhoria contínua

75. Durante uma revisão da etapa, um dos membros da equipe apresenta um problema grave. O profissional já sabe da questão há algum tempo, mas essa é a primeira vez que a equipe entra em contato com o problema. Qual deve ser sua próxima ação nessa situação?

    A. Utilizar um diagrama de Ishikawa

    B. Orientar o profissional sobre a importância de comunicar problemas como esse assim que forem detectados

    C. Programar a retrospectiva da etapa

    D. Organizar o espaço de trabalho da equipe para viabilizar a comunicação osmótica

76. Uma equipe Scrum está planejando a próxima etapa. Como o grupo pode criar uma visão compartilhada para planejar a etapa com eficiência?

    A. Colocar irradiadores de informações no espaço de trabalho e mantê-los atualizados

    B. Definir regras básicas para a equipe

    C. Estimar novamente os itens do backlog

    D. Estabelecer o objetivo da etapa

77. Sua equipe entregou menos itens que o esperado na terceira iteração consecutiva. Na sua opinião, o grupo desperdiça muito tempo esperando pela conclusão do desenvolvimento, das operações e do trabalho de manutenção. Qual é a melhor forma de detectar o ponto em que esse desperdício está ocorrendo?

    A. Executar uma análise do fluxo de valor
    B. Criar um plano de iteração mais detalhado
    C. Utilizar um diagrama de Ishikawa
    D. Estabelecer limites para o trabalho em andamento

78. Qual é a estratégia mais eficiente para priorizar as histórias no backlog da etapa?

    A. Planejar a criação de uma versão preliminar do produto com os recursos mais básicos
    B. Priorizar os itens de alto risco
    C. Colaborar com as partes interessadas para maximizar o valor das entregas preliminares
    D. Identificar os recursos de maior valor e desenvolvê-los nas iterações iniciais

79. O product owner de uma equipe Scrum constata que as prioridades das partes interessadas mudaram. Um produto que ainda não foi iniciado agora é mais importante do que o item que está atualmente em desenvolvimento. Qual é a melhor forma de a equipe lidar com essa situação?

    A. Concluir a etapa atual e adaptar o plano na próxima sessão de planejamento da etapa
    B. Reduzir o número de gargalos que limitam o trabalho em andamento
    C. Cancelar imediatamente a etapa atual e criar um plano mais coerente com as novas prioridades
    D. Começar a reestruturar o código de acordo com as novas prioridades

80. Durante um scrum diário, um membro da equipe destaca um sério risco como um problema em potencial. Qual das seguintes opções não é uma ação útil para a equipe nessa situação?

    A. A equipe deve reestruturar o código-fonte e realizar a integração contínua
    B. A equipe deve determinar a viabilidade de realizar o trabalho exploratório na próxima etapa para mitigar os riscos
    C. As partes interessadas devem ser informadas sobre qualquer ameaça em potencial aos compromissos da equipe
    D. O product owner deve incorporar as respectivas atividades no backlog do produto para gerenciar o risco

perguntas do exame

81. Os membros da equipe e o product owner estão tendo uma discussão para definir se um determinado recurso deve ou não ser aceito. O grupo não consegue encontrar uma solução e o projeto agora corre o risco de atrasar. Como evitar esse problema no futuro?

A. Estabelecer uma cadeia de comando estrita

B. Estabelecer um processo de resolução de conflitos

C. Estabelecer uma definição de "concluído" para cada item de trabalho

D. Estabelecer uma duração predeterminada para discussões sobre a aceitação de recursos

82. Uma equipe XP recebe uma notificação informando que uma atualização importante do servidor será adiada por seis meses devido a restrições orçamentárias. Essa atualização traria recursos importantes para o plano do grupo e, diante do atraso, dois membros terão que dedicar três ciclos semanais à implementação de uma solução alternativa. Como a equipe pode avaliar essa situação?

A. Monitorando o trabalho realizado pelos dois profissionais separadamente dos outros serviços do projeto

B. Atualizando o plano de lançamento para indicar a mudança na capacidade da equipe de trabalhar nas principais entregas

C. Utilizando uma referência baseada em riscos para reduzir a incerteza

D. Prevendo uma redução na velocidade e atualizando o plano de liberação de acordo com essa previsão

83. No meio da etapa, a equipe identifica um problema grave ao testar o código. É fundamental que o grupo corrija o problema o mais rápido possível, mas isso exigirá mais tempo do que o planejado para a etapa. O que a equipe deve fazer?

A. O product owner deve incluir itens nos backlogs da etapa e do produto

B. O product owner deve prorrogar a duração da etapa para realizar a correção

C. O product owner deve convocar uma reunião para definir possíveis soluções

D. O product owner deve incluir um item de alta prioridade no backlog do produto para corrigir o problema

84. Uma parte interessada solicita ao product owner uma lista de recursos, histórias e outros itens a serem entregues durante a etapa. O que a equipe deve fazer para criar essas informações?

A. Promover reuniões diárias

B. Promover reuniões de planejamento da etapa

C. Promover o refinamento do backlog do produto

D. Promover retrospectivas da etapa

85. Em uma retrospectiva, vários membros de uma equipe Scrum apontaram sérios riscos em potencial no projeto. O que a equipe deve fazer para lidar com essa situação?

A. Incluir histórias no backlog da próxima etapa para abordar os riscos identificados

B. Colocar um irradiador de informações atualizado no local de trabalho para indicar a prioridade e o status de cada risco

C. Abordar os riscos no último momento viável ao adiar qualquer ação até que as questões se tornem problemas reais

D. Criar um registro de riscos para incluir no sistema de informações do gerenciamento de projetos

86. Uma equipe estima o tamanho dos itens no backlog do produto utilizando o tempo ideal. O que isto significa?

A. A equipe determina a data efetiva de entrega para cada item

B. A equipe estima o tempo real necessário para criar cada item sem levar em conta a velocidade e as interrupções

C. A equipe atribui um tamanho relativo para cada item utilizando unidades específicas

D. A equipe aplica uma fórmula para determinar o tamanho de cada item com base na sua complexidade

87. Dois membros da sua equipe XP estão discutindo sobre qual abordagem de engenharia pode possibilitar o desenvolvimento de uma solução melhor. Como a divergência não é resolvida, o conflito está começando a criar um ambiente negativo. Como você deve lidar com essa situação?

A. Promover uma votação com a técnica dos "cinco dedos" para determinar a abordagem correta

B. Orientar os profissionais a praticarem a programação em pares como uma primeira iniciativa de suporte às duas abordagens

C. Reestruturar o código e praticar a integração contínua

D. Definir regras básicas para evitar discussões entre os membros da equipe

88. Você descobre que cometeu um erro grave ao reestruturar o código e, por isso, sua equipe irá perder um prazo importante. Qual das seguintes opções não é uma ação aceitável nessa situação?

A. Continuar trabalhando nas tarefas de maior prioridade e apresentar o problema na retrospectiva

B. Informar seus colegas de equipe e fazer o possível para corrigir o problema

C. Comunicar o problema no próximo Scrum Diário

D. Enviar um e-mail para a equipe informando que o cronograma será afetado

perguntas do exame

89. Você é o líder de uma equipe XP que está promovendo uma reunião de retrospectiva. Um dos profissionais diz que a equipe poderia ter planejado melhor o trabalho se tivesse utilizado uma técnica de planejamento diferente, que pode melhorar o desempenho do projeto se aplicada futuramente. Qual seria a ação apropriada nessa situação?

A. Determinar se a técnica é compatível com as práticas e os princípios do XP

B. Adotar o Kaizen para melhorar o processo

C. Determinar o impacto do uso da nova técnica

D. Sugerir que o profissional coordene a equipe na aplicação da nova abordagem

90. Qual das seguintes opções não é uma forma eficiente de criar um ambiente produtivo para a equipe?

A. Permitir que os profissionais experimentem e cometam erros sem sofrer consequências negativas

B. Incentivar os membros da equipe a confiarem uns nos outros quando comentarem seus próprios erros

C. Encarar erros como oportunidades de melhoria

D. Não corrigir os erros dos profissionais

91. Você atua como gerente de projetos em uma equipe de um fornecedor de serviços de software. Um dos seus clientes enviou um mapa do fluxo de valor indicando que a equipe gastou um tempo significativo em um recurso esperando que os departamentos legais das duas empresas definissem como seriam as alterações no escopo. Nessa situação, o que se pode concluir sobre o projeto?

A. O tempo de espera é um acréscimo de trabalho em andamento e pode ser limitado

B. Os clientes e o fornecedor continuarão a negociar os contratos

C. O tempo de espera é um desperdício e pode ser eliminado

D. Não é possível chegar a nenhuma conclusão significativa

92. Um membro da equipe afirma que não fez muito progresso porque foi interrompido por cinco telefonemas das partes interessadas ao longo do dia. É a terceira vez que ele faz essa reclamação. Como a equipe pode lidar com essa situação de forma eficiente?

A. Adotando um layout de escritório com "áreas privadas e comuns" para limitar as interrupções

B. Implementando uma política para evitar que as partes interessadas se comuniquem diretamente com os membros da equipe

C. Estabelecendo uma horário diário "sem telefonemas" para que os profissionais possam desenvolver as tarefas do projeto, desligar seus telefones e ignorar as chamadas

D. Ajustando o backlog da etapa para determinar a queda na produtividade

93. Durante uma revisão da etapa, o patrocinador do projeto identifica um recurso criado incorretamente e fica irritado com o programador responsável pelo código em questão, mas não oferece um feedback construtivo. O que o scrum master deve fazer nessa situação?

    A. Colaborar com o product owner na atualização do backlog do produto

    B. Conversar com o patrocinador sobre meios para criar um ambiente seguro

    C. Não deixar que o patrocinador saiba qual membro da equipe codificou cada recurso no futuro

    D. Ficar irritado com o membro da equipe é um erro e o patrocinador deve ficar à vontade para cometer erros

94. Sua equipe está nos estágios iniciais do planejamento, mas o trabalho ainda não começou. Muitos dos principais interessados foram identificados e integrados ao processo, mas ainda há incertezas sobre determinados tipos de usuários, suas demandas e como atender a elas de modo eficiente. Qual é a melhor forma de lidar com essa situação?

    A. Criar um painel kanban para visualizar o fluxo de trabalho

    B. Utilizar a modelagem ágil para projetar uma arquitetura de alto nível

    C. Promover uma sessão de brainstorming para criar personagens

    D. Criar histórias do usuário para documentar e gerenciar os requisitos

95. A equipe identificou um grave problema no banco de dados, mas essa falha só pode ser resolvida por meio de uma atualização no servidor do banco de dados realizada pelos administradores da infraestrutura. Como a equipe deve lidar com essa situação?

    A. Um desenvolvedor com experiência em banco de dados deve ser indicado para atualizar o servidor

    B. A equipe deve identificar o problema na reunião diária

    C. O product owner deve refinar o backlog e adicionar um item de trabalho com alta prioridade para a atualização

    D. A equipe deve fazer o upgrade do servidor do banco de dados sem ajuda externa

96. Dois gerentes seniores que patrocinam seu projeto ficaram desapontados com o plano de lançamento atual. Qual das seguintes opções não é uma estratégia eficiente para integrá-los ao processo?

    A. Pedir para o product owner conversar com os gerentes seniores para compreender melhor suas demandas

    B. Convidar os gerentes seniores para participar das demonstrações periódicas do software em funcionamento

    C. Convidar os gerentes seniores para uma reunião de planejamento do projeto e solicitar sua aprovação para o plano de projeto antes de prosseguir

    D. Convocar uma reunião com a equipe para discutir os interesses e expectativas dos gerentes seniores

perguntas do exame

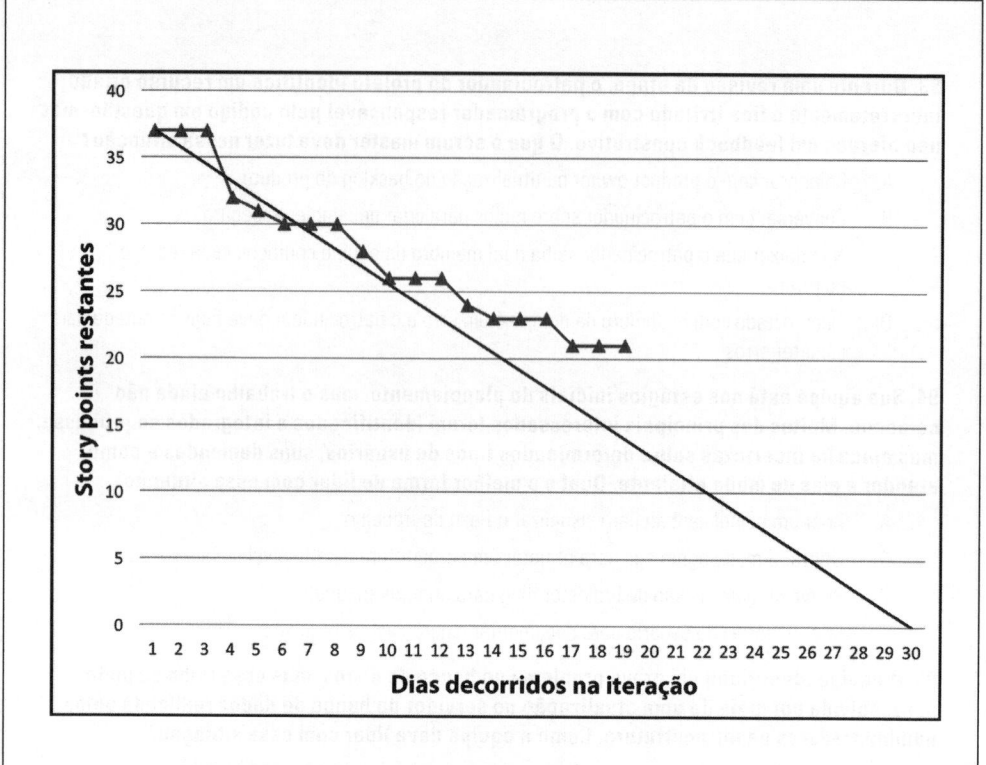

[Gráfico de burndown: Story points restantes (eixo Y, 0 a 40) vs. Dias decorridos na iteração (eixo X, 1 a 30). Linha ideal decrescente de 37 a 0. Pontos reais mostram progresso mais lento, terminando em cerca de 21 story points no dia 19.]

97. Como um profissional ágil alocado em uma equipe Scrum deve interpretar este gráfico?

A. A velocidade é constante

B. O objetivo da etapa está em risco

C. A equipe fez um planejamento ruim

D. A velocidade está aumentando

98. Os membros da equipe estão discutindo para definir se têm mesmo que fazer uma mudança solicitada pelo product owner. O que um profissional ágil deve fazer nessa situação?

A. Analisar o procedimento de controle de alterações

B. Cooperar com cada membro para que todos entendam como a equipe deve ser receptiva a mudanças

C. Permitir que a equipe crie regras básicas para lidar com essa situação

D. Estimar novamente os itens do backlog e orientar a equipe a se auto-organizar e concretizar os novos objetivos

99. Na metade de uma etapa, o product owner recebe um e-mail do grupo de Desenvolvimento e Operações, responsável pela implantação do software, informando sobre uma nova política que exige uma modificação nos scripts de instalação a serem incluídos nas futuras implantações. A implantação é necessária para que a revisão da etapa aconteça. A modificação do script irá estender a duração das outras tarefas para além do final da etapa. O que o product owner deve fazer nesse caso?

   A. Incluir a modificação do script no backlog da etapa e transferir o item de menor prioridade para o backlog do produto
   B. Incluir a modificação do script no backlog do produto
   C. Estender a duração da etapa para incluir a modificação do script
   D. Programar uma reunião pessoal com o gerente do grupo de Desenvolvimento e Operações

100. Sua equipe precisa definir as histórias que serão desenvolvidas na próxima iteração. Qual das opções abaixo não é uma ação eficiente nessa situação?

   A. A equipe deve iniciar a iteração com as histórias mais arriscadas ou mais úteis
   B. O scrum master deve ajudar a equipe a entender a metodologia usada para decompor as histórias e identificar as tarefas
   C. O product owner deve ajudar todos a compreenderem a prioridade relativa de cada história
   D. O scrum master deve dar suporte à liderança da equipe durante o planejamento ao definir a sequência das histórias na iteração

101. Qual prática XP básica facilita a comunicação osmótica?

   A. Equipe inteira
   B. Integração contínua
   C. Trabalhar no mesmo local
   D. Programação em pares

102. Uma equipe ágil está definindo um plano de lançamento. Qual é a melhor forma de organizar os requisitos a fim de entregar valor no menor tempo possível?

   A. Definir os recursos minimamente comercializáveis
   B. Estimar novamente os itens do backlog
   C. Colocar um gráfico de burndown em um local visível no espaço de trabalho da equipe
   D. Utilizar um diagrama de Ishikawa

perguntas do exame

103. Os membros da equipe estão apreensivos, pois um problema técnico pode causar um problema grave no projeto futuramente. Um profissional aponta que, se esse problema ocorrer, o grupo precisará de uma abordagem técnica diferente. O que a equipe deve fazer nessa situação?

A. Pedir para o product owner incluir um item na lista de recursos e produtos de longo prazo

B. Atualizar o plano de lançamento para indicar o atraso

C. Realizar um trabalho exploratório em uma etapa inicial para determinar se a solução funcionará

D. Alertar as partes interessadas sobre o impacto que o problema técnico terá sobre os compromissos da equipe

104. Você atua como product owner em uma equipe Scrum. Uma das partes interessadas é uma gerente sênior que acaba de entrar na empresa. Ela não participou das duas últimas revisões da etapa. O que você deve fazer nessa situação?

A. Colaborar com o scrum master para orientar a parte interessada sobre as regras do Scrum

B. Fazer uma reunião com a gerente da parte interessada para explicar as regras do Scrum e convidá-la a participar da revisão da etapa

C. Marcar uma reunião com a interessada para atualizá-la e receber feedback sobre o projeto

D. Colocar um irradiador de informações com dados sobre o projeto no lado de fora do escritório da parte interessada

105. Você faz uma reunião com várias partes interessadas durante uma iteração no final do projeto. Uma delas aponta que um gerente sênior, que não compareceu ao encontro, não concordaria com um dos recursos que a equipe incorporou no software. O que você deve fazer nessa situação?

A. Priorizar novamente o backlog de acordo com o risco em potencial associado a essa mudança nos requisitos

B. Identificar o problema em potencial na próxima reunião diária

C. Agendar uma reunião com o gerente sênior

D. Incluir o problema no registro de riscos

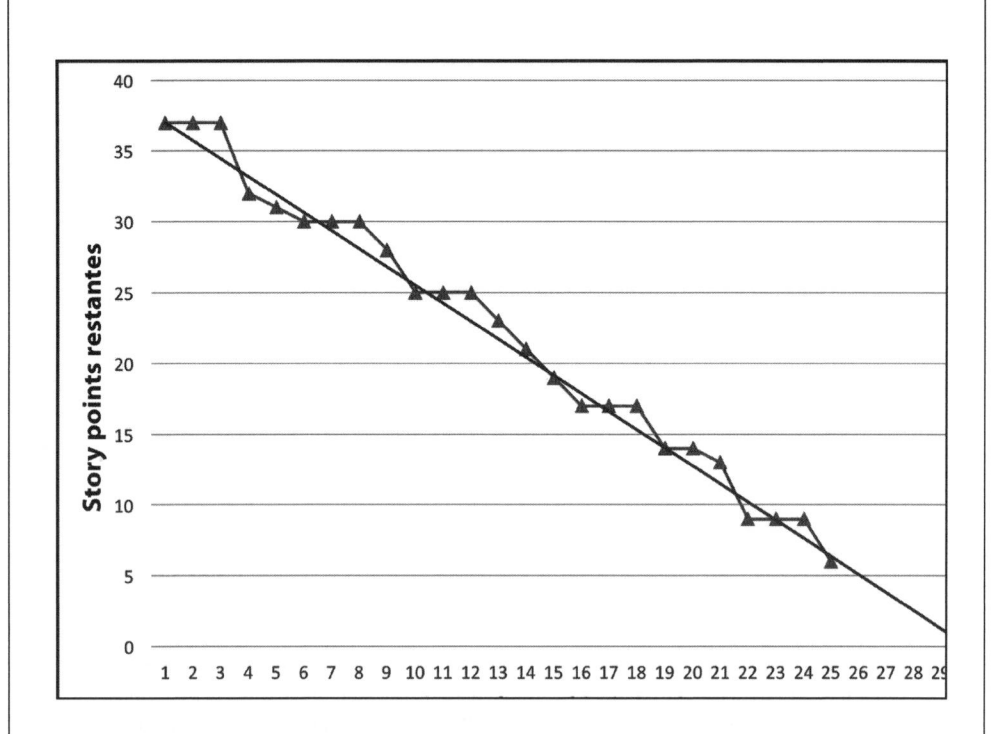

106. Como um profissional ágil que atua em uma equipe Scrum deve interpretar este gráfico?

A. A velocidade está aumentando

B. A velocidade é constante

C. A equipe fez um planejamento ruim

D. O objetivo da etapa está em risco

107. Após uma retrospectiva, um dos membros da equipe comenta em particular que está preocupado com as decisões ruins de arquitetura e design tomadas pela equipe. Como você deve proceder nessa situação?

A. Propor que você apresente o problema para que o profissional não se sinta incomodado ao expor a falha

B. Informar a questão em particular ao product owner e ao scrum master

C. Incentivar o membro da equipe a apresentar o problema para a equipe inteira

D. Prometer que não vai trair a confiança do profissional para não ameaçar a coesão da equipe

perguntas do exame

108. A equipe acaba de concluir as atividades de planejamento de uma iteração. O que o grupo deve fazer depois?

A. Analisar o plano de gerenciamento do projeto

B. Promover uma reunião diária

C. Determinar a duração do prazo predeterminado

D. Informar as partes interessadas sobre os produtos planejados

109. Atuando em uma equipe que adota uma combinação de Scrum/XP, um profissional ágil constata que muitos membros passam várias horas por semana resolvendo conflitos de envios. Na opinião do profissional, melhorar o procedimento da integração contínua solucionará o problema. Qual das seguintes opções não é uma ação eficiente nessa situação?

A. Criar e distribuir um documento detalhado para o processo que contenha as melhores práticas de integração contínua

B. Colaborar com a equipe ao longo do projeto para que os profissionais dominem as melhores técnicas de integração contínua

C. Orientar a equipe sobre a possibilidade de pastas de trabalho desatualizadas causarem conflitos de envios

D. Orientar a equipe a aperfeiçoar o procedimento da integração contínua

110. Você é membro de uma equipe XP que está planejando o próximo ciclo semanal. Existe uma tarefa de design de banco de dados a ser feita. Um dos membros da equipe é especialista em design de banco de dados e afirma ser o único profissional do grupo com capacidade para realizar o serviço. Qual é a melhor forma de proceder nessa situação?

A. Adotar o critério da especialização individual para aumentar a produtividade

B. Incentivar a equipe a aplicar a programação em pares

C. Incentivar o especialista a atuar como mentor de um membro júnior da equipe

D. Comunicar o problema na próxima reunião diária

111. Um profissional ágil se reúne com uma parte interessada para quem a equipe deve criar um plano completo e bastante detalhado antes de iniciar o trabalho. O profissional ágil deve:

A. Corrigir a parte interessada apontando que as equipes ágeis trabalham apenas com software em funcionamento e não com documentação abrangente

B. Apresentar o sucesso que a equipe já obteve com demonstrações periódicas de produtos e alterações nos planos no decorrer do processo

C. Analisar o backlog do produto com a parte interessada e identificar as histórias que provavelmente serão incluídas em cada lançamento

D. Criar um plano completo e bastante detalhado para satisfazer a parte interessada

112. Uma equipe ágil está começando um novo projeto. Qual é a melhor forma de iniciar a gestão do projeto de modo eficiente?

A. Criar um plano de lançamento com buffers para eventuais serviços de manutenção

B. Criar um plano de lançamento alinhado com uma compreensão de alto nível sobre o trabalho a ser executado

C. Criar um gráfico de Gantt com um alto nível de detalhamento

D. Criar um mapa da história com base em estimativas bastante detalhadas sobre o trabalho a ser executado

113. Uma equipe ágil está fazendo uma revisão periódica nas suas práticas e cultura. Qual é o objetivo dessa revisão?
    A. Adotar uma metodologia que exige retrospectivas periódicas
    B. Analisar e atualizar a lista de recursos, histórias e tarefas que compõem o trabalho de longo prazo da equipe
    C. Melhorar o processo dos projetos para aumentar a eficiência da equipe
    D. Identificar a causa raiz de um problema específico

114. Um profissional ágil constata que uma importante parte interessada do projeto não confia na capacidade da equipe de cumprir seus compromissos. Qual é a melhor forma de resolver essa situação?
    A. Trabalhar com a equipe para melhorar a forma como o grupo comunica os critérios de sucesso e colaborar com as partes interessadas para definir concessões relacionadas a produtos
    B. Fazer uma reunião com a parte interessada e se comprometer incisivamente com a entrega de recursos específicos
    C. Colaborar com a equipe na elaboração de um contrato de nível de serviço a ser firmado com a parte interessada para estabelecer cláusulas de critério de aceitação para cada incremento
    D. Fazer uma reunião com a parte interessada para explicar que as regras do Scrum exigem que ela confie na equipe

115. Você é um profissional ágil e acaba de se reunir com uma parte interessada que identificou importantes mudanças de prioridade. Você atribuiu um valor relativo para cada item na lista de recursos planejados, mas a equipe ainda não pode priorizá-los. Qual é a próxima ação que o grupo deve tomar?
    A. Estimar novamente os itens no backlog
    B. Executar uma referência arquitetônica
    C. Atualizar os irradiadores de informações
    D. Iniciar o procedimento de controle de mudanças

116. Qual das seguintes opções não é um benefício da prática de trabalhar no mesmo local?
    A. Comunicação osmótica
    B. Criação de um espaço de trabalho informativo
    C. Maior acesso aos colegas de equipe
    D. Redução das distrações

117. Qual é a melhor forma de maximizar o valor dos produtos de trabalho a serem entregues?
    A. O scrum master deve colaborar com as partes interessadas
    B. A equipe deve colaborar com o product owner
    C. O product owner deve colaborar com as partes interessadas
    D. O gerente de projetos deve colaborar com os gerentes seniores

118. A equipe identificou um problema que causou um atraso na iteração anterior. Agora, o grupo quer entender exatamente o que deu errado e todos os fatores determinantes do problema para aperfeiçoar seu método de execução de projetos. Qual é a ferramenta mais apropriada nessa situação?

    A.   Diagrama de Ishikawa
    B.   Solução de referência
    C.   Irradiador de informações
    D.   Gráfico de burndown

119. Você atua como profissional ágil em uma empresa que produz dispositivos médicos. A qualidade, especificamente no que diz respeito à segurança do paciente, é o fator mais importante para o sucesso do projeto. Qual é a forma mais eficiente de garantir a qualidade do produto?

    A.   Utilizar a análise da causa-raiz para identificar a origem dos problemas
    B.   Incluir itens de qualidade no backlog da iteração
    C.   Fazer reuniões periódicas com as partes interessadas para maximizar o valor
    D.   Inspecionar, analisar e testar os produtos de trabalho com frequência e incorporar as melhorias identificadas

120. Os cortes no orçamento da empresa exigem que sua equipe abrevie o cronograma em três meses. O product owner destaca que as partes interessadas ficarão irritadas caso as entregas não sejam feitas. O que você deve fazer nessa situação?

    A.   Aplicar as regras da metodologia adotada para examinar o plano e adaptá-lo de acordo com as mudanças no orçamento e no cronograma
    B.   Apresentar uma alternativa para a alta administração e justificar o aumento do orçamento
    C.   Informar o product owner sobre as mudanças no escopo e na programação com antecedência para que você possa tomar decisões no último momento viável
    D.   Definir uma forma de manter o projeto em andamento sem informar os problemas mais graves ao product owner

Antes de você conferir as respostas...

Antes de conferir como você se saiu no exame, veja algumas ideias para ajudá-lo a memorizar o material. Lembre-se de que, depois de consultar as respostas, você poderá usar essas dicas para estudar os pontos que não fixou muito bem.

❶ Não se enrole com o comando da questão.

Quando estiver um pouco confuso sobre o teor da pergunta, tente definir exatamente o que está sendo questionado. É fácil se perder nos detalhes, especialmente quando a questão apresenta uma situação muito problemática. Às vezes, você precisa ler o texto mais de uma vez. Quando fizer isso, pergunte-se: "Do que trata *realmente* essa pergunta?"

Isto vale especialmente para as questões que abordam o tema da resolução de conflitos, em que você presencia uma divergência entre os membros e deve lidar com essa situação.

❷ Tente aplicar seus conhecimentos no trabalho.

O conteúdo do exame PMI-ACP® abordado neste livro pode ser aplicado na prática e se **baseia em ideias ágeis utilizadas no mundo real**. Se você estiver atuando ativamente em projetos, algumas das ideias que vimos aqui provavelmente poderão ser aplicadas no seu trabalho. Pare um pouco e pense em como aproveitar essas informações para melhorar o desempenho dos seus projetos.

❸ Escreva suas próprias perguntas.

Existe algum conceito que você não está entendendo? Uma das melhores formas de memorizar essas informações é escrever sua própria pergunta! Por isso, no *Use a Cabeça! Ágil*, incluímos a seção Clínica de Perguntas para incentivá-lo a escrever questões parecidas com as cobradas no exame.

Ao escrever sua própria pergunta, você desenvolve as seguintes habilidades:
- *Reforça e memoriza a ideia.*
- *Pensa sobre como as questões são estruturadas.*
- *Ao definir um cenário de aplicação prática do conceito, você contextualiza a ideia e aprende a utilizá-la.*

Assim, sua memória ficará muito melhor!

❹ Peça ajuda!

Se você ainda não é membro do PMI, filie-se hoje mesmo! Existem seções locais do PMI no mundo inteiro. Esses espaços são uma ótima forma de se integrar à comunidade PMI. Grande parte desses locais promove palestras e grupos de estudo que podem ajudá-lo a se desenvolver profissionalmente.

respostas do exame

1. Resposta: B

Nesse caso, o product owner está certo e o que o membro da equipe está fazendo é potencialmente perigoso. As equipes Scrum dispõem da função de product owner para controlar todas as comunicações com as partes interessadas. Não há nada de errado quando os membros trabalham diretamente com as partes interessadas, mas o product owner deve sempre participar da discussão.

2. Resposta: C

Achou estranho que o termo "scrum master" esteja grafado com letras minúsculas? Acostume-se! A capitalização das perguntas do exame real pode não corresponder às suas expectativas.

O teste de usabilidade é um meio eficiente para as equipes verificarem se o software é fácil de usar. As equipes ágeis promovem revisões frequentes, testando o software e incorporando novas melhorias nas entregas. Uma forma muito comum de executar testes de usabilidade é observar os usuários interagirem com as versões preliminares do software.

Capturar os requisitos da interface do usuário e usar wireframes para planejar a interface do usuário são medidas importantes para que as equipes ágeis melhorem a usabilidade do software. Mas as equipes também priorizam o software em funcionamento em vez de uma documentação abrangente e, portanto, geralmente optam por testes de usabilidade e não pelos requisitos da IU e wireframes.

3. Resposta: B

Quando ocorrem problemas, as equipes ágeis colaboram intensamente com as partes interessadas para definir concessões aceitáveis. Em uma equipe Scrum, o product owner é responsável por interagir com os interessados para ajudá-los a entender o andamento do projeto. Portanto, quando ocorre um problema que pode afetar o produto a ser entregue pela equipe, o product owner deve se encontrar com as partes interessadas e definir exatamente como a equipe irá proceder. As equipes ágeis colaboram com os interessados para determinar em conjunto concessões importantes relacionadas à entrega, consolidando a confiança entre ambos.

Uma solução de referência não faz sentido porque a questão não mencionou nada sobre explorar uma solução técnica em potencial.

As partes interessadas devem participar do processo porque a equipe terá que mudar seu comportamento quando o limite WIP da etapa for atingido, o que geralmente afeta as partes interessadas. Assim, todos podem identificar rapidamente a causa raiz do problema no fluxo.

4. Resposta: D

Quando as equipes visualizam seu fluxo de trabalho em um painel kanban, usam colunas para representar as etapas do fluxo e, normalmente, notas adesivas ou fichas para representar os itens de trabalho que se movimentam ao longo do processo. Se os itens tendem a se acumular em uma coluna, isso indica para a equipe que a etapa em questão pode estar atrasando o fluxo do processo. Para resolver essa situação, o grupo colabora com as partes interessadas para impor um limite ao trabalho em andamento (WIP), o que geralmente consiste em indicar o número máximo de itens de trabalho permitido para a etapa.

exame prático PMI-ACP

Você notou que o exame prático trouxe MUITAS perguntas do tipo qual é a MELHOR e a opção menos ruim? Uma das maiores dificuldades no exame PMI-ACP® é escolher a melhor resposta quando há várias ou nenhuma opção correta.

5. Resposta: D

> *Isto ocorre sobretudo nas equipes Scrum, pois, ao se auto-organizarem, elas podem definir os responsáveis pelas tarefas no último momento viável.*

Os especialistas generalistas são muito valorizados e as equipes ágeis se dedicam a incentivar os profissionais a desenvolverem mais habilidades. Quando todos dispõem de um amplo conjunto de habilidades, a equipe pode ter uma produtividade maior com menos integrantes e evitar gargalos. As equipes ágeis devem criar muitas oportunidades para que seus membros desenvolvam habilidades generalistas. Sempre que um profissional expande suas habilidades (como um testador que passa a executar tarefas de desenvolvimento), a produtividade das equipes ágeis melhora.

6. Resposta: A

Essencialmente, as equipes estabelecem regras básicas para consolidar sua coerência e seu compromisso coletivo com os objetivos do projeto e a criação de valor para as partes interessadas. As equipes sempre devem ter motivos bons, sensatos e fortes para estabelecer regras básicas. Portanto, a melhor forma de ajudar o novo membro a se integrar na nova equipe é explicar esses motivos e incentivá-lo a seguir a nova regra.

7. Resposta: C

> *Se não houver um bom motivo para a regra, o novo membro pode estar certo e a regra talvez não seja uma boa ideia. Mas primeiro esse profissional deve tentar observar a regra, pois manter a mente aberta sobre a cultura da equipe é a melhor forma de promover a coerência do grupo.*

Os líderes das equipes ágeis praticam a liderança servidora. Para isso, é necessário garantir que os membros individuais da equipe recebam crédito por seu trabalho, se sintam valorizados e executem o serviço. Os líderes atuam bastante nos bastidores para remover obstáculos que possam causar problemas. Os líderes servidores geralmente não distribuem tarefas nem determinam como a equipe deve criar seus produtos.

8. Resposta: D

Um dos aspectos mais importantes do modo como as equipes ágeis gerenciam seus requisitos é a obtenção de consenso em torno da definição de "concluído" aplicável a cada item de uma iteração. A equipe como um todo deve estabelecer critérios de aceitação claros e específicos para cada recurso a ser entregue no final da iteração. Uma forma eficiente de se chegar a um consenso sobre os critérios de aceitação é através de uma negociação.

> *Uma maneira comum das equipes negociarem isso é praticar as "concessões mútuas", cuja definição de "feito" na iteração atual inclui parte do trabalho, mas concorda em incluir o resto do trabalho em uma iteração futura.*

9. Resposta: D

O profissional ágil que trabalha diretamente com várias partes interessadas está exercendo a função de product owner. O product owner se reúne periodicamente com as partes interessadas para definir suas expectativas e requisitos e colabora com a equipe para ajudá-la a entender esses requisitos. Nesse caso, uma parte interessada solicita um requisito e o product owner deve orientar a equipe a identificar suas demandas e as expectativas.

10. Resposta: D

Depois de um tempo atuando com a mesma formação, as equipes às vezes entram em uma fase conhecida como "confronto", em que os profissionais desenvolvem opiniões fortes e negativas sobre o caráter uns dos outros. Para a liderança adaptativa (na qual os líderes modificam seu estilo com base no estágio de desenvolvimento do grupo), as equipes que estão na fase de "confronto" precisam de apoio, o que exige altos níveis de direção e suporte.

Esta questão se baseia no modelo de desenvolvimento em grupo de Tuckman e no modelo de liderança situacional de Hershey, teorias desenvolvidas nas décadas de 1960 e 1970 para explicar a formação das equipes e como os líderes devem se adaptar a elas. Porém, o mais importante aqui é entender o que acontece durante a formação das equipes e como líderes eficientes se adaptam a elas, não lembrar os nomes Tuckman ou Hershey.

11. Resposta: A

As equipes auto-organizadas planejam o trabalho em conjunto e decidem sobre a distribuição de tarefas específicas no último momento viável. Durante as reuniões de planejamento da etapa, as equipes Scrum decompõem as histórias, os recursos ou os requisitos no backlog da etapa em tarefas e itens de trabalho. Mas, por serem auto-organizadas, em vez de atribuírem essas tarefas aos membros no início da etapa, a maioria das equipes Scrum orienta seus profissionais a selecionarem as tarefas de forma independente durante o Scrum Diário.

Atribuir tarefas no último momento viável não significa necessariamente que as tarefas serão sempre selecionadas pelo próprio profissional durante o Scrum Diário. Se houver um motivo muito importante para atribuir uma tarefa a um membro da equipe durante o planejamento da etapa, não seria uma atitude responsável adiar essa atribuição até o primeiro Scrum Diário.

12. Resposta: C

A principal prioridade de uma equipe ágil é gerar valor no menor tempo possível, colaborando com a parte interessada e priorizando os itens de maior valor. Mas nessa questão o profissional ágil é a parte interessada e não um membro da equipe. A equipe ágil a cargo do projeto integra a estrutura do fornecedor e o profissional ágil deve trabalhar com o product owner desse grupo. Portanto, nesse caso, o product owner da equipe do fornecedor deve colaborar com o profissional ágil.

Nas perguntas envolvendo fornecedores, você deve definir se o profissional é a parte interessada e se os membros da equipe do fornecedor estão exercendo as funções de product owner, scrum master e membros da equipe.

13. Resposta: A

As equipes ágeis podem melhorar seu desempenho ao observarem seus projetos individuais e o sistema em que atuam. Para isso, devem disseminar conhecimento e práticas, não apenas na sua própria organização, mas também para além dos limites organizacionais.

14. Resposta: B

> Utilize sempre exemplos da aplicação de princípios ágeis em projetos bem-sucedidos em vez de simplesmente explicá-los.

Os profissionais ágeis sempre devem defender os princípios ágeis. Nesse caso, um dos princípios fundamentais do desenvolvimento ágil estabelece que as equipes devem priorizar a receptividade às mudanças em vez de seguir um plano. Explicar o valor para o scrum master é uma boa ideia, mas a melhor forma de defender os princípios ágeis é aplicá-los na prática.

15. Resposta: D

Cada profissional de uma equipe ágil é incentivado a demonstrar liderança. Para isso, as equipes ágeis criam um ambiente seguro para cometer erros e onde todos são tratados com respeito. No entanto, a empresa normalmente não estabelece regras básicas para a equipe.

> No entanto, observar as regras de gerenciamento de projetos da empresa geralmente não é uma forma muito eficiente de promover a coesão em uma equipe.

> Esta questão é muito difícil. Nenhuma das opções indica um bom exemplo de algo que não deve ser feito quando o objetivo é criar um ambiente produtivo para a equipe.

> A opção menos ruim é ficar atento ao seguir as regras básicas da empresa para o gerenciamento de projetos. Isso pode ajudar seu projeto a fluir com mais facilidade (embora nem sempre), mas não é uma boa maneira de aumentar a coesão e a eficiência da equipe.

16. Resposta: D

As equipes Kanban geralmente utilizam diagramas de fluxo cumulativo para visualizar o fluxo do trabalho no processo. Assim, podem definir visualmente a taxa média de chegada (a frequência com que os itens de trabalho são adicionados), o prazo de entrega (a quantidade de tempo entre a solicitação de um item de trabalho até sua entrega) e do trabalho em andamento (o número de itens de trabalho presentes no processo em determinado momento).

17. Resposta: D

Os requisitos de segurança e desempenho (como criptografia e velocidade de execução do software) são exemplos de requisitos não funcionais. As equipes ágeis definem os requisitos não funcionais relevantes do projeto com base no ambiente em que o código será executado e colaboram com as partes interessadas para entendê-los e priorizá-los.

> Para optar entre as diversas abordagens técnicas disponíveis, uma solução de referência é uma boa forma de determinar qual delas funcionará. Contudo, nesse caso, a equipe já sabe que ambas as soluções são viáveis e conhece os resultados de cada abordagem. Portanto, uma solução de referência será inútil para o grupo.

18. Resposta: C

As equipes ágeis promovem retrospectivas com frequência para melhorar seu modelo de trabalho. Em uma equipe Scrum, todos os profissionais, inclusive o scrum master (que comparece como um colega), participam da retrospectiva para identificar melhorias e desenvolver um plano para implementá-las. Nesse evento, o scrum master tem uma responsabilidade adicional: orientar a equipe sobre as regras do Scrum, inclusive no que diz respeito a exercer as respectivas funções e observar a duração predeterminada para a reunião.

19. Resposta: B

O scrum master é um líder servidor responsável por garantir que todos tenham uma base comum de conhecimento sobre as práticas utilizadas pela equipe. Diante de uma pergunta ou mal-entendido informado por um profissional, o líder servidor deve ajudar esse colaborador a entender a dinâmica da prática e sua importância para que a equipe concretize os objetivos do projeto.

20. Resposta: C

Os fornecedores normalmente adotam metodologias diferentes das utilizadas pelas equipes ágeis. Nesse caso, o fornecedor adota uma metodologia em cascata, mas isso não é um problema. O importante aqui é que as equipes ágeis criem uma visão compartilhada sobre cada incremento do projeto. Nessa questão, os papéis foram trocados: você é a parte interessada, mas o sucesso do projeto depende essencialmente de as suas expectativas estarem alinhadas ao desempenho da equipe responsável e de sua confiança na capacidade do grupo. Portanto, se o fornecedor utiliza documentos para descrever o escopo e os objetivos, você deve orientar a equipe a desenvolver uma visão de alto nível e objetivos secundários que correspondam ao modelo de referência da equipe do fornecedor, além de resolver eventuais divergências.

> As equipes ágeis podem priorizar o software em funcionamento em vez de uma documentação abrangente, mas ainda valorizam a documentação. Observe que a resposta não está errada só porque envolve documentação.

21. Resposta: D

Os integrantes e as equipes sempre estabelecem seus próprios objetivos profissionais e pessoais em cada projeto. As equipes ágeis são muito eficientes porque levam isso em consideração e verificam se seus objetivos e os objetivos do projeto estão alinhados. As equipes Scrum, por exemplo, estabelecem um objetivo simples e direto para cada etapa. Quando tem um objetivo específico, o grupo deve chegar a um consenso que permita aos profissionais atingirem o objetivo da etapa e desenvolverem o objetivo da equipe ao mesmo tempo.

> Muitas vezes ocorrem divergências entre os membros da equipe. Nesse caso, o product owner discorda dos demais membros da equipe. A colaboração quase sempre funciona melhor do que a negociação em uma situação como essa.

22. Resposta: D

Quando se deparam com algum problema grave, as equipes primeiro devem orientar todos, especialmente as partes interessadas, sobre o impacto do problema. Além disso, se esse problema causar atrasos expressivos, será necessário redefinir as expectativas dos profissionais para viabilizar a entrega do maior valor possível nessa situação.

23. Resposta: D

Depois de concluir uma iteração com tempo predefinido, uma equipe ágil (especialmente se for uma equipe Scrum) deverá obter feedback ao fazer uma demonstração do trabalho realizado para as partes interessadas. No entanto, as equipes ágeis devem demonstrar apenas os itens totalmente finalizados. Se o produto não estiver concluído, a equipe geralmente irá incluí-lo como prioridade máxima ao planejar a próxima iteração.

24. Resposta: A

Quando as expectativas das partes interessadas são atendidas pelo software em funcionamento entregue pela sua equipe, a confiança entre os envolvidos se consolida. Essa confiança cresce à medida que os interessados constatam que o software em funcionamento está incorporando cada vez mais seus requisitos e conforme a equipe desenvolve a capacidade de se adaptar às mudanças nos requisitos. Nesse caso, o product owner desempenha um papel muito importante na equipe Scrum, pois verifica se as expectativas das partes interessadas sobre os produtos a serem entregues pela equipe estão de acordo com o andamento do projeto.

> Quando a parte interessada e a equipe estabelecem a definição de "concluído" para o incremento, evitam surpresas desagradáveis na revisão da etapa. Uma maneira muito eficiente de fazer isso é analisar os critérios de aceitação de cada história com o product owner e a parte interessada.

25. Resposta: B

Parte do seu trabalho como profissional ágil é estar sempre em busca de oportunidades para viabilizar mudanças na organização. Um dos seus objetivos é orientar e influenciar os colaboradores da organização, e a melhor forma de fazer isso é falar sobre o sucesso de sua equipe.

> Para influenciar outros profissionais, é muito mais eficiente falar sobre o sucesso da sua equipe do que explicar como o desenvolvimento ágil funciona ou proceder como um profissional ágil fanático e agressivo.

Essa questão é muito difícil. Você escolheu a opção incorreta sobre a participação do product owner? Para compreender por que essa alternativa está errada, você precisa conhecer as responsabilidades do product owner em uma equipe Scrum. O product owner deve lidar exclusivamente com o projeto e as partes interessadas do projeto. A pergunta trata da empresa e não de um projeto específico. Então, a questão gira em torno da responsabilidade do profissional ágil de viabilizar as mudanças no nível organizacional ao orientar os demais colaboradores da empresa.

---

26. Resposta: A

Os irradiadores de informações são uma ferramenta eficiente utilizada pelas equipes ágeis para criar um espaço de trabalho informativo. O irradiador é um recurso essencialmente visual (como um gráfico colocado na área central do espaço de trabalho da equipe) que indica o progresso real do projeto e o desempenho do grupo.

27. Resposta: C

As equipes ágeis são incentivadas a realizar experiências para identificar problemas e obstáculos que possam prejudicar seu desempenho. Para isso, o trabalho exploratório (como as soluções de referência) é uma ótima ferramenta. Os resultados desse trabalho devem ser comunicados à equipe quando indicarem problemas ou impedimentos que possam atrasar ou prejudicar a capacidade da equipe de gerar valor para as partes interessadas.

> Essa é uma questão muito difícil, porque exige que você entenda uma tarefa muito específica de um dos domínios indicados no documento de especificação do exame. Trata-se especificamente da tarefa 1 do domínio 6 (Detecção e Resolução de Problemas): "Criar um ambiente aberto e seguro que incentive o diálogo e a experimentação a fim de resolver os problemas e obstáculos que prejudiquem o ritmo da equipe e sua capacidade de criar valor." Essa questão faz referência a partes específicas dessa tarefa (desacelerar o ritmo, evitar sua capacidade de criar valor). Como esse domínio corresponde a 10% das perguntas do teste e contém apenas cinco tarefas, o teste pode cobrar duas questões com base nessa tarefa.

28. Resposta: B

As equipes ágeis selecionam e adaptam seu processo com base não apenas nas práticas e nos valores ágeis, mas também nas características da organização. Como a equipe está tendo problemas de engenharia, o XP é a solução certa. O grupo pode querer adotar o Scrum em outro momento, mas, nesse caso, atribuir a função de product owner a um membro da equipe não é uma medida eficiente, pois o product owner não terá autoridade para aceitar itens em nome da equipe.

> Geralmente, o Kaizen e a melhoria contínua são uma boa abordagem para melhorar o desempenho de uma equipe, mas essa opção não traz informações muito específicas. É melhor ficar com a opção que indica melhorias específicas à disposição da equipe.

> Essa é uma questão difícil. Você escolheu a opção incorreta sobre a atribuição das funções de product owner e scrum master aos membros da equipe? Parece uma boa ideia! Mas quase nunca é uma boa ideia indicar um membro da equipe para a função do product owner porque os product owners devem ter autoridade para tomar decisões e aceitar recursos como concluídos em nome da empresa e é muito improvável que haja algum profissional com essa característica na equipe. Em vez de simplesmente atribuir a função de product owner a um membro da equipe, as equipes devem trabalhar com os usuários, partes interessadas e gerentes seniores para definir um product owner com esse nível de autoridade. Como a opção está incorreta, a melhor alternativa entre as disponíveis é adotar as práticas XP com foco na entrega, especialmente os ciclos trimestrais e semanais, porque essa é uma forma eficiente de resolver o problema da equipe.

exame prático PMI-ACP

29. Resposta: B
Quando uma parte interessada precisa de uma mudança em um item já em desenvolvimento, o product owner tem autoridade para fazer essa alteração imediatamente. Mais importante, como a equipe prioriza a maximização do valor, o item terá que ser removido do backlog da etapa, que irá prosseguir como de costume: os demais itens serão desenvolvidos e a equipe terá que promover uma revisão da etapa com a parte interessada após a expiração do tempo predefinido.

> *Tecnicamente, o product owner tem autoridade para cancelar uma etapa, mas é muito raro porque pode abalar seriamente a confiança entre a equipe e as partes interessadas.*

30. Resposta: B
As equipes que adotam as metodologias ágeis de forma eficiente por um longo período tendem a ser muito hábeis com estimativas. Há diversas formas de fazê-las, mas observe que a colaboração é o modo mais eficiente de definir estimativas, o que vale para todas as decisões tomadas por uma equipe ágil. O planning poker e o Delphi de banda larga são métodos de estimativa colaborativa em que vários profissionais trabalham juntos para definir uma estimativa. Discussões informais também são formas de colaborar. No entanto, deixar tudo nas mãos do product owner não é uma postura colaborativa. Por outro lado, obter uma estimativa máxima de um profissional é ótimo para montar um cronograma, mas essa postura definitivamente não é aberta ou transparente; de fato, contraria o valor de abertura do Scrum.

31. Resposta: C
Quando a empresa estabelece um requisito para todas as equipes, você deve cumpri-lo. Por isso, as equipes ágeis adaptam seus processos de acordo com a dinâmica da organização, mesmo que sua principal prioridade ainda seja criar valor para o cliente.

> *Além disso, as equipes ágeis valorizam a documentação abrangente. Porém, priorizam o software em funcionamento.*

32. Resposta: A
Para possibilitar a visualização de informações importantes do projeto, o profissional ágil deve colocar irradiadores de informações em locais bem visíveis. Como é importante que esses recursos indiquem o progresso real da equipe, um gráfico de burndown é uma ótima opção.

33. Resposta: B
As equipes muitas vezes registram quedas temporárias na velocidade, especialmente quando vários profissionais saem de férias. Como as férias foram planejadas com antecedência, essas informações devem ter sido consideradas no plano de lançamento. Portanto, não deve haver mudanças.

34. Resposta: C
Essa questão descreve uma reunião de planejamento da etapa promovida por uma equipe Scrum. Durante esse evento, o grupo deve primeiro analisar o backlog do produto e, por extensão, a lista geral dos recursos a serem entregues. Em seguida, o grupo deve criar o backlog da etapa, o que inclui retirar os itens do backlog do produto para entregá-los no incremento da etapa.

35. Resposta: C

A complexidade dos itens a serem entregues influencia bastante a quantidade de trabalho necessária para criá-los. Quando um profissional constata que um item não é tão complexo quanto se previa, a equipe deve usar essa informação para adaptar o modo como planeja o projeto. Como o item exigirá menos trabalho do que o esperado, a equipe vai desenvolver o produto a cada iteração de forma mais eficaz e pode antecipar sua liberação. Mas a velocidade não irá aumentar na próxima iteração, pois a equipe ainda deve considerar essa redução na complexidade ao calcular a velocidade da iteração em questão.

> *A velocidade da iteração que a equipe acabou de concluir provavelmente aumentou temporariamente porque a produtividade do membro da equipe foi maior do que a esperada devido à inesperada baixa complexidade da entrega. Mas agora que a equipe já sabe que o item é pouco complexo, ajustará o plano e a velocidade deve retornar ao normal.*

36. Resposta: B

O Kanban é um método voltado para a melhoria dos processos e não para o gerenciamento de projetos. Portanto, embora os painéis kanban, os diagramas de fluxo cumulativo e os mapas do fluxo de valor sejam ferramentas úteis para visualizar e entender o fluxo do trabalho no processo, não servem para indicar o andamento do serviço. Um quadro de tarefas, por outro lado, é uma ótima ferramenta para controlar o progresso do projeto.

37. Resposta: A

As equipes ágeis manifestam sua criatividade experimentando novas técnicas sempre que possível. Assim, identificam novas formas de trabalhar com mais eficiência. A única maneira de determinar se uma nova técnica proporciona uma melhoria é aplicar essa técnica na prática.

> *É importante que o product owner mantenha as partes interessadas informadas. No entanto, como a equipe não determinou se o ponto é um problema real, ainda não é o momento de informá-las.*

38. Resposta: C

Nessa questão, uma equipe Scrum acabou de examinar o plano do projeto (as equipes Scrum sempre fazem isso durante a reunião diária). Quando surgem problemas, os membros da equipe que conhecem a falha em questão marcam uma reunião de acompanhamento para definir como o grupo deve se adaptar à mudança, o que quase sempre envolve a modificação do backlog da etapa.

```
File Edit Window Help Ace the Test
      Esta é uma questão difícil. Para se sair bem, você deve saber como as
   equipes Scrum promovem os scrums diários e por quê. As regras do Scrum não
   estabelecem expressamente um artefato chamado "plano de projeto", mas as
   equipes também fazem seu planejamento e você precisa entender como isso
     funciona. As equipes Scrum se reúnem todos os dias como parte do processo
      de transparência, inspeção e adaptação. O objetivo do scrum diário é
     analisar o plano atual e o trabalho em desenvolvimento. Se houver algum
       problema em potencial, os membros da equipe com conhecimento sobre o
      assunto farão uma reunião de acompanhamento para definir se é necessário
       adaptar o plano. Ao repetirem diariamente esse procedimento, as equipes
        Scrum podem ajustar constantemente seu plano e realizar mudanças no
        cronograma, no orçamento, nos requisitos e nas prioridades das partes
                        interessadas para fins de atualização.
```

39. Resposta: C

Ao identificarem ameaças e problemas, as equipes devem dispor de uma lista prioritária em local visível e monitorar constantemente esses dados. Isso porque é necessário que a equipe resolva os problemas (em vez de ignorá-los), atribuindo um responsável para cada falha e monitorando o status de cada ponto identificado.

A primeira frase é uma pegadinha. Isso acontece em todos os projetos!

40. Resposta: B

Obter feedback frequente de usuários e clientes é uma maneira eficiente de confirmar se você está criando valor comercial e aumentando esse valor. Você deve obter esse feedback na revisão da etapa, a reunião na qual o incremento é analisado.

41. Resposta: C

Às vezes, as equipes se deparam com problemas impossíveis de resolver. Quando isso acontece, o mais importante é garantir que todos, especialmente as partes interessadas, compreendam o quanto antes como o problema em questão afetará os compromissos.

42. Resposta: A

Muitas vezes, as quedas na velocidade são temporárias. Por exemplo, a quantidade de trabalho realizada pela equipe em uma iteração pode diminuir temporariamente se um membro da equipe sair de férias ou caso um item de trabalho específico se revele mais difícil ou complexo do que o previsto. Mas se a velocidade diminuir significativamente e ficar nesse nível durante várias iterações, a equipe terá que ajustar o plano de lançamento para indicar que os resultados não serão entregues no tempo programado. Dessa forma, o grupo poderá manter uma postura realista em relação aos compromissos assumidos para com as partes interessadas e evitar um otimismo excessivo baseado em informações desatualizadas.

As equipes ágeis geralmente programam os lançamentos para o final das iterações, liberando o trabalho concluído em cada iteração. Muitas vezes, uma velocidade baixa não exige que a equipe mude a frequência dos lançamentos, mas o grupo pode implementar menos entregas em cada etapa. Dessa forma, o fluxo constante de entregas concluídas continuará (mesmo que isso estenda a duração do projeto).

43. Resposta: A

Colaborar com as equipes ágeis é importante para que as partes interessadas criem conexões umas com as outras e sejam mais eficientes ao cooperar mutuamente. Promover reuniões com os interessados para estabelecer práticas de trabalho positivas para o projeto é uma boa maneira de fazer isso.

A liderança servidora geralmente indica como um líder, muitas vezes o scrum master, se relaciona com a equipe, reconhecendo que é o grupo que realmente faz o trabalho.

44. Resposta: B

Quando lidam com riscos, problemas e ameaças ao projeto, uma prioridade importante para as equipes é comunicar o status dessas questões. Um irradiador de informações é uma boa ferramenta para isso.

respostas do exame

45. Resposta: A

Com um mapa da história, a equipe pode colaborar na criação de um plano de lançamento em formato visual ao organizar as histórias. Esse recurso pode ajudar o grupo a elaborar previsões de futuros lançamentos para as partes interessadas. Além disso, o mapa da história contém um nível de detalhamento que oferece informações suficientes para que equipe planeje seu trabalho com eficiência, pois não inclui dados que o grupo possivelmente não conhece ou com os quais não pode se comprometer no momento.

46. Resposta: A

O bom desempenho das equipes ágeis (especialmente as equipes Scrum) se deve em grande parte pela sua colaboração intensa com as partes interessadas. Para viabilizar essa prática, os product owners estão sempre em busca de mudanças no projeto e na organização e prontos para analisar imediatamente essas mudanças a fim de determinar se a alteração em questão afeta as partes interessadas. Nesse caso, uma mudança organizacional trouxe uma nova parte interessada para o projeto e o product owner deve conversar com ela o quanto antes.

> *A questão começa com a descrição do papel do product owner: "Um profissional ágil responsável por manter uma lista prioritária de requisitos para a equipe." Em outras palavras, é o responsável pelo backlog do produto.*

47. Resposta: C

Para refinar os requisitos do software em desenvolvimento, as equipes estabelecem critérios de aceitação para cada recurso ou item de trabalho. Esses critérios de aceitação são combinados para formar a definição de "concluído" aplicável ao incremento do produto.

> *Muitas pessoas têm discussões intermináveis sobre pequenas diferenças entre os termos "definição de concluído" e "critérios de aceitação". Outras acreditam que a definição de "concluído" se aplica apenas ao incremento e que os critérios de aceitação se aplicam apenas às histórias ou recursos individuais. Mas o exame pode empregar os termos como sinônimos e provavelmente não haverá uma pergunta exigindo que você diferencie os dois.*

48. Resposta: B

O profissional ágil é responsável por viabilizar mudanças no nível da organização, orientar os colaboradores da organização e influenciar comportamentos e pessoas a fim de aumentar a eficiência da organização.

49. Resposta: A

Quando alguém atribui trabalho à equipe e exige atualizações de status, está praticando o oposto da auto-organização e abortando a implementação do Scrum. Em uma equipe auto-organizada, os profissionais definem coletivamente as tarefas que serão desenvolvidas e, no scrum diário, a equipe inteira analisa essas decisões.

> *Em um scrum diário eficiente, o profissional ágil informará à equipe a tarefa a ser realizada em seguida. Se essa não for uma abordagem eficiente, outro membro da equipe apontará isso como um problema e o grupo se reunirá após o scrum diário para analisar a situação.*

50. Resposta: C

Determinar a causa principal é uma iniciativa importante para corrigir um problema de qualidade. Já um diagrama de Ishikawa (ou espinha de peixe) é uma ferramenta eficiente para realizar a análise da causa-raiz.

51. Resposta: D

Depois de atuarem por um tempo com a mesma formação, as equipes costumam entrar em uma fase conhecida como normatização, na qual começam a resolver suas diferenças e choques de personalidade e uma qualidade cooperativa desponta entre seus membros. Segundo a liderança adaptativa (uma abordagem de gestão e liderança que objetiva mudar a forma como os líderes trabalham com as equipes durante os estágios de formação), o estágio de normatização exige suporte ou uma liderança que ofereça bastante apoio e uma maior liberdade para que a equipe determine sua própria direção.

> A questão trata da liderança adaptativa, que se baseia na teoria do desenvolvimento de grupos de Tuckman e no modelo de liderança situacional de Hershey, desenvolvidas nas décadas de 1960 e 1970. É mais importante compreender o que acontece durante a formação das equipes e como os líderes eficientes se adaptam a elas do que lembrar os nomes dessas teorias de gestão.

52. Resposta: D

O layout de escritório com "áreas privativas e comuns", no qual os desenvolvedores ou duplas dispõem de espaços semiprivativos adjacentes ao espaço de reuniões, é eficiente porque reduz a ocorrência de interrupções e viabiliza a comunicação osmótica (na qual os membros captam informações importantes do projeto através das conversas que circulam no local de trabalho). Os modelos abertos, especialmente aqueles em que os membros se sentam de frente uns para os outros, podem ser pouco propícios à concentração. Embora sejam muito eficazes em reduzir o número de interrupções (e muito populares entre os profissionais por oferecerem privacidade e status), os escritórios fechados não permitem a comunicação osmótica.

53. Resposta: D

O product owner é responsável por maximizar o valor das entregas. Para isso, geralmente prioriza as unidades de trabalho no backlog do produto para que a equipe entregue primeiro os itens de maior valor e colabora com as partes interessadas para determinar esse valor. A equipe não determina o valor dos itens de trabalho de forma independente, mas por meio da cooperação entre o product owner e as partes interessadas.

> No exame, os termos "representante comercial" e "cliente substituto" se referem ao Product Owner.

54. Resposta: C

Nenhuma parte interessada aprecia saber que um recurso previsto para o final da iteração atual terá que ser adiado para a próxima. É por isso que as equipes ágeis se dedicam bastante a definir com exatidão os itens que serão entregues no final da iteração e a manter esse entendimento compartilhado entre a equipe e as partes interessadas. Então, quando muda a definição de "concluído" para o incremento (em outras palavras, quando a equipe descobre uma mudança no produto que planeja entregar ao final da iteração), o grupo deve informar às partes interessadas imediatamente.

55. Resposta: B

As divergências construtivas (e até mesmo as discussões ocasionais) são normais e até mesmo úteis para as equipes. Por isso, as equipes ágeis priorizam a criação de um ambiente profissional aberto e seguro, incentivando conversas, divergências e discussões construtivas. A presença de um gerente sênior não deve mudar isso.

56. Resposta: C

O feedback e as correções no trabalho planejado e nos serviços em andamento são viabilizados por meio de contatos periódicos com as partes interessadas. Para isso, muitas equipes ágeis promovem uma revisão ao final de cada iteração.

57. Resposta: C

Diminuir o tamanho dos incrementos é uma medida eficiente para identificar riscos e abordá-los em tempo hábil. Incluir menos histórias em cada iteração é uma boa medida para reduzir o tamanho dos incrementos.

58. Resposta: D

O número máximo de profissionais em uma equipe Scrum geralmente corresponde a nove (embora algumas equipes sejam formadas por até doze integrantes). De fato, catorze é um número excessivo de colaboradores para uma equipe Scrum. Um indicativo de que a equipe está com um excesso de integrantes é a falta de concentração durante o scrum diário. Nesse caso, a melhor coisa a fazer para a equipe é dividir o grupo em duas equipes menores.

59. Resposta: A

Sempre que possível, as equipes ágeis dão prioridade às comunicações cara a cara e as ferramentas de videoconferência digital são ótimas para facilitar as comunicações diretas. A equipe deve sempre se adaptar às partes interessadas sem esperar que os interessados se adaptem ao grupo (portanto, exigir que uma parte interessada se desloque e conviva com a equipe por várias semanas não é um pedido razoável).

60. Resposta: B

O mapa do fluxo de valor exibido no gráfico indica o tempo de trabalho da equipe no topo e o tempo de espera na parte inferior. Somados os dias, a equipe gastou um total de 38 dias trabalhando ativamente no projeto e 35 dias esperando aprovações, partes interessadas e atividades SA e DBA. Com base nesse tempo de espera excessivo, é possível concluir que há muitas oportunidades para eliminar o desperdício.

61. Resposta: B

A velocidade é uma forma muito eficiente de utilizar o desempenho real que a equipe obteve nas etapas passadas para entender sua capacidade profissional efetiva e usar essa informação para prever a quantidade de trabalho que o grupo poderá realizar nas futuras iterações. Para isso, as equipes atribuem um tamanho relativo (geralmente por meio de unidades ideais como pontos da história) a cada história, recurso, requisito ou outro item de trabalho, usando o número de pontos por iteração para calcular sua capacidade.

62. Resposta: B

É normal e saudável que os membros tenham divergências construtivas. Isso acontece o tempo todo nas equipes eficientes, sobretudo quando os profissionais se sentem pessoalmente comprometidos com o projeto. Embora os líderes às vezes precisem intervir e impedir que as discussões saiam do controle, deixar os membros resolverem suas divergências é sempre melhor para a equipe porque consolida a coesão e o consenso entre o grupo.

63. Resposta: A

Em uma equipe Scrum, a função do product owner é se reunir com as partes interessadas, ajudá-las a entender os problemas e comunicar as soluções para a equipe. Os membros nunca devem informar os problemas diretamente para as partes interessadas; o product owner deve sempre participar desse procedimento.

> A parte da pergunta que aborda o conflito de horários do product owner é uma pegadinha. Em apenas uma opção, o membro da equipe não exclui o product owner.

64. Resposta: D

As equipes ágeis priorizam não apenas a entrega de recursos de alto valor, mas também a maximização do valor total criado para as partes interessadas. Por isso, dedicam-se a conciliar a entrega de itens de alto valor com a redução de riscos, especialmente através do aumento da prioridade dos itens de alto risco no backlog. Nesse caso, o item de trabalho apresenta um alto risco porque tem baixa prioridade, mas se houver um problema, ele terá um grande impacto.

65. Resposta: C

Um especialista generalista (um profissional com experiência em uma área específica, mas que também costuma desenvolver suas capacidades em outras áreas de especialização) é muito útil para uma equipe ágil. Por atuarem em diversas funções, os especialistas generalistas podem ajudar a reduzir o tamanho da equipe. Além disso, possibilitam a diminuição da ocorrência de gargalos, que geralmente decorrem da indisponibilidade do único membro da equipe com capacidade para realizar uma determinada tarefa. Os especialistas generalistas viabilizam a criação de equipes multifuncionais de alto desempenho. No entanto, não dispõem necessariamente de habilidades de planejamento melhores do que as de qualquer outro membro da equipe.

66. Resposta: C

Como as equipes ágeis aprendem bastante sobre o trabalho ao longo do processo, seus planos se desenvolvem à medida que o projeto avança. Para isso, adaptam seu plano no início de cada iteração e fazem reuniões todos os dias para identificar e resolver os eventuais problemas do plano. Assim, refinam as estimativas do escopo e do cronograma para que os planos estejam sempre de acordo com a compreensão atual sobre as situações do mundo real.

67. Resposta: C

As equipes ágeis lidam com os serviços de manutenção e operações da mesma forma como lidam com os outros serviços. Se as correções de erros forem críticas, a equipe deverá realizá-las assim que possível, o que, em regra, corresponde ao início da próxima iteração.

> Interromper o trabalho imediatamente para mudar a direção gera caos e não é uma maneira eficiente de alterar as prioridades. As equipes ágeis usam as iterações para reagir rapidamente às mudanças sem perder o controle sobre seus projetos.

respostas do exame

Quando você oferece às partes interessadas um cronograma com informações desnecessariamente detalhadas, está mentindo para elas. Essa não é uma prática das equipes ágeis!

68. Resposta: B
As equipes ágeis costumam ser boas parceiras de trabalho porque suas previsões e cronogramas detalhados oferecem às partes interessadas as informações de que precisam sem incluírem dados desnecessários. O scrum master deve entender esse ponto e determinar que é impossível prever como cada membro da equipe usará cada hora nos próximos seis meses.

69. Resposta: D
As equipes Scrum valorizam o foco porque até um número baixo de interrupções a cada semana pode causar atrasos significativos e a frustração associada a essas interrupções pode desmotivar bastante a equipe. Como líder servidor, o scrum master deve ficar atento a fatores que desmotivam a equipe e manter o moral do grupo sempre alto e produtivo. Portanto, embora um líder servidor normalmente não tenha autoridade para permitir para que um profissional falte às reuniões convocadas pelo gerente, é absolutamente normal, segundo as atribuições do scrum master, abordar esse gerente e definir medidas para limitar o número de interrupções.

70. Resposta: C
É sempre difícil lidar com um membro que não coopera com o grupo. Em uma equipe ágil, isso é especialmente difícil porque o desenvolvimento ágil, mais do que a maioria dos outros modelos de trabalho, se baseia na ideia de mentalidade compartilhada. Por isso, é muito importante que os membros cooperem mutuamente. Uma maneira de fazer isso é criar regras básicas para consolidar a coerência da equipe e o compromisso compartilhado de cada profissional com os objetivos do projeto e da equipe.

Muitas equipes Scrum lidam com esse tipo de situação criando uma regra para que o profissional que se atrasar para o scrum diário duas vezes seguidas tenha que usar um chapéu ridículo durante o dia ou colocar uma pequena quantia de dinheiro em um "jarro" para pagar pizzas ou bebidas.

71. Resposta: B
O primeiro passo no planejamento de um projeto ágil é definir as entregas. Em outras palavras, a equipe deve saber o que vai criar. As equipes ágeis normalmente adotam metodologias incrementais, nas quais as entregas são definidas pela identificação de unidades específicas que o grupo criará de forma incremental.

72. Resposta: D
Gerenciar as expectativas das partes interessadas é um aspecto importante do domínio profissional das equipes ágeis. Uma maneira de fazê-lo é assumir compromissos abrangentes no início do projeto, geralmente com metas gerais para os produtos. À medida que o projeto se desenrola e a incerteza do projeto diminui, os grupos podem assumir compromissos cada vez mais específicos. Assim, as partes interessadas poderão determinar exatamente os itens que serão entregues sem que a equipe tenha que assumir compromissos demais ou se comprometer a entregar algo impossível ou pouco realista diante das restrições de tempo e custo do projeto.

exame prático PMI-ACP

> Sempre que uma parte interessada for afetada, ela deve ser informada. Isso deve ocorrer sobretudo nas equipes Scrum, que valorizam bastante a abertura.

73. Resposta: C

As equipes ágeis sempre procedem com a máxima transparência possível em relação aos principais interessados, especialmente ao lidar com problemas que podem afetar o projeto. Manter a parte interessada informada é mais importante do que atualizar os irradiadores de informações, refinar o backlog ou promover uma retrospectiva.

> Esta é uma **pergunta difícil**. Todas as opções parecem muito boas. Qual você escolheu? O segredo para acertar uma questão como essa é entender os princípios que orientam a mentalidade ágil... especialmente a colaboração do cliente.

74. Resposta: C

Ao aplicar novas técnicas e ideias no processo, a equipe pode descobrir formas mais eficientes de desenvolver o projeto. Essa é uma prática importante para que as equipes ágeis desenvolvam a criatividade. Portanto, sempre fique atento aos conjuntos de técnicas e alternativas que surgirem ao longo do processo. Em uma equipe Scrum, o momento adequado para propor essas ferramentas é durante a reunião de planejamento da etapa.

> As regras do Scrum são importantes para a equipe gerenciar projetos e criar software de forma eficiente, mas se estiverem em conflito com as regras da empresa, você deve desenvolver um modelo de trabalho condizente com as diretrizes da empresa.

75. Resposta: B

É muito importante incentivar todos os membros da equipe a compartilharem conhecimentos. Os profissionais das equipes ágeis colaboram e trabalham em conjunto porque compartilhar conhecimentos é importante para evitar riscos e aumentar a produtividade.

> De fato, a retrospectiva da etapa geralmente ocorre depois da revisão. No entanto, você precisa lidar com problemas mais urgentes antes disso.

76. Resposta: D

Ao planejar a próxima etapa, a equipe Scrum cria um objetivo. Esse objetivo será concretizado quando o grupo concluir o trabalho previsto para o backlog da etapa e entregar o incremento. O objetivo da etapa estabelece uma visão compartilhada de alto nível para o serviço a ser realizado quando a equipe entregar o incremento para as partes interessadas.

> Os irradiadores de informações são uma boa forma de comunicar informações sobre o andamento do projeto, mas não para estabelecer uma visão compartilhada da etapa.

77. Resposta: A

A análise do fluxo de valor é uma ferramenta muito importante para a detecção de desperdícios, especialmente os associados à espera por ações de outras equipes.

> Um diagrama de Ishikawa (ou espinha de peixe) pode viabilizar a identificação da causa raiz dos problemas do projeto, mas indica as causas específicas do desperdício associado ao tempo de espera.

> Quando uma pergunta apresentar várias opções que parecem corretas, escolha a opção mais específica para o comando da questão.

78. Resposta: A

Todas as opções apresentam boas ideias. Mas a pergunta questiona especificamente qual é a estratégia mais eficiente para priorizar as histórias no backlog da etapa. As equipes ágeis devem criar valor para as partes interessadas no menor tempo possível e, por isso, planejam seus lançamentos com base em recursos minimamente comercializáveis ou produtos minimamente viáveis. Uma versão preliminar do produto que incorpora apenas recursos básicos é a definição de um produto minimamente viável. As outras opções são boas estratégias para chegar a esse resultado.

79. Resposta: A

As equipes Scrum planejam seu trabalho dividindo o projeto em incrementos e entregando um incremento "concluído" no final de cada etapa. As equipes Scrum geralmente não fazem ajustes expressivos nos seus planos de longo prazo no meio da etapa. Em vez disso, desenvolvem o maior número possível de produtos, entre os itens de maior valor disponíveis durante uma etapa, para cumprir os compromissos assumidos para a etapa em questão e criar valor mesmo que as prioridades mudem. As equipes Scrum adaptam seus planos às novas prioridades após a conclusão da etapa.

> Concluir a etapa atual não é o mesmo que se agarrar obstinadamente a um plano desatualizado. Mas se a alternativa for cancelar a etapa, será muito melhor concluir a etapa atual e entregar os itens do backlog que a equipe prometeu às partes interessadas na última revisão da etapa.

80. Resposta: A

Ao identificarem riscos ou outros problemas que possam ameaçar o projeto, as equipes devem comunicar o status dos problemas às partes interessadas e, se possível, incluir atividades no backlog para lidar com os riscos identificados. Uma atividade útil para esse procedimento é o trabalho exploratório, no qual os membros da equipe reservam um tempo durante a etapa para criar uma solução de referência baseada em riscos para mitigar o problema. Embora a reestruturação do código-fonte e a realização da integração contínua possam reduzir o risco associado à dívida técnica, é improvável que resolvam essa situação.

> Ao ver uma pergunta do tipo "qual NÃO é", leia atentamente todas as opções e escolha a PIOR, não a MELHOR.

81. Resposta: C

Quando a equipe não chega a um consenso sobre o que significa "concluído" para um item de trabalho, podem ocorrer problemas, discussões e atrasos no decorrer da iteração. Por isso, o grupo deve estabelecer uma definição de "concluído" que sirva como critério de aceitação. Geralmente, isso acontece no "momento certo" e a equipe deixa a decisão para o último momento viável. Nesse caso, porém, o grupo esperou tempo demais para tomar a decisão.

82. Resposta: B

A equipe foi notificada sobre um problema nas operações e precisa modificar seu plano de acordo com essa informação. O grupo fez uma estimativa para o impacto: dois membros da equipe terão que atuar durante três iterações para resolver o problema. Logo, os profissionais irão abordar essa mudança como qualquer outra, incluindo histórias nos ciclos semanais e ajustando seu plano de lançamento de acordo com a mudança em questão. Como essa solução apenas soma mais trabalho ao projeto, a velocidade não será reduzida, pois o trabalho dedicado à solução, indicado nas histórias, será considerado um serviço típico para fins de cálculo da velocidade.

> Não é necessário executar uma referência baseada em risco porque não há incerteza. A equipe sabe que a atualização do servidor será adiada e que precisará investir tempo e esforço no desenvolvimento da solução.

83. Resposta: A

A importância da iteração é maior quando ocorre um risco grave no início do projeto. Nesse caso, a equipe identificou um problema que deve ser corrigido o mais rápido possível. Portanto, o trabalho tem que começar imediatamente: o product owner deve adicionar um item ao backlog da etapa para começar o serviço. Mas como o trabalho deve se estender até a próxima etapa, também é necessário incluir outro item no backlog do produto para garantir a conclusão da correção.

84. Resposta: B

As equipes ágeis planejam seus projetos em vários níveis. Por exemplo, as equipes Scrum utilizam o backlog do produto para fazer um planejamento estratégico de longo prazo, promovem reuniões de planejamento no início de cada etapa para criar o backlog da etapa e revisam seu plano todos os dias no scrum diário. Nesse caso, a parte interessada está questionando sobre o backlog da etapa, um artefato criado nas reuniões de planejamento.

> Esta questão não usa o termo "etapa do backlog", mas faz uma descrição dela ("uma lista de recursos, histórias e outros itens a serem entregues durante a etapa").

85. Resposta: B

As equipes ágeis devem sempre determinar os riscos e problemas que possam ameaçar o projeto e, quando identificarem esses pontos, devem zelar para que o status e a prioridade de cada risco sejam comunicados abertamente e monitorados.

> É uma ótima ideia adicionar itens ao backlog para lidar com os riscos. No entanto, a equipe não deve fazer isso para todos os riscos identificados na retrospectiva. Às vezes, os riscos podem ser aceitos ou é suficiente identificá-los.

86. Resposta: B

As equipes geralmente usam o tempo ideal para dimensionar os itens que serão desenvolvidos. Ou seja, fazem reuniões para definir o tempo de trabalho aplicável a cada item em uma situação "ideal": em um contexto em que todos os recursos necessários para concluir o trabalho estão sempre disponíveis, não ocorrem interrupções e nenhum fator externo ou problema dificulta o serviço. Ao contrário das técnicas de tamanho relativo (como a atribuição de pontos da história a cada item), o tempo ideal é a melhor estimativa que a equipe pode fazer para determinar o tempo absoluto aplicável ao projeto.

> *A votação com a técnica dos "cinco dedos" é uma forma de os grupos expressarem suas opiniões. Mas, neste caso, a equipe está discutindo sobre a melhor abordagem técnica e manifestar opiniões não é uma boa forma de definir a melhor solução técnica.*

87. Resposta: B ✓

Se os conflitos entre os integrantes das equipes são uma constante, os profissionais das equipes ágeis priorizam a colaboração mútua. Nesse caso, a equipe XP pratica o design incremental ao identificar uma primeira etapa mínima que deixa o design aberto para a abordagem de qualquer colaborador. Quando dois membros da equipe adotam a programação em pares para criar essa abordagem, estão lidando com a situação de maneira muito colaborativa. (Além disso, estabelecer regras que proíbam discussões é uma ideia terrível. Algumas discussões são saudáveis e podem melhorar a qualidade do produto e aumentar a coesão da equipe).

88. Resposta: B

Essencialmente, todos podem experimentar e cometer erros em uma equipe ágil. Ao cometer um erro, você deve comunicá-lo abertamente para a equipe. É comum tentar encobrir o problema, mas é difícil proteger a equipe das consequências. Portanto, comunique os fatos abertamente e mobilize o grupo para resolver o problema.

> *Quando você comunica abertamente seus erros, está criando um ambiente seguro e confiável para a equipe.*

89. Resposta: D

Quando surgirem novos líderes em uma equipe ágil, você deve incentivar essa liderança. Como muitas vezes é difícil experimentar novas técnicas, seu trabalho como profissional ágil é criar um ambiente seguro e civilizado.

90. Resposta: D

As equipes ágeis são muito inovadoras porque criam um ambiente seguro no qual podem cometer erros e aperfeiçoar seu desempenho. É de grande importância para essa mentalidade encarar os erros como problemas que devem ser corrigidos e não experiências de aprendizagem. Também é importante que toda a equipe se sinta à vontade para comunicar abertamente os erros cometidos.

> *Ao "permitir" que um erro prossiga "sem correção", você está encarando essa prática como um gesto de generosidade. Mas parte do desenvolvimento de uma mentalidade ágil eficiente consiste em aprender a encarar os erros como verdadeiras oportunidades de melhoria.*

91. Resposta: C

O mapa do fluxo de valor é o resultado da análise do fluxo de valor. Normalmente, o mapa do fluxo de valor exibe o fluxo de um item de trabalho real (como um recurso do produto) ao longo de um processo, categorizando cada etapa como tempo de trabalho ou de espera (sem trabalho). Um dos objetivos da análise do fluxo de valor é a identificação de desperdícios na forma de tempo não trabalhado que pode ser eliminado.

> É razoável que o product owner entre em contato com as partes interessadas, mas se os interessados precisarem conversar com os membros da equipe, não é razoável exigir a presença de intermediário. As equipes ágeis priorizam as conversas cara a cara (ou por telefone), que podem ser muito importantes para o projeto.

92. Resposta: C

As interrupções podem ser muito prejudiciais para a produtividade da equipe. Até mesmo uma pequena interrupção pode tirar um membro da equipe do seu estado de "fluxo" (especialmente quando um programador estiver escrevendo código) e o profissional chega a demorar 45 minutos para voltar ao trabalho. Portanto, quatro ou cinco telefonemas por dia podem não parecer muito ruins, mas esse nível de interrupção pode deixar um colaborador grudado na mesa o dia todo sem conseguir trabalhar. Não faz sentido mudar o layout do escritório (e isso não solucionará o problema da chamada telefônica). Embora seja interessante ajustar o backlog da etapa, isso também não resolve o problema. Então, a melhor opção é estabelecer um horário diário "sem telefonemas" para limitar as interrupções.

> Essa é uma **questão muito difícil**. Como todas as opções apresentam possíveis desvantagens, você deve identificar a opção "*menos ruim*". Nesse caso, o horário "sem telefonemas" limitará as interrupções sem impor exigências absurdas à equipe ou às partes interessadas.

93. Resposta: B

O desempenho das equipes é melhor quando os profissionais dispõem de um ambiente seguro, confiável e no qual podem experimentar e cometer erros. Como líder servidor, o scrum master deve se dedicar a criar esse ambiente, mesmo que isso implique em conversas constrangedoras com os gerentes seniores.

> Essa será uma discussão difícil para o scrum master e um bom exemplo de como nem sempre é fácil para as equipes Scrum valorizarem a coragem.

94. Resposta: C

Um personagem é um perfil de um usuário que contém fatos pessoais e, muitas vezes, uma foto. Essa é uma ferramenta utilizada por muitas equipes Scrum para definir quem são seus usuários e partes interessadas e quais são suas demandas. As equipes ágeis precisam identificar todas as partes interessadas, inclusive as futuras (desconhecidas no momento). Os personagens são uma ótima ferramenta para isso.

95. Resposta: C

As equipes ágeis não trabalham no vácuo: os profissionais observam constantemente todos os fatores de infraestrutura, operacionais e ambientais que podem afetar o projeto, mesmo que sejam externos ao grupo. Ao se depararem com um problema, as equipes lidam com o ponto identificado como fazem com qualquer outro: o product owner prioriza o respectivo item no backlog com base no valor. Nesse caso, como se trata de um problema grave, o item de trabalho adicionado pelo product owner ao backlog deve ter alta prioridade para que seja resolvido rapidamente pela equipe.

96. Resposta: C

Os membros da equipe ágil se dedicam bastante a identificar as partes interessadas e a orientar todos sobre as demandas e expectativas aplicáveis ao projeto. Mas pedir que as partes interessadas participem das reuniões de planejamento e exigir sua aprovação a no plano é o oposto disso. Essa prática irá afastar os interessados do projeto e criar obstáculos burocráticos que prejudicarão a capacidade da equipe de reagir a mudanças.

Leia atentamente todas as perguntas e fique esperto com questões do tipo "qual não é".

97. Resposta: B

Esse gráfico de burndown indica que a equipe está tendo problemas na etapa atual. O grupo já percorreu dois terços da iteração de 30 dias e a velocidade diminuiu muito. Se a equipe não remover as histórias do backlog da etapa, provavelmente não irá atingir o objetivo da etapa.

Não é possível determinar que o planejamento da equipe foi ruim só porque a velocidade está mais baixa do que o esperado. Há muitos problemas que as equipes não conseguem prever como, por exemplo, questões de saúde envolvendo um membro da equipe. Por isso, as equipes Scrum inspecionam e se adaptam constantemente e as equipes ágeis priorizam a receptividade a mudanças em vez de seguir um plano.

98. Resposta: B

Seu trabalho como profissional ágil consiste em orientar todos na equipe a definirem uma base comum de conhecimentos sobre as práticas ágeis. Esse conhecimento comum sobre as práticas ágeis permite que o grupo trabalhe de forma coesa e eficaz. Nessa situação, você deve conversar com cada membro da equipe para verificar se os profissionais compreendem as práticas aplicáveis à capacidade do grupo de reagir a mudanças.

99. Resposta: A

Os product owners devem priorizar os requisitos não funcionais como fazem com todos os outros requisitos, inclusive requisitos operacionais solicitados pelo grupo de Desenvolvimento e Operações. Nesse caso, como o script precisa ser modificado para que a revisão da etapa seja realizada, a mudança terá que ser incluída na etapa atual. Da mesma forma, como esse procedimento irá estender a duração de alguma tarefa para além do final da etapa, o item em questão terá que voltar para o backlog da etapa.

> Sempre que o trabalho excede o final de uma etapa, o item deve voltar para o backlog da etapa e ser planejado para uma futura etapa. Não é possível alterar o tempo predefinido e prorrogar a etapa para incluir o trabalho extra.

100. Resposta: D

As equipes ágeis são auto-organizadas e capacitadas para tomar decisões sobre como irão cumprir as metas das iterações. Ou seja, os profissionais atuam em conjunto para determinar quais tarefas devem ser executadas para que as metas sejam concretizadas e, em regra, priorizam as histórias com maior risco para desenvolvê-las no início da iteração. O scrum master pode ajudar as equipes a se auto-organizarem e compreenderem a metodologia adotada, mas não define a sequência do trabalho, pois isso não é condizente com a liderança servidora.

101. Resposta: C

A comunicação osmótica ocorre quando os membros da equipe absorvem importantes informações sobre o projeto através das conversas que circulam no ambiente de trabalho. A prática básica do XP de trabalhar no mesmo local é uma forma eficiente de incentivar a comunicação osmótica.

102. Resposta: A

As equipes ágeis organizam seus requisitos em recursos minimamente comercializáveis a serem entregues de forma incremental. Ao planejarem primeiro os lançamentos dos recursos de maior valor, as equipes criam valor para as partes interessadas no menor tempo possível.

> O exame também pode mencionar "produtos minimamente viáveis", um termo muito próximo dos recursos minimamente comercializáveis.

103. Resposta: C

A equipe está atenta a um problema em potencial, mas até o momento não houve nenhum impacto real no projeto e não haverá um impacto se o problema não existir. Essa é uma boa oportunidade para a execução de trabalhos exploratórios (também conhecidos como soluções de referência) para que as equipes determinem se um problema técnico pode ser resolvido ou se devem encontrar uma abordagem diferente.

104. Resposta: C

Um dos trabalhos mais importantes do product owner em uma equipe Scrum é viabilizar a integração dos novos interessados ao projeto. O ideal é que todas as partes interessadas participem da etapa de avaliação. No entanto, não há uma regra exigindo que os participantes compareçam a todas as reuniões de revisão. Algumas partes interessadas não têm tempo, estão em um fuso horário que dificulta sua participação ou simplesmente não querem participar. O product owner deve se empenhar para obter a participação dos interessados, implementando as medidas mais eficientes para isso.

105. Resposta: C

As equipes ágeis (e sobretudo seus product owners) devem identificar todas as partes interessadas e integrá-las ao projeto. Nesse caso, como você está se reunindo com as partes interessadas no meio da iteração, sua função é a do product owner. Portanto, você identifica um interessado quando determina que alguém pode influenciar os requisitos do projeto e, depois de identificá-lo, deve conversar com ele.

106. Resposta: B

O gráfico de burndown indica uma etapa de 30 dias que está saindo exatamente como a equipe espera. Provavelmente, o grupo já atua com a mesma formação há muito tempo, pois a velocidade é constante. Você pode chegar a essa conclusão porque a linha de burndown está sempre muito próxima da linha de referência. Em alguns dias, a linha pode estar acima ou abaixo da linha de referência, mas em um gráfico de burndown, a tendência é mais importante do que os dias individuais.

107. Resposta: C

Os profissionais atuam com mais eficiência quando estão em um ambiente aberto e seguro, onde são incentivados a falar sobre qualquer ponto relacionado ao projeto, especialmente quando possam causar problemas.

108. Resposta: D

Depois de concluir o planejamento de uma iteração, é importante que a equipe comunique abertamente os resultados para todas as partes interessadas do projeto. Essa é uma medida muito eficaz para consolidar a confiança entre a equipe e a empresa, porque mostra que o grupo se comprometeu com as metas específicas da iteração. Também ajuda a reduzir a incerteza, pois define claramente o que a equipe pretende realizar.

109. Resposta: A

Quando os integrantes de uma equipe ágil identificam problemas que podem afetar o projeto, eles informam aos demais profissionais do grupo e, mais importante, atuam em conjunto para encontrar formas de resolver o problema. Na verdade, eles fazem duas coisas: resolvem o problema hoje e verificam se o processo ou a metodologia adotada dispõe de mecanismos para lidar com o ponto identificado e evitar novas ocorrências.

110. Resposta: B

Os membros das equipes ágeis devem sempre ser encorajados a colaborar mutuamente e compartilhar conhecimentos. A programação em pares é uma prática muito eficiente para viabilizar a colaboração e o compartilhamento de conhecimentos.

111. Resposta: B

Como as equipes ágeis priorizam o software em funcionamento em vez de uma documentação abrangente, a melhor forma de ajudar as partes interessadas a compreenderem isso é apontar o sucesso anterior dos projetos baseados nesse valor. É sempre melhor demonstrar os bons resultados anteriores do que apenas recomendar um determinado modelo de trabalho.

> *As equipes ágeis priorizam o software em funcionamento em vez de uma documentação abrangente. Mas isso não significa que elas nunca usam uma documentação abrangente! Apenas valorizam mais o software em funcionamento.*

Para uma equipe que usa histórias do usuário, o mapa da história é uma ótima maneira de criar um plano de lançamento. No entanto, esse plano não deve se basear em estimativas de esforço muito detalhadas, especialmente no início do projeto.

112. Resposta: B

Para desenvolverem um novo projeto, as equipes ágeis precisam de um ponto de partida para impulsionar o serviço. Um bom primeiro passo é criar um plano de lançamento ou um plano de alto nível que indique quando determinados produtos serão lançados. Para criar esse plano, é necessário fazer amplas estimativas para o escopo dos itens a serem entregues e para o trabalho necessário para criá-los, bem como utilizar essas informações para estabelecer um cronograma bastante estrito. Esse cronograma não terá muitos detalhes, pois representará a compreensão de alto nível da equipe em relação ao projeto.

113. Resposta: C

Para melhorar sua eficiência, as equipes ágeis estão sempre desenvolvendo e adaptando o processo aplicável aos seus projetos, analisando periodicamente as suas práticas, a cultura da equipe e da organização e seus objetivos.

114. Resposta: A

Uma das medidas mais eficazes para consolidar a confiança entre uma equipe e uma parte interessada é estabelecer uma base comum de conhecimentos sobre os itens que serão entregues em cada etapa e colaborar para definir as concessões que precisarão ser feitas por razões técnicas ou devido ao cronograma.

A questão mencionou "a lista de recursos planejados", a definição do backlog do produto.

As equipes ágeis priorizam a colaboração com as partes interessadas em vez de negociações contratuais.

115. Resposta: A

Como você é um profissional ágil que se reúne com as partes interessadas, sua função é a do product owner. O product owner deve colaborar com as partes interessadas para definir o valor de cada entrega e priorizar os itens no backlog com base nessas informações. Os product owners consideram dois fatores na priorização do backlog: o valor relativo de cada recurso e a quantidade de trabalho necessária para criá-lo. Como você pode atribuir um valor relativo a cada item no backlog, mas ainda não sabe como priorizá-los, a informação desconhecida é a quantidade de trabalho necessária. Para obter essa informação, é possível reavaliar os itens no backlog.

> **Essa é uma questão muito difícil. Muitas questões no exame abordam uma determinada ferramenta, técnica ou prática. Essa trata do backlog do produto, mas muitas perguntas não mencionam o termo específico do objeto. Em vez de chamá-lo de backlog do produto, a pergunta descreve o artefato como uma "lista de recursos planejados". O segredo para acertar esse tipo de pergunta é analisá-la por partes com base nos termos que você conhece. O trecho "Você atribuiu um valor relativo para cada item na lista de recursos planejados" significa que você acabou de atribuir um valor comercial relativo aos itens no backlog do produto. Além disso, você deve ser o product owner, o único integrante da equipe que se reúne com as partes interessadas e atribui um valor comercial aos itens do backlog. Então, se o product owner atribuiu um valor comercial relativo a cada item no backlog do produto, qual será a próxima etapa para que o plano funcione? Como as equipes Scrum planejam seu trabalho com base no valor comercial e no esforço, a próxima etapa para a equipe será reavaliar o backlog.**

respostas do exame

116. Resposta: D

Trabalhar no mesmo local (prática em que os membros da equipe convivem uns com os outros em um espaço de trabalho compartilhado) é ótimo para viabilizar a comunicação osmótica (que consiste em absorver informações importantes sobre o projeto através das conversas que circulam no local de trabalho). Além disso, facilita a criação de um espaço de trabalho informativo (ao permitir a utilização de irradiadores de informações, por exemplo) e promove o acesso entre os colegas. No entanto, uma desvantagem desse modelo em que as equipes dividem o espaço de trabalho é o grande número de distrações.

Não existe uma forma "perfeita" de organizar o espaço e todas as estratégias operam com concessões. No entanto, os benefícios de trabalhar no mesmo local para as equipes superam em muito os custos.

117. Resposta: C

As equipes ágeis maximizam e otimizam o valor dos seus produtos ao colaborarem com as partes interessadas. Em uma equipe Scrum, o product owner deve colaborar com as partes interessadas, definir o valor e ajudar a equipe a entregar esse valor.

118. Resposta: A

A equipe está tentando realizar uma análise de causa raiz sobre um determinado problema para corrigi-lo e evitar novas ocorrências. Um diagrama de Ishikawa (ou espinha de peixe) é uma ferramenta eficiente para isso.

119. Resposta: D

As equipes ágeis utilizam verificações e validações frequentes para garantir a qualidade do produto. Para isso, sempre fazem testes no produto, revisões e inspeções. Essas etapas de verificação ajudam a equipe a identificar as melhorias que devem ser incorporadas ao produto.

Às vezes, pode parecer uma boa ideia passar por cima do product owner, mas não é. O product owner deve ser informado sobre todas as mudanças para que as partes interessadas fiquem sempre informadas. É assim que as equipes ágeis entregam os produtos de maior valor.

120. Resposta: A

As equipes ágeis valorizam a receptividade a mudanças até mesmo quando recebem más notícias, como um corte no orçamento que exija uma redução do escopo de itens a serem entregues pela equipe. Também priorizam a colaboração com as partes interessadas até mesmo na hora de transmitir más notícias. Por isso, cada metodologia ágil inclui algum tipo de mecanismo ou regra que permite inspecionar o plano em execução (como as reuniões diárias e as retrospectivas), modificar esse plano quando suas premissas se revelarem irrealistas e informar as partes interessadas sobre uma eventual mudança.

Então, como você se saiu?

O Manual PMI-ACP® (disponível para download no site do PMI.org) explica como especialistas do mundo inteiro são contratados para determinar a pontuação de aprovação. Isso faz muito sentido, pois essa é uma técnica que permite ao PMI estabelecer a dificuldade do exame com muita precisão. Isso dificulta um pouco uma previsão exata do número de perguntas que você deve acertar no exame para alcançar uma pontuação de aprovação, mas se ficar na faixa entre 80% e 90%, estará muito bem.

Índice

A

abertura (valor Scrum) 82, 88, 188

aceitar subornos, 380

acrônimo INVEST 131

adaptação (pilar Scrum) 93, 95, 98-99, 151

adotar a mudança. *Veja* gerenciamento de mudanças

ajuda na pergunta do exame
    fazer com que o cérebro pense no exame xxiii-xxv

amplificar aprendizado (princípio Lean) 249, 253

ampliar aprendizagem (princípio Lean) 249, 253

análise da causa principal 269

Análise de Kano 325

Anderson, David 280

API (interface de programação de aplicativos) 205

artefatos (Scrum) 76-77, 79, 86. *Veja também* artefatos específicos

assuntos breves (ferramenta de tomada de decisão) 157

atalhos, processo 383

atenção contínua à excelência e ao design 41

automatização da compilação 208, 210

atribuição, estilo (liderança situacional) 349

B

backlog ajustado por risco 351

backlog do produto (Scrum)
    ajustado ao risco 351
    avaliar a partir dos painéis de tarefas 137
    considerações da estimativa 76, 79, 108, 138
    backlog da etapa. *Veja* backlog da etapa
    eventos com tempo predefinido 74
    priorizar recursos 120, 142
    Product Owner 75-76, 96, 148
    refinamento. Veja PBR (refinamento do backlog do produto)

reunião PBR 148, 151
sobre 12, 79
tipos de itens 139
visualizar mapas da história 149
XP 182

backlog
backlog do produto. *Veja* backlog do produto
incremento. *Veja* incremento
reunião PBR 148, 151
sobre 47, 54

Beck, Kent 181

Brooks, Fred 25

C

cadência de entrega (Lean) 256-257, 262

capacitar equipe (princípio Lean) 250

cartão de sinalização (kanban) 288

cerimônia (Scrum) 95

CFDs (diagramas de fluxo cumulativo) 292

check-ins (ferramenta da retrospectiva) 156

ciclo semanal (XP) 182-183, 193, 198, 227

ciclo trimestral (XP) 182, 193, 198

cirurgia às pressas 206, 212

code monkey, armadilha 195, 198

código, aumento 226

código complexo 223-227, 230

Código de Conduta Profissional PMI 378

código espaguete 204

código, reestruturação 11, 19, 209, 224, 226-227

código, revisão 39, 44, 67, 203-204

código muito acoplado 223, 225

código reutilizável 225, 229

Cohn, Mike 123, 151

colaboração com o cliente
em relação à negociação de contrato 25, 31, 33, 36
Manifesto Ágil 41, 52, 54
sobre 31

colaboração, cliente. *Veja* colaboração do cliente

colaboração, jogos 352

coluna Em Andamento (quadros de tarefa) 136-137

coluna Concluído (quadros de tarefa) 136-137

coluna A Fazer (quadros de tarefa) 136-137

compilações automatizadas 208, 210

compradores (técnica ESVP) 156

compromisso (valor Scrum) 84-85, 188

compromisso coletivo 84

comunicação
ágil 4-9, 11, 13, 31, 50, 52-53
GASP 124, 138, 154, 160, 172
Scrum 74, 86, 95-99, 113
XP 182, 188-190, 192-195, 198-199

comunicação por osmose 194, 198-199

conceito de falha rápida 215, 359

concluído, definição 92, 99

confiança
como valor Scrum 82
como valor XP 190

confirmação (história do usuário) 125, 131, 138

conflito (sistema de controle da versão) 206-207, 211

considerações da estimativa
backlog do produto 76, 79, 108, 138

índice

conceitos usados 135
confiança e respeito 82
backlog da etapa 138, 142, 151
histórias do usuário 126-127,
   131-134, 138
mapas da história 149
acrônimo INVEST 131
planning poker 123, 132-134, 138,
   151, 352
reunião PBR 148, 151
pontos da história 132-135, 138, 151
tamanhos de camisa 126, 138, 151, 326
velocidade 135, 138, 151
compilação de 10 minutos 208-210, 229
conversa (história do usuário)
   sobre 131
   nas equipes XP 192-193
   princípio ágil 15, 20, 41, 53-54, 127
conversas cara a cara. *Veja* conversa (história
   do usuário)
coragem
   como valor Scrum 83, 88, 188
   como valor XP 184, 188
custo do atraso (ferramenta Lean) 256

D

decidir o mais tarde possível
   estrutura do Scrum 94, 99
   princípio Lean 249, 253, 271
decisões éticas. *Veja* responsabilidade
   profissional
defeitos
   como desperdício de fabricação 268
   como categoria de desperdício
      Lean 261
Derby, Esther 154

desenvolvimento baseado em conjunto
   (ferramenta Lean) 257
Desenvolvimento de Software Lean
   (Poppendieck) 268
desenvolvimento 262
desenvolvimento orientado por teste (TDD)
   209, 212-214, 219, 229-230
desenvolvimento sustentável
   Manifesto Ágil 41-42, 196
   XP 190, 196, 198-199, 202-230
design de áreas privadas e comuns 193
design incremental 15, 20, 228-229
desperdícios na fabricação 268
diagramas de causa e efeito 155, 157
diagramas de espinha de peixe 155, 157
diagramas de Ishikawa 155, 157
diagramas de Venn 187-188, 251-252
diagramas do fluxo cumulativo
   (CFDs) 292
direção, estilo (liderança situacional) 349
distração (XP) 182-183, 188, 193, 226
dívida técnica 226-227
documento de especificação (exame
   PMI-ACP) 309-313

E

eficiência do fluxo (medida Lean) 257, 264
   Sistema de Produção da Toyota
      268-269
elaboração progressiva 32, 67, 355
eliminação de resíduos (princípio de Lean)
   categorias de desperdícios 260-262
   sobre 249
   tipos de desperdícios de fabricação 268

índice

tipos de desperdícios TPS 268
eliminar o desperdício (princípio Lean)
    categorias de desperdício 260-262
    sobre 249
empirismo 95
entrega antecipada de software
    Manifesto Ágil 41-42, 96, 325
    sobre 54, 99
entrega contínua de software
    Manifesto Ágil 41-42, 46, 96, 325
    sobre 54, 99
entrega orientada por valor
    como categoria de desperdício Lean 261
    como desperdício na fabricação 268
    exercícios práticos do exame 322-335
    princípios ágeis e 42-47
Entregar o mais rápido possível (princípio Lean) 249
enviar (sistema de controle de versão) 206-207, 211
envolvimento das partes interessadas
    ajustando-se às práticas ágeis 139
    exercícios práticos do exame 336, 338
equilíbrio entre trabalho e vida (XP) 183, 198-199, 230
equipe completa (XP) 190-191, 193, 198
equipes auto-organizadas 41, 97-101
erros
    princípios ágeis 13, 33, 35, 52, 54
    Quadro Scrum 82, 138
    XP 190, 196, 199, 216
espaço da equipe 192-193
espaço de trabalho informativo (XP) 194, 199, 219, 239, 429, 448
esqueleto móvel (produto) 149

estado do fluxo (XP) 195-196, 199
estágio de dissolução (formação da equipe) 349
estágio de atuação (formação de equipes) 349
estágio de normatização (formação de equipe) 349
estágio de confronto (formação de equipes) 349
estilo de suporte (liderança situacional) 349
estilo treinamento (liderança situacional) 349
estilos de liderança
    liderança adaptativa 349
    líderes servidores 75
    teoria da liderança situacional 349
estimativa de afinidade 326, 352
estimável (acrônimo INVEST) 131
estrutura Scrum
    artefatos 76-77, 79, 86
    exercícios 80, 91, 100, 103, 112-115, 119-120
    Manifesto Ágil 96-98
    sobre 12-14, 47, 71-73, 81, 86-89, 102
etapa (Scrum)
    esqueleto móvel e 149
estágios de formação de equipes 349
eventos com tempo predefinido 74
    prática de iteração 47
    controlar progresso durante 136-137, 142-147, 151
    sobre 12, 14, 78, 86
etapa, retrospectiva (Scrum)
    eventos com tempo predefinido 74
    ferramentas de suporte 156-157
    Product Owner 78, 101

Resumo 154-155
  sobre 11-12, 19, 78, 86, 101
etapa, revisão (Scrum)
  Product Owner 79, 86, 96
  sobre 12, 14, 78
etapa, backlog (Scrum)
  considerações de estimativa 138, 142, 151
  equipe de desenvolvimento 148
  eventos com tempo predefinido 74
  sessão de Planejamento da Etapa 77, 98
  sobre 12, 76-79
etapa, objetivo (Scrum) 77-78, 83, 151
eventos (Scrum) 74, 86
EVM (Gestão do Valor Agregado) 326
exame PMI-ACP
  cruzadas do exame 370-371, 375
  documento de especificação 309-313
  exercícios de desempenho em equipe 337, 339-347
  exercícios de detecção e resolução de problemas 360, 362-369, 373
  exercícios de engajamento das partes interessadas 336, 338, 340-347
  exercícios de entrega baseada em valor 322-335
  exercícios de melhoria contínua 361-369
  exercícios de planejamento adaptativo 348-359, 372
  perguntas e respostas 312
  perguntas práticas do exame xviii-xxx, 391-422
  pratique as respostas do exame 424-448
  exercícios de princípios e mentalidade ágil 314-321
  profissional ágil 310-311
  responsabilidade profissional 386-389

  sobre 18-19, 307-309, 376
exercícios de detecção e resolução de problemas 360, 362-369, 373
exploradores (técnica ESVP) 156

F

fase de formação (formação da equipe) 349
feedback e loops de feedback
  equipes ágeis 33, 42, 62, 65, 67
  equipes Scrum 131, 157
  equipes XP e 205, 208-209, 214-215
  ferramenta de mentalidade Lean 253
  método Kanban 280, 282, 294
ferramentas de priorização do valor do cliente 325
ferramentas do pensamento (Lean) 249-250, 254-258, 262
ficha (história do usuário) 125, 131-133, 138
firmware 29-30
fluxo de trabalho (Kanban). *Veja* gerenciamento de fluxo (Kanban)
  acordos de trabalho 293
foco
  como valor XP 185-186, 189
  como um valor Scrum 83, 88, 186
fontes de desperdício 268
fragmentação 313
função do Scrum Master
  retrospectiva da etapa 78
  moderar planning poker 132-133
  sobre 12, 75, 84, 99
funções 12, 31, 47, 75-76. *Veja também* papéis específicos
funções. *Veja também* funções específicas

na estrutura Scrum 12, 31, 47, 75-76
nas equipes XP 190-193, 198

G

gambiarra (código) 223, 230
GASPs (Generally Accepted Scrum Practices)
  sobre 122-123
  exercícios do capítulo 128-130, 141, 159-162
  exercícios práticos do exame 164-173
  gráficos de burndown. *Veja* gráficos de burndown
  gráficos de burnup 147
  histórias do usuário. *Veja* histórias do usuário
  mapas da história 149, 151
  perguntas e respostas 138, 151
  perguntas pegadinhas 140-141
  personagens 15, 20, 150
  quadros de tarefa. *Veja* quadros de tarefas
  refinamento do backlog do produto 148, 151, 323
  sobre 122-123
  pontos da história. *Veja* pontos da história
Generally Accepted Scrum Practices. *Veja* GASPs
gerenciamento de fluxo (Kanban). *Veja* gerenciamento de fluxo (Kanban)
gerenciamento de fluxo (Kanban)
  diagramas do fluxo cumulativo 292
  teoria da fila e 255
  visão geral do processo 274-275, 280-286, 288
Gestão do Valor Agregado (EVM) 326
gráfico de burndown de lançamento 151

gráficos de burndown
  baseado em risco 351
  lançamento 151
  sobre 11, 13, 19, 123, 143, 151
  pontos da história 143
  velocidade e 143-146
gráficos de burnup 147
gráficos de Gantt 262
gráficos de burndown de risco 351
guia do Scrum 75, 97

H

histórias do usuário
  considerações de estimativas 126–127, 131–134, 138
  sobre 11, 122, 124–125, 138, 151
histórias. *Veja* histórias do usuário

I

incorporar integridade (Princípio Lean) 250
Incremento (Scrum) 76-77, 79
independente (acrônimo INVEST) 131
indivíduos e interações. *Veja* desempenho da equipe
inspeção (pilar Scrum) 93, 95, 98-99
integração contínua 19, 209, 211, 219, 229
integridade conceitual (ferramenta Lean) 256
Integridade incorporada (Princípio Lean) 250
integridade percebida (ferramenta Lean) 256

índice

interface de programação de aplicativos (API) 205

interface do usuário 214

inventário (desperdício na fabricação) 268

irradiadores de informação
    como ferramenta de comunicação 433, 440
    exemplo 367
    importância 431
    sobre 194, 199, 239, 429

IRR (taxa de retorno interna) 326

itens de trabalho (painéis Kanban) 281, 285
    acrônimo INVEST 131
    esqueleto móvel 149
    propósito 131
    status de acompanhamento dos quadros de tarefas 136–137
    XP 131, 182, 188, 193

Iteração
    ferramenta da mentalidade lean 253
    período com tempo predefinido 46, 54, 78, 188
    sobre 46-47, 54
    XP 182-183, 205

J

Jeffries, Ron 181

jogo, planejamento (XP) 189

K

kaizen 269

kanban (cartão de sinalização) 288

kanban, painéis 281, 285-286

Kano, Noriaki 325

L

Larsen, Diana 154

liderança adaptativa 349

liderança de servidor 75

limites do trabalho em andamento (WIP) 274-275, 280-283, 286, 288, 291

limpeza do backlog 323. *Veja também* PBR (refinamento do backlog do produto)

linha do tempo (ferramenta de coleta de dados) 156

M

Manifesto Ágil. *Veja também* valores e princípios específicos
    exercícios 34, 66
    princípios 41-54
    quatro valores 25-33
    Scrum 96-98
    sobre 25-26, 33

manter o código 223

manutenção do código 223

mapas da história 149, 151

Mapas do fluxo de valor (Lean) 254-255, 264, 267, 273

mapas mentais 352

material com direitos autorais 382

melhorar em colaboração (Kanban) 280, 282, 295

melhoria colaborativa (Kanban) 280, 282, 295

melhoria contínua
    exercícios práticos do exame 361-369

mentalidade ágil

você está aqui ▶ 455

índice

exercícios 15, 17, 20-21, 36-37, 49, 57, 67-69
exercícios práticos do exame 58-65, 314-321
mentalidade Lean 262
perguntas e respostas 14, 35, 50, 54
princípios e práticas 1-21
sobre 10
valores e princípios 23-69

mentalidade Lean. *Veja também* princípios específicos e ferramentas
estrutura do Scrum 248
exercícios 251-253, 263, 265-266, 279, 296-299
exercícios práticos do exame 300-306
método Kanban 288
perguntas e respostas 262, 276, 288
princípios e ferramentas do pensamento 249-250, 253-257
sobre 12-14, 245, 248, 262
XP 248

mentalidade
equipes XP 184
exercícios de exame PMI-ACP 314-321
Manifesto Ágil 25-26
mentalidade Lean. *Veja* mentalidade Lean
versus metodologia 10, 50
reuniões diárias 7-9, 14

método científico 15, 20

método Kanban
aplicar práticas 15, 20, 280
exercícios 289-290, 294, 296-299
exercícios práticos do exame 300-306
melhoria do processo 280-286, 291-295
mentalidade Lean 288
perguntas e respostas 288
sobre 12-14, 245, 274, 286

método MoSCoW 325

motivação 52, 54

movimentação
como desperdício de fabricação 268
como categoria de desperdício Lean 261

muda (tipo de desperdício TPS) 268

mudar gestão
em relação a seguir um plano 25, 32-33, 36
estrutura do Scrum 93-95, 99
Manifesto Ágil 41, 43, 54-55, 68, 98
sobre 15, 20, 32-33
XP 15, 20, 204-207, 229

mura (tipo de desperdício TPS) 268
muri (tipo de desperdício TPS) 268

N

negociação de contrato 25, 31, 33
negociável (acrônimo INVEST) 131
NPV (valor líquido atual) 326

O

o que vem depois, pergunta 90
Ohno, Taiichi 268-269
opção menos ruim, pergunta 278
opções, lógica (ferramenta Lean) 256, 262, 270-271, 276

P

papel na equipe de desenvolvimento (Scrum) 12, 75, 78, 148
papel na equipe Scrum 75, 82

papel do Product Owner (Scrum)
   autoridade e 84, 86, 96
   Backlog do produto e 75-76, 96, 148
   retrospectiva da Etapa 78, 101
   revisão da etapa 79, 86, 96
   identificar histórias do usuário 131
   priorizar recursos 120
   reunião PBR 148, 151
   sobre 12, 31, 42, 47, 50, 75

PBR (refinamento do backlog do produto) 148, 151, 323

pergunta "somente os fatos senhora" 19

pergunta como pegadinha 140-141

períodos de iterações 46, 54, 78, 188

personagens 15, 20, 150

planejamento adaptativo
   equipes auto-organizadas e 97
   estrutura Scrum 93, 95, 97-99
   exercícios práticos do exame 348-359, 372

planejamento orientado por velocidade 151

planejamento orientado por compromisso 151

planning poker 123, 132-134, 138, 151, 352

plano de lançamento, visualização 149, 151

planos do projeto 134

políticas de processo (Kanban) 280, 282, 292

políticas de viagem 381

pontos da história
   considerações de estimativa 132-135, 138, 151
   gráficos de burndown 143
   sobre 122, 126, 135
   tamanhos da camisa 126, 138, 151, 326

pontos de código coloridos (ferramenta de coleta de dados) 156

Poppendieck, Mary e Tom 268-269

práticas. *Veja também* GASPs
   desafios do mundo real 26
   método Kanban 15, 20, 280
   metodologia Ágil 1-21
   princípios versus 48, 50
   XP suportado 181-182, 188-199, 202-230

pré-mortem 351

princípios
   exercícios do exame PMI-ACP 314-321
   Manifesto Ágil 41-54
   mentalidade Lean 249-250
   metodologia ágil e 1-21
   práticas versus 48, 50

priorização relativa/classificação 325

priorizar com técnica de pontos 157

prisioneiros (técnica ESVP) 156

processo em cascata 24, 35, 53

processos extras
   como desperdício na fabricação 268
   como categoria de desperdício Lean 260

produto minimamente viável (MVP) 255

profissional ágil 310-311

programação em pares 208, 216, 219-220, 229

programação extrema. *Veja* XP

Q

quadros de tarefa
   exemplo de Scrum Diário 145-146
   painéis Kanban e 281, 286
   controlar progresso 136-137
   sobre 11, 13, 122, 151

qual é melhor, pergunta 36

qual não é, pergunta 200

perguntas

    somente os fatos, senhora 19

    opção menos ruim 278

    pegadinha 140

    qual é melhor 36

    qual não é 200

    o que vem depois 90

R

reconfigurar (código) 177, 223, 230, 272

recurso minimamente comercializável (MMF) 255

recursos extras (categoria de desperdício) 260

rede principal (produto) 149

referência arquitetônica 215

    diferenças do XP 185-188

    diretriz importante 174-175

    eventos 74, 86

    exercícios práticos do exame 90, 104-111

referência baseada em risco 215

refinamento do backlog do produto (PBR) 148, 151, 323

rejeitar atualização (sistema de controle de versão) 206-207

remover otimizações locais (Lean) 272

repositório (sistema de controle de versão) 207, 211

respeito

    como valor Scrum 82, 88, 188

    como valor XP 184, 188

responder à mudança. *Veja* gerenciamento de mudanças

responsabilidade profissional

    aceitar subornos 380

    exercícios práticos do exame 386-389

    fazer a coisa certa 378-379

    material com direitos autorais 382

    atalhos do processo 383

    responsabilidade da comunidade 384

    seguir política da empresa 381

    sobre 377, 385

retorno do investimento (ROI) 326

retrospectivas ágies (Derby e Larsen) 154

retrospectivas. *Veja* retrospectiva da etapa

Scrum Diário

    como cerimônia 95

    eventos com tempo predefinido e 74, 99

    exemplo do quadro de tarefas 145-146

    na Etapa Scrum 78

    sobre 12, 14, 86

reunião diária 4-11, 14, 16

ROI (retorno do investimento) 326

S

Safari Books Online xxix

Schwaber, Ken 75

sequência Fibonacci 326

sessão da Etapa de Planejamento (Scrum)

    backlog da etapa 77, 98

    eventos com tempo predefinido 74

    sobre 12, 14, 78, 86

    tarefas "feitas" e 92

    último momento viável 94

sete desperdícios do desenvolvimento de software 260-262

    Manifesto Ágil 41, 64, 224-225

XP em 224-230
simples (acrônimo INVEST) 131
Sistema de Produção da Toyota (TPS) 268-269
sistemas de controle de versão 206-207, 211
sistemas, lógica (Lean) 250, 272, 276
sistemas de demanda 249, 255, 274-275, 280, 286
Snowbird, estação de esqui 24, 40
software em funcionamento
    documentação abrangente 25, 28-30, 33
    entrega antecipada de 41-42, 54, 96, 99, 325
    entrega contínua 41, 46, 54, 96, 99, 325
    Manifesto Ágil 25, 28-30, 41, 44, 46, 55, 68
    sobre 15, 20
soluções de referência 214-215, 229
    GASPs. *Veja* GASPs
    mentalidade Lean 248
    perguntas e respostas 79, 86, 93, 101
    tarefas 77-79, 83-84, 86, 92-93
    três pilares 93-95, 99
    último momento viável 94, 99
    valores 82-86, 88, 188
    visão geral da etapa 78
superprodução (desperdícios de fabricação) 268
Sutherland, Jeff 75

T

tamanhos da camisa 126, 138, 151, 326
tarefas (Scrum) 77-79, 83-84, 86, 92-93
taxa de retorno interna (IRR) 326

rendimento 292
TDD (desenvolvimento orientado por teste) 209, 212-214, 219, 229-230
    performance da equipe
    acordos de trabalho 293
    equipes auto-organizadas 41, 97-101
    estágios de formação das equipes 349
    estrutura Scrum 75, 82-84, 96-98
    exercícios práticos do exame 337, 339-347
    Scrum/XP combinados 186-189, 193
    Manifesto Ágil 25, 27, 41, 50, 52-53, 55, 68, 97
    mentalidade 7-9
    mentalidade Lean 250, 262
    motivação 52, 54
    Reuniões diárias 4-11, 14, 16
    sobre processos e ferramentas 25, 27, 33
    XP 184, 190-199
técnica dos cinco por quês 269
técnica ESVP 156
técnicas do tamanho relativo 326
temas (XP) 182, 188, 193
tempo de entrega (medida Lean) 257
tempo transcorrido 135
tempo do ciclo (medida Lean) 257
tempo ideal 135
teoria da fila (Lean) 255, 276
teoria da liderança situacional 349
teoria empírica do controle de processos 95, 99, 185
testável (acrônimo INVEST) 131
teste de usabilidade 214
teste exploratório 214
testes de unidade 205, 209, 212–213

Toyoda, Kiichiro 268

TPS (Sistema de Produção da Toyota) 268-269

trabalho energizado (XP) 196, 198-199

trabalho parcialmente realizado (categoria de desperdício) 260

transparência (pilar Scrum)
    envolvimento das partes interessadas 139
    quadros de tarefa 136
    Scrum Diário 95
    sobre 93, 99

transporte (desperdícios na fabricação) 268

troca de tarefas (categoria de desperdícios) 260

Tuckman, Bruce 349

turistas (técnica ESVP) 156

U

último momento viável
    estrutura Scrum 94, 99
    mentalidade Lean 249, 253, 271

usuários satisfeitos 42

V

valioso (acrônimo INVEST) 131

valor(es)
    calcular projetos 326
    estrutura Scrum 82-86, 96
    Manifesto Ágil 25-34
    sobre 10, 14
    XP 181, 184-186, 189, 193, 204-205

veja o todo (princípio Lean) 250, 272, 276

velocidade
    em considerações de estimativa 135, 138, 151
    gráficos de burndown 143-146
    sobre 126, 135, 144, 151
    vendo desperdícios (ferramenta Lean) 254, 264

vermelho/verde/reestruturar 209

visualizar fluxo de trabalho (Kanban) 280-285
    equilíbrio entre trabalho e vida 183, 198-199, 230
    histórias do usuário 131, 182, 188
    valores 181, 184-186, 188-189, 193, 204-205

votação com as mãos 352

votação de 100 pontos 352

votação por pontos 352

W

Wake, Bill 131

WIP (trabalho em andamento) limita 274-275, 280-283, 286, 288, 291
    wireframes 214

wireframes de baixa fidelidade 214

Wooden, John 181
    comentários e 205, 208-209, 214-215
    desenvolvimento iterativo 182-183
    desenvolvimento sustentável 202-230
    design incremental 15, 20
    diferenças do Scrum 185-188
    exercícios práticos do exame 234-241
    mentalidade da equipe 184, 190-199
    mentalidade Lean 248

perguntas e respostas 189, 198, 219, 230
planejando 182-183, 193, 198
práticas suportadas 181-182, 188-199, 202-230

X

XP (programação extrema)
exercícios 187–188, 197, 200–201,
gráficos de burndown. *Veja* Gerenciamento de mudança de gráficos burndown 15, 20, 204–207, 229, 215, 217–218, 231, 233, 242–244
desenvolvimento iterativo 182–183
desenvolvimento sustentável 202–230
design incremental 15, 20
diferenças Scrum 185–188
equilíbrio entre trabalho e vida 183, 198–199, 230
exercícios práticos do exame 234–241
feedback 205, 208–209, 214–215
histórias do usuário 131, 182, 188
mentalidade de equipe 184, 190–199
mentalidade Lean 248
perguntas e respostas 189, 198, 219, 230
planejamento 182–183, 193, 198
práticas suportadas 181–182, 188–199, 202–230
sobre 12, 14, 177, 181, 193
valores 181, 184–186, 188–189, 193, 204–205

CONHEÇA OUTROS LIVROS DA USE A CABEÇA!

Negócios • Nacionais • Comunicação • Guias de Viagem • Interesse Geral • Informática • Idiomas

Todas as imagens são meramente ilustrativas.

SEJA AUTOR DA ALTA BOOKS!

Envie a sua proposta para: autoria@altabooks.com.br

Visite também nosso site e nossas redes sociais para conhecer lançamentos e futuras publicações!

www.altabooks.com.br

/altabooks ▪ /altabooks ▪ /alta_books

ALTA BOOKS
EDITORA

Este livro foi impresso nas oficinas gráficas da Editora Vozes Ltda.,
Rua Frei Luís, 100 – Petrópolis, RJ.